工业和信息化高职高专“十三五”规划教材立项项目
高等职业院校信息技术应用“十三五”规划教材

Computer

计算机应用基础（Windows 7+Office 2010）

张思卿 张明强 唐思均 主编
杨锋 李玢 副主编

Fundamental of Computer Application

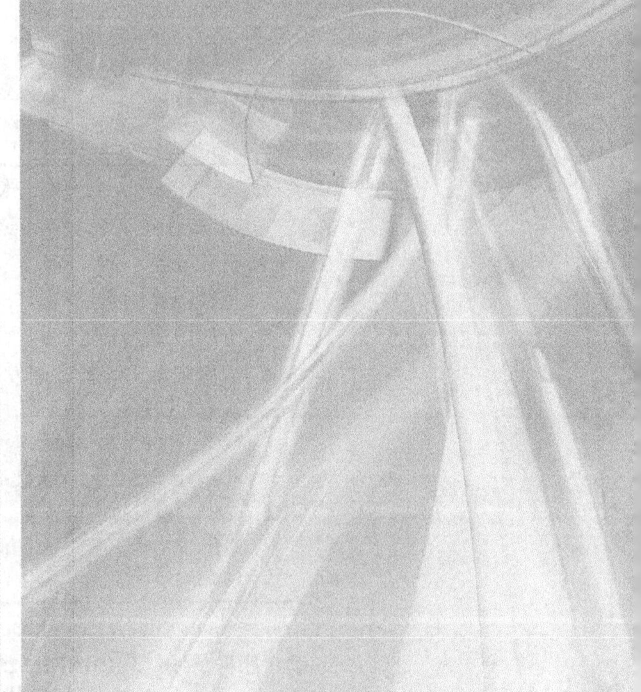

人民邮电出版社
北京

图书在版编目（CIP）数据

计算机应用基础 : Windows 7+Office 2010 / 张思卿, 张明强, 唐思均主编. -- 北京 : 人民邮电出版社, 2017.1(2019.8重印)
高等职业院校信息技术应用“十三五”规划教材
ISBN 978-7-115-44356-4

Ⅰ. ①计… Ⅱ. ①张… ②张… ③唐… Ⅲ. ①Windows操作系统－高等职业教育－教材②办公自动化－应用软件－高等职业教育－教材 Ⅳ. ①TP316.7②TP317.1

中国版本图书馆CIP数据核字(2016)第309897号

内 容 提 要

本书由浅入深、循序渐进地介绍了计算机的基本操作方法以及计算机在办公和网络等方面的具体应用。书中以 Windows 7 和 Office 2010 为平台，介绍了计算机基础知识、Windows 7 操作系统、Word 2010、Excel 2010、PowerPoint 2010、Access 2010、计算机网络基础等方面的内容。全书共有 7 个项目，每个项目均包含项目要点、技能目标、工作场景导入、项目实践、回到工作场景、工作实训、习题等。

本书内容丰富、结构清晰、语言简练、图文并茂，具有很强的实用性和可操作性。本书既注重知识性、基本原理和方法的介绍，也注重上机实践环节。本书适合用作应用型本科高校、高职高专和技能型中专院校以及各类社会培训学校的教材，同时也是广大初、中级计算机用户的自学参考书。

本书对应的电子教案、实例源文件和习题答案等教学资料可以到人民邮电出版社的人邮教育社区（www.ryjiaoyu.com）免费下载使用。

◆ 主　　编　张思卿　张明强　唐思均
副 主 编　杨　锋　李　玢
责任编辑　刘　琦
执行编辑　朱海昀
责任印制　焦志炜

◆ 人民邮电出版社出版发行　　北京市丰台区成寿寺路 11 号
邮编　100164　　电子邮件　315@ptpress.com.cn
网址　http://www.ptpress.com.cn
北京九州迅驰传媒文化有限公司印刷

◆ 开本：787×1092　1/16
印张：17.5　　2017 年 1 月第 1 版
字数：395 千字　　2019 年 8 月北京第 6 次印刷

定价：45.00 元

读者服务热线：(010)81055256　印装质量热线：(010)81055316
反盗版热线：(010)81055315

前 言 PREFACE

《计算机应用基础（Windows 7+Office 2010）》是一本介绍计算机基础知识和基本应用的普及性教材，是按照教育部关于计算机基础课程的基本要求，结合当前计算机发展的状况而编写的。

本书根据应用型本科高校和高职高专的人才培养目标和教育对象的特点，突破传统的教材编写方法，引入以职业能力为目标、以项目设计为载体的编写思路。编者结合多年的教学实践和办公自动化软件Office 2010的使用经验，并融入新的教学理念，基于工作任务编写。

本书的编者都是多年从事计算机基础课程教学和研究工作的教师。编者在编写过程中将丰富的教学经验和体会融入各个部分，自始至终坚持以讲解基本知识、基本技能为宗旨，以先进性、应用性、普及性为出发点，将当代工作、生活中的计算机操作技能与技巧组织在书中。

本书从现代办公应用中所遇到的实际问题出发，采用“项目引导、任务驱动”的项目化教学方式组织教学内容。各学校可根据专业不同、教学时数的不同选取部分项目进行教学，其他项目可作为自学参考内容。

本书具有以下特点。

（1）结构清晰，形式合理。以“项目要点”→“技能目标”→“工作场景导入”→“项目实践”→“回到工作场景”→“工作实训”为主线合理安排各项目内容。

（2）针对性强，实用性强。本书以“工作场景”为中心展开内容，各项目都涵盖了完成工作所需的知识和具体操作过程，因而具有很强的针对性与实用性，有利于学生提高实际操作能力。

（3）上手快，易教学。通过具体案例引出问题，在掌握知识后立刻回到工作场景解决问题，使学生容易上手；以教与学的实际需要取材谋篇，方便教师教学。

（4）安排实训，提高能力。每个项目都安排了“工作实训”环节，针对问题给出明确的解决步骤，并对工作实践中的常见问题进行分析，使学生进一步提高应用能力。

我们为使用本书的教师免费提供电子教案和教学素材等教学资源，需要者可以到人民邮电出版社人邮教育社区免费下载使用（www.ryjiaoyu.com）。

本书由张思卿、张明强、唐思均担任主编，杨锋、李玢担任副主编。具体编写人员分工为：郑州商贸旅游职业学院张明强编写项目二，重庆市女子职业高中杨锋编写项目一、四，郑州科技学院张思卿编写项目三，宜宾职业技术学院唐思均编写项目五、项目六，天津市印刷装潢技术学校李玢编写项目七。最后由张思卿定稿和编制习题答案。

在本书的编写过程中，编者参考了大量同类教材和网络上的相关资源，在此向相关作者表示衷心的感谢。由于编者水平有限，书中难免会有不妥之处，恳请广大读者提出宝贵意见。

编者

2017年1月

目　录 CONTENTS

项目一　计算机基础　1

项目二　Windows 7操作系统　37

项目三 Word 2010 70

项目四 Excel 2010 141

项目五 PowerPoint 2010 180

项目六 Access 2010 210

项目七 计算机网络与Internet应用 230

习题答案 267

参考文献 272

PART 1

项目一
计算机基础

项目要点

- 计算机的发展历史、特点和应用。
- 计算机信息的表示和存储。
- 数制的基本概念，二进制和十进制整数之间的转换。
- 计算机中字符和汉字的编码。
- 指令和程序设计语言。
- 计算机硬件系统的组成和作用，各组成部分的功能和简单工作原理。
- 计算机软件系统的组成和功能，系统软件和应用软件的概念和作用。

技能目标

- 掌握各种进制之间的转换。
- 掌握字符和汉字的编码。
- 配置一台计算机。

1.1 工作场景导入

【工作场景】

小张是一家企业的技术员，目前公司派其去采购部件，需要配置5台计算机。每台计算机均采用如下配置：22英寸液晶显示器、Intel Core i7CPU、内存4GB、独立显卡、硬盘1TB。由于工作需要，还要为每台计算机安装Windows 7操作系统和Microsoft Office 2010办公软件。组装一台按上述要求配置的计算机。

【引导问题】

（1）在日常工作中，你是否经常使用计算机？

（2）你了解计算机硬件系统的组成及其各部分的功能和简单工作原理吗？

（3）你了解计算机软件系统的组成和功能吗？

（4）如何动手组装满足以上配置的计算机？

1.2 图识计算机

1.2.1 常见的计算机系统

计算机（computer）是一种能够按照指令对各种数据和信息进行自动加工和处理的电子设备。电子计算机按其规模或系统功能划分，可以分为巨型机、大型机、中型机、小型机和微型机等几类。人们日常工作中使用的计算机属于微型计算机，简称微机、PC（personal computer，个人计算机）或电脑。巨型机如图1-1所示。

（a）ASCI Q

（b）银河

图1-1 巨型机

计算机从生产厂商上可以分为品牌机和兼容机（又称组装机）；从结构形式上又可以分为台式计算机和便携式计算机，其中，便携式计算机又称为笔记本电脑，如图1-2所示。

虽然计算机的外形不一样，但其组成部件基本相同，常用的台式计算机主要由主机、显示器、键盘、鼠标和音箱几个关键部件组成，如图1-3所示。

（a）台式计算机　　（b）笔记本电脑

图1-2　微机外观

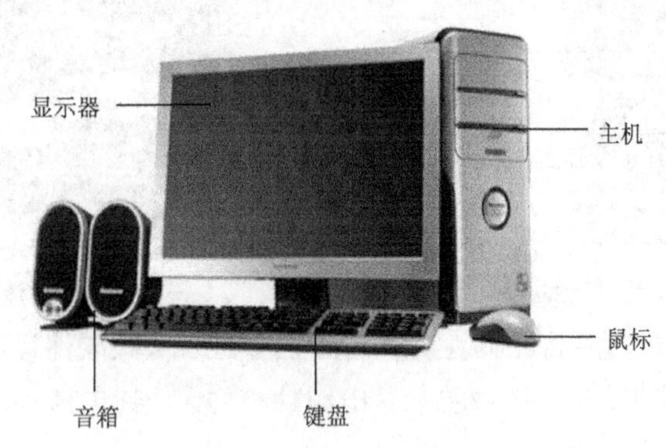

图1-3　计算机硬件系统组成

1.2.2　主机

把CPU、内存、显示卡、声卡、网卡、硬盘、光驱和电源等硬件设备，通过计算机主板连接，并安装在一个密封的机箱中，称为主机。主机包含了除输入、输出设备以外的所有计算机部件，是一个能够独立工作的系统。

1. 前面板接口

主机前面板上有光驱、前置输入接口（USB和音频）、电源开关和Reset（重启）开关等，如图1-4所示。

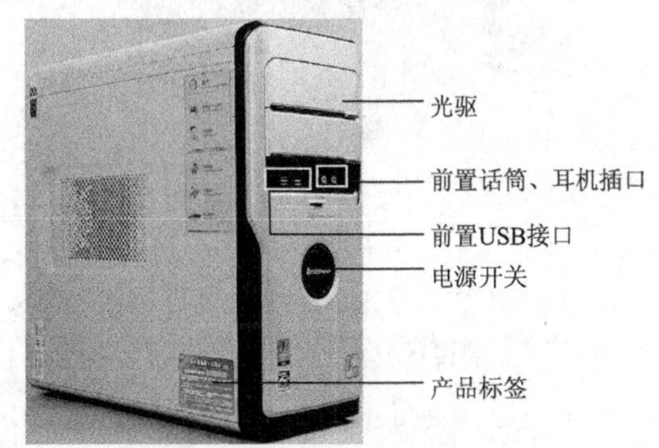

图1-4　主机前面板

（1）电源开关：按下主机的电源开关，即接通主机电源并开始启动计算机。

（2）光驱：光驱的前面板，可以通过面板上的按钮打开和关闭光驱。

（3）前置接口：使用延长线将主板上的USB、音频等接口扩展到主机箱的前面板上，方便接入各种相关设备。常见的有前置USB接口、前置话筒和耳机接口。

2. 后部接口

主机箱的后部有电源以及显示器、鼠标、键盘、USB、音频输入输出和打印机等设备的各种接口，用来连接各种外部设备，如图1-5所示。

3. 内部结构

主机箱内安装有电源、主板、内存、显示卡、声卡、网卡、硬盘和光驱等硬件设备。其中，声卡和网卡多集成在主板上，如图1-6所示。

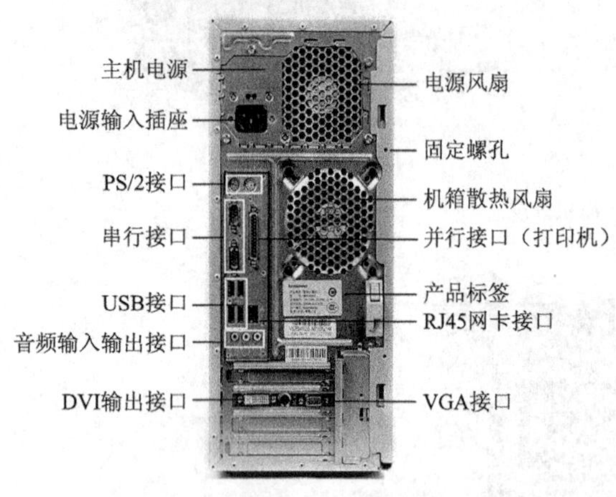

图1-5 主机后部示意图

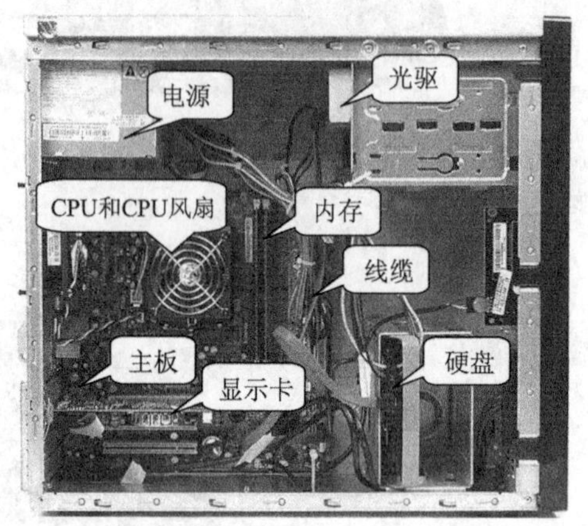

图1-6 计算机内部结构

（1）电源。计算机电源将220V工频交流电转换成计算机硬件设备所需要的一组或多组电压，供各硬件工作使用，如图1-7所示。电源功率的大小、电流和电压是否稳定，都直接影响到计算机性能和使用寿命。

（2）主板。主板又叫主机板、系统板或母板，它是安装在主机箱内最大的PCB线路板，如图1-8所示。主板把各种计算机硬件设备有机地组合在一起，使各硬件能协调工作。

图1-7 电源

图1-8 主板

（3）CPU。CPU是中央处理器的缩写，是计算机的核心，决定着计算机的档次，如图1-9所示。常说的P4、双核等都是指CPU的技术指标。目前市场上使用的CPU大多由Intel和AMD两家公司制造，中国也已经研制出了龙芯CPU，并已投入生产。

（4）CPU风扇。CPU风扇是安装在CPU芯片上部、用来辅助CPU散热的散热工具，如图1-10所示。拥有良好散热性能的CPU风扇是计算机系统正常工作的基础。

（5）内存。内存是计算机中最重要的内部存储器之一，如图1-11所示。CPU直接与之沟通，并用其存储正在使用的（即执行中）数据和程序。内存的容量大小、速度也是衡量计算机性能的重要指标之一。

（6）显示卡。显示卡在计算机中承担输出和显示图形的任务。计算机系统中的显示卡有独立显示卡和集成显示卡之分。独立显示卡如图1-12所示。

（a）Intel产品　　（b）AMD产品　　（c）龙芯

图1-9　CPU

图1-10　CPU风扇

图1-11　内存

图1-12　独立显示卡

（7）硬盘。硬盘是计算机系统中最重要的外部存储设备，主要用于存储各种数据、程序等，如图1-13所示。

（8）光驱。光驱是光盘驱动器的简称，主要用于读写CD、DVD等光盘中的数据信息，如图1-14所示。

图1-13　硬盘

图1-14　光驱

1.2.3　显示器

显示器是计算机的主要输出设备，用于显示计算机运行结果。按工作原理分有CRT（阴极射线管显示器）和LCD（液晶显示器）两种；按显示屏大小分则有15英寸（1英寸≈2.54厘米）、17英寸、19英寸、22英寸等不同规格，如图1-15所示。

(a) LCD

(b) CRT

图1-15　两种显示器

1.2.4　键盘和鼠标

键盘是最主要的输入设备，通过键盘可以将操作指令、程序和数据输入到计算机中。计算机常用的键盘有101键、104键、107键和多媒体键盘（增加了快捷键的键盘）。

鼠标也是最常用的输入设备之一，根据工作原理可分为机械鼠标和光学鼠标等。

键盘、鼠标和计算机连接的接口有串行、PS/2、USB和无线等接口，如图1-16所示。

图1-16　键盘和鼠标

1.2.5　音箱和耳机

音箱和耳机是将音频信号还原成声音信号的多媒体音频输出设备。主流的音箱有2.1（两个卫星音箱，一个低音音箱）、4.1和5.1各种不同的类型。耳机则可以戴在头上，在不影响他人的情况下使用，如图1-17所示。

1.2.6　摄像头

摄像头又称为电脑相机、电脑眼等，是一种视频输入设备，常用来进行网络视频信息交流，一般使用USB口和计算机相连接，如图1-18所示。

图1-17　音箱和耳机

图1-18　摄像头

1.2.7 其他设备

计算机的其他设备还有很多，常见的输入设备有写字板、扫描仪等，输出设备有打印机、投影仪等，如图1-19所示。

（a）扫描仪

（b）打印机

（c）投影仪

图1-19 计算机常用的其他设备

1.3 计算机的发展和应用

目前计算机正向着微型化、网络化和多媒体化的方向发展。尤其是微型计算机，它已经渗透于人们工作、学习和生活的各个方面，正在逐渐改变着人们的工作和生活方式。

1.3.1 计算机的发展历史

1. 电子管计算机时代（1946年—1958年）

1946年2月14日，第一台通用电子计算机ENIAC（electronic numerical integrator and computer）在美国的费城面世。ENIAC是计算机发展史上的一个里程碑。第一代电子管计算机的操作指令是为特定任务编制的，每种机器都有自己的机器语言，功能不仅受限制，速度也慢，如图1-20所示。

图1-20 ENIAC

2. 晶体管计算机时代（1958年—1964年）

晶体管计算机时代的计算机采用晶体管作为基本物理部件，内存使用磁芯存储器，外存使用磁带，运算速度一般为每秒几百万条指令，主要应用于科学计算、工程设计、数据处理和事务管理等方面。

3. 中、小规模集成电路计算机时代（1964年—1971年）

1964年4月，IBM公司推出了采用新概念设计的IBM 360计算机，宣布了第三代计算机的诞生。此时的计算机采用集成电路作为基本电子器件，使用半导体作为内存，外存使用磁带和磁盘，运算速度一般为每秒几千万条指令，其应用范围也扩大到企业管理和辅助设计等领域。

4. 大规模集成电路计算机时代（1971年—1981年）

大规模计算机时代的计算机使用大规模集成电路为计算机的主要功能部件，计算速度可达每秒数亿次，其应用也渗透到社会的各个领域。

5. 超大规模集成电路（智能）计算机时代（1981年—至今）

正处在研制阶段的第五代计算机是使用第五代元器件（超大规模集成电路）构成的智能计算机，它是集超大规模集成电路、人工智能、软件工程和新型计算机体系结构于一体的综合产物。今后计算机朝着智能化、网络化、多媒体、巨型化等方向发展。

1.3.2 我国计算机的发展历史

1958年，中国科学院计算机技术研究所研制成功我国第一台小型电子管通用计算机103机（八一型），标志着我国第一台电子计算机的诞生。

1965年，中国科学院计算机技术研究所研制成功第一台大型晶体管计算机109乙机，之后推出109丙机，该机在两弹试验中发挥了重要作用。

1974年，清华大学等单位联合设计、研制成功采用集成电路的DJS−130小型计算机，运算速度达每秒100万次。

1983年，国防科技大学研制成功运算速度为每秒上亿次的银河−I巨型机，这是我国高速计算机研制的一个重要里程碑。

1985年，电子工业部计算机管理局研制成功与IBM PC机兼容的长城0520CH微机。

1992年，国防科技大学研制出银河−II通用并行巨型机，峰值速度达每秒4亿次浮点运算（相当于每秒10亿次基本运算操作），为共享主存储器的四处理机向量机，其向量中央处理机是采用中小规模集成电路自行设计的，总体上达到20世纪80年代中后期国际先进水平。它主要用于中期天气预报。

1993年，国家智能计算机研究开发中心（后成立北京市曙光计算机公司）研制成功曙光一号全对称共享存储多处理机，这是国内首次以基于超大规模集成电路的通用微处理器芯片和标准UNIX操作系统设计开发的并行计算机。

1995年，曙光公司又推出了国内第一台具有大规模并行处理机（MPP）结构的并行机曙光1000（含36个处理机），峰值速度为每秒25亿次浮点运算，实际运算速度达到每秒10亿次浮点运算这一高性能台阶。曙光1000与美国Intel公司于1990年推出的大规模并行机体系结构与实现技术相近，与国外的差距缩小到5年左右。

2001年，中国科学院计算机技术研究所研制成功我国第一款通用CPU“龙芯”芯片。

2002年，曙光公司推出完全自主产权的“龙腾”服务器。龙腾服务器采用了“龙芯−1”CPU，采用曙光公司和中国科学院计算机技术研究所联合研发的服务器专用主板，采用曙光Linux操作系统。该服务器是国内第一台完全实现自有产权的产品，在国防、安全等部门将发挥重大的作用。

2003年，百万亿次数据处理超级服务器曙光4000L通过国家验收，再一次刷新国产超级服务器的历史纪录，使得国产高性能产业再上新台阶。

2009年10月29日，国防科技大学成功研制出的峰值计算速度为每秒1206万亿次的“天河一号”超级计算机在湖南长沙亮相，使我国成为继美国之后世界上第二个能够研制千万亿次超级计算机的国家。

2011年，我国成为第三个自主构建千万亿次计算机的国家。神威蓝光千万亿次系统，CPU是申威1600，这是国内首台全部采用国产中央处理器（CPU）和系统软件构建的千万亿次计算机系统，标志着我国成为继美国、日本之后第三个能够采用自主CPU构建千万亿次计算机的国家。

2013年6月17日，时隔两年半后，中国超级计算机运算速度重返世界之巅。国际TOP 500组织公布了最新全球超级计算机500强排行榜榜单，中国国防科学技术大学研制的“天河二号”以每秒33.86千万亿次的浮点运算速度，成为全球最快的超级计算机。

2013年10月23日，超级计算机“π”系统在上海交通大学上线运行，将支持俗称“人造太阳”的惯性约束核聚变项目等高端科研工程。“π”系统峰值性能达到263万亿次，位列最新全球TOP 500榜单第158名。目前，惯性约束聚变是世界性的科技挑战。在半个世纪以前，科学家已经发现，当氘原子和氚原子聚变为一个氦原子核和一个中子时会释放巨大的能量。由于其能量释放机理与太阳一样，所以该工程俗称“人造太阳”。

2013年11月18日，国际TOP 500组织公布了最新全球超级计算机500强排行榜榜单，中国国防科学技术大学研制的“天河二号”以比第二名美国的“泰坦”快近一倍的速度再度轻松登上榜首。美国专家预测，在一年时间内，“天河二号”还会是全球最快的超级计算机。

1.3.3 计算机的应用领域

计算机的应用已经广泛深入到科学研究、军事技术、工农业生产、文化教育等现代人类社会的各个领域中，已经成为人类不可缺少的重要工具。

1. 科学计算

最初计算机的发明就是为了解决科学技术研究中和工程应用中需要的大量数值计算问题。例如，利用计算机高速度、高精度的运算能力，可以解决气象预报、解方程式、火箭发射、地震预测、工程设计等庞大复杂人工难以完成的计算任务。

2. 数据处理

数据处理用来泛指非科学工程方面的所有对数据的计算、管理、查询和统计等。利用计算机信息存储容量大、存取速度快等的特点，采集数据、管理数据、分析数据、处理大量的数据并产生新的信息形式，方便人们查询、检索和使用数据。例如，人口统计、企业管理、情报检索、档案管理等目前应该是最广泛的领域，如用Word、WPS等软件处理文字，编排小报；用Excel进行电子表格处理，统计成绩；用画图软件画画；用Internet Explorer（IE浏览器）上网“冲浪”；用Outlook Express软件收发电子邮件等。

3. 过程控制

随着生产自动化程度的提高，对信息传递速度和准确度的要求也越来越高，这一任务靠人工操作已无法完成，只有计算机才能胜任。利用计算机为中心的控制系统可以及时采集数据、分析数据、制订方案，进行自动控制。它不仅可以减轻劳动强度，而且可以大大提高自动控制水平，提高产品的质量和合格率。因此，过程控制在冶金、电力、石油、机械、化工以及各种自动化部门得到广泛的应用；同时还应用于导弹发射、雷达系统、航空航天、飞机上的自动驾驶仪等各个领域。

4. 人工智能（artificial intelligence, AI）

人工智能是指利用计算机来模拟人类的智力活动，如对于机器人的研制，美国火星探测器“探索者”号。

5. 计算机辅助工程

计算机辅助工程的应用可以提高产品设计、生产和测试过程的自动化水平，降低成本，缩短生产的周期，改善工作环境，提高产品质量，获得更高的经济效益。

（1）计算机辅助设计（computer aided design，CAD）。它是指利用计算机来辅助设计人员进行产品和工程的设计。计算机辅助设计已应用于机械设计、集成电路设计、建筑设计、服装设计等各个方面。

（2）计算机辅助制造（computer aided manufacturing，CAM）。它是指利用计算机来进行生产设备的管理、控制。如利用计算机辅助制造自动完成产品的加工、装配、包装、检测等制造过程。

（3）计算机辅助教学（computer aided instruction，CAI）。它是指利用计算机进行辅助教学、交互学习。如利用计算机辅助教学制作的多媒体课件可以使教学内容生动、形象、逼真，取得良好的教学效果。通过交互方式的学习，可以使学员自己掌握学习的进度、进行自测，方便灵活，满足不同层次学员的需要。

（4）计算机辅助测试（computer aided translation，CAT）。它是指利用计算机进行产品等的辅助测试。

6. 计算机通信（电子邮件、IP电话等）

计算机通信是计算机应用最为广泛的领域之一。它是计算机技术和通信技术高度发展、密切结合的一门新兴科学。Internet已经成为覆盖全球的信息基础设施，在世界的任何地方，人们都可以彼此进行通信，如收发电子邮件、进行文件的传输、拨打IP电话等。Internet还为人们提供了内容广泛、丰富多彩的信息。

7. 电子商务

电子商务是指依托于计算机网络而进行的商务活动，如银行业务结算、网上购物、网上交易等。它是近年来新兴的，也是发展最快的应用领域之一。

8. 休闲娱乐、远程教育

使用计算机玩电子游戏、听音乐、看影视片、网上学习，已经成为人们休闲娱乐和网上学习的主要内容之一。

1.4 计算机的系统组成

一个完整的计算机系统由硬件系统和软件系统两大部分组成，计算机通过软件来驱动硬件系统进行数据的运算和存储，两系统相互依存，不可或缺。

1.4.1 计算机的硬件组成

计算机硬件是指组成计算机的电路、机械部件等物理设备的集合，是计算机进行工作的物理基础（或看得见摸得着的设备实体即为硬件）。基于冯·诺依曼结构的计算机硬件系统由运算器、控制器、存储器、输入设备和输出设备5部分组成，其关系如图1-21所示。

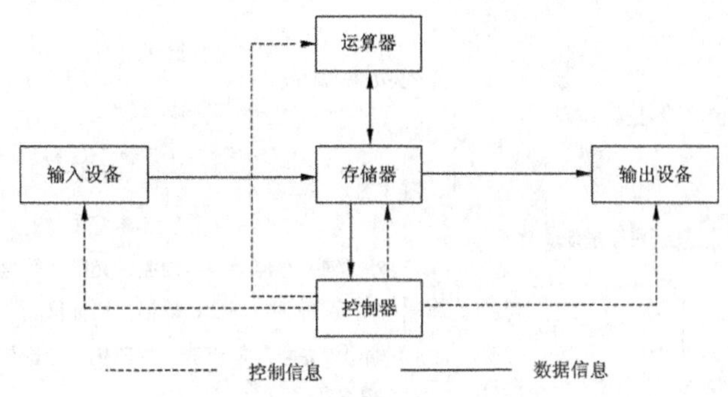

图1-21 计算机基本结构框架

1. 运算器

运算器（arithmetical unit）在控制器的控制下，对取自存储器的数据进行算术运算或逻辑运算，并将结果送回存储器。运算器一次运算二进制数的位数称为字长，主要有8位、16位、32位和64位等。字长是衡量CPU性能的重要指标之一。

2. 控制器

控制器（control unit）的主要作用是控制各部件协调工作，使整个系统能够连续地、自动地运行。控制器每次从存储器中取出一条指令，并对指令进行分析，产生操作命令并发向各个部件，接着从存储器取出下一条指令，再执行这条指令，以此类推，从而使计算机能自动运行。

在现代计算机中，运算器和控制器被集成在一块集成电路芯片上，称为中央处理器（central processing unit，CPU），是计算机的核心部件。

3. 存储器

存储器（memory）是用来存储程序和数据的部件，分为内存储器（简称内存）和外存储器（简称外存，也称辅存）两种。内存主要存放当前要运行的程序和数据，断电后数据会丢失。外存有硬盘、光盘、磁带机和U盘等，用来存储暂时不需要的程序和数据,平时常说的内存指的是RAM。

4. 输入设备

输入设备（input device）可以把程序、数据、图形、声音或控制指令等信息，转换成计算机能接收和识别的信息并传输给计算机。目前常用的输入设备有键盘、鼠标、扫描仪、音/视频采集设备（话筒、摄像头等）等。

5. 输出设备

输出设备（output device）能将计算机运算结果（二进制信息）转换成人类或其他设备

能接收和识别的内容，如文字、图形、图像、声音或其他设备可以识别的信息指令。常用的输出设备有显示器、投影机、打印机、绘图仪和音箱等。

输入、输出设备和外部存储器统称为外部设备（简称外设），通过适配器与主机相连，使主机和外围设备并行协调地工作，是外界与计算机系统进行沟通的桥梁。

计算机系统各部分组成如图1-22所示。

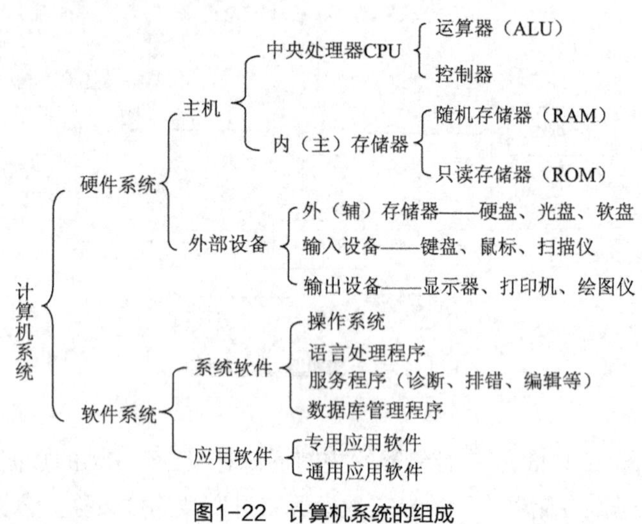

图1-22 计算机系统的组成

6. 总线

计算机硬件的5个部分之间由总线（bus）相连。系统总线是构成计算机系统的骨架，是系统部件之间进行数据、指令、地址及控制信号等信息传输的公共通路。

计算机中总线有外部总线和内部总线之分，外部总线有地址总线（address bus）、数据总线（data bus）和控制总线（control bus）3种，是CPU与其他部件之间的连线；内部总线则是指CPU内部的连线。总线实际上是一组导线，是各部件之间传输信息的公共通路。

1.4.2 计算机的软件组成

计算机软件系统包括系统软件和应用软件两大类。

1. 系统软件

系统软件是管理、监控和维护计算机资源，使硬件、程序和数据协调高效工作，方便用户使用计算机的软件。系统软件处于硬件和应用软件之间，是用户及其他应用软件和硬件的接口。系统软件主要包括操作系统、语言处理系统、数据库管理系统及服务性程序等。

（1）操作系统。操作系统（operating system，OS）是系统软件的核心，负责管理计算机系统的硬件资源、软件资源和数据资源，以控制程序运行，为用户提供方便、有效、友善的服务界面，为其他应用软件提供支持等。计算机只有配置了操作系统后，用户才能操作计算机。操作系统主要有处理机管理、存储管理、文件管理、设备管理和作业管理五大功能。

常用的操作系统有DOS、Windows、Linux、MacOS、UNIX、AIX、OS/2及一些专用的嵌入式操作系统，如ISOS、VXWorks等。常用操作系统界面如图1-23所示。

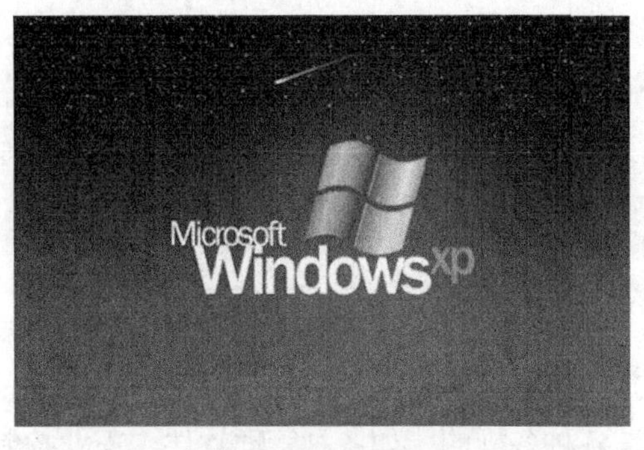

（a）Windows XP界面

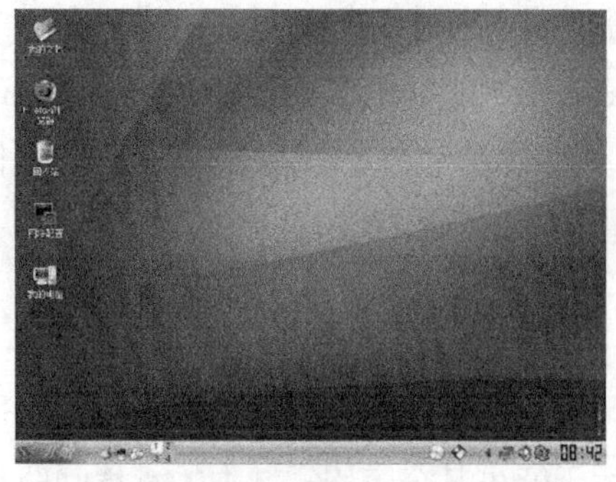
（b）Linux界面

（c）Windows 7界面

（d）Windows 8界面

（e）Windows 9界面

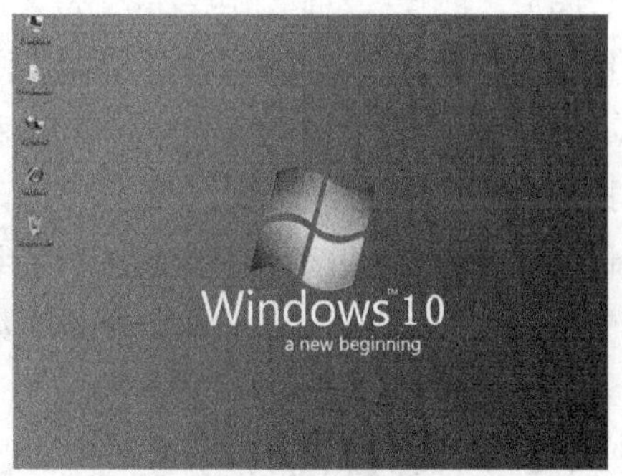

（f）Windows 10界面

图1-23 常用操作系统界面

（2）语言处理程序。语言处理程序一般由汇编程序、编译程序、解释程序和相应的操作程序等组成。它是为用户设计的编程服务软件，其作用是将高级语言源程序翻译成计算机能识别的目标程序。

计算机语言通常分为3类：机器语言、汇编语言和高级语言。目前常见的编程语言有Visual C++、Visual Basic、Java、J2EE、Delphi等。

（3）数据库管理系统。数据库就是实现有组织地、动态地存储大量数据，方便多用户访问的计算机软、硬件资源组成的系统。数据库和数据管理软件一起构成了数据库管理系统。数据库管理系统（database management system，DBMS）是数据库系统中对数据进行管理的软件，它可以完成数据库的定义和建立、数据库的基本操作、数据库的运行控制等功能。目前比较流行的数据库管理系统分为层次数据库、网状数据库和关系数据库3种，有Foxbase、FoxPro、Visual FoxPro、Informix、Oracle等。

（4）服务性程序。服务性程序提供系统运行所需的服务，是一种辅助计算机工作的程序，如装入程序、连接程序、诊断故障程序、纠错程序、监督程序、编辑程序及调试程序等。

2. 应用软件

应用软件是为解决某种实际问题而编制的计算机程序及其相关的文档数据的集合，专门用于解决某个应用领域中的具体问题，所以是各种各样的，如各种管理软件、工业控制软件、数字信号处理软件、工程设计程序、科学计算程序等。常见的应用程序有Office办公软件、媒体播放软件、图像处理和多媒体编辑软件等。

1.5 计算机信息的表示和存储

本节主要介绍计算机信息的表示和存储，其中包括信息与数据的基本概念、数据的存储方式、存储单位等。

1.5.1 信息与数据

信息（information）是人们表示一定意义的符号的集合，即信号。它可以是数字、文字、图形、图像、动画、声音等，是人们用来对客观世界直接进行描述、可以在人们之间进行传递的一些知识，与载荷信息的物理设备无关。数据（data）是指人们看到的形象和听到的事实，是信息的具体表现形式，是各种各样的物理符号及其组合，它反映了信息的内容。数据的形式可以随着物理设备的改变而改变。数据可以在物理介质上记录或传输，并通过外围设备被计算机接收，经过处理而得到结果。当然，有时信息本身是数据化了的，而数据本身就是一种信息。例如，信息处理也叫数据处理，情报检索（information retrieval）也叫数据检索，所以信息与数据也可视为同义。

1.5.2 数据的存储

1. 数据的存储方式

在日常操作中，我们经常使用十进制数，而计算机内部的数据则是用二进制数表示的。

2. 数据的存储单位

计算机中使用的数据存储单位有位、字节、字等。

（1）位（bit）。位是计算机存储数据的最小单位。一个二进制位只能表示$2^1=2$种状态，要想表示更多的信息，就得把多个位组合起来作为一个整体，每增加一位，所能表示的信息量就增加一倍。例如，ASCII码用7个二进制位组合编码，能表示$2^7=128$个。

（2）字节（byte）。字节是数据处理的基本单位，即以字节为单位存储和解释信息。规定一个字节等于8个二进制位，即1B=8bit。通常，1个字节可存放一个ASCII码，2个字节存放一个汉字国标码，整数用2个字节组织存储，单精度实数用4个字节组织成浮点形式，而双精度实数利用8个字节组织成浮点形式等。存储器的容量大小是以字节数来度量的，经常使用3种度量单位，即KB、MB和GB，其关系如下：

$1KB=2^{10}=1024B$

$1MB=2^{10}\times 2^{10}=1024\times 1024=1\ 048\ 576B$

$1GB=2^{10}\times 2^{10}\times 2^{10}=1024\times 1024\times 1024=1\ 073\ 741\ 824B$

（3）字（word）。计算机处理数据时，CPU通过数据总线一次存取、加工和传送的数据长度称为字。一个字通常由一个字节或若干字节组成。由于字长是计算机一次所能处理的实际位数长度，所以字长是衡量计算机性能的一个重要标志，字长越长，性能越强。不同型号的计算机，字长也不相同，常用的字长有8位、16位、32位、64位等。

3. 计算机中为什么要采用二进制

在日常生活中人们并不经常使用二进制，因为它不符合人们的固有习惯。但在计算机内部的数是用二进制来表示的，这主要有以下几个方面的原因。

（1）电路简单，易于表示。计算机是由逻辑电路组成的，逻辑电路通常只有两个状态。例如开关的接通和断开、晶体管的饱和与截止、电压的高与低等。这两种状态正好用来表示二进制的两个数码0和1。若是采用十进制，则需要有十种状态来表示十个数码，实现起来比较困难。

（2）可靠性高。两种状态表示两个数码，数码在传输和处理中不容易出错，因而电路更加可靠。

（3）运算简单。二进制数的运算规则简单，无论是算术运算还是逻辑运算都容易进行。十进制的运算规则相对繁琐，现在我们已经证明，R进制数的算术求和、求积规则各有$R(R+1)/2$种。如采用二进制，求和与求积运算法只有3个，因而简化了运算器等物理器件的设计。

（4）逻辑性强。计算机不仅能进行数值运算，而且能进行逻辑运算。逻辑运算的基础是逻辑代数，而逻辑代数是二值逻辑。二进制的两个数码1和0，恰好代表逻辑代数中的“真”（True）和“假”（False）。

1.6 数制与编码

数制是数值的表示方法；编码是采用少量的基本符号，选用一定的组合原则，以表示大量复杂多样的信息的技术。计算机所表示和使用的数据可分为两大类：数值数据和字符数据。本节主要介绍数值数据的基本概念和转换。

1.6.1 数制的基本概念

计算机是信息处理的工具，信息必须转换成二进制形式的数据后，才能由计算机进行处理、存储和传输。

1. 数制的定义

用一组固定的数字（数码符号）和一套统一的规则来表示数值的方法叫作数制（number

system，也称进位计数制）。常用的数制除了十进制外，还有二十四进制（24h为1d）、六十进制（60min为1h）、二进制（手套、筷子两只为一双）等。

进位计数制：按进位的规则进行计数，称为进位计数制。

进位规则：逢 R 进一。

2. 十进制计数制

十进制是日常计数方法，由数字1、2、3、4、5、6、7、8、9、0组成，规则是逢十进一。数字符又叫数码，数码处于不同的位置（数位）代表不同的数值。

3. R进制计数制

从对十进制计数制的分析可以得出，对于任意R进制计数制同样有基数R、权R^i和按权展开式。其中，R可以是任意正整数，如二进制的R为2，十进制的R为10，十六进制的R为16等。

（1）基数。基数是指计数制中所用到的数字符号的个数。在基数为R的计数制中，包含0, 1,⋯, $R-1$共R个数字符号，进位规律是“逢R进一”，称为R进位计数制，简称R进制。例如十进制（Decimal）数包含0、1、2、3、4、5、6、7、8、9十个数字符，它的基数$R=10$。

以日常生活中常用的十进制举例说明，十进制数由0，1，2，3，4，5，6，7，8，9这10个数码组成，则十进制的基数为10。同理，十六进制数的基数是16，八进制数的基数是8，二进制数的基数是2。

为区分不同数制的数，书中约定对于任意R进制的数N，记作：$(N)_R$。例如$(10101)_2$、$(7034)_8$、$(AE06)_{16}$分别表示二进制数10101、八进制数7034和十六进制数AE06。不用括号及下标的数，默认为十进制数，如256。人们一般习惯在一个数的后面加上字母D（十进制）、B（二进制）、Q（八进制）、H（十六进制）来表示其前面的数用的是什么进制。如10101B表示二进制数10101；7034Q表示八进制数7034；AE06H表示十六进制数AE06。

（2）权（位值）。数制上每一位所具有的值的大小倍数称为位权，或数制R中某一位上的数所表示数值的大小（所处位置的价值）称为位权。R进制数的位权是R的整数次幂。例如，十进制数的位权是10的整数次幂，其个位的位权是10^0，十位的位权是10^1，以此类推。如十进制的623，6的位权是100，2的位权是10，3的位权是1。

（3）数值的按权展开。任意R进制数的值都可表示为：各位数值与其权的乘积之和。例如，二进制数110.01的按权展开

$$101.01\text{B}=1\times 2^2+0\times 2^1+1\times 2^0+0\times 2^{-1}+1\times 2^{-2}$$

这种过程叫作数值的按权展开。任意一个具有n位整数和m位小数的R进制数N的按权展开如下：

$$(N)_R=a_{n-1}\times R^{n-1}+a_{n-2}\times R^{n-2}+\cdots+a_2\times R^2+a_1\times R^1+a_0\times R^0+a_{-1}\times R^{-1}+\cdots+a_{-m}\times R^{-m}$$

$$=\sum_{i=-m}^{n-1} a_i\times R^i$$

其中，a_i为R进制的数码。

1.6.2 二进制、十进制和十六进制数

通过上述数制的介绍，相信读者对数制有了一定的理解。下面具体对二进制、十进制和十六进制数作一小结，并对各种数制间的转换加以介绍。

1. 十进制

十进制具有以下特点。

（1）有十个不同的数码符号0、1、2、3、4、5、6、7、8、9。

（2）每一个数码符号根据它在这个数中所处的位置（数位），按“逢十进一”来决定其实际数值，即各数位的位权是以10为底的幂次方。

我们可归纳出，任意一个十进制数N，可表示成如下形式：$(N)_{10}=K_{n-1}\times10^{n-1}+K_{n-2}\times10^{n-2}+\cdots+K_1\times10^1+K_0\times10^0+K_{-1}\times10^{-1}+K_{-2}\times10^{-2}+\cdots+K_{-m+1}\times10^{-m+1}+K_{-m}\times10^{-m}$，其中，$K$为数位上的数码，其取值范围为0～9；$n$为整数位个数，$m$为小数位个数，10为基数，$10^{n-1}, 10^{n-2}, \cdots, 10^1, 10^0, 10^{-1}, \cdots, 10^{-m}$是十进制数的位权。在计算机中，一般用十进制数作为数据的输入和输出。

2. 二进制

二进制具有以下特点。

（1）有两个不同的数码符号0、1。

（2）每一个数码符号根据它在这个数中所处的位置（数位），按“逢二进一”来决定其实际数值，即各数位的位权是以2为底的幂次方。

二进制的明显缺点是：数字冗长，书写麻烦且容易出错，不方便阅读。所以，在计算机技术文献的书写中，常用十六进制数表示。

3. 八进制

八进制由8个数字符号0，1，…，7构成，基数为8。采用的原则是逢八进一。八进制的权为8^i，权的展开式为：

$$(a_{n-1}\,a_{n-2}\cdots a_0\,a_{-1}\cdots a_{-m})_8=a_{n-1}\times8^{n-1}+a_{n-2}\times8^{n-2}+\cdots+a_0\times8^0+a_{-1}\times8^{-1}+\cdots+a_{-m}\times8^{-m}$$

例如：$(35.6)_8=3\times8^2+5\times8^1+6\times8^{-1}$

与二进制之间的关系：八进制数的基数 8 是二进制数的基数 2 的 3 次幂，所以1位八进制数对应于3位二进制数。这样使八进制数与二进制数之间进行转换比较方便。

4. 十六进制

十六进制具有以下特点。

（1）有16个不同的数码符号0、1、2、3、4、5、6、7、8、9、A、B、C、D、E、F。

（2）每一个数码符号根据它在这个数中所处的位置（数位），按“逢十六进一”来决定其实际数值，即各数位的位权是以16为底的幂次方。

例如：$(45.2)_{16}=4\times16^1+5\times16^0+2\times16^{-1}$

$(56C.F)_{16}=5\times16^2+6\times16^1+12\times16^0+15\times16^{-1}$

应当指出，二进制和十六进制都是计算机中常用的数制，所以，在一定数值范围内有时需要直接写出它们之间的对应表示。表1-1列出了0～15这16个十进制数与其他两种数制的对应关系。

表 1-1　3 种计数制的对应表示

十进制	二进制	十六进制	十进制	二进制	十六进制
0	0000	0	8	1000	8
1	0001	1	9	1001	9
2	0010	2	10	1010	A
3	0011	3	11	1011	B
4	0100	4	12	1100	C
5	0101	5	13	1101	D
6	0110	6	14	1110	E
7	0111	7	15	1111	F

5. 各种数制间的转换

对于各种数制间的转换，重点要求掌握二进制整数与十进制整数之间的转换。

（1）*R*进制数转换成十进制数。任意*R*进制数据按权展开、相加即可得到十进制数据。下面是将二进制、八进制、十六进制数转换为十进制数的例子。

例1.1　将二进制数1110.101转换成十进制数。

$1010.101B=1\times 2^3+0\times 2^2+1\times 2^1+0\times 2^0+1\times 2^{-1}+0\times 2^{-2}+1\times 2^{-3}$

$=8+0+2+0.5+0.125=10.625D$

同理，可以推出：

$(101.11)_2=1\times 2^2+0\times 2^1+1\times 2^0+1\times 2^{-1}+1\times 2^{-2}=(5.75)_{10}$

$(42.57)_8=4\times 8^1+2\times 8^0+5\times 8^{-1}+7\times 8^{-2}=(34.6406)_{10}$

$(2B8F.5)_{16}=2\times 16^3+11\times 16^2+8\times 16^1+15\times 16^0+5\times 16^{-1}=(11151.3125)_{10}$

例1.2　将十六进制数2BF转换成十进制数。

$2BFH=2\times 16^2+11\times 16^1+15\times 16^0=512+176+15=703D$

（2）十进制数转换成*R*进制数。十进制数转换成*R*进制数，需将整数部分和小数部分分别进行转换。

① 整数转换。除*R*取余法规则，用*R*去除给出的十进制数的整数部分，取其余数作为转换后的*R*进制数据的整数部分最低位数字；再用2去除所得的商，取其余数作为转换后的*R*进制数据的高一位数字；第三步重复执行第二步操作，一直到商为0结束。

例1.3 将十进制整数53转换成二进制整数。

按整数转换方法得

除数	被除数/商	商	余数
2	53		
2	26	…………	1
2	13	…………	0
2	6	…………	1
2	3	…………	0
2	1	…………	1
	0	…………	1

所以，53D=110101B。

例1.4 将十进制整数$(123.375)_{10}$转换成二进制整数。

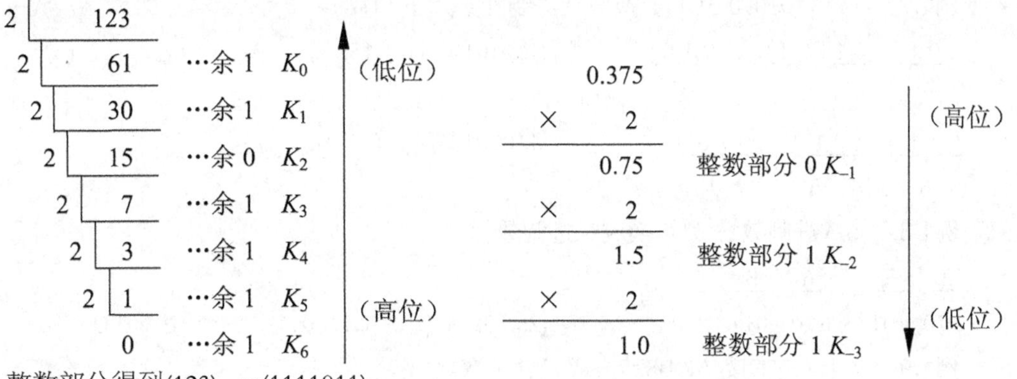

整数部分得到$(123)_{10}=(1111011)_2$

小数部分得到$(0.375)_{10}=(0.011)_2$

整数部分与小数部分相加得到$(123.375)_{10}=(1111011.011)_2$。

② 小数转换。乘R取整法规则，用R去乘给出的十进制数的小数部分，取乘积的整数部分作为转换后R进制小数点后第一位数字；再用R去乘上一步乘积的小数部分，然后取新乘积的整数部分作为转换后R进制小数的低一位数字；重复第二步操作，一直到乘积为0，或已得到要求精度数位为止。

提示

了解了十进制整数转换成二进制整数的方法以后，再学习十进制整数转换成十六进制整数的方法就很容易了。十进制整数转换成十六进制整数的方法是“除16取余法”。

（3）二进制数与十六进制数间的相互转换。用二进制数编码存在这样一个规律：n位二进制数最多能表示2^n种状态，分别对应0, 1, 2, 3, …, 2^{n-1}。可见，用4位二进制数就可对应表示一位十六进制数。其对照关系如表1-1所示。

① 二进制整数转换成十六进制整数。从小数点开始分别向左或向右，将每4位二进制数分成1组，不足4位数的补0，然后将每组用1位十六进制数表示即可。

例1.5 将二进制整数1111101011001B转换成十六进制整数。

分组得0001,1111,0101,1001。在所划分的二进制数组中，第一组是不足4位经补0而成的。再以一位十六进制数字符替代每组的4位二进制数字得

```
0001 1111 0101 1001
 1    F    5    9
```

故结果为：1111101011001B=1F59H。

② 十六进制整数转换成二进制整数。将每位十六进制数用4位二进制数表示即可。

例1.6 将3FCH转换成二进制数。

因为 3 F C

0011 1111 1100

故结果为：3FCH=001111111100B。

例1.7 将（1101010.01）$_2$转换成八进制和十六进制数。

<u>0 0 1</u> <u>1 0 1</u> <u>0 1 0</u> . <u>0 1 0</u> $(1101010.01)_2=(152.2)_8$

1 5 2 . 2

<u>0 1 1 0</u> <u>1 0 1 0</u> . <u>0 1 0 0</u> $(1101010.01)_2=(6A.4)_{16}$

6 A . 4

例1.8 将八进制数25.63转换成二进制数。

<u>2</u> <u>5</u> . <u>6</u> <u>3</u>

010 101 . 110 011 $(25.63)_8 = (10101.110011)_2$

例1.9 将十六进制数A7.B8转换成二进制数。

<u>A</u> <u>7</u> . <u>B</u> <u>8</u>

1010 0111 . 1011 1000 $(A5.B8)_{16} = (10100111.10111)_2$

1.6.3 数值的编码

数在计算机中的表示，统称为“机器数”。在计算机中所能表示的数或其他信息都是数字化的，由于计算机采用二进制方式工作，所以在计算机中只有0和1两种形式。为了表示数的正、负号，通常把一个数的最高位定义为符号位，用0表示正，1表示负，其余位仍表示数值，称为数值位。

例如：用8位二进制数表示+28和-28分别为00011100和10011100。其中，第1位为符号位。

在计算机中使用的、连同符号一起数字化的数，就称为机器数，而真正表示数字大小、并按照一般书写规则表示的原值称为真值。

例如：真值+0011100和－0011100对应的机器数为00011100和10011100。

在计算机中，对带符号数的表示方法有原码、反码和补码3种。下面分别介绍。

数的最高位表示数的符号，数值部分是数的绝对值，也称真值，这种表示法称为原码表示法。

数的最高位表示数的符号，数值部分对于正数同真值，对于负数是真值各位取反，这种表示法就叫反码表示法。

数的最高位表示数的符号，数值部分对于正数同真值，对于负数是该数反码数值部分末位加1，这种表示法就叫补码表示法。

1. **原码**

正数的符号位用0表示，负数的符号位用1表示，数值部分为该数本身，这样的机器数称为原码。

例如：$[105]_{原}$=01101001B $[-105]_{原}$=11101001B

$[0]_{原}$=00000000B $[-0]_{原}$=10000000B

用原码表示时，+105和－105数值位相同，而符号位不同，+0和－0同理。

2. 反码

反码的规则为：正数的反码等于原码；负数的反码是将原码的数值位各位取反，而符号位不变。

例如：$[+4]_{原}$=00000100B　　$[+4]_{反}$=00000100B

$[-4]_{原}$ =10000100B　　$[+4]_{反}$=11111011B

$[+0]_{原}$=00000000B　　$[+0]_{反}$=00000000B

$[-0]_{原}$=10000000B　　$[-0]_{反}$=11111111B

3. 补码

补码的规则为：正数的补码和其原码形式相同，负数的补码是将它的原码除符号位以外逐位取反，最后在末位加1。

例如：$[+8]_{原}$=00001000B　　$[+8]_{补}$=00001000B

$[-8]_{原}$=10001000B　　$[-8]_{反}$=11110111B　　$[-8]_{补}$=11111000B

$[+0]_{补}$=$[-0]_{补}$=00000000B

计算机中采用补码的最大优点是可以将算术运算的减法转换为加法来实现，即不论加法还是减法，计算机中一律只做加法。

例1.10　十进制数2，转换成二进制数为0000010，其原码、反码和补码分别如下。

二进制（真值）	机器数	原码	反码	补码
+0000010	00000010	00000010	00000010	00000010

例1.11　十进制数-3，转换成二进制数为-0000011，其原码、反码和补码分别如下。

二进制（真值）	机器数	原码	反码	补码
-0000011	10000011	10000011	11111100	11111101

1.7　字符的编码

1.7.1　西文字符的编码

计算机中将非数字的符号表示成二进制形式，叫作字符编码。为了在世界范围内进行信息的处理与交换，必须遵循一种统一的编码标准。目前，计算机中广泛使用的编码有BCD码和ASCII码。

ASCII（American standard code for information interchange），即美国信息交换标准代码。ASCII码有7位版本和8位版本两种，原国际上通用的是7位版本，7位版本的ASCII码有128个元素，只需用7个二进制位（2^7=128）表示，其中控制字符34个，阿拉伯数字10个，大小写英文字母52个，各种标点符号和运算符号32个。在计算机中实际用8位表示一个字符，最高位为“0”。BCD（扩展的二-十进制交换码）是西文字符的另一种编码，采用8位二进制表示，共有256种不同的编码，可表示256个字符，IBM系列大型机采用的就是BCD码，如表1-2所示。

ASCII码规定：用一个字节（8位二进制数）表示，它包括基本ASCII码和扩展的 ASCII码两种。

在基本ASCII码中，将8个二进制位的最高位设为零，用余下的7位进行编码。因此，可表示128（2^7=128）个字符，其中包括0～9共10个数码、26个小写英文字母、26个大写英文字母、34个通用控制符和32个专用字符。这其中的95个编码对应着计算机终端能敲入并可显示的95个字符，另外的33个编码对应着控制字符，它们不可显示。

当最高位设为1时，即形成扩展的ASCII码，它可以表示256个字符。通常各个国家都把扩展的ASCII码作为自己国家语言文字的代码。这里只考虑基本的ASCII码。

要确定某个数字、字母、符号或控制符的ASCII码，可以在表中先找到它的位置，然后确定它所在位置的相应行和列，再根据行确定低4位编码（b4 b3 b2 b1），根据列确定高3位编码（b7 b6 b5），最后将高3位编码与低4位编码合在一起，就是该字符的ASCⅡ码。

表1-2是ASCII码表，在这些字符中，0～9、A～Z、a～z都是按顺序排列的，大小写字母ASCII值相差32。在这些字符中，有些特殊字符的ASCII值需要我们记住。

表 1-2　ASCII 码表

$b_7 b_6 b_5$ 符号 $b_4 b_3 b_2 b_1$	000	001	010	011	100	101	110	111
0000	NUL	DLE	SP	0	@	P	、	p
0001	SOH	DC1	!	1	A	Q	a	q
0010	STX	DC2	”	2	B	R	b	r
0011	ETX	DC3	#	3	C	S	c	s
0100	EOT	DC	$	4	D	T	d	t
0101	ENQ	NAK	%	5	E	U	e	u
0110	ACK	SYN	&	6	F	V	f	v
0111	BEL	ETB	,	7	G	W	g	w
1000	BS	CAN	(	8	H	X	h	x
1001	HT	EM	)	9	I	Y	i	y
1010	LF	SUB	*	:	J	Z	j	z
1011	VT	ESC	+	;	K	[	k	{
1100	FF	S	,	<	L	\	l	|
1101	CR	GS	–	=	M	]	m	}
1110	SO	RS	.	>	N	ˆ	n	～
1111	SI	US	/	?	O	–	o	DEL

（1）a字符的ASCII值为97。

（2）A字符的ASCII值为65。

（3）0字符的ASCII值为48。

（4）空格字符的ASCII值为32。

（5）换行控制符（LF）的ASCII值为10。

需要注意的是，十进制数字字符的ASCII码与它们的二进制值是有区别的。

例如：

十进制数3的7位二进制数为$(0000011)_2$

十进制数字字符3的ASCII码为$(0110011)_2$

由此可以看出，数值3与数字字符3在计算机中的表示是不一样的。数值3能表示数的大小，并可以参与数值运算；而数字字符3只是一个符号，它不能参与数值运算。

1.7.2 汉字的编码

计算机对汉字信息的处理过程实际上是各种汉字编码间的转换过程。这些编码主要包括汉字信息交换码（国标码）、汉字输入码、汉字内码、汉字字形码及汉字地址码等。

（1）汉字信息交换码（国标码）。

汉字信息交换码是用于汉字信息处理系统之间或者通信系统之间进行信息交换的汉字代码，简称“交换码”，也叫国标码。它是为使系统、设备之间交换信息时采用统一的形式而制定的。我国于1981年颁布了国家标准《信息交换用汉字编码字符集——基本集》，代号“GB 2312—80”，即国标码。

国标码规定了进行一般汉字信息处理时所用的7445个字符编码，其中有6763个常用汉字和682个非汉字字符（图形、符号），汉字代码中又有一级汉字3755个，以汉语拼音为序排列，二级汉字3008个，以偏旁部首进行排列。

类似西文的ASCII码表，汉字也有一张国标码表。国标GB 2312—80规定，所有的国际汉字和符号组为一个94×94的矩阵。在该矩阵中，每一行称为“区”，每一列称为一个“位”。显然，区号范围是1～94，位号范围也是1～94。这样，一个汉字在表中的位置可用它所在的区号与位号来确定。一个汉字的区号与位号的组合就是该汉字的“区位码”。区位码的形式：千位地址的高两位为区号，低两位为位号。区位码与每个汉字具有一一对应的关系。国标码在区位码表中的安排：1～15区是非汉字图形符区；16～55区是一级常用汉字区；56～87区是二级次常用汉字区；88～94区是保留区，可用来存储自造字代码。实际上，区位码也是一种输入法，其最大的优点是一字一码的无重码输入法，最大的缺点是难以记忆。

（2）汉字输入码。

为将汉字输入计算机而编制的代码称为汉字输入码，也叫外码。目前，汉字主要是经标准键盘输入计算机的，所以，汉字输入码都由键盘上的字符或数字组合而成。汉字输入码是根据汉字的发音或字形结构等多种属性和汉语有关规则编制的，目前流行的汉字输入码的编码方案有很多。全拼输入法和双拼输入法是根据汉字的发音进行编码的，称为音码；五笔型输入法是根据汉字的字形结构进行编码的，称为形码；自然码输入法是以拼音为主、辅以字形字义进行编码的，称为音形码。

（3）汉字内码。

汉字内码是为在计算机内部对汉字进行存储、处理和传输而编制的汉字代码，它应能满足存储、处理和传输的要求。当一个汉字输入计算机后就转换为内码，然后才能在机器内流动、处理。汉字内码的形式也多种多样。目前，对应于国标码，一个汉字的内码也用2个字节存储，并把每个字节的最高二进制位置“1”作为汉字内码的标识，以免与单字节的ASCII码产生歧义。如果用十六进制来表述，就是把汉字国标码的每个字节上加一个80H（即二进制数10000000）。例如，汉字“中”的国标码为5650H$(0101011001010000)_2$，机内码为D6D0H$(1101011011010000)_2$。

（4）汉字字形码。

要将汉字通过显示器或打印机输出，必须配置相应的汉字字形码，用以区分“宋体”、“楷体”和“黑体”等各种字体。

每个汉字的字形都必须预先存放在计算机内，常称汉字库。描述汉字字形的方法主要有点阵字形和轮廓字形两种。目前，汉字字形的产生方式大多是用点阵方式形成汉字，即用点阵表示的汉字字形代码。汉字是方块字，将方块等分成有n行n列的格子，简称它为点阵。凡笔画所到的格子点为黑点，用二进制数“1”表示，否则为白点，用二进制数“0”表示。这样，一个汉字的字形就可用一串二进制数表示了。

（5）汉字地址码。

汉字地址码是指汉字库（这里主要指整字形的点阵式字模库）中存储汉字字形信息的逻辑地址码。汉字库中，字形信息都是按一定顺序（大多数按标准汉字交换码中汉字的排列顺序）连续存放在存储介质上，所以，汉字地址码也大多是连续有序的，而且与汉字内码间有着简单的对应关系，以简化汉字内码到汉字地址码的转换。

1.8 回到工作场景

下面回到1.1的工作场景中完成计算机的配置和组装。

1.8.1 进行相关的准备工作

1. 检查配件

在组装计算机前，需要采购满足配置的各个部件，计算机配件如图1-3所示，CPU采用 Intel Core i5 760，主板采用技嘉 GA-H55M-S2 1，内存采用威刚 4GB DDR3 1333，硬盘采用WD 1TB 7200转。除了要精心挑选上述四大部件外，其他组件亦要根据电脑的实际用途进行选择，如图1-24所示。

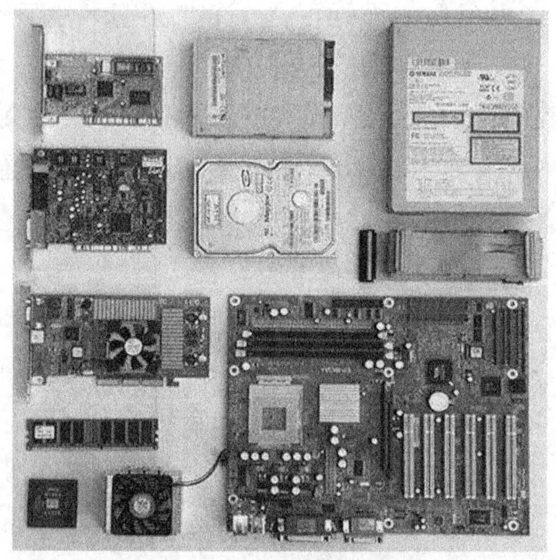

图1-24　计算机主要配件

2. 认真阅读部件的使用说明书并对照实物熟悉各部件

仔细阅读主板和各种板卡的说明书，熟悉CPU插座、电源插座、内存插槽、IDE（硬盘、光驱）接口、软驱接口等的位置及方位。

1.8.2 开始计算机组装流程

消除身上的静电后，即可按下述步骤组装计算机。

（1）在主板上安装CPU、CPU风扇、电源线和内存条。

（2）打开机箱，固定电源，然后在机箱底板上固定主板，并根据需要设置跳线。主板上通常有几组跳线插针座。设置跳线时，需查阅主板说明书，在主板上把CPU的外频和倍频调整好（如果是软跳线Soft Configuration的，则在开机的时候调）。

设置CPU的工作状态主要是指设置它的工作频率及工作电压。不同的主板和CPU，其设置一般也是不同的。现在的主板都会根据所安装的CPU类型自动设置相应的电压，只要把CPU安装好，就不用再进行电压调整，而只需设置CPU 工作频率。

由于现在选用的主板一般能自动识别CPU主频，所以通常不用跳线。

（3）连接主板电源线，连接主板与机箱面板上的开关、指示灯、电源开关等连线。

（4）安装显示卡；连接显示器，连接键盘和鼠标。

（5）安装软驱、硬盘和光驱，并连接它们的电源线和数据线。

（6）安装声卡并连接音箱。

（7）开机前的最后检查和内部清理，加电测试，如有故障应及时排除。

（8）开机运行BIOS设置程序，设置系统CMOS参数。

（9）保存新的配置，使用启动盘重新启动系统。

（10）初始化硬盘，即对硬盘进行分区，再将各逻辑驱动器高级格式化。

（11）安装操作系统，安装硬件驱动程序。

（12）安装应用软件。

组装计算机硬件时，要根据主板、机箱的不同结构和特点来决定组装的顺序，以安全和便于操作为原则。

1.8.3 进行组装后的初步检查和调试

组装后应进行初步检查。

当内部与外设都安装就绪后，连接主机箱的电源线，在接通电源之前应先作以下初步检查。

（1）检查主机板内所有电缆连接，看看连接是否牢靠，方向是否正确。

（2）电源开关处的连线是否按要求连接。

（3）CPU的风扇电源是否已连上。

（4）内存条是否接触良好。

（5）硬盘、软驱、光驱的电源和信号线是否接好，方向是否正确。

（6）抬起主机箱轻轻摇动，看看是否有小螺钉、螺丝等碎渣掉在主机板上。

（7）用万用表检查一下电源插头和电源电压是否为220V。

调试方法如下：

初步检查通过后，开机检查，开关机时一定要遵循正确的顺序，开机一定要先开外设，如UPS电源、显示器，再开主机；关机时的顺序相反。启动后看电源指示灯亮否，看显示器上的显示是否自检。如果一切正常，则说明计算机安装成功；否则应关机检查全过程，并根据出现的各种现象进行调试。

1.9 工作实训

1.9.1 工作实训一

1. 训练内容

结合图1-3“计算机硬件系统组成”，说出计算机硬件的组成和各部分的作用。

2. 训练要求

（1）复习计算机的硬件组成。

（2）回顾硬件装配操作规程。

（3）结合计算机的硬件组成，理解计算机的基本工作原理。

1.9.2 工作实训二

1. 训练内容

（1）通过有目的地到计算机市场走访和到IT网站上搜索相关资料，有效地解决平时在学校内的一些抽象性的问题，提高学生的观察能力和实物鉴别能力。

（2）了解主流计算机的配置信息，进一步让学生了解新产品市场，掌握市场产品的动向。

（3）调查市场品牌计算机和DIY（Do It Yourself，自己动手）装机市场的行情。

2. 训练要求

利用课余时间到本地的计算机市场或计算机公司，了解并索取当前主流计算机（分品牌计算机和组装计算机两类）的配置及报价单，根据收集的配置报价单，从技术指标和价格两个方式，筛选出适合学生购机的两个可行配置方案。

（1）了解主流计算机CPU的信息（Intel和AMD两类）。

（2）了解主板的信息，注意不同的芯片组的性能和价格。

（3）了解主流内存和硬盘等存储器的品牌、性能、容量和价格等信息。

（4）了解主流光驱的品牌及性能信息。

（5）比较不同品牌、规格显示器的技术指标和价格。

（6）利用Internet对主流品牌计算机和主流硬件设备进行了解。

（7）可以进入以下推荐网站进行模拟装机实验。

① eNET模拟攒机。

② IT168 DIY频道。

③ 走进中关村模拟攒机。

④ 太平洋电脑网自助装机。

1.9.3 工作实训三

1. 训练内容

练习计算机各个组成部件的组装。

2. 训练要求

通过练习来掌握各个组成部件的组装。

3. 训练步骤

（1）将电源安装在机箱上，注意电源插口位置，如图1-25和图1-26所示。

电源是最容易装反的部件，因此在安装时要注意电源的插口位置，然后根据其插口位置决定电源的安装方向。

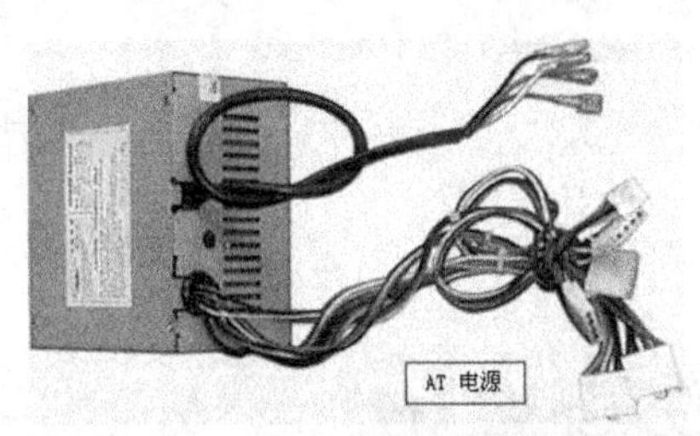

图1-25 AT电源

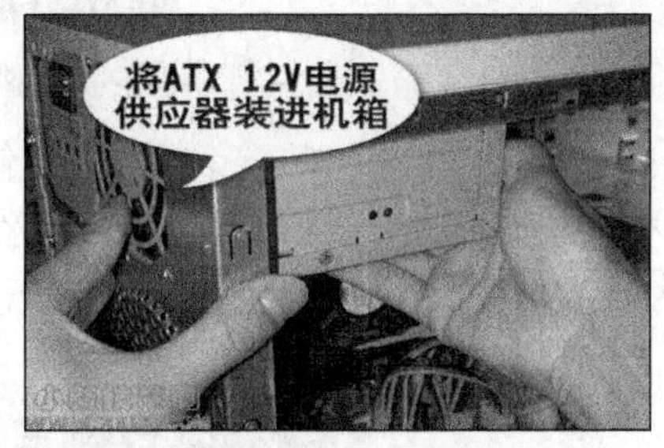

图1-26 安装电源

（2）将CPU、CPU风扇，内存安装在主板上。安装CPU时，先将托杆稍稍横推，再将它向上拉起。根据CPU插槽上的缺针和CPU缺针位置来安放CPU。不要用力过大，如图1-27和图1-28所示。

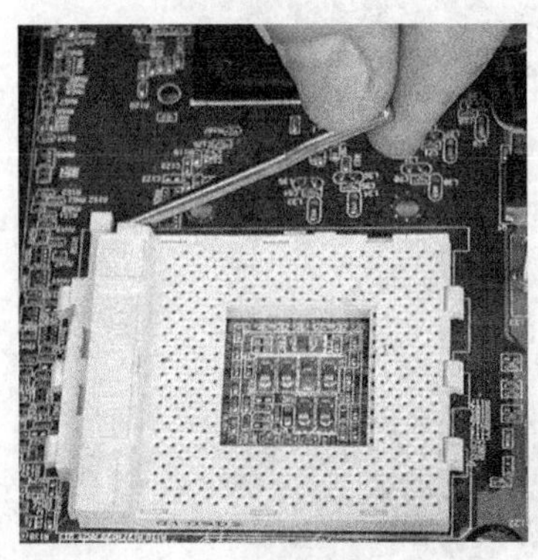

图1-27 将托杆轻轻拉起，成90度

图1-28 CPU的缺针位置要于CPU插座上的缺针相对应

（3）把CPU风扇安放在CPU上，先将CPU风扇的短边卡子卡在CPU插座上，如图1-29所示。然后再将另一端卡住，如图1-30所示。将风扇的电源插头插在主板上标有“CPU

FAN”的3针插座上，如图1-31所示，注意插头的方向。

图1-29　将风扇短边先扣住

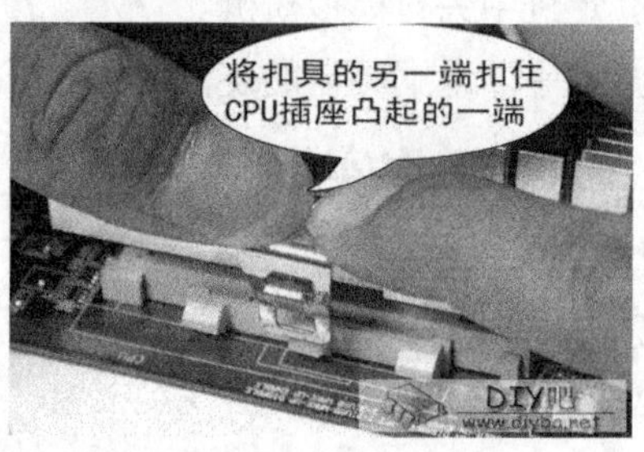

图1-30　将风扇另一边再扣住

图1-31　将CPU风扇电源线安装在指定的3针电源插针中

（4）安装内存时，注意卡槽的缺口位置和内存条的缺口位置要对应，如图1-32所示。先把内存两边的保险栓向外侧扳动，如图1-33所示，再用手抓住内存两端同时向下按，如图1-34所示，听到内存插槽两端保险栓发出咔嚓一声即可。

图1-32　内存的缺口要与主板上内存插槽上缺口对应

图1-33　先将内存插槽两边的保险栓向外侧扳动

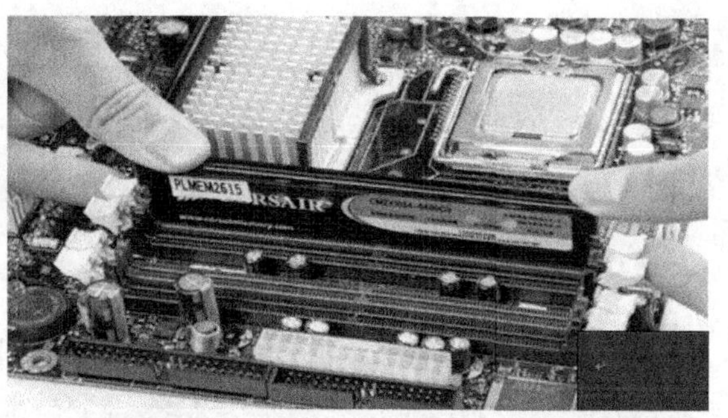

图1-34　两手同时用力向下摁，直到两边保险栓将内存卡住

（5）将主板安装在机箱内，如图1-35所示。

提示

根据主板的接口，来确定主板放入机箱的方向。通常主板只用6支螺钉即可固定，不能多也不能少！否则要么固定不稳，要么造成短路故障。将主板螺丝拧紧到位即可。

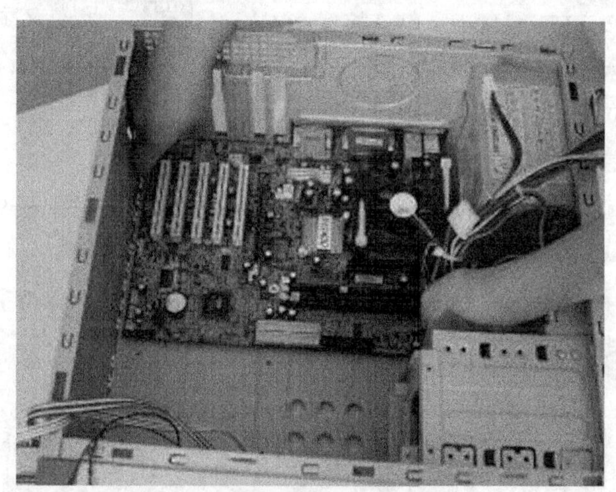
图1-35　安装主板

（6）安装机箱连接线如图1-36、图1-37和图1-38所示。

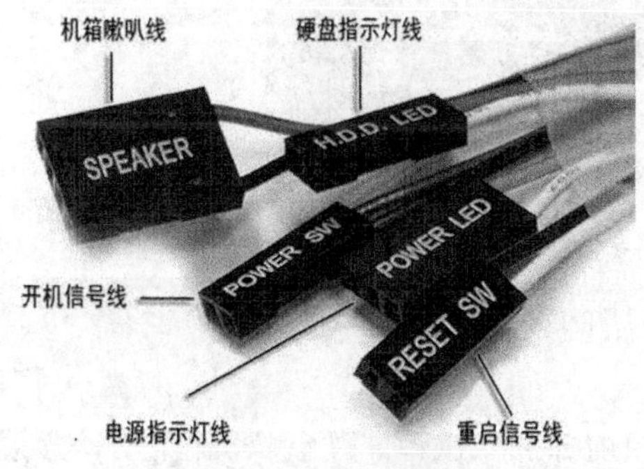

图1-36　机箱连接线

图1-37　主板连接线插针

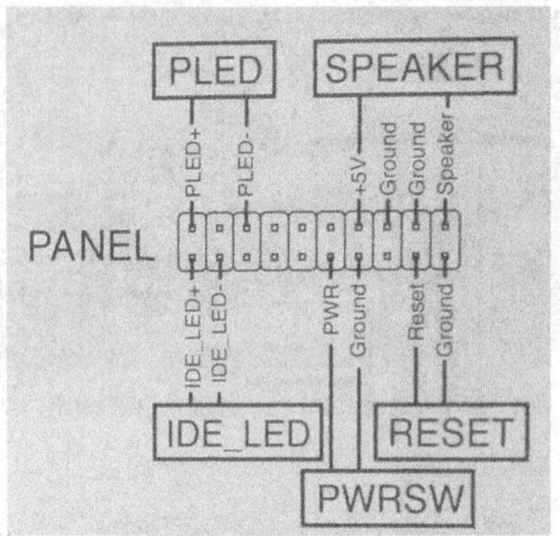

图1-38　主板连接线示意图

APower _SW = PWR_SW:电源开关连接线

Reset_SW:重新启动开关连接线

HDD_LED=IED_LED:硬盘指示灯连接线

Speaker:喇叭连接线

Power_LED=PWR_LED:电源指示灯连接线

安装时，根据主板上的示意图安装。

提示　根据电线插口上的英文字母与主板上的标识来辨别。

（7）安装其他扩展槽上板卡（包括显卡、声卡、网卡），如图1-39所示。

分清楚每块板卡所对应的扩展槽类型，各扩展卡保持适当间距，既有利于散热也防止干扰。螺钉不要安装过紧！

图1-39　安装各类扩展卡

（8）安装硬盘如图1-40所示、光驱如图1-41所示、软驱如图1-42所示。

光驱与软驱不要装反了，从机箱前部插入机箱。硬盘从机箱内部入到固定架子上，安装时一手托住硬盘，一手安装螺钉。

图1-40 安装硬盘

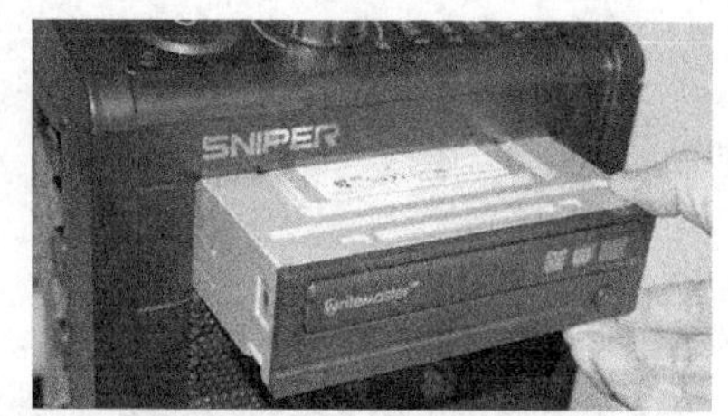

图1-41 安装光驱

图1-42 安装软驱

（9）连接数据线、电源线。主板电源线插入主板时，要注意卡子的位置；按照光驱→软驱→硬盘的顺序安装数据线与电源线；安装数据线时，数据线上的凸起部分与接口上的凹下部分要对齐后再插入。切记，不要用劲过大；安装电源线时，数据线上接口与设置上的接口对齐；遵循红对红原则。

硬盘接口如图1-43所示，硬盘、软驱数据线如图1-44所示，硬盘电源线插头如图1-45所示，数据线与电源线在安装时红对红如图1-46所示。

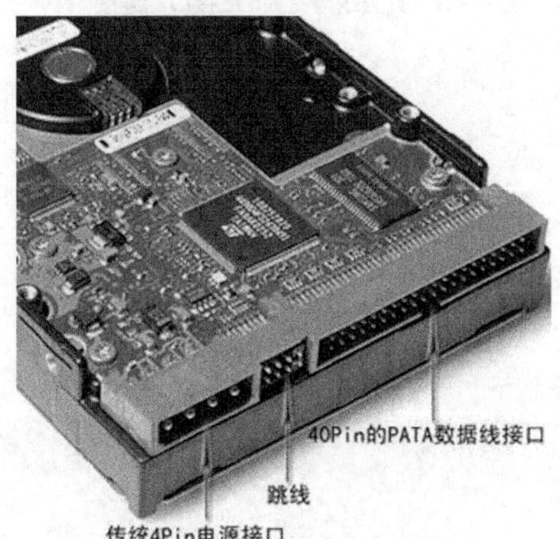

图1-43 硬盘接口示意图

图1-44 硬盘与软驱IDE数据线

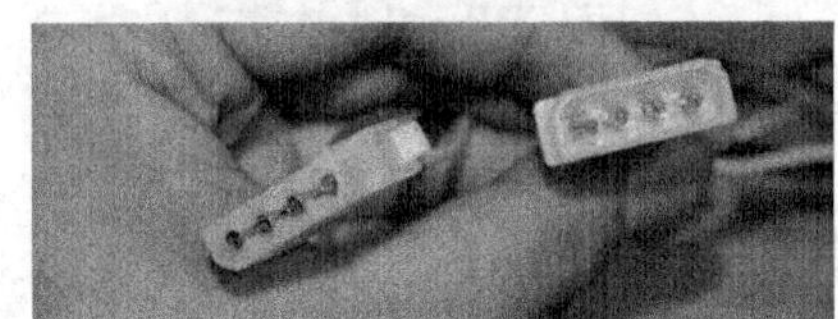

图1-45　硬盘电源线插头

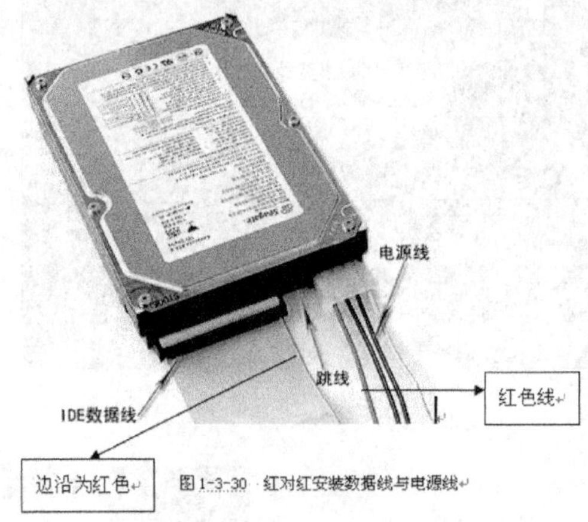

图1-46　红对红安装数据线与电源线

硬盘数据线连接如图1-47和图1-48所示，电源线连接如图1-49所示。

图1-47　数据线与硬盘接口的连接

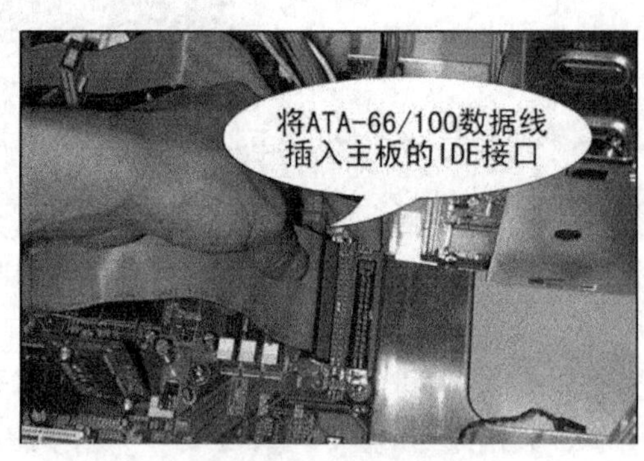

图1-48　数据线与主板IDE接口的连接

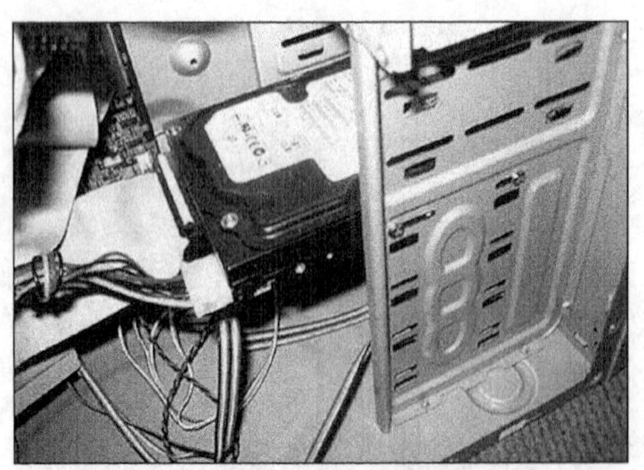

图1-49　硬盘电源线的连接

切记要断电操作，切记用力不要过大。

习题一

一、选择题

1. 硬件系统分为（　　）两大部分。

A. 主机和外部设备　B. 内存储器和显示器
C. 内部设备和键盘　D. 键盘和外部设备

2. 主机由（　　）组成。

A. 运算器、存储器和控制器　B. 运算器和控制器
C. 输入设备和输出设备　D. 存储器和控制器

3. 计算机之所以能够按照人的意图自动地进行操作，主要是因为采用了（　　）。

A. 二进制编码　B. 高级语言
C. 存储程序控制　D. 高速的电子元件

4. 一个计算机系统的硬件一般是由（　　）构成的。

A. CPU、键盘、鼠标和显示器
B. 运算器、控制器、存储器、输入设备和输出设备
C. 主机、显示器、打印机和电源
D. 主机、显示器和键盘

5. CPU是计算机硬件系统的核心，它是由（　　）组成的。

A. 运算器和存储器　B. 控制器和存储器
C. 运算器和控制器　D. 加法器和乘法器

6. 计算机的存储系统通常包括（　　）。

A. 内存储器和外存储器　B. 软盘和硬盘
C. ROM和RAM　D. 内存和硬盘

7. （　　）都属于计算机的输入设备。

A. 键盘和鼠标　B. 键盘和显示器
C. 键盘和打印机　D. 扫描仪和绘图仪

8. 下列说法中，只有（　　）是正确的。

A. ROM是只读存储器，其中的内容只能读一次，下次再读就读不出来了
B. 硬盘通常安装在主机箱内，所以硬盘属于内存
C. CPU不能直接与外存打交道
D. 任何存储器都有记忆能力，即其中的信息永远不会丢失

9. 操作系统是一种（　　）。

A. 目标程序　B. 应用支持软件　C. 系统软件　D. 应用软件

10. 在计算机软件系统中，用来管理计算机硬件和软件资源的是（　　）。

A. 程序设计语言　B. 操作系统　C. 诊断程序　D. 数据库管理系统

11. 财务管理软件是（　　）。

A. 汉字系统　　B. 应用软件　　C. 系统软件　　D. 字处理软件

12. 应用软件是指（　　）。

A. 所有能够使用的软件

B. 所有计算机上都应使用的基本软件

C. 专门为某一应用目的而编制的软件

D. 能被各应用单位共同使用的某种软件

13. “32位微型计算机”中的32指的是（　　）。

A. 微机型号　　B. 内存容量　　C. 存储单位　　D. 机器字长

14. 计算机能直接执行的程序是（　　）。

A. 机器语言程序　　B. BASIC语言程序

C. C语言程序　　D. 高级语言程序

15. 微型计算机存储器容量的基本单位是（　　）。

A. bit　　B. B　　C. M　　D. G

16. 将高级语言源程序“翻译”为目标程序有（　　）两种方式。

A. 编译和解释　　B. 编译和查询　　C. 编译和连接　　D. 连接和运行

17. 在微机中，访问速度最快的存储器是（　　）。

A. 硬盘　　B. U盘　　C. 光盘　　D. 内存

18. 下列是有关存储器读写速度的排列，正确的是（　　）。

A. RAM > Cache > 硬盘 > 软盘

B. Cache > RAM > 硬盘 > 软盘

C. Cache > 硬盘 > RAM > 软盘

D. RAM > 硬盘 > 软盘 > Cache

19. 微机在工作中尚未进行存盘操作，突然电源中断，则计算机（　　）将全部消失，再次通电后也不会恢复。

A. ROM和RAM中的信息　　B. ROM中的信息

C. 已存盘的数据和程序　　D. RAM中的信息

20. 内存是由（　　）构成的。

A. 随机存储器和软盘　　B. 随机存储器和只读存储器

C. 只读存储器和控制器　　D. 软盘和硬盘

21. ROM是（　　）。

A. 随机存储器　　B. 只读存储器　　C. 高速缓冲存储器　　D. 顺序存储器

22. 微型计算机中的内存储器的功能是（　　）。

A. 存储数据　　B. 输入数据　　C. 进行运算和控制　　D. 输出数据

23. 在下面的叙述中，正确的是（　　）。

A. 外存中的信息可直接被CPU处理

B. 键盘是输入设备，显示器是输出设备

C. 操作系统是一种很重要的应用软件

D. 计算机中使用的汉字编码和ASCⅡ码是一样的

24. 下列叙述中，正确的说法是（　　）。

A. 键盘、鼠标、扫描仪都是输入设备

B. 打印机、显示器、数字化仪都是输入设备

C. 显示器、扫描仪、打印机都不是输入设备

D. 键盘、鼠标和绘图仪都不是输出设备

25. 操作系统的主要功能是（　　）。

A. 实现软、硬件转换　　B. 管理系统的所有软、硬件资源

C. 把源程序转换为目标程序　　D. 进行数据处理

26. 计算机中数据存储采用的是（　　）。

A. 二进制数制　　B. 八进制数制　　C. 十进制数制　　D. 十六进制数制

27. 一个GB2312编码字符集中的汉字的机内码长度是（　　）。

A. 32位　　B. 24位　　C. 16位　　D. 8位

28. 计算机存储器中，组成一个字节的二进制位数是（　　）。

A. 4　　B. 8　　C. 16　　D. 32

29. 无符号二进制整数10111转变成十进制整数，其值是（　　）。

A. 17　　B. 19　　C. 21　　D. 23

30. 在微机中，1GB的准确值等于（　　）。

A. 1024Bytes×1024Bytes　　B. 1024KB

C. 1024MB　　D. 1000KB ×1000 KB

二、填空题

1. 电子计算机从其规模或系统功能，可以分为________、大型机、________、小型机和微型机等几个大类。微型计算机又可以分为台式计算机和________。

2. 台式计算机主要由________、显示器、________、________和音箱几个关键部件组成，主机箱内主要安装有电源、________、硬盘、________、________、________、显示卡和声卡等硬件设备。

3. 美籍匈牙利数学家冯·诺依曼提出了________和________的冯·诺依曼结构。冯·诺依曼计算机的硬件系统由运算器、________、存储器、________和输出设备5部分组成。

4. 计算机软件系统包括________和________两类，系统软件又包括________、语言处理系统、________及中间件等。

5. 我国在信息化建设方面已经取得了很大成就，如已建成的四大互联网络有：中国互联网、________、中国科技网和中国金桥网。

6. 计算机及时采集检测数据，按最佳值迅速地对控制对象进行控制或自动调节是计算机在________方面的应用。

7. 运算器又称算术逻辑单元，简称ALU，是计算机中执行各种________和________的

部件。

8. 计算机为了区分存储器中的各存储单元(每个字节对应一个存储单元)，把全部存储单元按顺序编号，这些编号称为________。

9. 计算机处理数据时，CPU通过数据总线一次存取、加工和传送的数据称为________。

10. 根据软件的用途，计算机软件一般分为系统软件和________两大类。

三、简答题

1. 微型计算机系统由哪几部分组成？其中硬件包括哪几部分？软件包括哪几部分？各部分的功能如何？

2. 微型计算机的存储体系如何？内存和外存各有什么特点？

3. 计算机的更新换代由什么决定？主要技术指标是什么？

4. 表示计算机存储器容量的单位是什么？如何由地址总线的根数来计算存储器的容量？KB、MB、GB代表什么意思？

四、操作题

1. 将二进制数$(1011.01)_2$转换成十进制数。

2. 将十进制数$(115)_{10}$转换成二进制数。

3. 将$(1CA)_{16}$转换为二进制数。

4. 将$(1101101101)_2$转换为十六制数。

5. 写出下列二进制数的原码、反码和补码（设字长为8位）。

（1）+010111　（2）+101011　（3）−101000　（4）−111111

PART 2

项目二 Windows 7操作系统

项目要点

- Windows 7操作系统的安装。
- Windows 7操作系统的启动和退出。
- “开始”菜单、桌面、窗口、菜单、对话框等基本概念。
- 窗口、任务栏的操作。
- 文件及文件夹的管理。
- Windows 7操作系统的个性设置。

技能目标

- 掌握窗口、任务栏的操作。
- 了解文件及文件夹的管理。
- 掌握系统的个性设置。
- 学会备份、安装Windows 7操作系统。

2.1 工作场景导入

【工作场景】

1. Windows 7操作系统的备份

小王是某公司信息技术部门的负责人，为了防止公司计算机的数据及应用等因计算机故障造成丢失及损坏，需要及时将Windows 7操作系统进行备份，确保在计算机发生故障时可以迅速还原系统，从而不影响公司的正常工作。那么，如何进行Windows 7操作系统的备份呢？

2. Windows 7操作系统的安装与操作

小张是某公司的文秘工作人员，在工作过程中计算机感染了病毒，导致系统不能工作和启动不了，那么如何操作才能重新安装系统呢？

【引导问题】

（1）你是否会安装Windows 7操作系统吗？

（2）在Windows 7操作系统中，你是否会进行窗口和任务栏的操作、文件夹及文件的相关操作吗？

（3）你是否会进行Windows 7操作系统的备份吗？

（4）你是否会重新安装Windows 7操作系统吗？

（5）你是否会对Windows 7系统的计算机文件进行基本操作吗？

2.2 操作系统基础

本节主要介绍操作系统的基础知识，包括操作系统的功能、发展、常用的操作系统，同时对Windows 7操作系统的特性进行简单的介绍。

2.2.1 操作系统的功能

操作系统（operating system，简称OS）是一个管理电脑硬件与软件资源的程序，同时也是计算机系统的内核与基石。操作系统是一个庞大的管理控制程序，大致包括5个方面的管理功能：进程与处理机管理、作业管理、存储管理、设备管理、文件管理。操作系统是管理计算机软、硬件资源，控制程序运行，改善人机界面和为应用软件提供运行环境的系统软件。

2.2.2 Windows 7系统基础

Microsoft Windows是美国微软公司研发的一套操作系统，它问世于1985年，起初仅仅是Microsoft-DOS模拟环境，后续的系统版本由于微软不断地更新升级，不但易用，也慢慢地成为人们最喜爱的操作系统。

Windows采用了图形化模式GUI，比起从前的DOS需要键入指令使用的方式更为人性化。随着电脑硬件和软件的不断升级，微软的Windows也在不断升级，从架构的16位、32

位再到64位，系统版本从最初的Windows 1.0 到大家熟知的Windows 95、Windows 98、Windows ME、Windows 2000、Windows 2003、Windows XP、Windows Vista、Windows 7、Windows 8、Windows 8.1、Windows 10 和 Windows Server服务器企业级操作系统，不断持续更新，微软一直在致力于Windows操作系统的开发和完善。

Windows 10是Windows 8.1的下一代操作系统。Windows 8.1的发布并未能满足用户对于新一代主流Windows系统的期待。代号为“Windows Threshold”的Windows10于2014年10月2日发布技术预览版，于2015年7月29日发行正式版。

2.3 Windows 7的安装、启动和退出

本项目2.3节主要介绍Windows 7系统对计算机硬件配置的基本要求、Windows 7系统安装前的准备工作及其安装过程。

2.3.1 Windows 7操作系统的安装

1. 安装前的准备

在安装Windows 7之前，需要通过BIOS设置光盘为第一启动盘，操作步骤如下。

（1）在计算机启动过程中根据界面上的提示按下“Delete”键不放，之后会进入CMOS设置界面，通过键盘上的方向键选择“Advanced BIOS Feature”选项，然后按下“Enter”键，如图2-1所示。

（2）进入BIOS设置界面，用方向键选择“First Boot Device”选项，然后按下“Enter”键；在弹出的列表中用方向键选择“CD-ROM”选项，然后按下“Enter”键，第一启动盘就被设置成光盘，如图2-2所示。

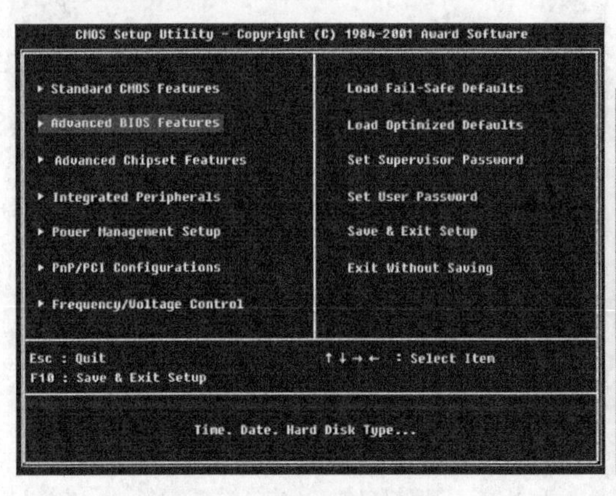

图2-1 CMOS设置界面

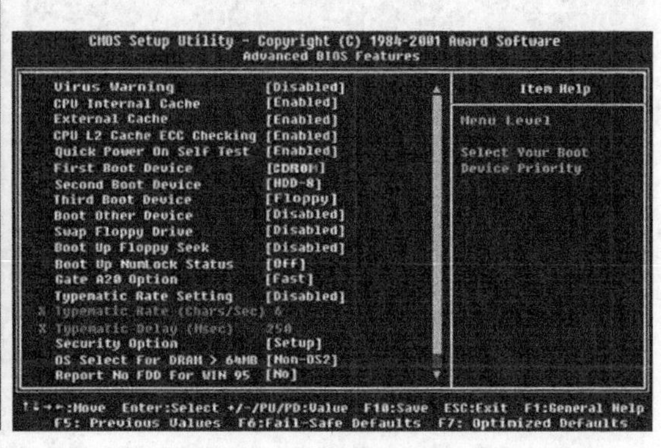

图2-2 BIOS设置界面

（3）按“Esc”键退出BIOS设置，回到主界面。用方向键选择“Save & Exit Setup”选项，按“Enter”键，弹出一对话框，按“Y”键，然后按“Enter”键，即可完成设置。

进入不同的BIOS的方法可能也会有不同。一般情况下是按“Delete”键进入BIOS，有的是按“F2”或“Tab”键进入BIOS的。一般开机后屏幕左下角会出现“Press<某键> To Enter Setup”的提示，按照提示按下相应键即可进入BIOS。

其他常见BIOS类型进入设置的方法如下。AMI BIOS：开机时看到屏幕提示按“Del”或“Esc”键；Phoenix BIOS：开机时看到屏幕提示按“F2”键；Compaq（康柏）：开机时看到屏幕提示按“F10”键。

常见品牌笔记本电脑进入BIOS方法：IBM（冷开机按“F1”键，部分新型号可以在重新启动时启动按“F1”键）；HP（启动和重新启动时按“F2”键）；SONY（启动和重新启动时按“F2”键）；Dell（启动和重新启动时按“F2”键）；Acer（启动和重新启动时按“F2”键）；Toshiba（冷开机时按ESC然后按“F1”键）；Compaq（开机到右上角出现闪动光标时按“F10”键，或者开机时按“F10”键）；Fujitsu（启动和重新启动时按“F2”键）。

2. 安装 Windows 7

设置好启动顺序后，将Windows 7系统安装盘放入光驱中，然后重新启动计算机，根据提示按任意键从DVD光驱启动，之后进入Windows 7的安装过程。

（1）系统通过光盘引导之后，进入Windows 7的初始安装界面，如图2-3所示。

（2）单击“现在安装”按钮，弹出如图2-4所示的对话框。

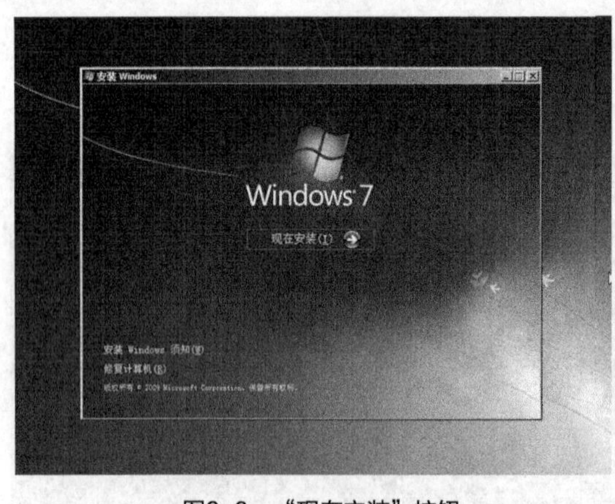

图2-3 “现在安装”按钮

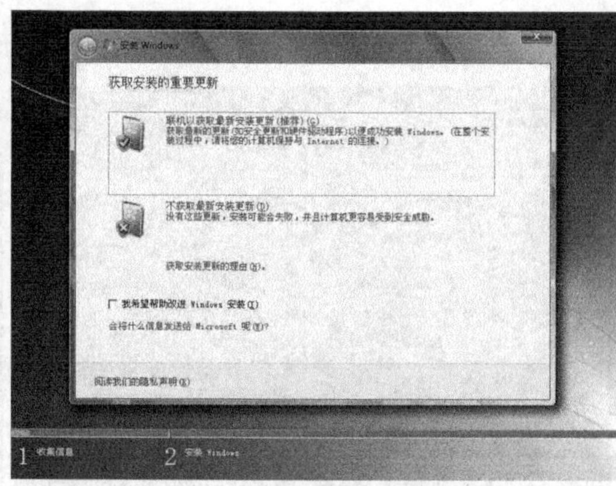

图2-4 获取安装的重要更新

（3）双击第二个选项，弹出如图2-5所示的对话框。进入协议许可界面，选中“我接受许可条款”复选框，单击“下一步”按钮，即进入安装方式选择界面，单击“自定义(高级)”选项，如图2-6所示。

（4）指定操作系统的安装位置。此时可以选择硬盘中的已有分区，或者使用硬盘上的未占用空间创建分区，如图2-7所示。

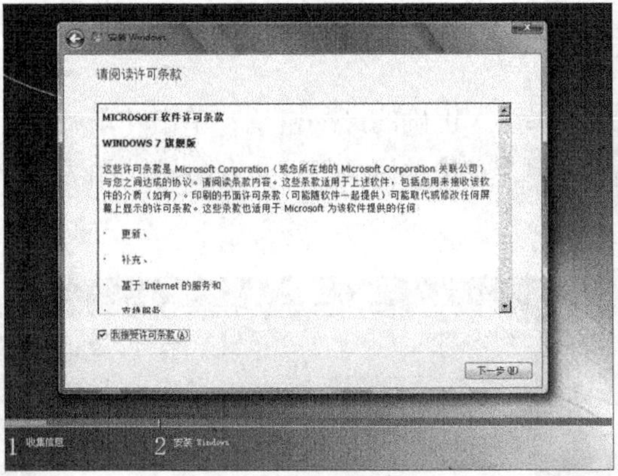

图2-5　协议许可界面

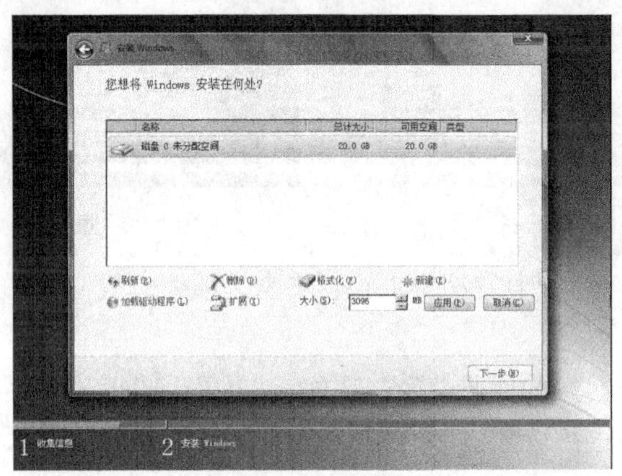

图2-6　安装方式选择界面

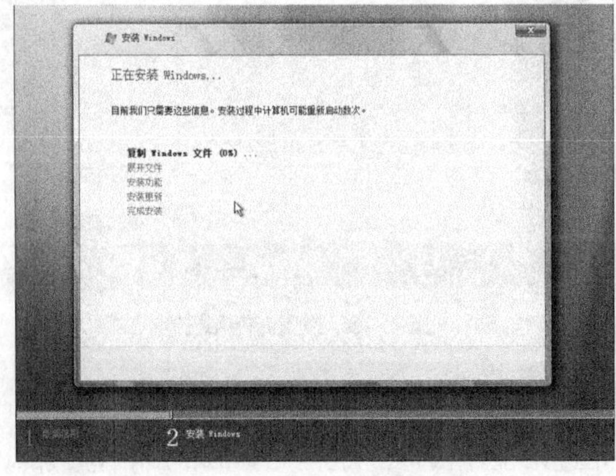

图2-7　Windows 7安装分区

（5）单击“下一步”按钮进入“正在安装Windows...”界面，Windows 7系统开始安装操作，并且依次完成安装功能、安装更新等步骤，如图2-8所示。

（6）安装完成之后，系统弹出如图2-9所示的对话框。

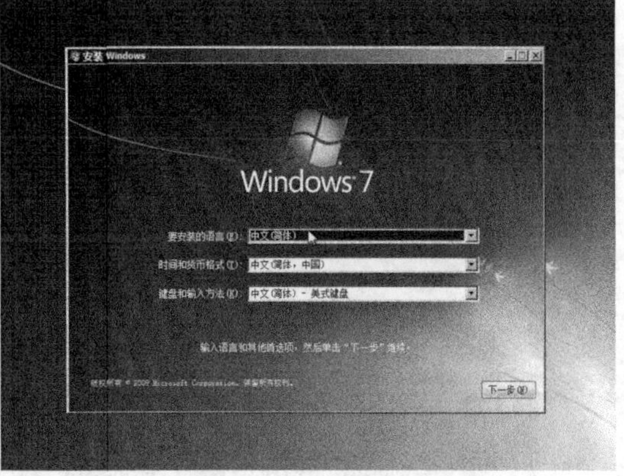

图2-8　Windows 7的安装过程　　　　图2-9　Windows 7国家与地区设置

（7）单击“下一步”按钮进入创建用户名界面，在“输入用户名”文本框中输入一个用户名；在“输入计算机名”文本框中输入计算机名，或者保持默认也可，如图2-10所示。

（8）单击“下一步”按钮进入输入密钥界面，输入正确的产品密钥，单击“下一步”按钮继续；若只是使用测试版，则无需输入产品密钥，直接单击“下一步”按钮，如图2-11所示。

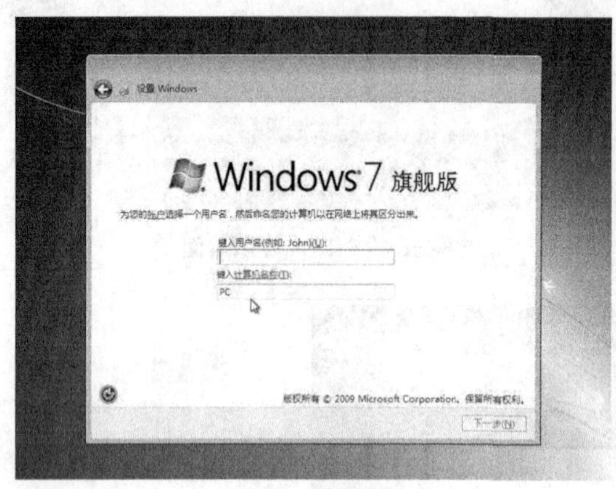

图2-10　创建用户名

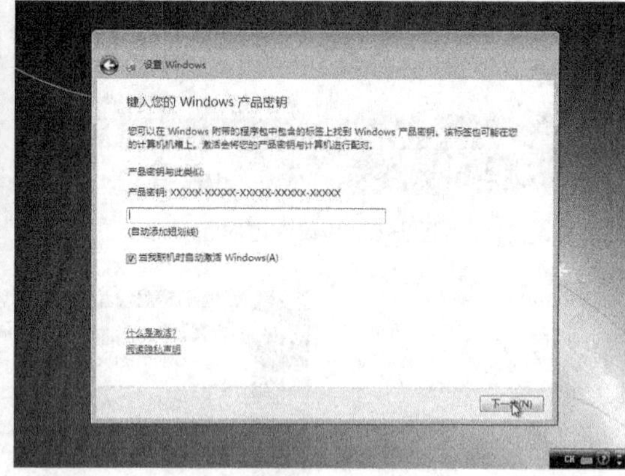

图2-11　输入密钥

（9）进入帮助自动保护计算机界面设置安全选项，一般情况下选择“使用推荐设置”选项，如图2-12所示。

（10）进入“查看时间和日期设置”界面，设置正确的时间和日期，如图2-13所示。当然也可以在安装成功后进行设置。

（11）系统进行最后的安装，直到出现期待已久的Windows 7桌面时，安装即告完成。

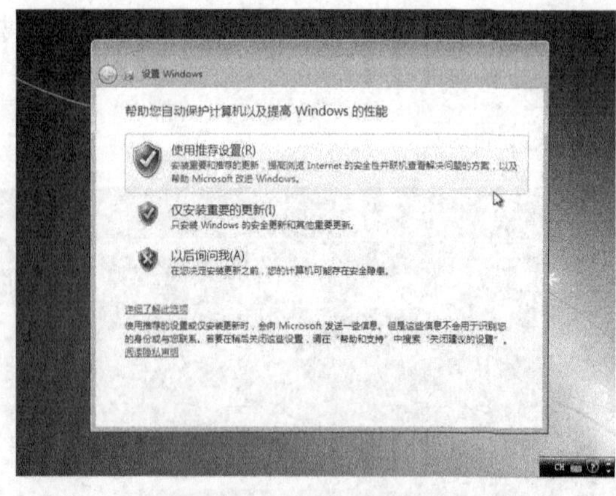

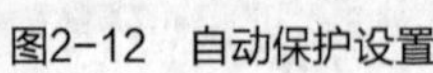
图2-12　自动保护设置

图2-13　设置时间和日期

2.3.2　Windows 7操作系统的启动

开启计算机后，Windows 7系统将自动开始进入工作状态，待系统自检和引导程序加载完毕之后，屏幕上将出现如图2-14所示的登录界面，此时输入安装系统时候设置的密码即可成功登录Windows 7系统。

图2-14 Windows 7登录界面

2.3.3 Windows 7操作系统的退出

单击屏幕中左下角的"开始"按钮，在弹出的菜单中单击 关机 按钮，即可完成Windows 7系统的关闭操作。

2.4 Windows 7的基本概念

本项目2.4节将介绍Windows 7中的基本概念，包括桌面、"开始"菜单、窗口、对话框、菜单的概念和组成。

2.4.1 桌面

启动Windows 7 以后，会出现如图2-15所示的画面，这就是通常所说的桌面。用户的工作都是在桌面上进行的，桌面上包括图标、任务栏、Windows边栏等部分。

图2-15 Windows 7桌面

1. 桌面图标

桌面上的小图片称为图标，如图2-15所示，它可以代表一个程序、文件、文件夹或其他项目。Windows 7的桌面上通常有"计算机""回收站"等图标和其他一些程序文件的快捷方式图标。

“计算机”表示当前计算机中的所有内容。双击这个图标可以快速查看硬盘、CD-ROM驱动器以及映射网络驱动器的内容。

“回收站”中保存着用户从硬盘中删除的文件或文件夹。当用户误删除或再次需要这些文件时，还可以到“回收站”中将其取回。

2. 任务栏

任务栏是位于屏幕底部的一个水平的长条，由“开始”按钮、“快速启动”工具栏、任务按钮区、通知区域4个部分组成，如图2-16所示。

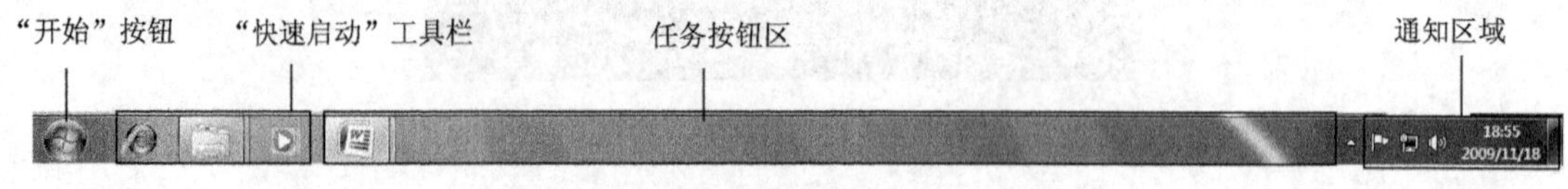

图2-16 任务栏

“开始”按钮：用于打开“开始”菜单。

“快速启动”工具栏：单击其中的按钮即可启动程序。

任务按钮区：显示已打开的程序和文档窗口的缩略图，并且可以在它们之间进行快速切换。单击任务按钮可以快速地在这些程序中进行切换。也可在任务按钮上单击鼠标右键，通过弹出的快捷菜单对程序进行控制。

通知区域：包括时钟、输入法、音量以及一些告知特定程序和计算机设置状态的图标。

3. Windows边栏

Windows边栏可以显示一些小工具，如便笺、股票、联系人、日历、时钟、天气、图片拼图板等，通过一些简单的操作便可以查询常用的信息。

4. 桌面背景

桌面背景又称为墙纸，可根据个人喜好更改桌面背景图案，或选择多个图片创建一个幻灯片，选择更改图片的间隔时间，即可播放幻灯片。

2.4.2 “开始”菜单

“开始”菜单是电脑程序、文件夹和设置的主门户，使用“开始”菜单可以方便地启动应用程序，打开文件夹，访问Internet和收发邮件等，也可对系统进行各种设置和管理。“开始”菜单的组成如图2-17所示。

左窗格：用于显示计算机上已经安装的程序。

右窗格：提供了对常用文件夹、文件、设置和其他功能访问的链接，如图片、文档、音乐、控制面板等。

用户图标：代表当前登录系统的用户。单击该图标，将打开“用户账户”窗口，以便进行用户设置。

搜索框：输入搜索关键词，单击“搜索”按钮即可在系统中查找相应的程序或文件。

系统关闭工具：其中包括一组工具，可以注销Windows、关闭或重新启动计算机，也可以锁定系统或切换用户，还可以使系统休眠或睡眠。

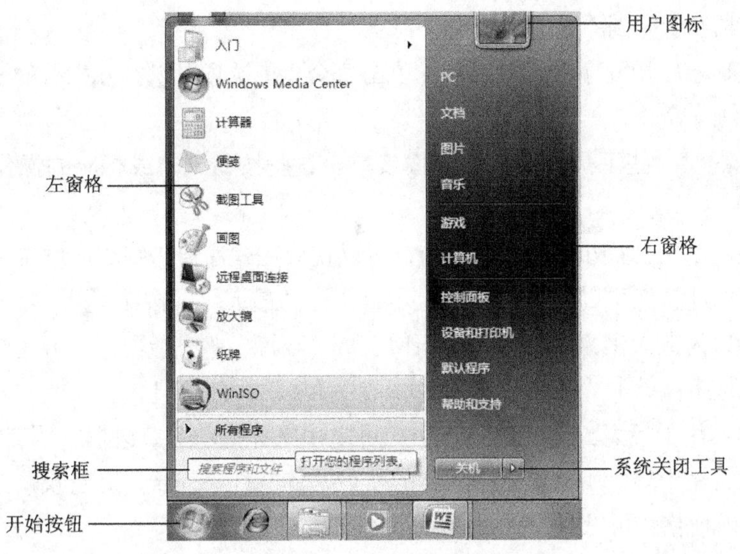

图2-17 “开始”菜单

2.4.3 窗口

每次打开一个应用程序或文件、文件夹后，屏幕上出现的一个长方形的区域就是窗口。在运行某一程序或在这个过程中打开一个对象，会自动打开一个窗口。下面以“计算机”窗口为例，介绍一下窗口的组成，如图2-18所示。

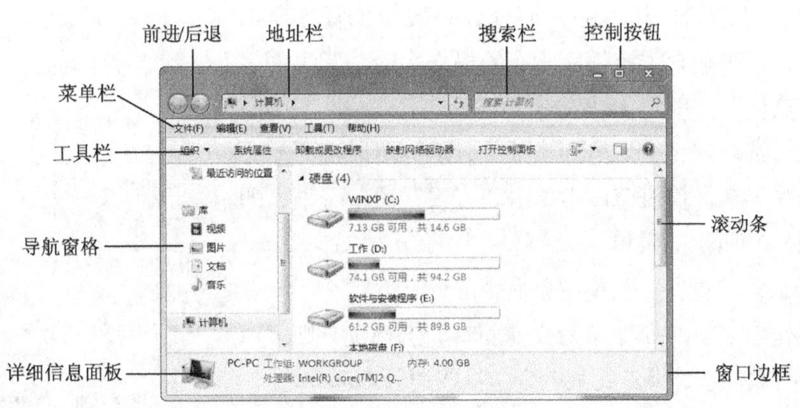

图2-18 “计算机”窗口

窗口的各组成部分及其功能介绍如下。

地址栏：在地址栏中可以看到当前打开窗口在计算机或网络上的位置。在地址栏中输入文件路径后，单击▸按钮，即可打开相应的文件。

搜索栏：在“搜索”框中输入关键词筛选出基于文件名和文件自身的文本、标记以及其他文件属性，可以在当前文件夹及其所有子文件夹中进行文件或文件夹的查找。搜索的结果将显示在文件列表中。

前进和后退按钮：使用“前进”和“后退”按钮导航到曾经打开的其他文件夹，而无需关闭当前窗口。这些按钮可与“地址”栏配合使用，例如，使用地址栏更改文件夹后，可以使用“后退”按钮返回到原来的文件夹。

菜单栏：显示应用程序的菜单选项。单击每个菜单选项可以打开相应的子菜单，从中可以选择需要的操作命令。

工具栏：提供一些工具按钮，可以直接单击这些按钮来完成相应的操作，以加快操作速度。

控制按钮：单击“最小化”按钮，可以使应用程序窗口缩小成屏幕下方任务栏上的一个按钮，单击此按钮可以恢复窗口的显示；单击“最大化”按钮，可以使窗口充满整个屏幕。当窗口为最大化窗口时，此按钮便变成“还原”按钮，单击此按钮可以使窗口恢复到原来的状态；单击“关闭”按钮可以关闭应用程序窗口。

窗口边框：用于标识窗口的边界。用户可以用鼠标拖动窗口边框以调节窗口的大小。

导航窗格：用于显示所选对象中包含的可展开的文件夹列表，以及收藏夹链接和保存的搜索。通过导航窗格，可以直接导航到所需文件的文件夹。

滚动条：拖动滚动条可以显示隐藏在窗口中的内容。

详细信息面板：用于显示与所选对象关联的最常见的属性。

2.4.4 菜单

菜单是一种形象化的称呼，它是一张命令列表，用户可以从菜单中选择所需的命令来指示程序执行相应的操作。

主菜单是程序窗口构成的一部分，一般位于程序窗口的地址栏下，几乎包含了该程序所有的操作命令。常见的主菜单包括“文件”“编辑”“查看”“工具”“帮助”等，单击这些菜单选项，将会弹出下拉菜单，从而可以选择相应的命令。例如，在计算机窗口中单击“查看”菜单选项，即可打开如图2-19所示的菜单。

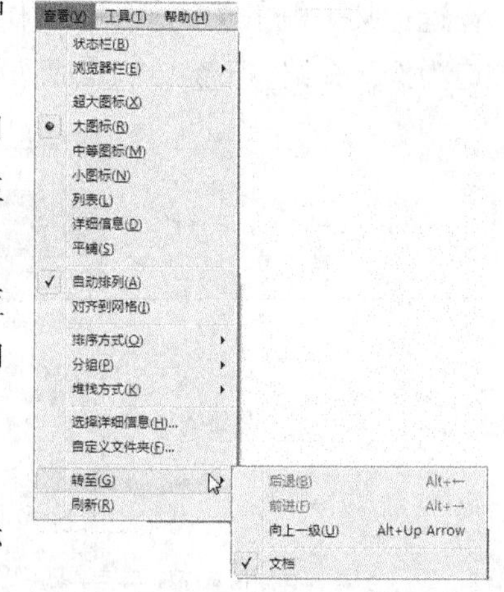

图2-19 “查看”菜单

下面来认识“查看”菜单中各命令的含义。

勾选标记✓：如果某菜单命令前面有勾选标记，则表示该命令处于有效状态，单击此菜单命令将取消该勾选标记。

圆点标记•：表示该菜单命令处于有效状态，与勾选标记的作用基本相同。但•是一个单选标记，在一组菜单命令中只允许一个菜单命令被选中，而✓标记无此限制。

省略号标记…：选择此类菜单命令，将打开一个对话框。

向右箭头标记▸：选择此类菜单命令，将在右侧弹出一个子菜单，如图2-19所示。

字母标记：在菜单命令的后面有一个用圆括号括起来的字母，称为“热键”，打开了某个菜单后，可以从键盘输入该字母来选择对应的菜单命令。例如，打开“查看”菜单后，按下L键即可执行“列表”命令。

快捷键：位于某个菜单命令的后面，如“Ctrl + →”。使用快捷键可以在不打开菜单的情况下，直接选择对应的菜单命令。

2.4.5　对话框

如果Windows在运行命令中需要更多信息，就会通过对话框提问。用户回答有关问题后，命令继续执行。与常规窗口不同的是不能改变形状大小，只可以移动。简单的对话框只有几个按钮，而复杂的对话框除了按钮之外，还包括下述的一项或多项，如图2-20和图2-21所示。

1. 文本框

文本框是一个用来输入文字的矩形区域，如图2-20所示的“姓名”文本框。

2. 列表框

列表框中会显示多个选项，用户可以从中选择一个或多个。被选中的选项会加亮显示或背景变暗。

3. 下拉列表框

下拉列表框是一种单行列表框，其右侧有一个下三角按钮，如图2-20所示的“配置”下拉列表框。单击该按钮将打开下拉列表框，可以从中选择需要的选项。

4. 命令按钮

单击对话框中的命令按钮，将开始执行按钮上显示的命令，如图2-20所示的“确定”按钮。单击“确定”按钮，系统将接受输入或选择的信息并关闭对话框。

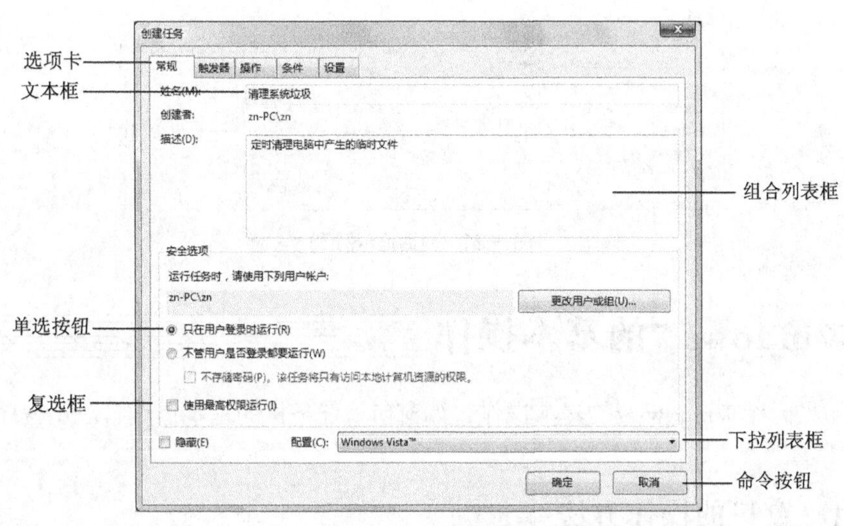

图2-20　对话框示例(1)

5. 单选按钮

单选按钮用圆圈表示，一般提供一组互斥的选项，其中只能有一项被选中。如果选择了另一个选项，原先的选择将被取消。被选中的选项用带点的圆圈表示，形状为“◉”，如图2-20所示。

6. 选项卡

当对话框包含的内容很多时，常会采用选项卡，每个选项卡中都含有不同的设置选项。

图2-20所示的是一个含有5个选项卡的对话框。实际上，每个选项卡都可以看成一个独立的对话框，但一次只能显示一个选项卡，要在不同的选项卡之间切换时，只要单击选项卡上方的文字标签即可。

7. **复选框**

复选框带有方框标识，一般提供一组相关选项，可以同时选中多个选项。被选中的选项的方框中出现一个“√”，形状为“☑”，如图2-21所示。

8. **数值微调框**

用于设置参数的大小，可以直接在其中输入数值，也可以单击微调框右边的微调按钮来改变数值的大小，如图2-21所示。

9. **组合列表框**

组合列表框好比是文本框和下拉列表框的组合，可以直接输入文字，也可以单击右侧的下三角按钮打开下拉列表框，从中选择所需的选项，如图2-21所示。

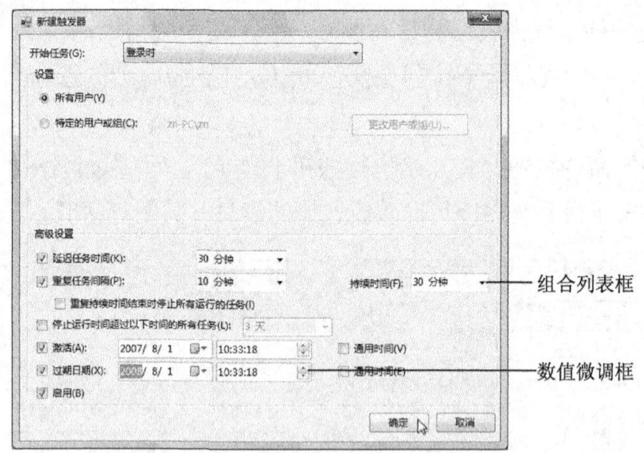

图2-21　对话框示例(2)

2.5　Windows 7的基本操作

本节主要介绍Windows 7的基本操作，如窗口、任务栏的基本操作、应用程序的启动方法等。

2.5.1　窗口的操作方法

Windows 7是一个多任务多窗口的操作系统，可以在桌面上同时打开多个窗口，但同一时刻只能对其中的一个窗口进行操作。

1. **窗口的最大化**

单击窗口右上角的“最大化”按钮或双击窗口的标题栏，可使窗口充满整个桌面。

提示

窗口最大化后，“最大化”按钮变成“还原”按钮，单击“还原”按钮或双击窗口的标题栏，可使窗口还原到原来的大小。

2. 关闭窗口

单击窗口右上角的“关闭”按钮即可关闭当前窗口。关闭窗口后，该窗口将从桌面和任务栏中被删除。

3. 隐藏窗口

隐藏窗口也称为“最小化”窗口。单击窗口右上角的“最小化”按钮后，窗口会从桌面消失，但在任务栏处仍会显示该窗口的任务按钮，单击该按钮，即可将窗口还原。

4. 调整窗口大小

拖动窗口的边框可以改变窗口的大小，具体操作步骤如下。

（1）将鼠标指标移动到要改变大小的窗口边框上（垂直边框、水平边框或一角），如移动到右侧边框上。

（2）待指针形状变为双向箭头时按住鼠标左键不放，拖动边框到适当位置后松开鼠标左键，此时窗口的大小已经被改变了。

5. 多窗口排列

如果在桌面上打开了多个程序或文档窗口，那么，前面打开的窗口将被后面打开的窗口覆盖。在Windows 7操作系统中，提供了层叠显示窗口、堆叠显示窗口和并排显示窗口3种排列方式。

排列窗口的方法为：在任务栏的空白处单击鼠标右键，从弹出的快捷菜单中选择一种窗口的排列方式，例如，选择“并排显示窗口”命令，多个窗口将以“并排显示窗口”顺序显示在桌面上，如图2-22所示。

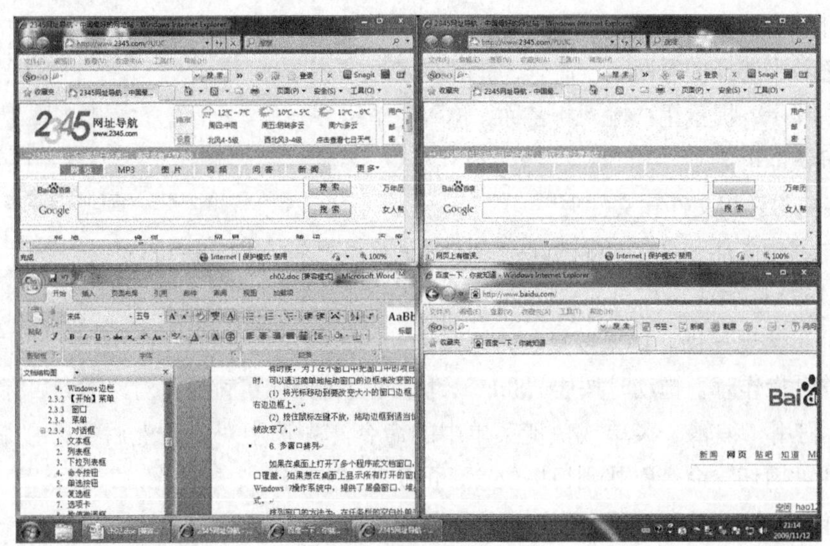

图2-22　多个窗口并排显示

2.5.2 文件与文件夹的操作方法

1. 选定文件和文件夹

对文件或文件夹操作都必须遵守一个原则：先选定对象，然后再操作。

（1）选择单个对象。单击某个文件或文件夹，使之呈现高亮反白显示状态。

（2）全部选定。选择“编辑”菜单中的“全选”命令，或按住“Ctrl+ A”组合键即可选中所有的文件和文件夹。

（3）选择多个连续的对象。先选定第一个对象，然后按住“Shift”键，再单击最后一个对象。

（4）选择多个不连续的对象。先选定第一个对象，然后按住“Ctrl”键，再单击其他所需对象。

（5）取消选定。按住“Ctrl”键，然后依次单击要取消的对象或在空白处单击。

2. 新建文件夹

为了更好地管理和查找文件，我们往往需要创建新的文件夹。具体操作步骤如下。

（1）启动资源管理器，在其左窗口的文件夹列表框中选定一个文件夹或驱动器图标。

（2）把鼠标指向内容列表的空白处，单击鼠标右键，在弹出的快捷菜单中选择“新建”命令。

（3）在弹出的下一级菜单中选择“文件夹”命令，如图2-23所示。

（4）在内容列表框中出现了一个黄色的新的文件夹图标，其默认名字为“新建文件夹”呈反白显示，提示用户输入文件夹的名称，输入完毕按回车键确定，即可创建一个新的文件夹了。

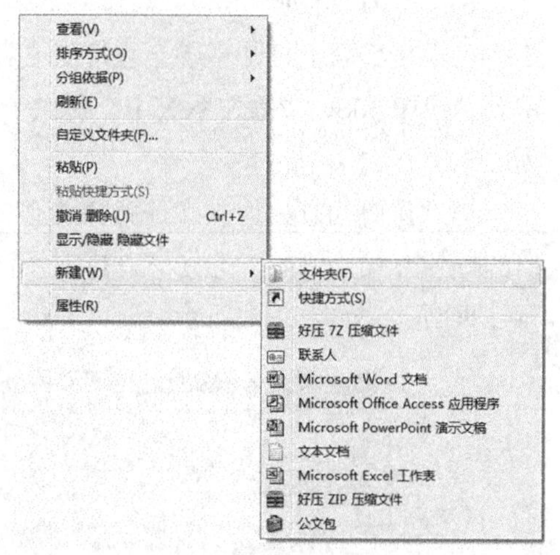

图2-23 窗口快捷菜单

3. 文件与文件夹的更改名称

右键单击要更改名称的文件或文件夹，从弹出的快捷菜单中选择“重命名”命令，此时在名称区域呈反白显示，提示用户输入新名称。输入完毕按回车键确认即可。

4. 移动与复制文件和文件夹

复制与移动文件和文件夹的方法很多，下面介绍几种常用方法。

（1）鼠标拖动法。在同一驱动器内进行移动操作时，可以直接将对象用鼠标拖到目的地，松手即可实现移动。如果要复制，则在拖动的过程中按住“Ctrl”键；在不同的驱动器之间进行移动操作时，拖动时按住“Shift”键，而复制操作可直接将对象拖到目标位置。

（2）利用“编辑”菜单或快捷菜单中的命令。先选中对象，然后执行“编辑”中的“复制”或“剪切”命令，找到目标位置，再执行“编辑”中的“粘贴”命令即可实现复制或移动操作。快捷菜单的使用方法与“编辑”中的命令使用方法一样。

（3）利用快捷键。选定对象，然后按“Ctrl+X”键执行剪切或按住“Ctrl+C”键执行复制，然后找到目标位置，再按“Ctrl+V”键执行粘贴。

5. 删除与恢复文件或文件夹

选定要删除的对象，然后按“Delete”键；或者右键单击要删除的对象，从弹出的快捷菜单中选择“删除”命令。在通常情况下，将被删除的对象放入“回收站”。

若要将文件或文件夹真正从磁盘中删除，选定对象以后，按住“Shift+Delete”键，从而直接从磁盘中将该对象删除，而不送入“回收站”。

如果要恢复某一个在回收站中的对象，应该打开“回收站”，选择“还原”命令，即可将该对象恢复到原来的位置。这些操作与前面讲到的图标的删除操作类似。

2.5.3 资源管理器

资源管理器以分层的方式显示计算机内所有文件的详细图表。使用资源管理器可以更方便地实现浏览、查看、移动和复制文件或文件夹，用户可以不必打开多个窗口，只在一个窗口中就可以浏览所有的磁盘和文件夹。

打开资源管理器的步骤如下。

（1）单击按钮，打开“开始”菜单，选择“所有程序”。

（2）单击“附件”，选择“Windows资源管理器”命令，打开“Windows资源管理器”窗口，如图2-24所示。

图2-24 “Windows7资源管理器”窗口

2.5.4 计算机

“计算机”是Windows 7的一个系统文件夹，通过“计算机”可以快速方便地查看和管理计算机中的所有资源。

1. 打开“计算机”窗口

单击任务栏上“开始”按钮，在弹出的“开始”菜单中选择“计算机”命令，便可打开“计算机”窗口；如果“计算机”已被选择“在桌面上显示”，则可直接在桌面上双击“计算机”图标，也可打开“计算机”窗口，如图2-25所示。

图2-25 “计算机”窗口

2. 使用“计算机”窗口

在“计算机”窗口中可以方便地浏览计算机中的资源，对文件或文件夹进行操作等。

（1）通过双击窗口右边的图标，则可打开相应的磁盘或文件夹所包含的内容。若单击，则会在窗口左边的详细信息栏显示所选中对象的信息。

（2）在地址栏中输入文件或文件夹所在的路径，则会在窗口右边显示相应的内容。

（3）在“计算机”窗口中可以实现文件或文件夹的创建、复制等操作。

3. 关闭“计算机”窗口

（1）单击“关闭”按钮。

（2）选择“文件”菜单中的“关闭”命令。

2.5.5 剪贴板的使用

剪贴板是操作系统在内存中开辟的一块临时存放信息的存储区域。该区域可以为所有的“Windows”程序使用，可以存放文字、图形、图像、文件、文件夹等各种交换信息。当用户执行“复制”或“剪切”操作时，被复制或剪切的内容就会自动地放在剪贴板上，随后，就可以把这些信息从剪贴板粘贴到其他应用程序或文档中。需要说明的是，剪切板上只能存放一条信息，而且是最新放入的内容。但可以根据需要进行多次粘贴。当有新的信息进入剪贴板时，原有信息将会被覆盖掉；如果一直没有新的信息替换，则原有信息将一直保存，直到注销当前用户或退出Windows 7系统。

1. 剪贴板的操作步骤

（1）选中对象，然后执行“复制”或者“剪切”操作，信息就自动保存在剪贴板中。

（2）找到目标位置，执行“粘贴”操作，就可以将剪贴板中的信息粘贴到所需要的位置。

2. 抓屏操作

在Windows 中，系统允许用户使用剪贴板来复制屏幕或窗口的图像（以位图方式保存），然后将复制的图像粘贴到相应的应用程序中，或者将其作为图片保存起来。例如，可以将抓到的图片粘贴到Windows自带的“画图”或“Word”等应用程序。尤其是粘贴到Windows自带的“画图”程序中，还可根据需要进行编辑修改，保存为所需要的图片格式。操作步骤如下。

（1）在所需复制的屏幕或窗口下，按键盘上的“Print Screen”键复制整个屏幕。

（2）打开“画图”程序窗口。

（3）执行“编辑”→“粘贴”命令，此时被复制的屏幕内容就会显示在“画图”窗口中，如图2-26所示。

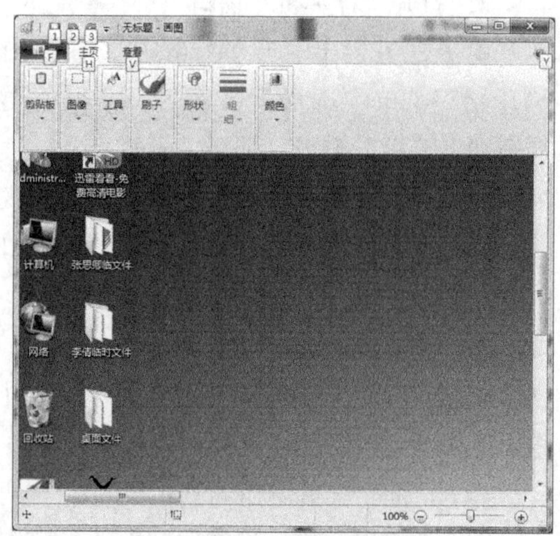

图 2-26　画图程序中的屏幕图像

（4）如果需要保存该图像，可以执行“文件”→“保存”或“文件”→“另存为”命令。（说明：该图像经过保存后还可以设置为桌面背景。操作方法是选择“文件”→“设为墙纸”命令即可）

若用户仅需得到当前活动窗口的图像，可以按键盘上的“Alt+Print Screen”键，后面的操作与前面抓屏操作方法相同。关于画图应用程序的具体使用方法，我们会在下一节里详细介绍。

2.6 Windows 7的磁盘管理

在计算机的日常使用过程中会存储着许多个人和公司的重要数据，同时不可避免地会经常安装、卸载以及进行文件的复制、移动、删除等操作。而这样的操作过一段时间后，计算机硬盘上将会产生很多种磁盘碎片或大量的临时文件等。因此，用户需要定期对磁盘进行管理，以使计算机处于良好的运行状态。

2.6.1 格式化磁盘

“格式化磁盘”是指对磁盘进行初始化，以便能够在其中保存数据的操作，格式化磁盘可分为格式化硬盘和格式化软盘、U盘等。格式化硬盘又可分为高级格式化和低级格式化。高级格式化是指在Windows 7操作系统下对硬盘进行的格式化操作；低级格式化是指在高级格式化操作之前，对硬盘进行的分区和物理格式化。这里主要介绍如何进行软盘和硬盘格式化。

1. U盘格式化

（1）把需要格式化的U盘插入USB接口。

（2）打开“计算机”或“资源管理器”，在相应的U盘图标上单击鼠标右键，弹出一个快捷菜单，并在快捷菜单中选择“格式化”选项，出现如图2-27所示的格式化对话框。

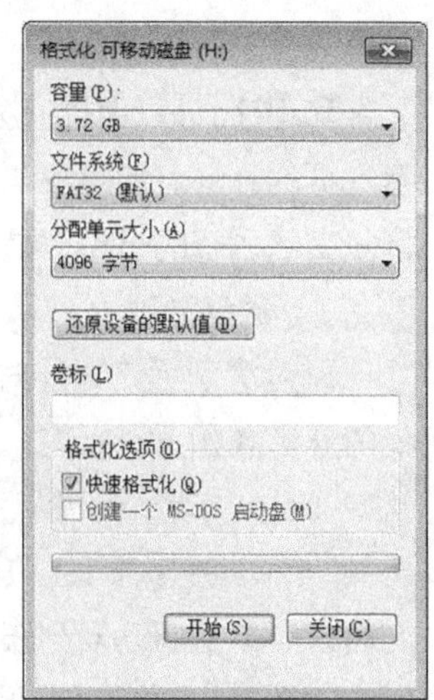

图2-27 格式化窗口

（3）在“容量”下拉列表中选择需要格式化的U盘容量。

（4）在“文件系统”下拉列表中指定磁盘的文件系统为FAT，“分配单元大小”为默认配置大小，在“卷标”文本框中可输入该磁盘的卷标。

（5）在“格式化选项”区域中单击某个选项，选择格式化方式。

快速格式化：它相当于删除U盘中的所有文件。这种方式的格式化速度比较快，如果取消对“快速格式化”复选框的选定的方式来格式化U盘，则系统将对U盘进行全面格式化，在此过程中它会检查磁盘是否损坏，并把损坏的部分屏蔽掉。

2. 硬盘格式化

硬盘格式化比软盘格式化复杂得多，一般分为以下3个步骤。

（1）低级格式化。

（2）硬盘分区。

（3）高级格式化。

低级格式化就是物理格式化，可通过专门的工具软件来进行，另外许多主板的CMOS也可对硬盘进行低级格式化。然后可以通过硬盘分区工具，如FDISK程序对硬盘进行分区，比如将一个80GB的硬盘分成C、D、E、F、G 5个区，每个区可以平均分配16GB，也可以根据情况分配各个区的空间大小。分区后，再对每个分区进行高级格式化（也称为逻辑格式化），则每个分区相当于一个逻辑硬盘。

高级格式化操作可以通过DOS命令FORMAT来进行，也可以在Windows 7中进行，其操作步骤如下。

（1）如果要格式化的硬盘存储有重要的数据，请先备份。并且切记，不能对主分区和安装有系统的分区进行格式化，否则就会导致计算机无法启动。

（2）打开“计算机”，在要格式化的硬盘驱动器图标上单击鼠标右键，选择弹出的快捷菜单中的“格式化”命令，就会显示与图2-27类似的窗口。

（3）与软盘格式化稍有不同的是，格式化硬盘时，可以在“文件系统”列表中选择FAT32，也可以选择NTFS，后者是一种专用于NT系统的文件系统格式。如果选择这种格式，则下面的“启用压缩”复选框就被激活，选中它，可以增大系统管理的磁盘容量。

（4）设置完毕后，单击“开始”按钮。

2.6.2 磁盘清理、扫描

WINDOWS操作系统有一个共同的问题——运行中会产生大量垃圾文件，造成系统越来越庞大，运行效率会明显降低。因此用户需要定期进行磁盘清理工作，清除掉没有用的临时文件和程序，以便释放磁盘空间。有时由于用户的不当操作和不正常的关机，都可能导致磁盘数据的损坏，包括磁盘的逻辑性损坏和物理性损坏，这时用户就需要使用“磁盘查错”来修复文件系统的错误，恢复坏扇区。

1. 磁盘清理

磁盘清理程序只能对软盘和本地硬盘进行清理，不能清理CD-ROM和网络驱动器。磁盘清理步骤如下。

（1）执行“开始”→“程序”→“附件”→“系统工具”→“磁盘清理工具”菜单命令，弹出如图2-28所示的窗口。单击驱动器列表框右边的三角按钮，列出本机的所有驱动器，包括软驱和硬盘驱动器，从中选择一个要清理的驱动器，用鼠标单击一下即可。

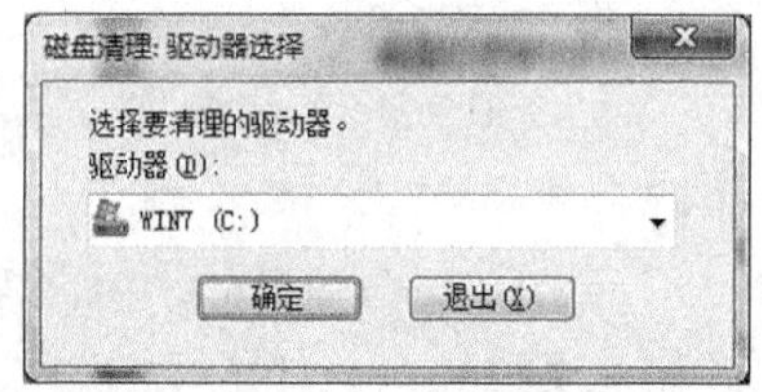

图2-28 磁盘清理——选择驱动器窗口

（2）单击“确定”按钮，系统弹出如图2-29所示的窗口。在“要删除的文件”列表中列出了可能造成垃圾文件的几个方面。要想清除哪一方面的垃圾文件，在它前面的方块中打上了“√”，单击“查看文件”按钮可以列出选定内容包含的垃圾文件，单击“确定”按钮开始清除。

（3）当出现提示窗口“确实要删除文件吗？”，单击“是”按钮。

（4）接着出现一个窗口，蓝条走满100%后清理工作结束。

（5）如果用户需要删除某个不用的Windows组件，可以在磁盘清理对话框中，单击“其他选项”标签，打开“其他选项”选项卡，如图2-30所示。

（6）在该标签页中单击“Windows组件”或“安装的组件”选项区域中的“清理”按

钮，则可删除不用的可选Windows组件或卸载不用的安装程序。

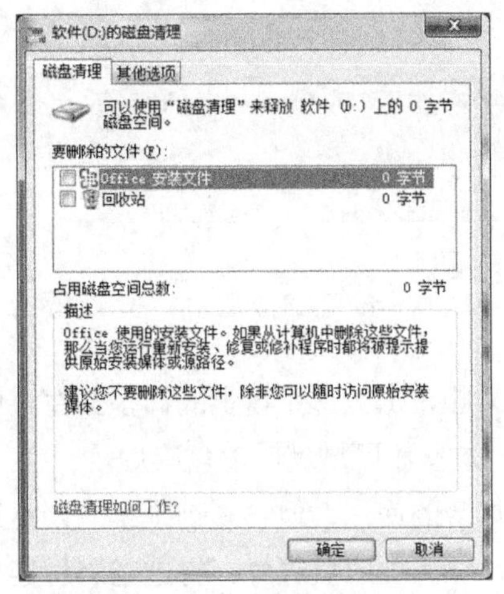

图2-29 “磁盘清理”窗口

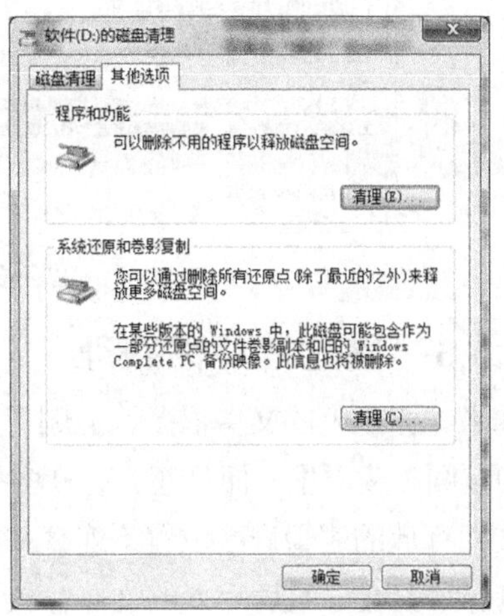

图2-30 “其他选项”标签页

2. 磁盘扫描

磁盘扫描程序可以扫描并修复一些多发性的简单的磁盘错误，它能检查用“磁盘空间管理”程序和Doublespace工具压缩过的磁盘，但不能检查光盘驱动器、网络驱动器以及用Assign、subst、join或interlink创建的磁盘。所以经常进行磁盘扫描可以发现小错误以便及时修复，以免小错酿成不可修复的大错，带来不必要的损失。

若需要用“扫描磁盘程序”检测磁盘错误，可按下列步骤进行。

① 打开“计算机”或“资源管理器”窗口，右键单击要进行磁盘查错的磁盘图标，在弹出的快捷菜单中选择“属性”命令。

② 在“磁盘属性”对话框中选择“工具”选项卡，单击该选项卡中“查错”选项区域的“开始检查”按钮，就弹出“检查磁盘”对话框，如图2-31所示。

③ 在该对话中选择“自动修复文件系统错误”和“扫描并尝试恢复坏扇区”选项，单击“开始”按钮，即可开始进行磁盘查错，在“进度”框中可看到磁盘查错的进度，如图2-32所示。

④ 磁盘查错完毕后将弹出“检查完成”对话框，如图2-33所示。

⑤ 单击“确定”按钮即可。

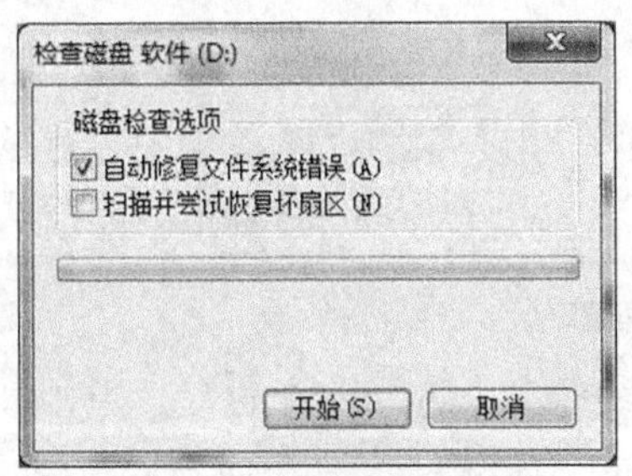

图2-31 “检查磁盘窗口”窗口

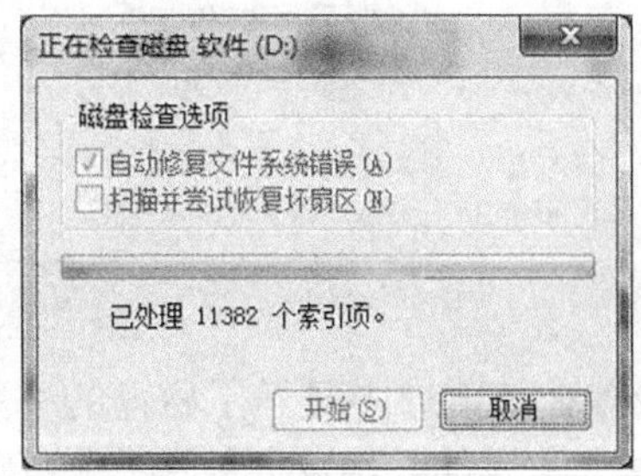

图2-32 “正在检查磁盘”窗口

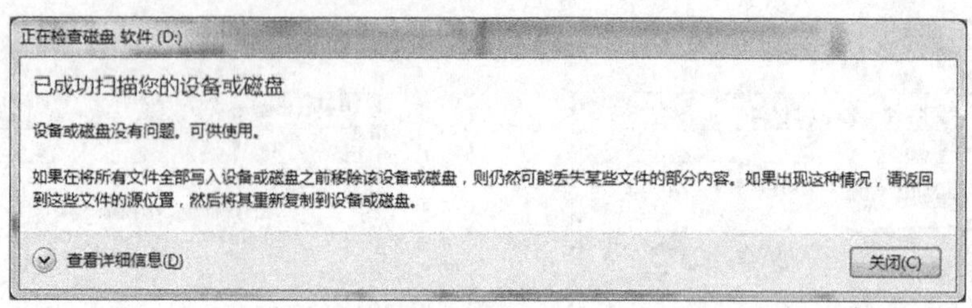

图2-33　“检查完成”窗口

2.6.3　磁盘碎片的整理

如果一张盘上的文件很多，且删了又写，写了又删，那么这张盘上的许多文件存储在不连续的空间（簇）里，而且还会有许多剩余小区域，这些小区域就叫磁盘碎片。

文件存放的逻辑扇区位置不连续并不影响文件本身的使用，但它影响系统的读盘速度。而磁盘碎片又会导致后写入的文件存放不连续。因此，清理磁盘碎片，将这些碎片连接成大的连续区域，可以较大幅度地提高系统效率。

要想提高系统的整体速度，就必须定期地整理文件磁盘，使每一个文件放在连续的簇里，Windows 7中的系统工具提供了磁盘碎片整理程序，可以对文件进行重新组织。

具体操作步骤如下。

（1）执行“开始”→“程序”→“附件”→“磁盘碎片整理程序”菜单命令，弹出如图2-34所示的窗口。

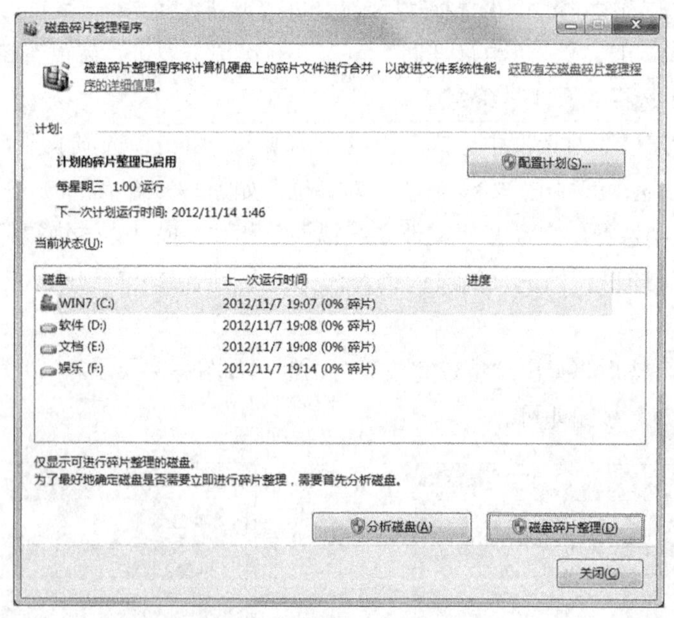

图2-34　碎片整理理窗口

（2）在该窗口中显示了磁盘的一些状态和系统信息。选择一个磁盘，单击“分析磁盘”按钮，系统即分析该磁盘是否需要进行磁盘整理，并弹出是否需要进行磁盘碎片整理的“磁盘碎片整理程序”对话框，如图2-35所示。

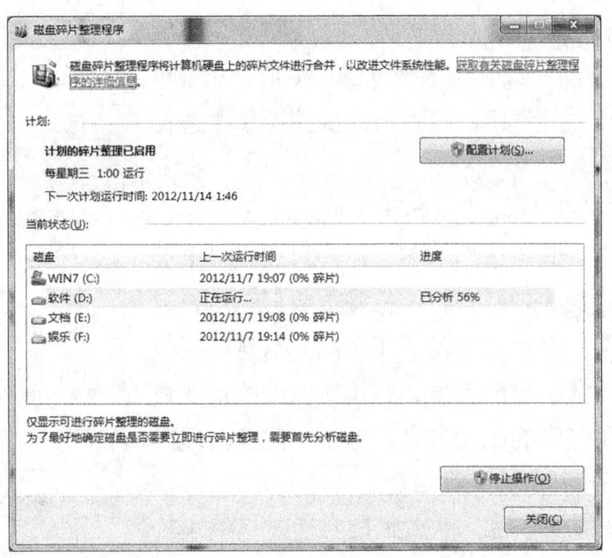

图2-35 “正在完成分析（D:）”窗口

（3）在该对话框中单击“停止操作”按钮，可停止“整理”。该对话中显示了该磁盘的卷标信息及最零碎的文件信息。

（4）单击“碎片整理”按钮，即可开始磁盘碎片整理程序。

（5）整理完毕后，系统会打开“已完成碎片整理（D:）”对话框，也可以单击“关闭”按钮结束碎片整理操作，如图2-36所示。

图2-36 “分析报告”窗口

2.6.4 查看磁盘属性

磁盘的属性包括磁盘的类型、文件系统、空间大小、卷标信息等常规信息，以及磁盘的查错、碎片整理等处理程序和磁盘的硬件信息等。例如，我们以驱动器C为例来介绍如何设置磁盘的属性。具体操作步骤如下。

（1）打开“计算机”或“资源管理器”窗口，右键单击要查看属性的“C”盘图标，在弹出的快捷菜单中选择“属性”命令。

（2）系统弹出“磁盘属性”对话框，如图2-37所示。选择“常规”选项卡，在该选项卡中，用户可以在最上面的文本框中键入该磁盘的卷标；在该标签页中显示了该磁盘的类型、文件系统、已用空间及可用空间等信息；在该标签页的下部显示了该磁盘的容量，并用饼状图的形式显示了已用空间和可用空间的比例信息。单击“磁盘清理”按钮，可启动磁盘清理程序，进行磁盘清理。

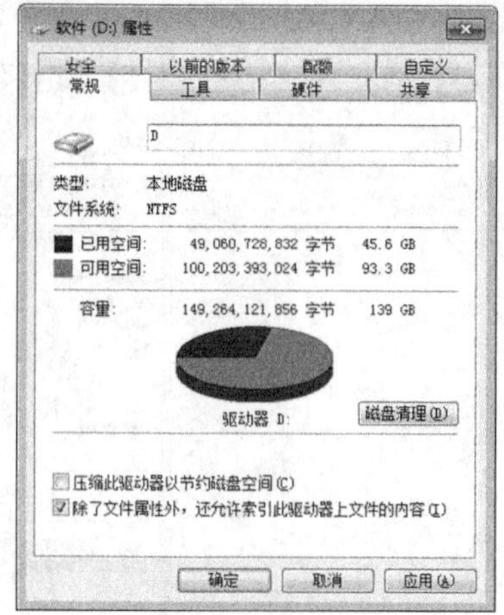

图2-37　磁盘属性窗口

（3）管理和设置完毕后，单击磁盘属性对话框中的“确定”按钮以使设置生效。

2.7　控制面板

2.7.1　用户账户管理

1. 账户类型

使用计算机账户可以根据用户的个人爱好、习惯及使用计算机的权限大小等将系统中的账户分为两类：管理员账户和受限账户。

（1）管理员账户类型。该账户拥有使用计算机的最大权利，可以安装新的程序或增删硬件、访问计算机中所有的文件。本计算机中的所有其他用户账户都归管理员账户管。需要说明的一点是，管理员账户可以设置多个，它们拥有相同的权利。第一个管理员账户是在安装Windows 7的过程中自动创建的，其默认用户名为“Administrator”。

（2）受限账户类型。账户只享有使用计算机的部分权利，只能在自己的小空间内活动，不能随意删除重要文件、更改软硬件配置等。

2. 切换账户

在不同账户间的切换，可以单击“开始”→“关机”命令后面的右三角形，打开如图2-38所示的对话框。单击“切换用户按钮”即可出现“欢迎使用”的登录界面，选择相应的账户，如事先设有密码则输入密码，在不重启计算机的情况下系统开始装入所选用户的配置信息。

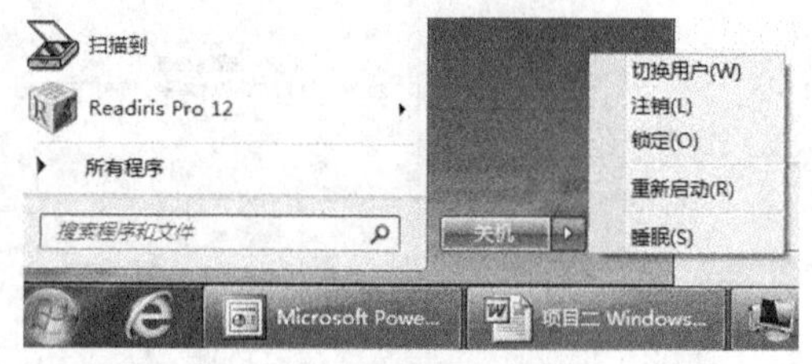

图2-38　切换用户对话框

3. 创建新账户

具体操作步骤：用管理员账户登录系统后，打开控制面板，单击“用户账户”选项，出现如图2-39所示的“用户账户”窗口，选择“创建一个新账户”。然后在窗口中输入新的账户名称，单击“下一步”；再选择账户类型（管理员账户还是受限账户），如图2-40所示。最后单击“创建账户”则又返回主页，即如图2-39所示的窗口。

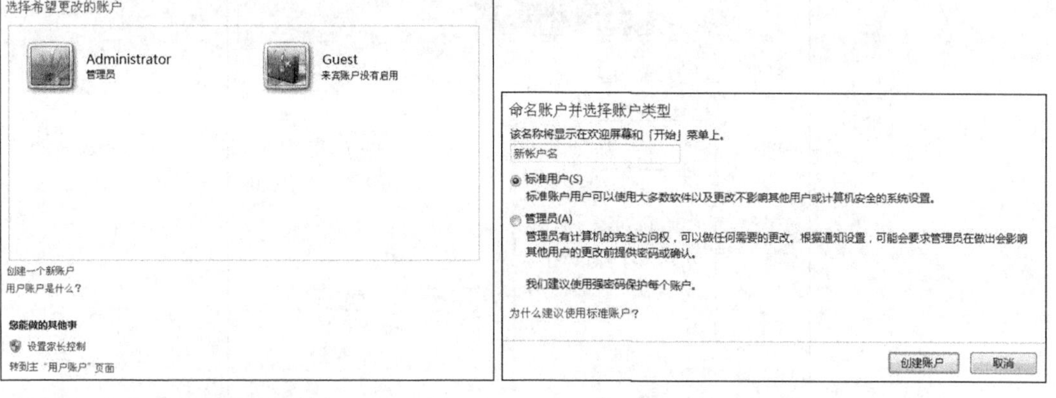

图2-39　用户账户窗口　　图2-40　建立用户账户窗口

4. 更改用户账户

账户不仅可以创建，还可以删除和更改，如更改用户名称、登录密码以及账户类型等。至于怎样更改希望大家课下讨论，这里就不再介绍了。

2.7.2　显示器的设置

执行“开始”→“控制面板”→“外观和个性化”命令就会打开外观和个性化对话框，在窗口中任意选择一个项目，即可打开“桌面背景”对话框，如图2-41所示。

设置显示器的颜色数和分辨率等显示属性，如图2-42和图2-43所示。显示器和显示适配卡（显卡）决定了用户能将屏幕分辨率更改到多少。

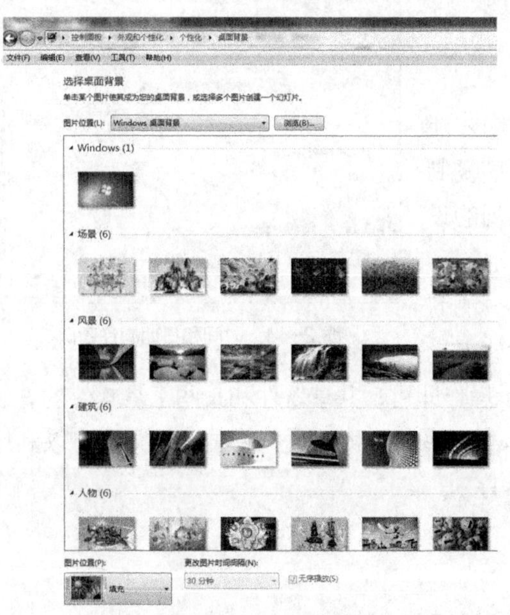

图2-41　桌面背景窗口

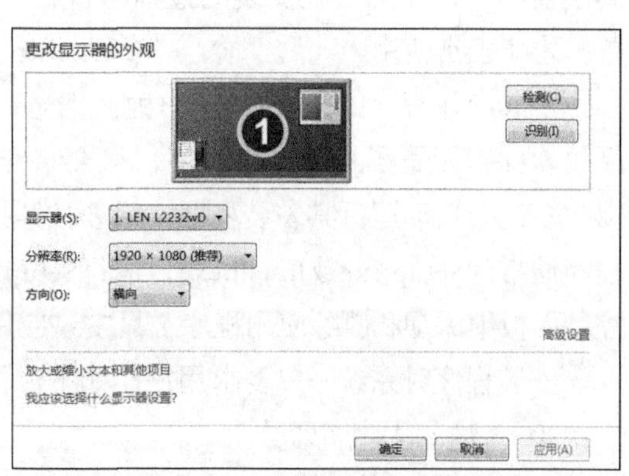

图2-42　显示器设置窗口

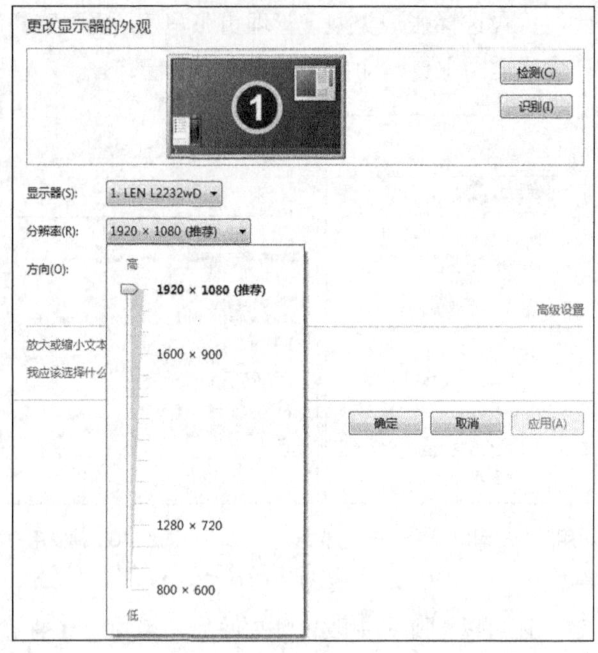

图2-43　调整分辨率大小窗口

2.7.3　系统日期和时间

在任务栏的通知区域的时间显示上双击就会打开如图2-44所示的“日期和时间”属性的窗口。用户可以在“日期和时间”选项卡中，设置系统当前的年、月、日和时间。在“时区”选项卡中可以选择用户所在的时区。

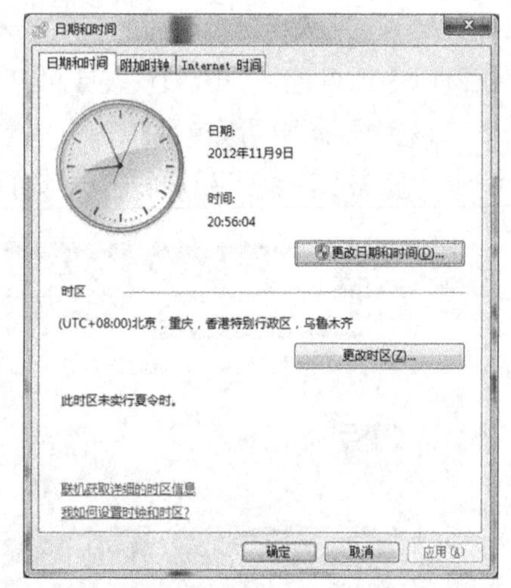

图 2-44　时间和日期属性窗口

2.7.4　添加和删除程序

一个新的应用程序必须安装到Windows 7中才能够使用，安装应用程序并不是简单地将应用程序复制到硬盘中，而是需要在安装的过程中进行一系列的设置，才能正常使用。

安装应用程序的方法有以下3种：相当一部分的商品化软件都设置了自动安装程序，只要将光盘放入光驱，系统会自动运行其安装程序，只要按照提示操作即可；共享软件和某些工具软件的安装程序通常为Setup.exe或Install.exe，运行Setup.exe或Install.exe即可进行安装；另外也可以利用控制面板中添加和删除应用程序工具安装应用程序。

安装程序时系统一般要求用户作如下设置。

（1）输入软件序列号。

（2）选择安装方式：完全安装、典型安装和自定义安装。

（3）选择安装路径：用户在安装时可以选择安装软件的文件夹。默认情况下，软件被安装到C:\Program Files文件夹中。

控制面板中，有一个添加和删除应用程序的工具。执行“开始”→“控制面板”命令，打开“控制面板”窗口，双击该窗口中的“程序和功能”选项，就会弹出“卸载或更改程序”窗口，如图2-45所示。

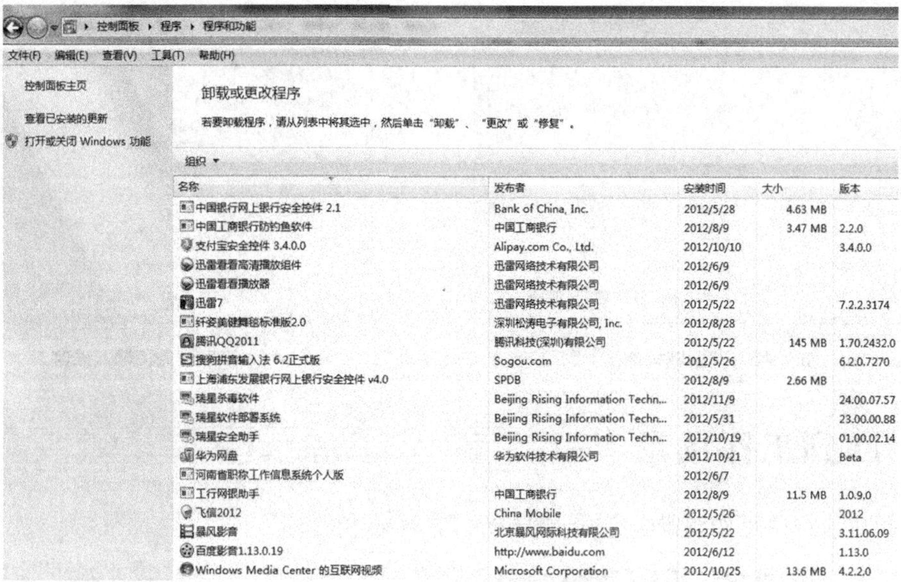
控制面板 ▸ 程序 ▸ 程序和功能
文件(F) 编辑(E) 查看(V) 工具(T) 帮助(H)
控制面板主页
查看已安装的更新
打开或关闭 Windows 功能
卸载或更改程序
若要卸载程序，请从列表中将其选中，然后单击“卸载”、“更改”或“修复”。
组织 ▾
名称
发布者
安装时间
大小
版本
中国银行网上银行安全控件 2.1 Bank of China, Inc. 2012/5/28 4.63 MB
中国工商银行防钓鱼软件 中国工商银行 2012/8/9 3.47 MB 2.2.0
支付宝安全控件 3.4.0.0 Alipay.com Co., Ltd. 2012/10/10 3.4.0.0
迅雷看看高清播放组件 迅雷网络技术有限公司 2012/6/9
迅雷看看播放器 迅雷网络技术有限公司 2012/6/9
迅雷7 迅雷网络技术有限公司 2012/5/22 7.2.2.3174
纤姿美健舞毯标准版2.0 深圳松涛电子有限公司, Inc. 2012/8/28
腾讯QQ2011 腾讯科技(深圳)有限公司 2012/5/22 145 MB 1.70.2432.0
搜狗拼音输入法 6.2正式版 Sogou.com 2012/5/26 6.2.0.7270
上海浦东发展银行网上银行安全控件 v4.0 SPDB 2012/8/9 2.66 MB
瑞星杀毒软件 Beijing Rising Information Techn... 2012/11/9 24.00.07.57
瑞星软件部署系统 Beijing Rising Information Techn... 2012/5/31 23.00.00.88
瑞星安全助手 Beijing Rising Information Techn... 2012/10/19 01.00.02.14
华为网盘 华为软件技术有限公司 2012/10/21 Beta
河南省职称工作信息系统个人版 2012/6/7
工行网银助手 中国工商银行 2012/8/9 11.5 MB 1.0.9.0
飞信2012 China Mobile 2012/5/26 2012
暴风影音 北京暴风网际科技有限公司 2012/5/22 3.11.06.09
百度影音1.13.0.19 http://www.baidu.com 2012/6/12 1.13.0
Windows Media Center 的互联网视频 Microsoft Corporation 2012/10/25 13.6 MB 4.2.2.0

图2-45 “卸载或更改程序”窗口

当某个应用程序不再使用时，应将其从Windows中删除，以节省磁盘空间。在Windows 7中，卸载应用程序不仅要删除应用程序所包含的所有文件，还要删除系统注册表中该应用程序的注册信息，以及该程序在“开始”菜单中的快捷方式。

在Windows 7中卸载应用程序的方法有两种：使用应用程序自身提供的卸载程序和使用Windows 7提供的“添加或删除程序”。

应用程序自带的卸载程序一般为Uninstall.exe或Remove应用程序名，在开始菜单中的“所有程序”的级联菜单中可以找到。

对于某些无卸载程序的应用程序，要想彻底删除，需用Windows 7提供的“添加或删除程序”，打开“添加/删除程序”窗口，在当前安装的程序列表中选中要删除的程序项，然后单击“删除”按钮。

2.7.5 设置输入法

（1）在“控制面板”窗口中双击“区域和语言”图标，打开“区域和语言”的对话框，如图2-46所示。

（2）选择“键盘和语言”选项卡，单击“更改键盘”按钮，打开“文本服务和输入语言”对话框，如图2-47所示。

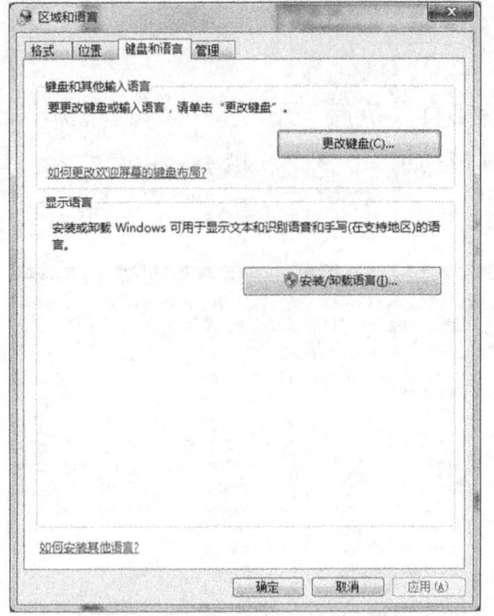

图2-46 "区域和语言"窗口

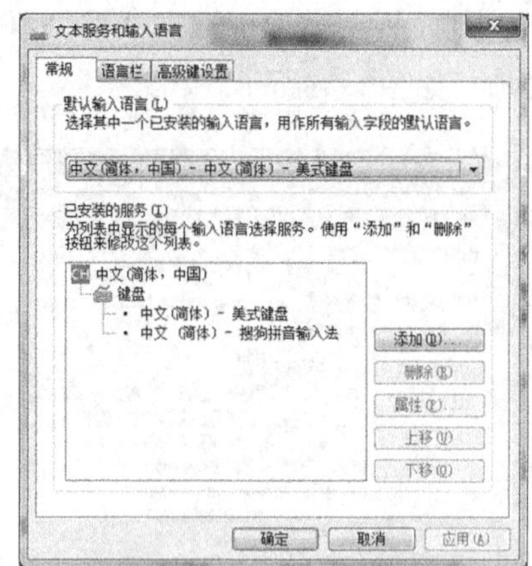

图2-47 文字服务和输入语言

2.8 回到工作场景

下面回到2.1的工作场景中完成计算机系统的备份和安装。

2.8.1 用Ghost备份系统

下载、启动Ghost，依次选择"Local（本地）"→"Partition（分区）"→"To Image（生成映像文件）"命令，如图2-48所示。

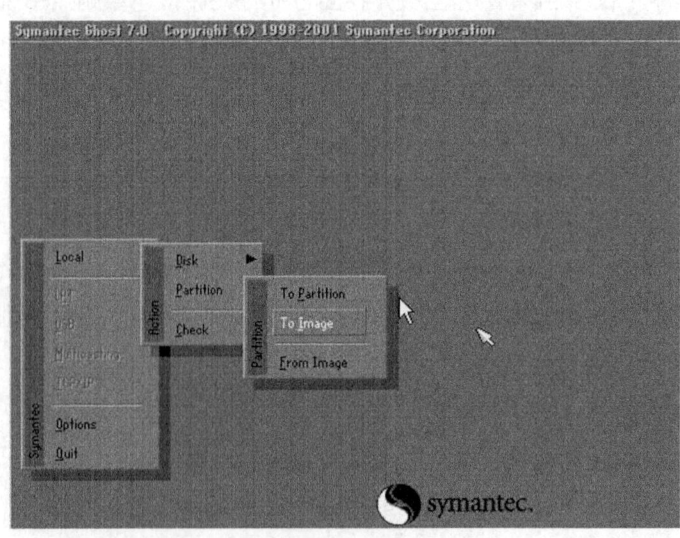

图2-48 备份分区菜单

然后按"Enter"键，出现如图2-49所示界面。

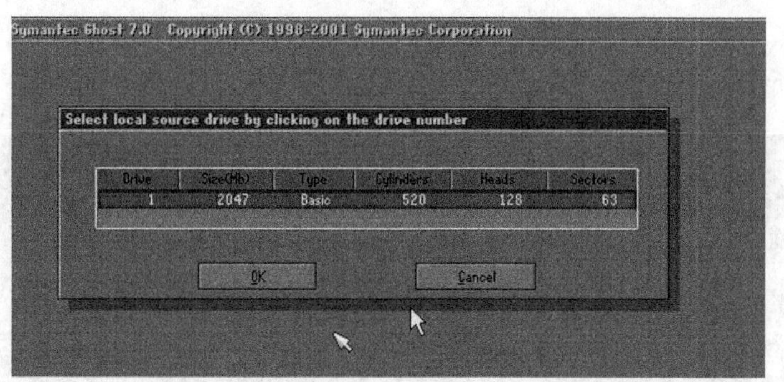

图2-49 硬盘选择

选择本地硬盘再按“Enter”键，出现如图2-50所示界面。

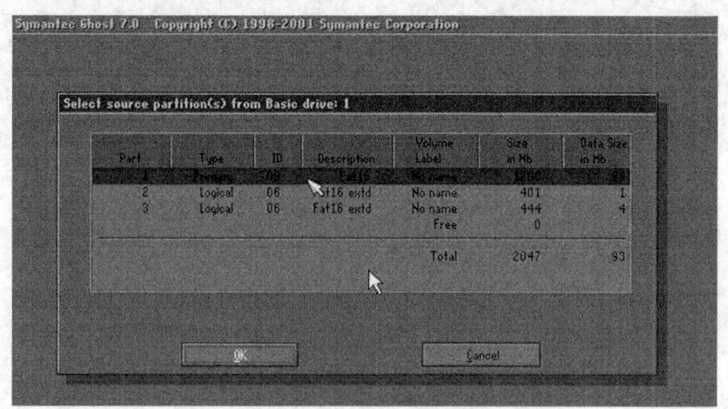

图2-50 选择源分区

将蓝色光条定位到要制作镜像文件的分区上，选择源分区，按“Enter”键确认要选择的源分区，单击“OK”按钮，再按“Enter”键进入镜像文件存储目录，如图2-51所示，在“File name”处输入镜像文件的文件名。

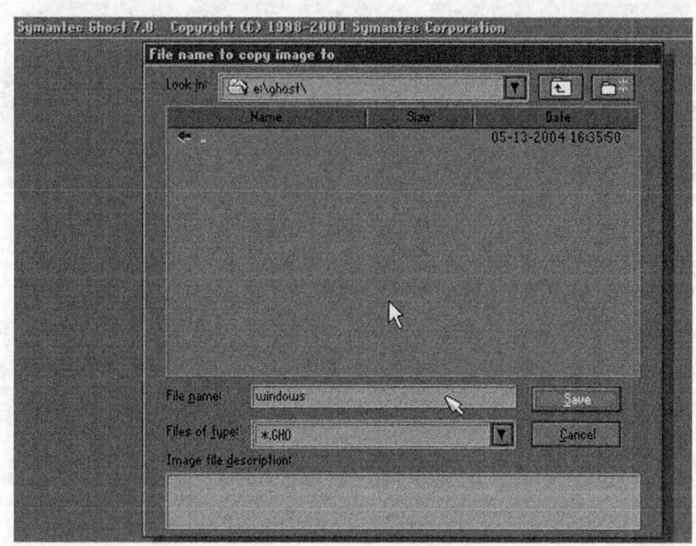

图2-51 镜像文件存储目录

单击“Save”按钮，然后再按“Enter”键，就会出现“是否要压缩镜像文件”对话框，如图2-52所示。一般单击“Fast”按钮即可。

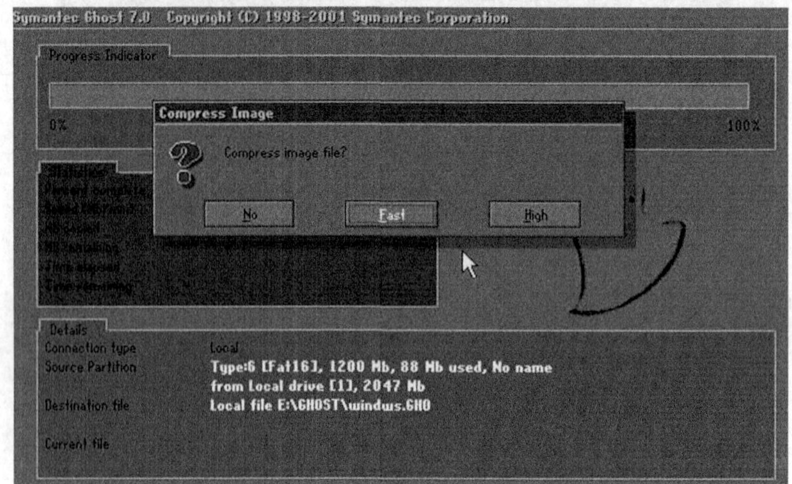

图2-52 是否压缩镜像文件

Ghost开始制作镜像文件，如图2-53所示。

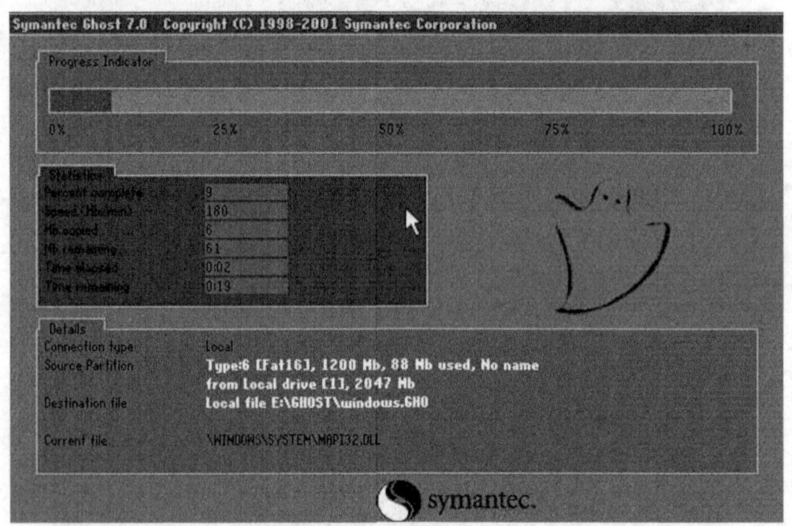

图2-53 创建镜像文件

建立镜像文件成功后，会出现提示创建成功窗口。

2.8.2 GHOST Windows 7操作系统的安装

Windows 7和Ghost 7的区别在于，Windows 7可用Windows 7安装盘安装或直接用GHOST封装版还原方式安装，两者区别如下。

（1）原盘安装方式耗时长。GHOST版本一般在十分钟左右基本可以安装完毕，而且最新GHOST版本集成了最新的系统补丁，保证了系统的安全。

（2）Windows 7原盘安装完毕后，后期安装硬件原版驱动程序一般出问题（如蓝屏）的概率会小得多。但GHOST版本大多集成多数硬件的驱动程序，如辨认硬件出错，会使用不正确的驱动进行安装，造成Windows 7蓝屏的概率增加。

（3）Windows 7原盘安装可说是完全纯净的系统。网上大多GHOST封装的Windows 7多数集成了一些软件类，也不乏集成流氓软件或是木马程序在内。仅供读者参考。

GHOST Windows 7安装过程如下。

（1）把电脑设为光驱启动，放入光盘后开机，将出现如下的启动画面，如图2-54所示。

图2-54 光盘启动后界面

（2）选择安装系统到C盘后，就开始Ghost复制过程了。这个过程需要几分钟，复制完后将会自动重启进入下一步。如图2-55和图2-56所示。

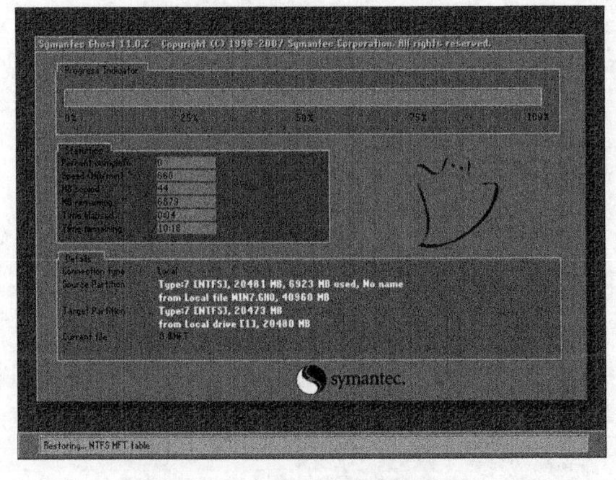

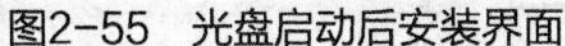
图2-55 光盘启动后安装界面

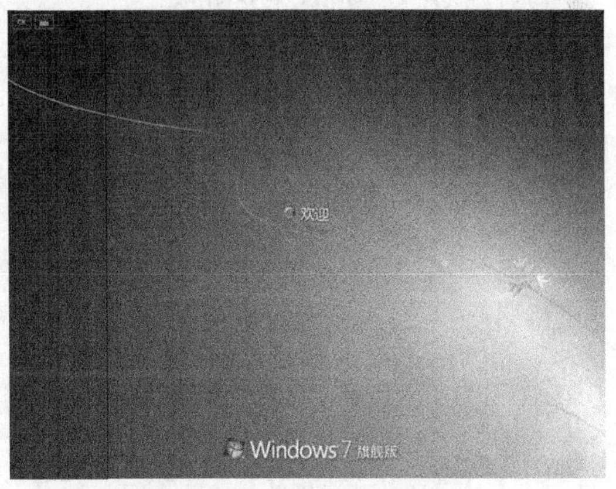

图2-56 安装后启动过程

（3）紧接着，等候几分钟，自动重启，系统就完全装好了，如图2-57所示。

图2-57 Windows 7安装成功后界面

2.9 工作实训

1. 训练内容

结合项目2.3-2.8，了解安装Windows 7的方法。

2. 训练要求

（1）熟知Windows 7安装操作界面。

（2）掌握Windows 7安装系统方法。

3. 训练步骤

在安装系统前，请注意备份C盘上的重要数据，系统重装会重置C盘，建议提前转移个人资料并备份硬件驱动。下面推荐3种安装系统的方式，用户根据自己的情况选择方法安装。

（1）硬盘安装（无光盘、U盘，推荐）。将下载的ISO系统镜像文件解压到除系统盘（默认C盘）外的其他盘根目录，例如（D：\），右键以管理员身份运行“SETUP_GHOST.EXE”，如图2-58所示。

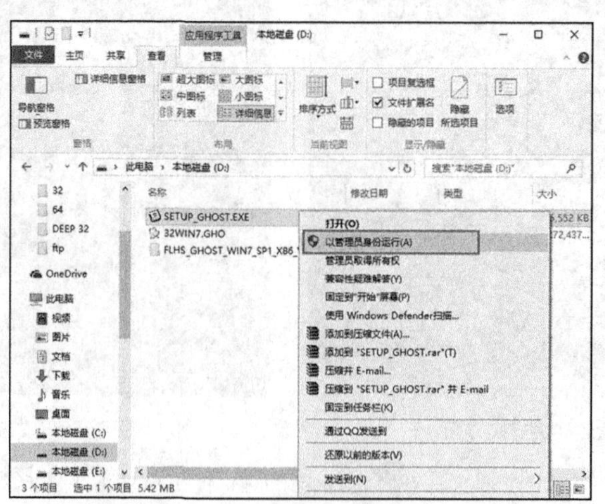

图2-58 硬盘安装Windows 7安装界面

选择列表中的系统盘（默认C盘），选择“32WIN7.GHO”映像文件，点击“执行”按钮。会提示是否重启，点击“是”按钮，系统将自动安装，如图2-59所示。

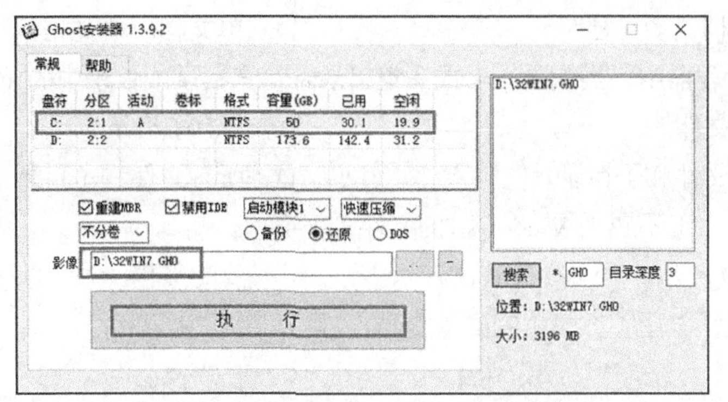

图2-59 硬盘安装 Windows 7安装操作界面

（2）U盘安装（有U盘）。下载U盘启动盘制作工具（推荐U精灵），插入U盘，一键制作USB启动盘，将下载的系统复制到已制作启动完成的U盘里，重启电脑，设置U盘为第一启动项，启动进入PE，运行桌面上的“PE—键装机”，即可启动GHOST 32进行镜像安装。

U盘安装Windows 7的图文教程详见有关网站介绍。

（3）光盘安装（有光盘）。下载刻录软件，选择“影像刻录”来刻录ISO文件（刻录之前请先校验一下文件的准确性，刻录速度推荐24X！），重启计算机，设置光盘为第一启动项，然后选择“安装 GHOST WIN7 系统”，将自动进入DOS进行安装，系统全自动安装。

习题二

一、选择题

1. 用鼠标选定几个位置连续的文件/文件夹的方法是（　　）。

   A. 用鼠标双击第一个文件／文件夹，然后再双击最后一个文件

   B. 单击第一个文件/文件夹后，按住“Shift”键的同时单击最后一个文件/文件夹

   C. 单击第一个文件/文件夹后，按住“Ctrl”键的同时单击最后一个文件名

   D. 按住“Shift”键同时，用鼠标从第一个文件/文件夹开始拖动到最后一个文件/文件夹

2. 在Windows 7中，要将当前活动窗口中的内容拷入到剪贴板，应该按（　　）键。

   A. “Print Screen”　　B. “Alt+ Print Screen”

   C. “Ctrl+ Print Screen”　　D. “Ctrl+ P”

3. 在Windows 7中，一个文件是否属于某个文件类型取决于该文件的（　　）。

   A. 长度　　B. 内容　　C. 扩展名　　D. 属性

4. Windows 7操作具有（　　）的特点。

   A. 先选中操作对象，再选操作项　　B. 先选择操作项，再选择对象

   C. 同时选择操作项和操作对象　　D. 需要将操作项拖动到操作对象上

5. 记事本与写字板分别属于（　　）文档界面。

   A. 多文档、单文档　　B. 单文档、多文档

C. 多文档、多文档　　D. 单文档、单文档

6. 在文件管理器中，当删除一个或一组目录时，该目录或目录中的（　　）被删除。

A. 所有文件　　B. 所有子目录

C. 部分文件和子目录　　D. 所有文件和子目录

7. 下面（　　）不属于Windows 7的文件管理窗口。

A. 回收站　　B. 我的音乐　　C. 我的文档　　D. 控制面板

8. 回收站默认占用（　　）的磁盘空间。

A. 5%　　B. 10%　　C. 15%　　D. 20%

9. 在Windows 7中，一般来说浏览系统资源可通过“我的电脑”和（　　）来完成。

A. 公文包　　B. 文件管理器　　C. 资源管理器　　D. 程序管理器

10. 当屏幕的指针为沙漏加箭头时，表示Windows 7为（　　）。

A. 正在执行一项任务，不可执行其他任务

B. 正在执行打印任务

C. 正在执行一项任务，仍可执行其他任务

D. 没有任务执行

11. 在“资源管理器”中进行文件操作时，为了选择多个不连续的文件，必须首先按（　　）键。

A. “Alt”　　B. “Ctrl”　　C. “Shift”　　D. “空格”

12. Windows 7中的窗口主要分为3类，下面（　　）不是Windows 7的窗口类型。

A. 应用程序窗口　　B. 对话框　　C. 文档窗口　　D. 快捷菜单框

13. 在Windows 7的命令菜单中，菜单色为暗色的表示（　　）。

A. 该命令当前禁止使用　　B. 该命令正在起作用

C. 该命令当前不可选择　　D. 将弹出对话框

14. 在Windows 7的菜单中，命令右边的括号里有带下划线的字母表示（　　）。

A. 该命令的快捷操作　　B. 该命令正在起作用

C. 该命令当前不可选择　　D. 打开菜单后选择该命令的快捷键

15. 当屏幕上显示多个窗口时，可以通过窗口（　　）栏的颜色来判断谁是当前窗口。

A. 菜单　　B. 状态　　C. 标题　　D. 符号

16. 在桌面上要移动Windows 7窗口，必须用鼠标指针拖曳该窗口的（　　）。

A. 标题栏　　B. 菜单栏　　C. 边框　　D. 滚动条

17. 在Windows 7中，关于文件名的说法，不正确的是（　　）。

A. 在同一个文件夹中，文件（夹）不能重名

B. 文件名中可以包含空格

C. 文件名中可以使用汉字

D. 一个文件名中最多可包含256个字符

18. （　　）可以把剪贴板上的信息粘贴到画图程序中。

A. “Ctrl+Z”　　B. “Ctrl+X”　　C. “Ctrl+V”　　D. “Ctrl+C”

19. 在下列操作中，（　　）直接删除文件，而不把删除文件放入回收站。

A. “Del”　　B. “Shift+Del”　　C. “Alt+Del”　　D. “Ctrl+Del”

20. 在Windows 7中，关于对话框的叙述不正确的是（　　）。

A. 对话框没有最大化按钮　　B. 对话框没有最小化按钮

C. 对话框不能改变形状大小　　D. 对话框不能移动

二、填空题

1. 在默认情况下，Windows 7桌面上只有________个图标。

2. 先按下________键，然后再分别单击多个文件或文件夹，可以选中多个不连续的文件或文件夹。

3. Windows 7有6个版本，分别是________、________、________、________、________、________。

4. 用户可以在关机前关闭所有程序，然后使用________组合键快速调出“关闭计算机”对话框进行关机。

5. Windows 7是一个多任务操作系统，用户可以同时打开多个窗口。使用快捷键________，可以在不同的窗口之间进行切换。

6. 在输入要查找的文件/文件夹名称时，“？”代表________字符，“*”代表________字符。如果一次要查找多个文件，还可以使用________、________等作为文件名称的分隔符。

7. 如果要在同一驱动器复制对象，可以在按下________键的同时，用鼠标左键将对象拖动到目标位置松手即可。如果要移动对象，可在按下________键的同时，用鼠标左键将对象拖动到目标位置松手即可。

8. Windows 7中可以创建________和________两种类型的用户账户。

三、简答题

1. 简述快捷键“Delete”和“Delete+Shift”组合键的区别。

2. 在“Windows 7资源管理器”中，如何复制、删除、移动文件夹？

3. 什么是操作系统？它的主要作用是什么？

4. 简述操作系统的发展过程。

5. 中文Windows 7提供了哪些安装方法，各有什么特点？

6. 如何启动和退出Windows 7？

7. 中文Windows 7的桌面由哪些部分组成？

8. 在资源管理器中删除的文件可以恢复吗？如果能，如何恢复？如果不能，说明为什么？

9. 在Windows 7中，如何切换输入法的状态？

10. Windows 7的控制面板有何作用？如何利用控制面板添加一个硬件？

11. 如何添加一个新用户？

12. 如何使用网络上其他用户所开放的资源？

PART 3

项目三 Word 2010

项目要点

- Word 2010安装、启动和退出。
- Word 2010文档的基本操作、新建文档、打开文档、保存文档。
- 文档编辑中文本的选定、添加、删除、修改、查找和替换。
- 文档排版中字符格式化、段落格式化和页面设置。
- 表格的创建、表格编辑、表格中数据处理的方法。
- 图文混排、文档中插入自选图形、剪贴画、艺术字、公式以及图片文件处理的方法。
- 打印预览与打印文档。

技能目标

- 熟悉Word 2010的安装过程。
- 掌握Word 2010的启动、退出方法和窗口组成。
- 掌握Word 2010的文档基本操作、文档编辑、文档排版方法。
- 掌握Word 2010表格创建、表格编辑、表格中数据处理的方法。
- 掌握Word 2010图文混排的方法。
- 了解Word 2010的网络功能。
- 了解Word 2010的邮件合并功能。

3.1 工作场景导入

【工作场景】

李蓝是信息工程学院13级计算机科学与技术专业的班长。在班里，她是老师的得力助手、同学们的知心朋友。两天后，一位名叫刘筱的特困生要过生日，李蓝为这位同学准备了一份小礼物，还缺一张生日贺卡。她逛了好几家商店，都没发现适合的贺卡。这天，计算机基础老师在课堂上用Word 2010给同学们做了一张明信片，于是她眼前一亮，决定亲自制作一张生日贺卡。该怎样制作心仪的贺卡呢？李蓝静静地思考着……

【引导问题】

（1）在日常生活中，是否会经常被一些书籍、画报美丽的封皮所吸引？想知道它们是怎样制作的吗？是否想过有一天你也会制作这些令人赏心悦目的画面？

（2）你了解Word 2010的功能吗？

（3）你使用Word 2010编辑过文件吗？

（4）如何才能使用Word 2010把你的文档做得更加引人注目？

3.2 Word 2010简介

Word 2010是Office 2010的组件之一，是一种在Windows环境下使用的文字处理软件。Word 2010主要用于日常的文字处理工作，如书写编辑信函、公文、简报、报告、文稿和论文、个人简历、商业合同、Web页等，具有处理各种图、文、表格混排的复杂文件，实现类似杂志或报纸的排版效果等功能。使用Word 2010可以创建专业水准的文档，可以更加轻松地与他人协同工作，并可在任何地点访问文件。

3.2.1 Word 2010的安装、启动和退出

1. 安装Word 2010

将Microsoft Office 2010的安装盘放入光驱中，打开“自动播放”对话框，鼠标左键单击运行“setup.exe”。或者直接从网上下载Office 2010安装程序，然后打开文件夹，双击打开里面的“setup.exe”文件。

Word 2010的典型安装步骤如下。

（1）首先进入的界面是用户账户控制窗口，鼠标左键单击“继续”按钮。

（2）按照提示要求填入用户所购买软件的产品密钥，单击“继续”按钮。显示最终用户许可协议，选定“我接受此协议的条款”前面的复选框，单击“继续”按钮，进入下一个界面。

（3）接下来可以选择立即安装或者自定义安装。用户根据需要进行选择安装，建议一般用户选“立即安装”，安装程序将自动配置默认的文件系统，选择并安装常用的应用程序。

（4）接着将打开“安装进度”对话框，开始安装Office 2010。

整个安装过程所需时间根据计算机配置而定，一般需要十几分钟，用户需要耐心等待。

安装完成后，会弹出已经安装成功的对话框。

2. 启动Word 2010

启动Word 2010的方法有很多种，常用的有以下几种方法。

① 从“开始”菜单启动。单击“开始”→“所有程序”→“Microsoft Office”→“Microsoft Office Word 2010”命令。

② 从桌面快捷方式启动。先在桌面上创建Word的快捷方式，再双击桌面上的“Microsoft Word 2010”快捷方式图标，启动Word 2010，如图3-1所示。

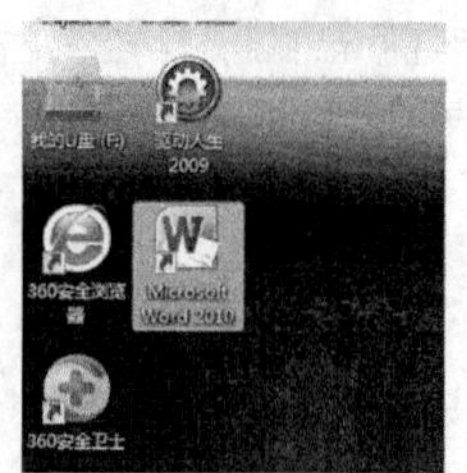

图3-1 通过快捷方式启动Word 2010

③ 通过Word文档打开。双击需要打开的文档，可以启动Word，同时打开文档。

3. 退出Word 2010

退出Word 2010的方法也有多种，常用的有以下几种退出方法。

① 单击Word 2010窗口右上角的“关闭”按钮。

② 双击Word 2010窗口左上角的“控制”图标。

③ 选择“文件”菜单中的“退出”选项。

3.2.2 Word 2010的窗口组成

Word 2010窗口有标题栏、快速访问工具栏、菜单按钮、选项卡标签、功能区、状态栏、标尺、视图按钮和工作区等，如图3-2所示。在操作过程中还可能出现快捷菜单等元素。选用的视图不同，显示的屏幕元素也不同。用户可以控制某些屏幕元素的显示或隐藏。

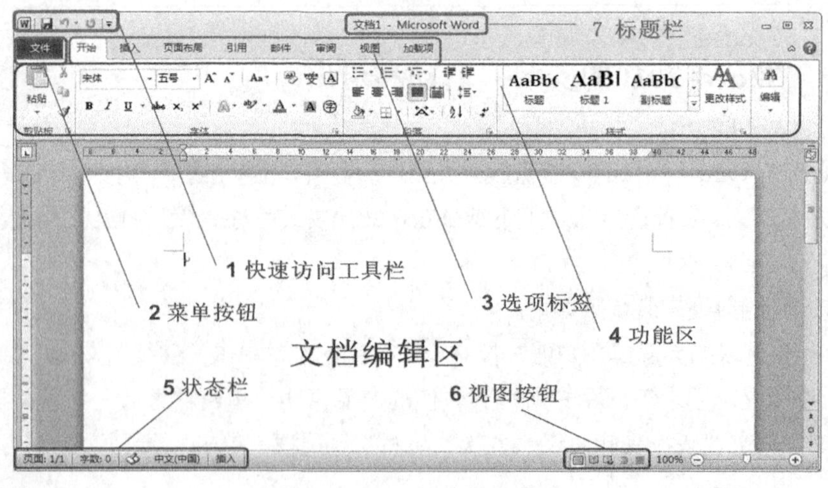

图3-2 Word2010窗口组成

1. 标题区

标题区由3个部分组成——快速访问工具栏、标题栏和窗口控制按钮。

（1）快速访问工具栏。快速访问工具栏位于Word 2010程序窗口右上角，只占一个小区域，包含了用户日常工作中频繁使用的命令：Word 图标、保存、撤销和重复按钮。

用户可以在“快速访问工具栏”上放置一些最常用的命令按钮，增加、删除“快速访问工具栏”中的命令项。其方法是：单击“快速访问工具栏”右边的向下箭头按钮，在弹出的下拉菜单中选中或者取消相应的复选框即可。用户也可以将常用的命令，添加至“快速访问工具栏”。例如，将“插入”选项卡“形状”命令添加至“快速访问工具栏”。先打开“插入”选项卡，再在响应的工具上单击鼠标右键，选择“添加到快速访问工具栏”。

（2）标题栏。它显示了当前编辑的文档名称。

（3）窗口控制按钮。它包含了“最小化”按钮、“最大化/还原”按钮和“关闭”按钮。按“Alt+空格”键会打开控制菜单，通过该菜单也可以进行移动、最小化、最大化窗口和关闭程序等操作。

2. “文件”按钮

相对于Word 2007的Office按钮，Word 2010中的“文件”按钮更有利于Word 2003用户快速迁移到Word 2010。“文件”按钮是一个菜单按钮，位于Word 2010窗口左上角。单击“文件”按钮可以打开“文件”面板，包含“信息”“最近”“新建”“打印”“共享”“打开”“关闭”“保存”等常用命令。

3. 功能区

功能区位于标题区下方，几乎包括了Word 2010里的全部编辑命令及功能。在Word 2010中，用功能区取代了传统的菜单和工具栏。功能区包含选项卡、组和按钮。选项卡位于标题栏下方，每一个选项卡都包含若干个组，组是由代表各种命令的按钮组成的集合。Word 2010的命令是以面向对象的思想进行组织的，同一组的按钮其功能是相近的。功能区中每个按钮都是图形化的，用户可以一眼分辨它的功能。而且，当鼠标指向功能区中的按钮时，会出现一个浮动窗口，显示该按钮的功能。在选项卡的某些组的右下角有一个“对话框启动器”按钮，单击该按钮可弹出相应的对话框。除了可以直接用鼠标单击功能区中的按钮来使用各种命令外，用户也可以使用键盘按键来进行操作。用户只要按下键盘的“Alt”键或“F10”键，功能区就会出现下一步操作的按键提示。

Word 2010会根据用户当前操作对象自动显示一个动态选项卡，该选项卡中的所有命令都和当前用户操作对象相关。例如，当用户选择了文档中的一个剪贴画时，在功能区中就会自动产生一个粉色高亮显示的“图片工具”动态选项卡。

如果用户在浏览、操作文档过程中需要增大显示文档的空间，可以只显示选项卡，而不显示组和按钮。具体操作方法是：单击“快速访问工具栏”右边向下的箭头按钮，在弹出的下拉菜单中选择“最小化功能区”命令，这时功能区中只显示选项卡名字，隐藏了组和按钮。如想恢复组和按钮的显示，只需在下拉菜单中撤销对它的选择即可。用户也可以通过“Ctrl+F1”键实现功能区的最小化操作或还原功能区的正常显示。

Word 2010中，每个功能区所拥有的功能如下所述。

“开始”功能区中包括剪贴板、字体、段落、样式和编辑5个组，对应Word 2003的“编辑”和“段落”菜单部分命令。该功能区主要用于帮助用户对Word 2010文档进行文字编辑和格式设置，是用户最常用的功能区。

“插入”功能区包括页、表格、插图、链接、页眉和页脚、文本、符号和特殊符号几个组，对应Word 2003中“插入”菜单的部分命令，主要用于在Word 2010文档中插入各种元素。

“页面布局”功能区包括主题、页面设置、稿纸、页面背景、段落、排列几个组，对应Word 2003的“页面设置”菜单命令和“段落”菜单中的部分命令，用于帮助用户设置Word 2010文档页面样式。

“引用”功能区包括目录、脚注、引文与书目、题注、索引和引文目录几个组，用于实现在Word 2010文档中插入目录等比较高级的操作。

“邮件”功能区包括创建、开始邮件合并、编写和插入域、预览结果和完成几个组，该功能区的作用比较专一，专门用于在Word 2010文档中进行邮件合并方面的操作。

“审阅”功能区包括校对、语言、中文简繁转换、批注、修订、更改、比较和保护几个组，主要用于对Word 2010文档进行校对和修订等操作，适用于多人协作处理Word 2010长文档。

“视图”功能区包括文档视图、显示、显示比例、窗口和宏几个组，主要用于帮助用户设置Word 2010操作窗口的视图类型，以方便操作。

“加载项”功能区包括菜单命令一个分组，加载项是可以为Word 2010安装的附加属性，如自定义的工具栏或其他命令扩展。

4. 标尺

在Word 2010中，默认情况标尺是隐藏的。用户可以通过单击窗口右边框上角的“显示标尺”按钮来显示标尺。标尺包括水平标尺和垂直标尺。通过水平标尺可以查看文档的宽度，查看和设置段落缩进的位置，查看和设置文档的左右边距，查看和设置制表符的位置；通过垂直标尺可以设置文档上、下边距。

5. 工作区

Word 2010窗口中间最大的白色区域就是工作区，即文档编辑区。在工作区，用户可以输入文字，插入图形、图片，设置和编辑格式等操作。

在工作区，无论何时，都会有插入点（一条竖线）不停闪烁，它指示下一个输入文字的位置。

在工作区，另外一个很重要的符号是段落标记，它用来表示一个段落的结束，同时还包含了该段落所使用的格式信息。如果不想显示段落标记，用户可以单击“文件”按钮后选择“Word选项”，在“Word选项”对话框左侧选择“显示”选项，然后在右侧的“始终在屏幕上显示这些格式标记”组中取消“段落标记”的选中状态。

6. 滚动条

Word 2010提供了水平和垂直两种滚动条，使用滚动条可以快速移动文档。在滚动条的两端分别有一个向上（左）、向下（向右）的箭头按钮，在它们之间有一个矩形块，称为滚动块。

（1）单击向上（向左）、向下（向右）按钮，屏幕可以向相应方向滚动一行（或一列）。

（2）单击滚动块上部（左部）或下部（右部）的空白区域时，屏幕将分别向上（左）或向下（右）滚动一屏（相当于使用键盘上的“PageUp”键、“PageDown”键）。以上操作当屏幕滚动时，文字插入点光标位置不变。

（3）而当单击垂直滚动条的“上一页”或“下一页”按钮时，屏幕跳到前一页或下一页，同时文字插入点光标也移动到该页面的第一个字符前面。

7. 状态栏

（1）左侧功能，状态栏左侧功能按钮分别为：页面、字数、校对错误、语言类别、插入/删除和录制宏。

（2）定制显示比例，在Word 2010程序窗口右下角显示“显示比例”与“缩放滑块”。单击“缩小比例”按钮或向左拖曳“缩放滑块”，可缩小显示比例；单击“放大比例”按钮或向右拖曳“缩放滑块”，可放大显示比例。

（3）视图模式，为方便对文档的编辑，Word 2010提供了多种显示方式，主要含有5种视图模式，分别为：页面视图、阅读版式视图、Web版式视图、大纲视图和普通视图。用户可以根据不同需要选择适合自己的视图方式来显示和编辑文档。例如，可以使用普通视图来输入、编辑和排版文本，使用页面视图来查看打印效果，使用文档结构图来查看文档结构等。

3.2.3 Word 2010的基本操作

Word 文档的基本操作一般包括新建文档、输入文档内容、保存文档、打开文档、关闭文档等。

1. 新建文档

在进行文字编辑和处理前，首先要创建一个新文档，然后才能进行编辑、设置和打印等操作。

（1）新建空白文档。创建空白文档的方法有很多种，主要有以下几种。

① 启动Word 2010。在启动Word 2010后，系统会自动创建一个名为“文档1”的空白文档。再次启动Word 2010，将以“文档2”“文档3”……这样的顺序命名新文档。

② 利用“文件”菜单。打开Word 2010，在“文件”菜单下选择“新建”项，在右侧单击“空白文档”按钮，就可以成功创建一个空白文档，如图3-3所示。

③ 使用快捷键创建空白文档。用户也可以使用快捷键“Ctrl+N”来新建一个空白文档。除此之外，也可以依次按下键盘上的“Alt”“F”“N”和“Enter”键创建新的空白文档。

④ 资源管理器。通过“我的电脑”或“资源管理器”打开目标文件夹，然后在空白处单击鼠标右键，在右键快捷菜单中选择“新建”→“Microsoft Office Word 文档”命令，即可直接在目标文件夹中创建一个新的空白文档。

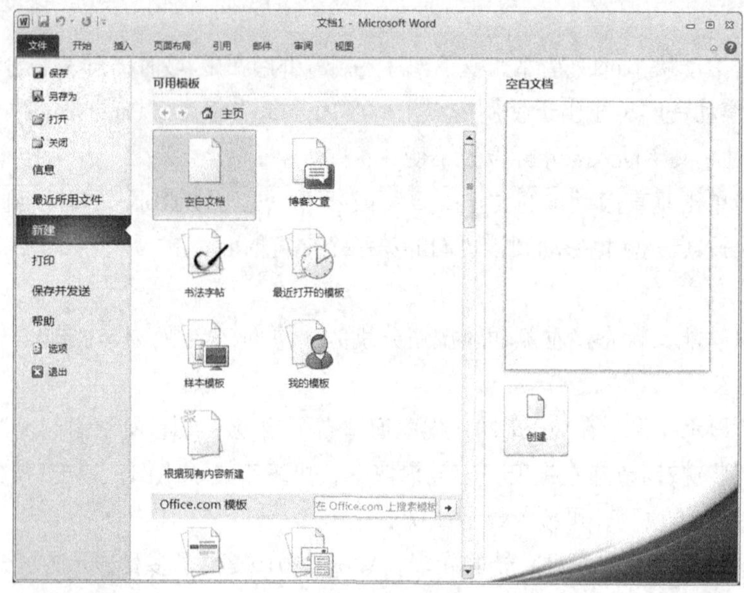

图3-3　新建空白文档

（2）新建带有格式和内容的新文档。在Word 2010中内置有多种用途的模板（如书信模板、公文模板等），用户可以根据实际需要选择特定的模板新建Word文档，操作步骤如下所述。

打开Word 2010文档窗口，依次单击“文件”→“新建”按钮。打开“新建文档”对话框，在右窗格“可用模板”列表中选择合适的模板，并单击“创建”按钮即可。同时用户也可以在“Office.com模板”区域选择合适的模板，并单击“下载”按钮，如图3-4所示。

图3-4　新建带格式的文档

2. 输入文档内容

创建好新文档后，用户可以输入文档内容了，在文档编辑区中有一条闪烁的短竖线，称为。一般新建文档后，插入点自动定位于文档页面的左上角处。Word 2010提供了即点即输的功能，在页面上的有效范围内任何空白处双击鼠标，插入点便被定位于该处。这对于想从页面上的某个地方开始输入内容提供了极大的方便。输入文档时需要注意以下几点。

（1）插入点的移动。

插入点位置指示着将要插入的文字或图形的位置以及各种编辑修改命令将生效的位置。移动插入点有如下几种方法。

① 利用鼠标移动插入点。

② 使用键盘控制键移动插入点。

③ 利用定位对话框快速定位。

④ 返回上次编辑位置。按下“Shift+F5”键，就可以将插入点移动到执行最后一个动作的位置。Word能记住最近3次编辑的位置，只要一直按住“Shift+F5”键，插入点就会在最近3次修改的位置跳动。

（2）撤销与删除。

在编辑Word 2010文档的时候，如果所做的操作不合适，而想返回到当前结果前面的状态，则可以通过“撤销”或“恢复”功能实现。“撤销”功能可以保留最近执行的操作记录，用户可以按照从后到前的顺序撤销若干步骤，但不能有选择地撤销不连续的操作。用户可以按下“Alt+Backspace”键执行撤销操作，也可以单击“快速访问工具栏”中的“撤销”按钮。

执行撤销操作后，还可以将Word 2010文档恢复到最新编辑的状态。当用户执行一次“撤销”操作后，用户可以按下“Ctrl+Y”键执行恢复操作，也可以单击“快速访问工具栏”中已经变成可用状态的“恢复”按钮。

（3）在输入内容时需要注意以下事项。

① 输入字母和汉字。

可以通过鼠标单击“输入法指示器”选择中文或英文输入法。另外，在键盘上使用“Ctrl+Space”键可以实现字母与汉字输入法的转换。

② 输入符号。

通过选择“插入”选项卡，在“符号”组中单击“插入符号”按钮，可以插入符号。通过选择“插入”选项卡，在“特殊符号”组单击“符号”按钮，可以插入特殊符号。

③ 输入错误时，按“Del”键或“Back space”键可以删除插入点右侧或左侧的一个字符。

④“Insert”键可以实现插入状态和改写状态的切换。在插入状态下输入文本，后面的文本会自动往后移。在改写状态下输入文本时，会取代插入点后面的文本。后面的文本不会往后移动。

⑤ 为排版的方便，每行的末尾不要按“Enter”键，一行输入结束时，光标会自动移到下一行。段落结束时才按“Enter”键。对齐文本也不要按“Space”键，可以用缩进等对齐方式。

3. 保存文档

由于Word对打开的文档进行的各种编辑工作都是在内存中进行的，因此如果不执行存盘操作，及时将文件保存在外存上，就可能有一些意外情况使得文档的内容得不到保存而丢失。

（1）新建文档的保存。

有3种保存新建文档的方法。

① 单击“快速访问工具栏”中的“保存”按钮 。

② 单击“文件”菜单后在弹出的菜单中选择“保存”命令。

③ 按“Ctrl+S”或“Shift+F12”键。

不论是采用上述哪种方法来保存一个新建文档，都将打开“另存为”对话框。在这个对话框中需要指定文档的保存位置和文档名。默认情况下，系统以“.docx”作为文档的扩展名。

（2）保存已存在的文档。

如果用户根据上面的方法保存已存在的文档，Word 2010只会在后台对文档进行覆盖保存，即覆盖原来的文档内容，没有对话框提示，但会在状态栏中出现“Word正在保存……”的提示。一旦保存完成该提示就会消失。

但有时用户希望保留一份文档修改前的副本，此时，用户可以单击“文件按钮”后在弹出的下拉菜单中选择“另存为”命令，在“另存为”对话框里进行文档的保存，要注意的是，如果不希望覆盖修改前的文档，必须修改文档名或保存位置。

（3）自动保存文档。

为了避免意外断电或死机这类情况的发生而减少不必要的损失，Word 2010提供了在指定时间间隔自动保存文档的功能。

设置文档自动保存的操作步骤如下。

① 在Word 2010应用程序中，单击“文件”菜单，在打开的Office后台视图中执行“选项”命令。

② 打开“Word选项”对话框，切换到“保存”选项卡。

③ 在“保存文档”选项区域中，选中“保存自动恢复信息时间间隔”复选框，并指定具体分钟数（可输入1～120的整数）。默认自动保存的时间间隔是10分钟。

④ 最后单击“确定”按钮，自动保存文档设置完毕。

（4）将文档加密保存。

先设置打开权限密码，对文档设置了“打开权限密码”后，用户如想打开该文档，必须拥有正确的密码来验证用户的合法身份，否则将被视为非法用户，该文档将被拒绝打开。

设置打开权限密码的操作步骤如下。

首先在“文件”菜单中选择“信息”子菜单，选择“保护文档”中的“用密码进行加密”项。在弹出的“加密文档”窗口中输入密码。在下次启动该文档时，只有输入密码后才能正常打开。

（5）保存为其他格式文档。

可以将文档保存为Word 97-2003兼容格式，保存为PDF或者XPS格式。需要从微软公司的网站上下载一个名为“SaveAsPDFandXPS.exe”的插件，安装之后才能使用。

对于Word 2010文档要在Word 2003软件上打开，由于Word 2003软件版本比较低，因此无法打开Word 2010文档。这时，我们可以在Word 2010中将文档进行转换成2003版本能打开，具体的方法：打开word 2010文档，单击“文件”→“另存为”→选择“Word97-2003文档”命令。修改文件名字，确认文档类型，单击“保存”。保存完后会生成以“.doc”为后缀的文档，为2003版Word专门的文档类型，原2010版文档还存在。

4. **打开文档**

用户可以重新打开以前保存的文档，可以打开单个文档，也可以打开多个文档。方法有很多种，具体如下所示。

（1）启动Word 2010并打开Word文档；

（2）通过“打开”对话框打开文档，单击“文件”菜单，然后选择“打开”命令；按键盘上的“Ctrl+O”键或者“Ctrl+F12”键。

5. **关闭文档**

关闭文档常用的方法如下。

（1）关闭按钮。单击当前文档窗口的“关闭”按钮，可以把当前文档关闭，不退出Word应用程序。

（2）使用“文件”菜单。单击“文件”菜单，选择其中的“退出”按钮，可以关闭当前文档并退出应用程序。

6. **打印文档**

打印文档在日常办公中是一项很常见而且很重要的工作。在打印Word文档之前，可以通过打印预览功能查看一下整篇文档的排版效果，确认无误后再打印。

用户编辑完文档之后，可以通过如下操作完成文档打印。

① 在Word 2010应用程序中，单击“文件”选项卡，在打开的Office后台视图中执行“打印”命令。

② 打开如图3-5所示的“打印”后台视图。在视图的右侧可以即时预览文档的打印效果。同时，用户可以在打印设置区域中对打印机或打印页面进行相关调整，例如，页边距、纸张大小等。

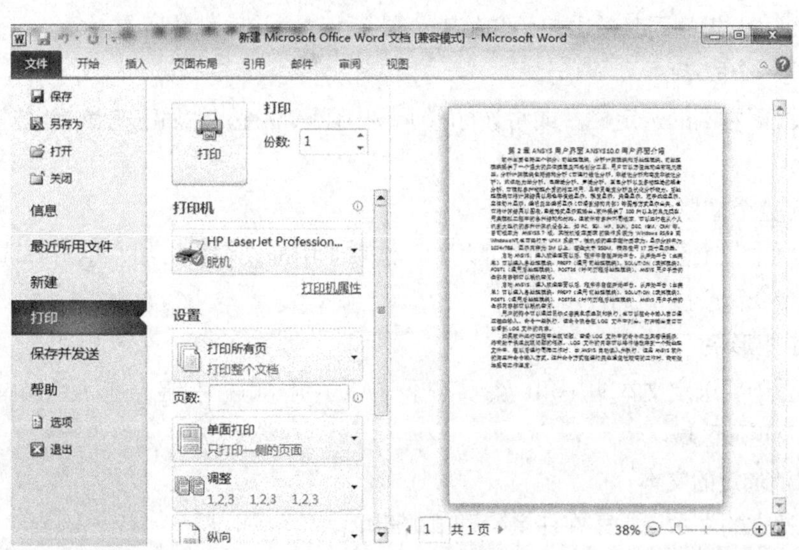

图3-5 打印文档后台视图

③ 设置完成后，单击“打印”按钮，即可将文档打印输出。

3.3 Word 2010文档编辑

文档编辑是指对文档内容进行添加、删除、修改、查找、替换、复制和移动等一系列的操作。一般在进行这些操作时，需要先选定操作对象，然后进行操作。

3.3.1 选定文本块

对文本内容进行格式化设置和更多操作之前，需要先选择文本。熟练掌握文本选择的方法，将有助于提高工作效率。

1. 在文本上拖动

把鼠标指针移动到需要选定的文本前，然后按下鼠标左键不放，拖动鼠标指针到所需选定文本的末端，然后释放鼠标左键，此时可见所有需要选定的文本以反色显示。用此方法能选定任意长度的文本块，可以从一个字到整个文档。

2. 选定某个单词或词组

将鼠标定位在单词或词组上，双击即可选中该单词或词组。

3. 选定一行

将鼠标指针移动到此行左端的选定栏上，然后单击鼠标左键，即可选择此行文本。

4. 选定多行

在要选中的起始行按下鼠标左键并拖动到结束行即可选中多行。

5. 选定多个不连续的区域

鼠标拖动的同时按住“Ctrl”键即可选中多个不连续的区域。

6. 选定连续的多个区域

按住“Shift”键的同时单击起始和结束位置，可选中该区域的所有对象。

7. 选定一个段落

双击该段落左端的选定栏。或将光标置于段内任意位置，然后三击鼠标左键，即可选择一段。

8. 选定整个文档

在选定栏中三击鼠标左键或单击“开始”选项卡中的“编辑”组，单击“选择”命令下的“全选”命令，或按“Ctrl+A”键。

9. 选定矩形块

把光标置于要选定文本的一角，然后按下“Alt”键和鼠标左键，拖动到文本块的对角，即可选定一个矩形区域。

10. 取消选定的文本

要取消选定的文本只需要在任意位置单击即可。

3.3.2 文本的移动、复制和删除

1. 移动和复制文本

方法1：使用鼠标先选定文本，松开鼠标，再按住鼠标左键，拖动文本到新位置，放开鼠标，则完成文本移动；如果按住“Ctrl”键再拖动，就是复制。

方法2：使用剪贴板。

首先选定文本，单击鼠标左键，选择剪切“Ctrl+X”键，在新的位置，单击鼠标左键选择粘贴“Ctrl+V”就完成了文本的移动。如果选择复制“Ctrl+C”键，在新的位置上单击鼠标左键选择粘贴“Ctrl+V”键，就完成了文本的复制。

选择性粘贴：只需要数据，而并不需要格式，此时可以使用选择性粘贴“Ctrl+Alt+V”键。

2. 删除文本

对于少量字符，可用“Backspace”键删除插入点前面的字符，用“Delete”键删除插入点后面的字符。如果要删除大量文本，先选定要删除的文本，然后按“Delete”键或“Backspace”键即可。

3.3.3 查找与替换

1. 查找文本

具体步骤如下。

（1）在“开始”选项卡上的“编辑”组中，单击“查找”菜单，打开“查找和替换”对话框。

（2）在“查找内容”框中，键入要搜索的文本。

（3）要查找单词或短语的每个实例，请单击“查找下一个”按钮；要一次性查找特定单词或短语的所有实例，请单击“查找全部”按钮，再单击“主文档”命令即可。

如果找到要查找的文本，Word将查找到的文本反向显示，如果单击“查找下一个”按钮，则继续往下查找，完成整个文档的查找匹配条件，Word将提醒用户完成查找。

若需要更详细的查找匹配条件，可以再“查找与替换”对话框中，单击“更多”按钮，进行相应的设置。

“搜索”下拉列表框。可以选择搜索的方向，即从当前插入点向上或向下查找。

“区分大小写”复选框，查找大小写完全匹配的文本。

“全字匹配”复选框，仅查找一个单词，而不是单词的一部分。

“使用通配符”复选框，在查找内容中使用通配符。

“区分全/半角”复选框，查找全角、半角完全匹配的字符。

单击“格式”，选择其中的命令可以设置查找对象的排版格式，如字体、段落、样式等。

单击“特殊字符”，选择其中的命令可以设置查找一些特殊符号，如分栏符、分页符。

单击“不限定格式”，取消“查找内容”文本框指定的所有格式。

2. 替换文本

可以自动将某个单词或短语替换为其他单词或短语，例如，可以将“电脑”替换为“电脑报”。具体步骤如下。

（1）打开“查找和替换”对话框，单击“替换”选项卡。

（2）在“查找内容”框中，键入要搜索的文本。在“替换为”框中，键入替换文本。

（3）要替换文本的某一个出现位置，请单击“替换”按钮。单击该按钮后，Word将移至该文本的下一个出现位置；要替换文本的所有出现位置，请单击“全部替换”按钮。

替换功能除了能用于一般文本外，也能查找并替换带有格式的文本和一些特殊的符号等。在“查找与替换”对话框中，单击“更多”按钮，可进行相应的设置。

3. 查找并突出显示文本

为了在文档中直观浏览单词或短语出现的每个位置，我们可以在屏幕上搜索它的所有出现位置并突出显示。

（1）打开“查找和替换”对话框。

（2）在“查找内容”框中键入要搜索的文本，然后单击“阅读突出显示”按钮，再单击“全部突出显示”命令。

（3）如果要关闭屏幕上的突出显示，可单击“阅读突出显示”按钮，再单击“清除突出显示”命令。

4. 查找和替换特定格式

在Word中，我们可以搜索和替换或删除字符格式。例如，可以搜索特定的单词或短语并更改字体颜色，或搜索特定的格式（如加粗）并进行更改。具体步骤如下。

（1）打开“查找和替换”对话框，单击“替换”选项卡，然后单击“更多”按钮以展开该对话框。

（2）要搜索带有特定格式的文本，在“查找内容”框中键入文本。然后单击“格式”按钮，在展开的菜单中选择要查找的格式。注意：如果仅查找格式，文本框应保留空白。

（3）单击“替换为”框，单击“格式”按钮，在展开的菜单中选择要替换的格式。如果还要替换文本，请在“替换为”框中键入需要替换的文本。

（4）单击“查找下一个”“替换”或“全部替换”按钮以完成相应操作。

3.3.4 文本的拼写与语法检查

通常Word对照内置的主词典进行拼写检查。当文档中无意输入了错误的或者不可识别的单词时，Word 2010 会在该单词下用红色波浪线进行标记，如果出现了语法错误，则在出现错误的部分用绿色波浪线标记。在带有波浪线标记的文本上单击鼠标右键，就会弹出一个快捷菜单。

3.4 Word 2010文档排版

在日常生活和工作中，我们经常要用到会议通知、介绍信、邀请函、招标书、各种各样的合同、项目企划书和市场分析报告等。如何制作一个文档，让读者在接受版面信息的同时，获得美的感觉和艺术的感染，从而吸引更多眼球，这就需要具有排版的技巧。

文档排版就是指在有限的版面空间里，将版面构成要素（文字、图形、图片、表格、线条和色块）根据特定内容的需要进行组合排列，把构思与形式直观地展现在版面上，使之符合人们的审美要求。文档排版主要包括字符格式化、段落格式化和页面设置等。

3.4.1　字符格式化

Word 2010中提供了丰富的字符格式，通过选用不同的格式可以使所编辑的文本显得更加美观和与众不同。字符格式的基本操作主要包括字体、字号、字体颜色、字形、特殊格式、字符缩放等。

1. **设置字体**

Word 2010提供了许多种字体，并且可添加更多其他的字体。如“宋体”“楷体”“仿宋”“黑体”等中文字体，以及Times New Roman、Arial等英文字体。系统默认的中文字体是宋体，英文字体为Times New Roman。

设置字体的具体操作步骤如下。

（1）在文档中选中需要设置字体的文本。

（2）在功能区用户界面中的“开始”选项卡中，单击“字体”组中的“字体”下拉列表右侧的下三角按钮，弹出“字体”下拉列表，如图3-6所示。

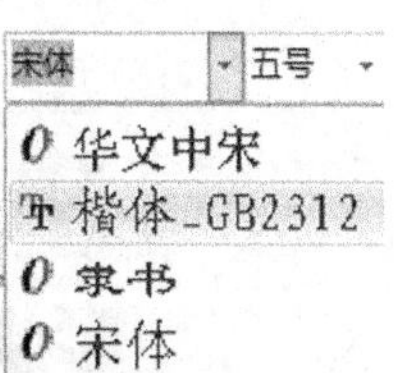

图3-6　设置文本字体

（3）在该下拉列表中选择所需的字体，被选中的文本就会以新的字体显示出来。

2. **设置字号**

字号是指字体的大小。我国国家标准规定字体大小的计量单位是“号”，而西方国家的计量单位是“磅”。“磅”与“号”之间的换算关系是9磅字相当于五号字。如果在文章中使用不同的字号，例如标题比正文字号大一些，使得整篇文章具有层次感，更加方便阅读。设置字号的具体操作步骤如下。

（1）在文档中选中需要设置字号的文本。

（2）在“开始”选项卡中的“字体”选项组中，单击“字号”下拉列表框右侧的下三角按钮。

（3）在随后弹出的列表框中，选择需要的字号，如图3-7所示。

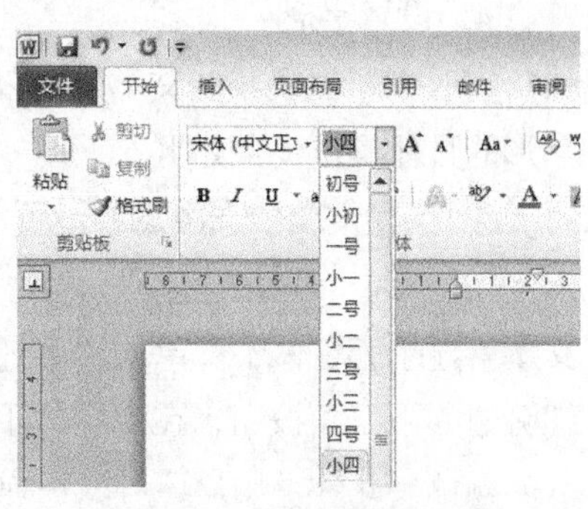

图3-7　设置文本字号

（4）被选中的文本就会以指定的字体大小显示出来。

3. **设置字体颜色**

在文本设置过程中，可为文本设置不同的颜色来突出显示某一部分内容。

设置字体颜色的具体操作步骤如下。

（1）在文档中选中需要设置字体颜色的文本。

（2）在功能区用户界面中的“开始”选项卡中的“字体”组中单击“字体颜色”按钮右侧的下三角按钮，弹出如图3-8所示的“字体颜色”下拉列表。

（3）在该下拉列表中选择需要的颜色即可。

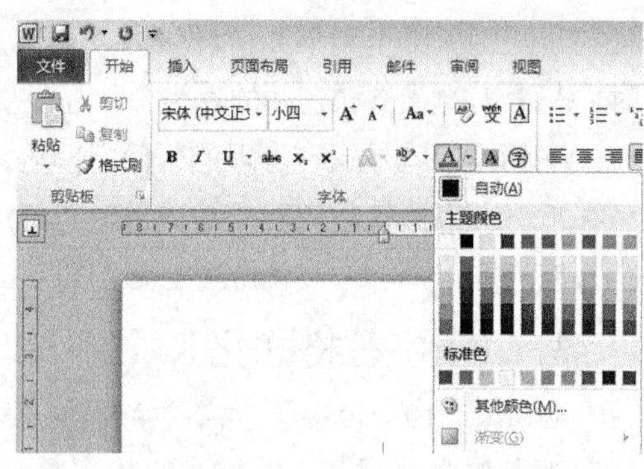

图3-8 “字体颜色”下拉列表

（4）如果“字体颜色”下拉列表中没有需要的颜色，可选择“其他颜色”选项，弹出“颜色”对话框，默认打开“标准”选项卡，如图3-9所示。

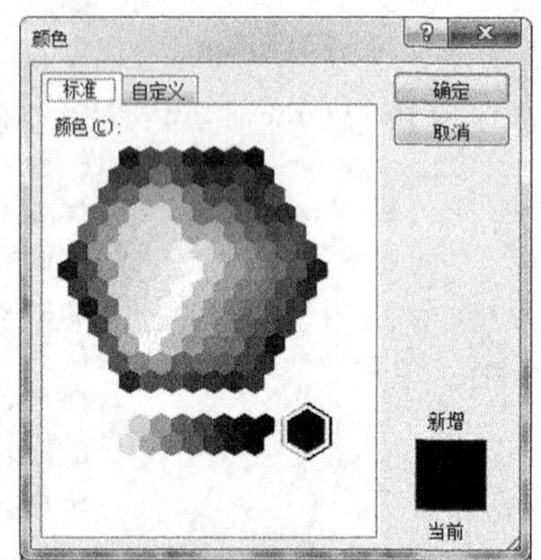

图3-9 “颜色”对话框的“标准”和“自定义”选项卡

（5）在该选项卡中选择需要的颜色，单击“确定”按钮。

（6）还可在“颜色”对话框中打开“自定义”选项卡，在该选项卡中设置自定义颜色，单击“确定”按钮完成字体颜色的设置。

4. 设置字形

有时为了强调某些文本，可以对字形进行修饰，主要包括加粗、倾斜、下划线等。设置字形的具体操作步骤如下。

（1）在文档中选中需要设置字形的文本。

（2）在“开始”选项卡中的“字体”选项组中，单击“加粗”按钮 **B**，此时被选中的文本就显示为粗体了。单击“下划线”按钮 U，为所选文本添加下划线。单击“下划线”按钮旁边的下三角按钮，在弹出的下拉列表中执行“下划线颜色”命令，可以进一步设置下划线的颜色。此外，用户还可以在弹出的下拉列表中为文本添加不同样式的下划线。

5. 设置字体效果

在Word 2010功能区中的“开始”选项卡中，单击“字体”选项组中的“文本效果”按钮，可为选中的文本套用文本效果或自定义文本效果，如图3-10所示。

图3-10 设置文本效果

6. 设置字符缩放和调整字符间距

设置字符缩放的具体操作步骤如下。

（1）在文档中选中需要设置字符缩放的文本。

（2）在功能区用户界面中的"开始"选项卡中的"段落"组中选择"中文版式"按钮右侧的下三角按钮，弹出如图3-11所示的"字符缩放"下拉列表，在该下拉列表中选择一种缩放比例。

（3）如果"字符缩放"下拉列表中提供的缩放比例不符合要求，可打开"字体"对话框中的"字符间距"选项卡，如图3-12所示。

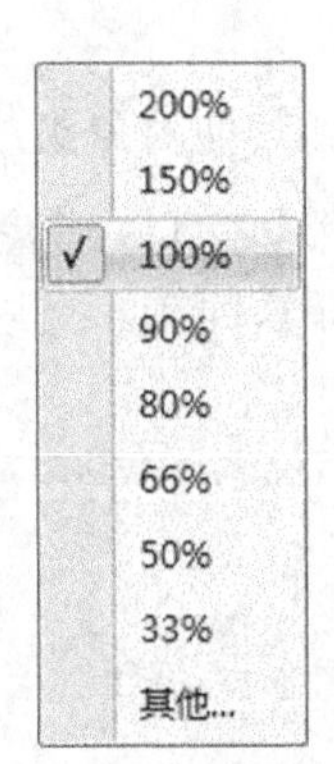

图3-11 "字符缩放"下拉列表

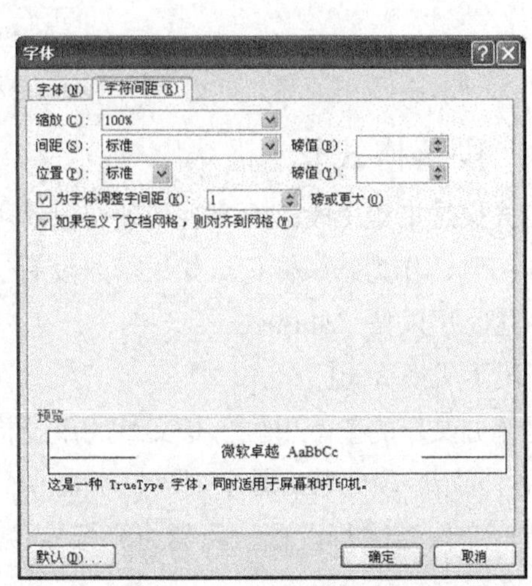

图3-12 "字符间距"选项卡

（4）在该选项卡中的"缩放"下拉列表中选择需要的缩放比例。

（5）在"间距"下拉列表中选择"标准""加宽"或"紧缩"选项，在其后的"磅值"微调框中输入相应的数值。

（6）在"位置"下拉列表中选择"标准""提升"或"降低"选项，在其后的"磅值"

微调框中输入相应的数值。

（7）在“字符间距”选项卡中选中“为字体调整字间距”复选框，在其后的微调框中输入相应的数值，调整字与字之间的间距。

（8）在“预览”区中预览设置字符的效果，单击“确定”按钮完成设置。字符格式化操作还可以通过字体对话框来设置，可以通过在“开始”选项卡中，单击“字体”选项组中的“对话框启动器”按钮打开。在“字体”对话框中有“字体”和“高级”两个标签，可以完成以上所有对字符的格式化操作，如图3-13所示。

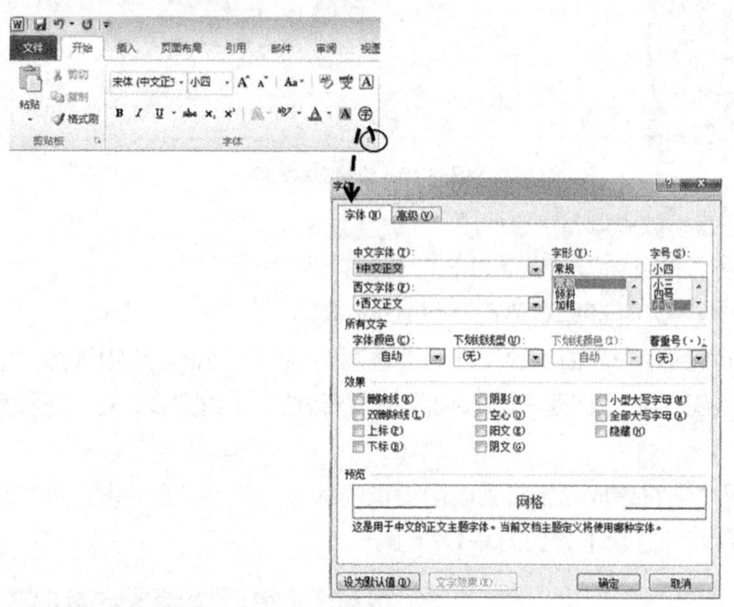

图3-13　字体对话框

3.4.2　段落格式化

段落格式化是指整个段落的外观处理，段落可以由文字、图像和其他对象组成，段落以回车符“Enter”键作为结束标记。如果录入没有达到右侧边界需要另起一行，但又不想另起一个段落，这时可以按“Shift+Enter”键，产生一个手动换行符，即软回车。可以实现既不产生一个新段落又换行的操作。

段落是划分文章的基本单位，是文章的重要格式之一，段落格式的设置主要包括对齐方式、缩进、行间距、段间距、首字下沉、制表位、分栏等。

如果对一个段落进行设置，只需将光标定位于段落中即可，如果要对多个段落进行设置，首先要选定这几个段落。

1. 段落对齐方式

段落对齐是指段落相对于某一个位置的排列方式。段落的对齐方式有“文本左对齐”“居中”“文本右对齐”“两端对齐”“分散对齐”等。其中“两端对齐”是系统默认的对齐方式。用户可以在功能区用户界面中的“开始”选项卡中的“段落”组中设置段落的对齐方式。

（1）单击“文本左对齐”按钮，选定的文本沿页面的左边对齐。

（2）单击“居中”按钮，选定的文本居中对齐。

（3）单击“文本右对齐”按钮，选定的文本沿页面的右边对齐。

（4）单击“两端对齐”按钮，选定的文本沿页面的左右边对齐。

（5）单击“分散对齐”按钮，选定的文本均匀分布。

段落对齐方式也可以通过菜单命令来进行设置。在功能区用户界面中的“开始”选项卡中的“段落”组中单击对话框启动器按钮，弹出“段落”对话框，如图3-14所示，在该对话框中的“常规”选区中可设置段落的对齐方式，还可以在“大纲级别”下拉列表中设置段落的级别。

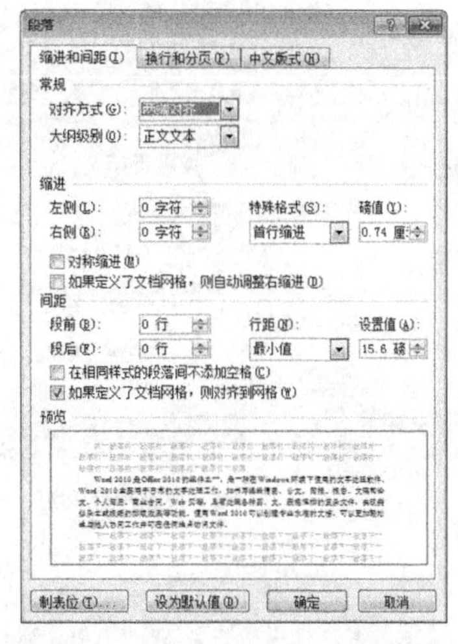

图3-14 “段落”对话框

提示

用户可以将插入点移到需要设置对齐方式的段落中，按“Ctrl+J”键设置两端对齐；按“Ctrl+E”键设置居中对齐；按“Ctrl+R”键设置右对齐；按组合键“Ctrl+Shift+J”设置分散对齐。

2. 段落缩进

段落缩进是指文本与页边距之间的距离，其中页边距是指文档与页面边界之间的距离。

（1）使用水平标尺设置段落缩进。

使用水平标尺是进行段落缩进最方便的方法。水平标尺上有首行缩进、悬挂缩进、左缩进和右缩进4个滑块，如图3-15所示。选定要缩进的一个或多个段落，用鼠标拖动这些滑块，即可改变当前段落的缩进位置。

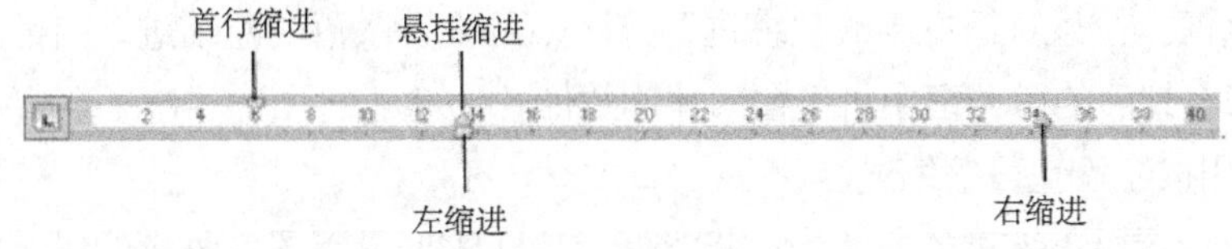

图3-15 水平标尺

① 首行缩进：设置段落第一行的左缩进。

② 悬挂缩进：设置除段落第一行外的其他各行的缩进。

③ 左缩进：设置整个段落最左端的缩进。

④ 右缩进：设置整个段落最右端的缩进。

效果如图3-16所示。

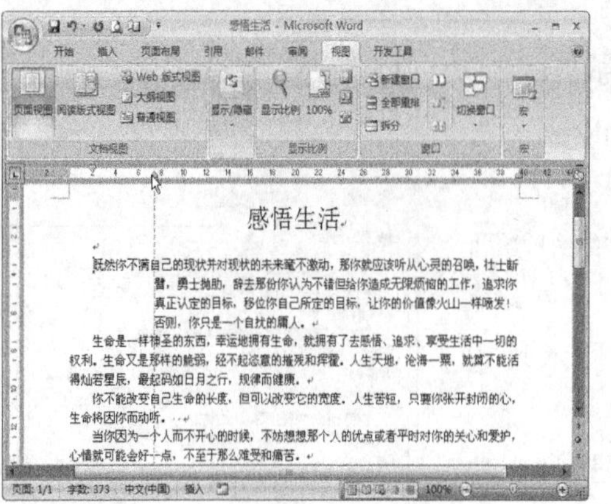

（a）设置悬挂缩进

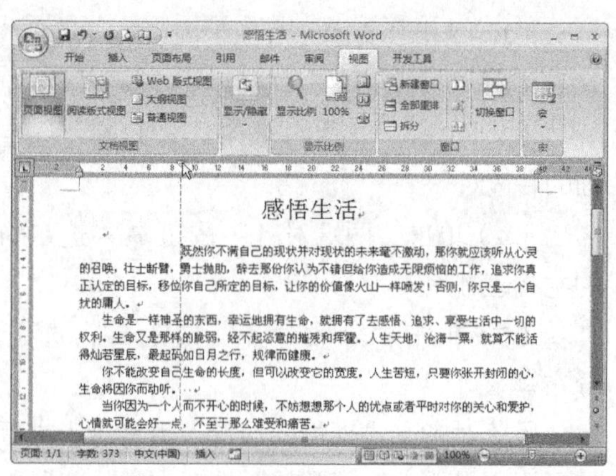

（b）设置首行缩进

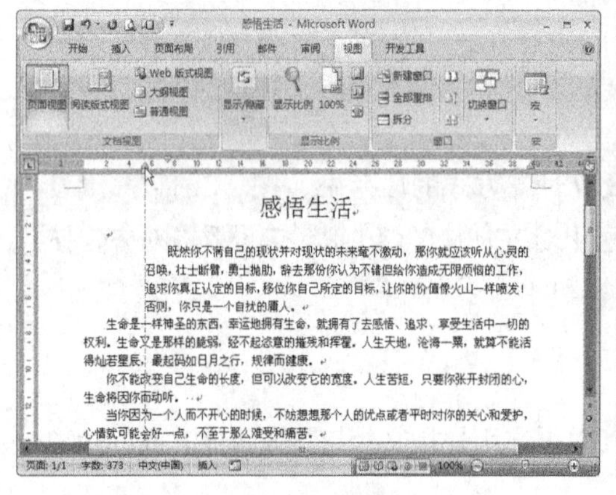

（c）设置左缩进

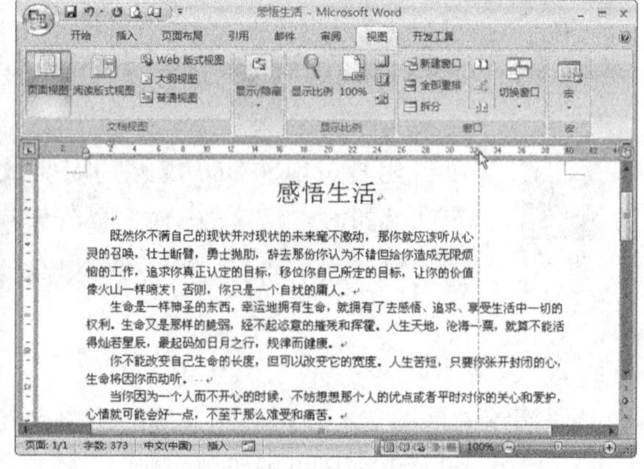

（d）设置右缩进

图3-16　缩进

（2）使用“段落”对话框设置段落缩进。

在功能区用户界面中的“开始”选项卡中的“段落”组中单击对话框启动器按钮，弹出“段落”对话框。在该对话框中的“缩进”选区中可设置段落的左缩进、右缩进、悬挂缩进和首行缩进，在其后的微调框中可设置具体的数值。

（3）使用按钮设置段落缩进。

使用按钮设置段落缩进的方法为：将光标定位在需要设置段落缩进的段落中，单击“开始”选项卡中的“段落”组中的“减少缩进量”按钮，将当前段落右移一个默认制表位的距离；单击“增加缩进量”按钮，将当前段落左移一个默认制表位的距离。用户可根据需要，多次单击按钮以达到缩进目的。

3．段落的行距和间距

行间距和段落间距指的是文档中各行或各段落之间的间隔距离。Word 2010默认的行间距为一个行高，段落间距为0行。

（1）设置行间距。

设置行间距的具体操作步骤如下。

选定要设置行间距的文本。在功能区用户界面中的“开始”选项卡中的“段落”组中单击“行距”按钮，弹出“行距”下拉列表。在该下拉列表中选择合适的行距，或者选择“行距选项”选项，在弹出的“段落”对话框中的“间距”选区中的“行距”下拉列表中设置段落行间距。

（2）设置段落间距。

在“段落”对话框中的“段前”和“段后”微调框中分别设置段前距离以及段后距离，此方法设置的段间距与字号无关。用户还可以直接按回车键设置段落间隔距离，此时的段间距与该段文本字号有关，是该段字号的整数倍。

如果相邻的两段都通过“段落”对话框设置间距，则两段间距是前一段的“段后”值和后一段的“段前”值之和。

4. **设置段落制表位**

在设置段落格式时，为了控制行间或段间文本的对齐，通常要用到制表位。此时只要按一下“Tab”键，则插入点将跳到下一个制表位的位置，间距被制表字符占据。设置制表位可以使用以下两种方法。

（1）使用“制表符”按钮。

使用“制表符”按钮设置制表位的具体操作步骤如下。

① 在水平标尺的左侧有一个“制表符”按钮，单击一次就变换为另一个按钮，所有“制表符”按钮及其对齐方式如表3-1所示。

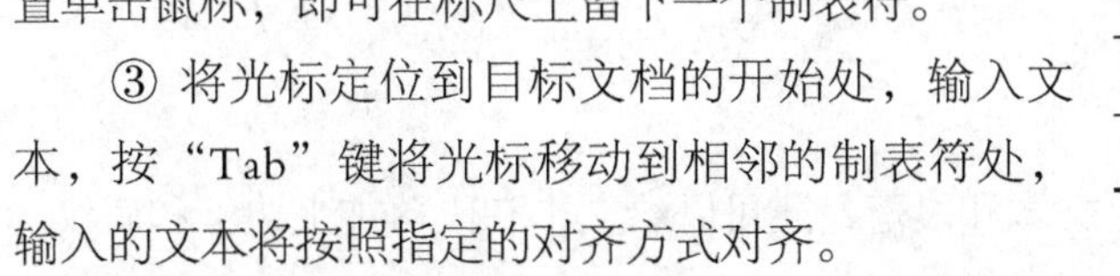

② 根据需要选择对齐方式，在标尺上的目标位置单击鼠标，即可在标尺上留下一个制表符。

③ 将光标定位到目标文档的开始处，输入文本，按“Tab”键将光标移动到相邻的制表符处，输入的文本将按照指定的对齐方式对齐。

表 3-1 “制表符”按钮及其对齐方式

制表符按钮	对齐方式
	左对齐方式
	居中对齐方式
	右对齐方式
	小数点对齐方式
	竖线对齐方式

按住“Alt”键，然后按住鼠标左键拖动制表符，可以看到移动制表符时的制表位位置的精确数值标度。

（2）使用“制表位”对话框。

用户还可以使用“制表位”对话框来精确地设置制表位，其具体操作步骤如下。

① 在功能区用户界面中的“开始”选项卡中的“段落”组中单击对话框启动器按钮，弹出“段落”对话框。

② 在该对话框中单击“制表位”按钮，弹出“制表位”对话框，如图3-17所示。

③ 在该对话框中的“制表位位置”文本框中输入具体的数值，在“对齐方式”选区中

选择一种制表位对齐方式，在“前导符”选区中选择一种前导符。

④ 单击“设置”按钮继续设置第二个制表位。

⑤ 设置完成后，单击“确定”按钮。

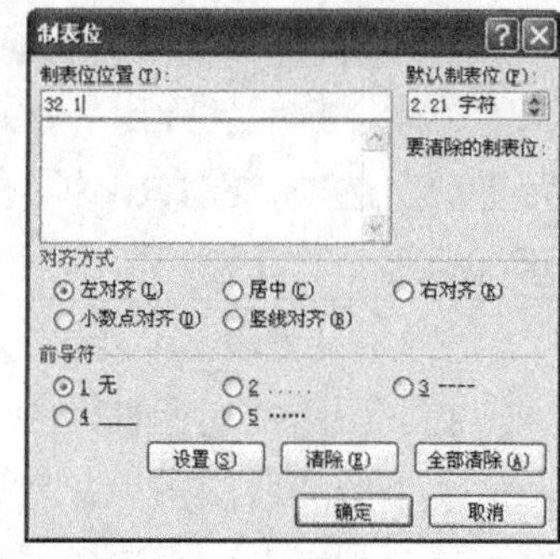

图3-17 “制表位”对话框

5. **设置分栏**

分栏可以将一段文本分为并排的几栏显示在一页中。分栏的具体操作步骤如下。

（1）在功能区用户界面中的“页面布局”选项卡中的“页面设置”组中单击“分栏”按钮，弹出“分栏”下拉列表，如图3-18所示。

（2）在该下拉列表中选择需要的分栏样式，如果不能满足用户的需要，可在该下拉列表中选择“更多分栏”选项，弹出“分栏”对话框，如图3-19所示。

（3）在该对话框中的“预设”选区中选择分栏模式，在“列数”微调框中设置分列数，在“宽度”选区中设置相应的参数。

（4）设置完成后，单击“确定”按钮即可。

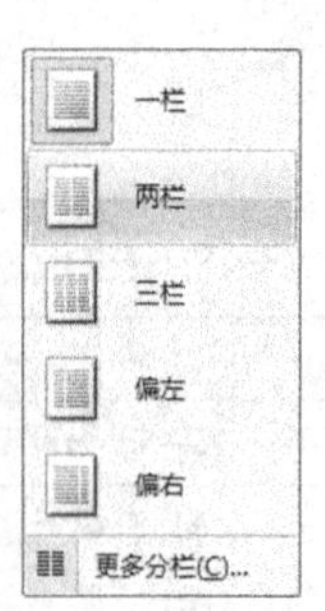

图3-18 “分栏”下拉列表

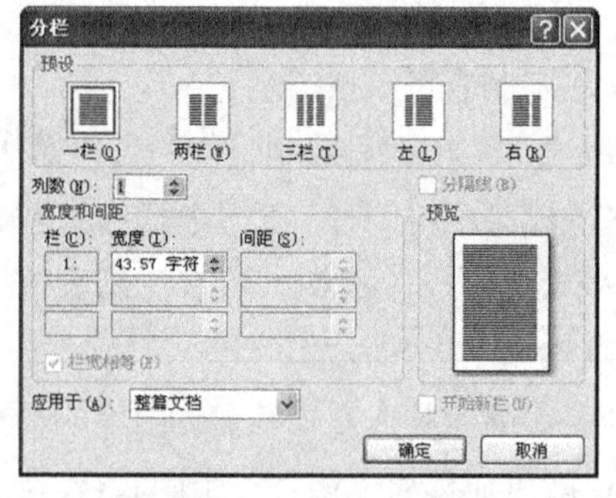

图3-19 “分栏”对话框

6. **添加边框和底纹**

在Word 2010中，不仅可以格式化文本和段落，还可以给文本和段落加上边框和底纹，进而突出显示这些文本和段落。

（1）添加边框。

为文本或段落添加边框的具体操作步骤如下。

① 选定需要添加边框的文本或段落。

② 在功能区用户界面中的“开始”选项卡中的“段落”组中单击“下框线”按钮，在弹出的下拉列表中选择“边框和底纹”选项，弹出“边框和底纹”对话框，默认打开“边框”选项卡，如图3-20所示。

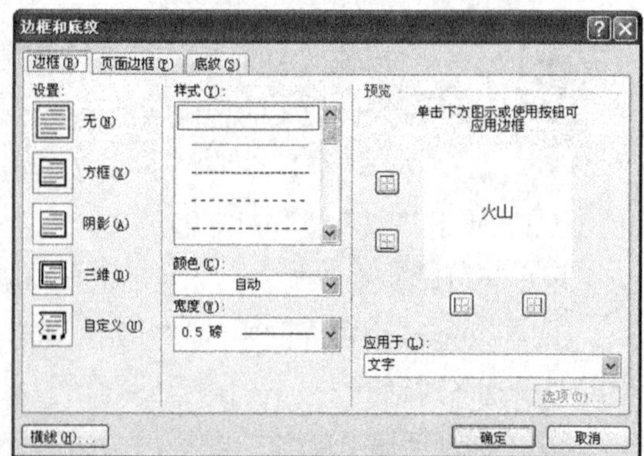

图3-20 “边框”选项卡

③ 在该对话框中的“设置”选区中选择边框类型，在“样式”列表框中选择边框的线型。

④ 单击“颜色”下拉列表后的下三角按钮，打开“颜色”下拉列表。在该下拉列表中选择边框需要的颜色。

⑤ 如果在“颜色”下拉列表中没有用户需要的颜色，可选择“其他线条颜色”选项，弹出“颜色”对话框。在该对话框中选择需要的标准颜色或者自定义颜色。

⑥ 在“宽度”下拉列表中选择边框的宽度。

⑦ 在“应用于”下拉列表中选择边框的应用范围。

⑧ 设置完成后，单击“确定”按钮即可为文本或段落添加边框。

（2）添加底纹。

为文本或段落添加底纹的具体操作步骤如下。

① 选定需要添加底纹的文本或段落。

② 在功能区用户界面中的“开始”选项卡中的“段落”组中单击“边框和底纹”按钮，在弹出的下拉列表中选择“边框和底纹”选项，弹出“边框和底纹”对话框，打开“底纹”选项卡。在该选项卡中的“填充”选区中的下拉列表中选择需要标准颜色或者自定义颜色。

③ 单击“样式”下拉列表后的下三角按钮，打开“样式”下拉列表。在该下拉列表中选择底纹的样式比例。

④ 设置完成后，单击“确定”按钮即可为文本或段落添加底纹。

（3）设置页面边框。

用户不但可以为文本和段落设置边框，还可以设置整个页面的边框。其具体操作步骤如下。

① 将光标定位在页面中的任意位置。

② 选择“格式”→“边框和底纹”命令，弹出“边框和底纹”对话框，打开“页面边框”选项卡。

③ 该选项卡中的设置与“边框”选项卡中的设置类似，不同的是多了一个“艺术型”下拉列表。在该下拉列表中选择所需要的边框类型。

④ 设置完成后，单击“确定”按钮即可设置整个页面的边框。

7. 设置中文版式

Word 2010提供了一些特殊的中文版式，如文字方向、首字下沉、拼音指南等版式。应用这些版式可以设置不同的版面格式，下面分别对其进行介绍。

（1）文字方向。

文本中的文字可以是水平的，也可以设置成其他的方向。具体操作步骤如下。

选中文档中要改变文字方向的文本，在功能区用户界面中的“页面布局”选项卡中的“页面设置”组中选择“文字方向”选项，弹出“文字方向”下拉列表。在该下拉列表中选择需要的文字方向格式，或者选择“文字方向选项”选项，弹出“文字方向–主文档”对话框。在该对话框中的“方向”选项组中根据需要选择一种文字方向；在“应用于”下拉列表中选择“整篇文档”，在“预览”框中可以预览其效果。单击“确定”按钮，即可完成文字方向的设置。

（2）首字下沉。

首字下沉经常出现在一些报刊、杂志上，一般位于段落的首行。要设置首字下沉，其具体操作步骤如下。

① 将光标置于要设置首字下沉的段落中。

② 在功能区用户界面中的“插入”选项卡中的“文本”组中选择“首字下沉”选项，弹出“首字下沉”下拉列表。

③ 在该下拉列表中选择需要的格式，或者选择“首字下沉选项”选项，弹出“首字下沉”对话框。

④ 在该对话框中的“位置”选项组中选择一种首字下沉的样式；在“选项”选项组中的“字体”下拉列表中选择一种所需要字体；在“下沉行数”微调框中根据需要调整下沉的行数；在“距正文”微调框中根据需要设置距正文的距离。设置完成后，单击“确定”按钮，完成首字下沉效果的设置

如果要取消首字下沉，其具体操作步骤如下。

① 选中段落中设置的“首字下沉”。

② 在功能区用户界面中的“插入”选项卡中的“文本”组中选择“首字下沉”选项，在弹出的“首字下沉”下拉菜单中选择“无”选项，即可取消首字下沉效果。

（3）拼音指南。

利用Word 2010提供的拼音指南功能，可以自动为文本中的汉字标注拼音。具体操作步骤如下。

① 选中要添加拼音的文本。

② 在功能区用户界面中的“开始”选项卡中的“字体”组中单击“拼音指南”按钮，弹出“拼音指南”对话框。

③ 在该对话框中的“对齐方式”下拉列表中选择拼音与文字的对齐方式；在“偏移量”微调框中设置所标注的拼音与文本内容的距离；在“字体”下拉列表中选择标注拼音的字体；在“字号”下拉列表中选择标注拼音的字号。设置完成后，单击“确定”按钮。

（4）带圈字符。

利用Word 2010提供的中文版式功能，还可以在文档中插入带圈字符。具体操作步骤如下。

① 将光标置于文档中要插入带圈字符的位置。

② 在功能区用户界面中的“开始”选项卡中的“字体”组中单击“带圈字符”按钮，弹出“带圈字符”对话框。

③ 在该对话框中的“样式”选区中选择一种带圈字符样式；在“圈号”选区中的“文字”文本框中输入字符编号，或在其列表框中选择一种字符编号；在“圈号”选区中的“圈号”列表框中选择一种圈号选项。设置完成后，单击“确定”按钮，即可在文档中插入带圈字符。

（5）纵横混排。

使用中文版式中的纵横混排功能，可以使选中的文本按纵向或横向排列。这里以选中横向文本为例，其具体操作步骤如下。

① 选定要进行纵横混排的文字。

② 在功能区用户界面中的“开始”选项卡中的“段落”组中单击“中文版式”按钮，在弹出的下拉列表中选择“纵横混排”选项，弹出“纵横混排”对话框。

③ 如果选中“适应行宽”复选框，则纵向排列的文字宽度将与行宽适应。这里不选中此复选框，则纵向排列的文字会按自身的大小排列。

④ 单击“确定”按钮，即可完成文本的纵横混排效果的设置。

如果要取消纵横混排的效果，选中要取消纵横混排的文字，然后单击“删除”按钮即可。

（6）双行合一。

利用Word 2010提供的双行合一功能，可以实现将两行文本与其他文本在水平上保持一致的效果。具体操作步骤如下。

① 选中文本中要实现双行合一的文本。

② 在功能区用户界面中的“开始”选项卡中的“段落”组中单击“中文版式”按钮，在弹出的下拉列表中选择“双行合一”选项，弹出“双行合一”对话框。

③ 在“文字”文本框中显示了选中的文本。

④ 在“预览”框中可以看见其预览效果，单击“确定”按钮即可。

3.4.3 项目符号和编号

为使文档更加清晰易懂，用户可以在文本前添加项目符号或编号。Word 2010为用户提供了自动添加编号和项目符号的功能。在添加项目符号或编号时，可以先输入文字内容，再给文字添加项目符号或编号；也可以先创建项目符号或编号，然后输入文字内容，自动实现项目的编号，不必手工编号。

1. 创建项目符号列表

项目符号就是放在文本或列表前用以添加强调效果的符号。使用项目符号的列表可将一系列重要的条目或论点与文档中其余的文本区分开。

创建项目符号列表的具体操作步骤如下。

（1）将光标定位在要创建列表的开始位置。

（2）在功能区用户界面中的“开始”选项卡中的“段落”组中单击“项目符号”按钮右侧的下三角按钮，弹出“项目符号库”下拉列表。

（3）在该下拉列表中选择项目符号，或选择“定义新项目符号”选项，弹出“定义新项目符号”对话框。

（4）在该对话框中的“项目符号字符”选区中单击“符号”按钮，在弹出的如图3-21所示的“符号”对话框中选择需要的符号；单击“图片”按钮，在弹出的如图3-22所示的“图片项目符号”对话框中选择需要的图片符号；单击“字体”按钮，在弹出的“字体”对话框中设置项目符号中的字体格式。

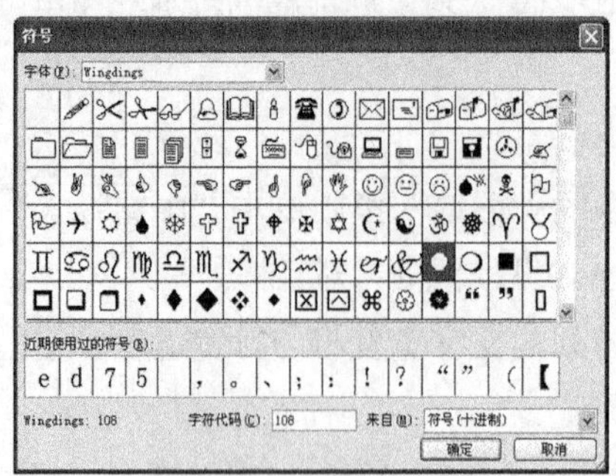

图3-21 “符号”对话框

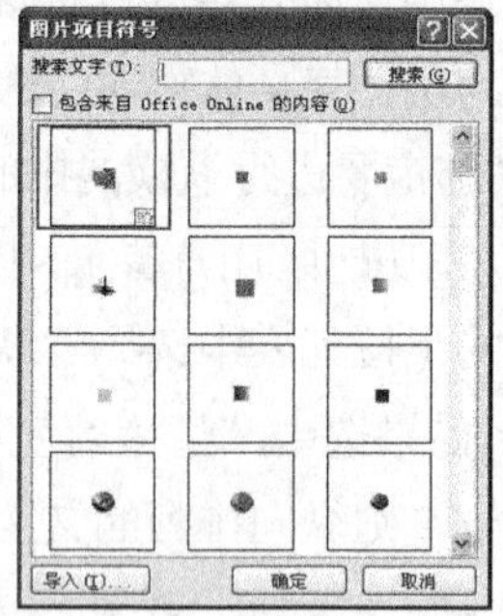

图3-22 “图片项目符号”对话框

（5）设置完成后，单击“确定”按钮，为文本添加项目符号。

2. 创建编号列表

编号列表是在实际应用中最常见的一种列表，它和项目符号列表类似，只是编号列表用数字替换了项目符号。在文档中应用编号列表，可以增强文档的顺序感。

创建编号列表的具体操作步骤如下。

（1）将光标定位在要创建列表的开始位置。

（2）在功能区用户界面中的“开始”选项卡中的“段落”组中单击“编号”按钮右侧的下三角按钮，弹出“编号库”下拉列表，如图3-23所示。

（3）在该下拉列表中选择编号的格式，选择“定义新编号格式”选项，弹出“定义新编号格式”对话框，如图3-24所示。在该对话框中可以定义新的编号样式、格式以及编号的对齐方式。

（4）选择“设置编号值”选项，弹出“起始编号”对话框，如图3-25所示。在该对话框中设置起始编号的具体值。为文本创建编号列表的效果如图3-26所示。

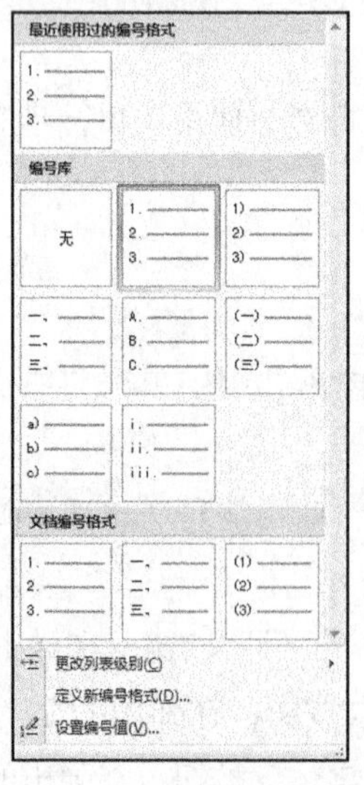

图3-23 “编号库”下拉列表

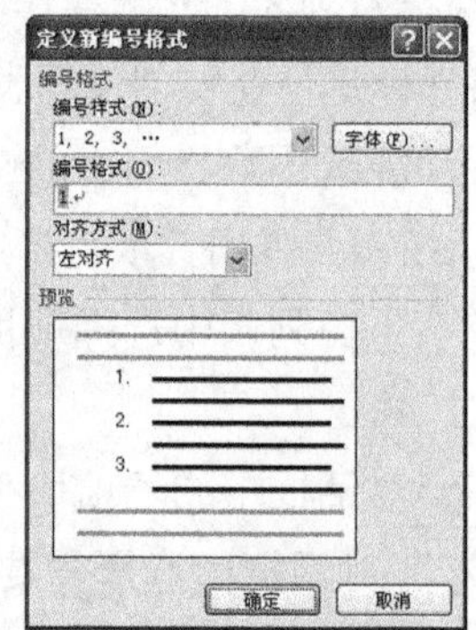

图3-24 “定义新编号格式”对话框

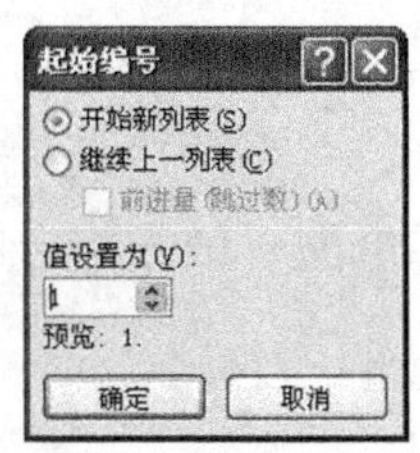

图3-25 “起始编号”对话框

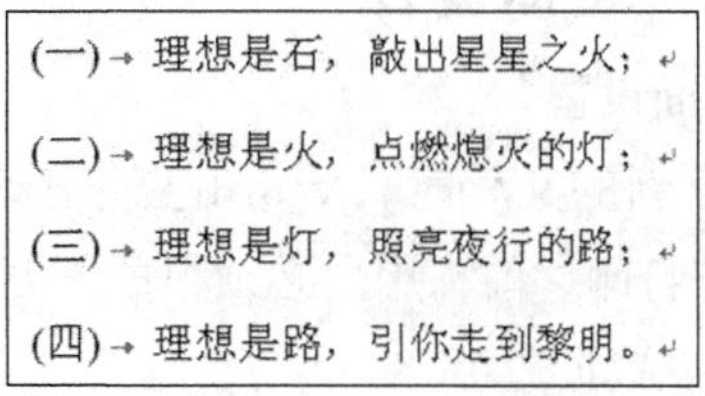

(一)→ 理想是石，敲出星星之火；↵

(二)→ 理想是火，点燃熄灭的灯；↵

(三)→ 理想是灯，照亮夜行的路；↵

(四)→ 理想是路，引你走到黎明。↵

图3-26 创建编号列表效果

3. 创建多级符号列表

多级符号列表中，每段的项目符号或编号根据缩进范围而变化，最多可生成有9个层次的多级符号列表。

创建多级符号列表的具体操作步骤如下。

（1）在功能区用户界面中的“开始”选项卡中的“段落”组中单击“多级列表”按钮右侧的下三角按钮，弹出“列表库”下拉列表，如图3-27所示。

（2）在该下拉列表中选择编号的格式，选择“定义新的多级列表”选项，弹出“自定义多级符号列表”对话框，如图3-28所示。

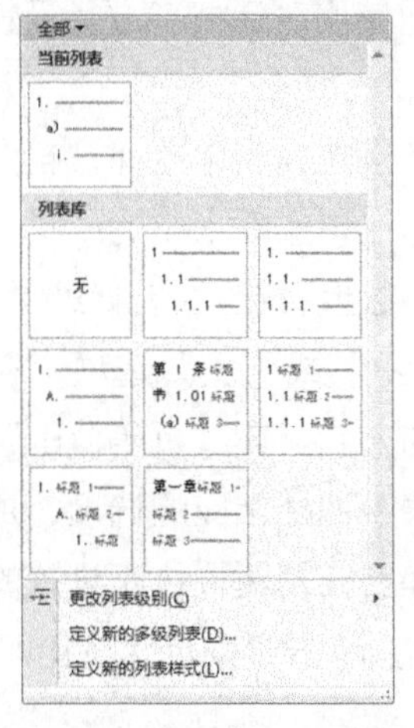

图3-27 “列表库”下拉列表

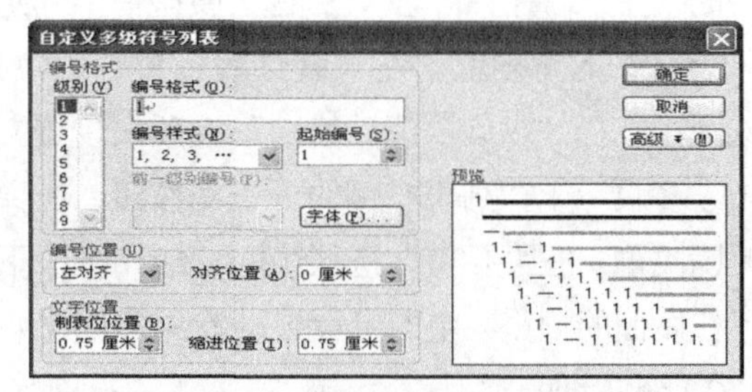

图3-28 “自定义多级符号列表”对话框

（3）在“级别”列表框中选择当前要定义的列表级别；在“编号格式”文本框中输入编号或项目符号及其前后紧接的文字；在“编号样式”下拉列表中选择列表要用的项目符号或编号样式；在“起始编号”微调框中设置起始编号。根据需要设置编号位置或文字位置等。

（4）在“列表库”下拉列表中选择“定义新的列表格式”选项，弹出“定义新列表样式”对话框。在该对话框中可定义新列表的样式。

（5）开始输入列表内容，并在每一项的结尾按回车键。

（6）输入完成后，连续按两次回车键，以停止创建多级符号列表。

（7）将光标定位在列表中的任意位置，再单击“格式”工具栏中的“减少缩进量”按钮或“增加缩进量”按钮，或者直接按“Tab”键，调整列表到合适的级别。

3.4.4 页面设计

1. 页面设置

在建立新的文档时，Word已经自动设置默认的页边距、纸型、纸张的方向等页面属性。但是在打印之前，用户必须根据需要对页面属性进行设置。

（1）设置页边距。

页边距是页面周围的空白区域。设置页边距能够控制文本的宽度和长度，还可以留出装订边。用户可以使用标尺快速设置页边距，也可以使用对话框来设置页边距。

① 使用标尺设置页边距。

在页面视图中，用户可以通过拖动水平标尺和垂直标尺上的页边距线来设置页边距。具体操作步骤如下。

提示

在使用标尺设置页边距时按住“Alt”键，将显示出文本区和页边距的量值。

在页面视图中，将鼠标指针指向标尺的页边距线。按住鼠标左键并拖动，出现的虚线表明改变后的页边距位置。将鼠标拖动到需要的位置后释放鼠标左键即可。

② 使用对话框设置页边距。

如果需要精确设置页边距，或者需要添加装订线等，就必须使用对话框来进行设置。具体操作步骤如下。

在“页面布局”选项卡中的“页面设置”组中的“页边距”下拉列表中选择“自定义边距”选项，弹出“页面设置”对话框，打开“页边距”选项卡。在该选项卡中的“页边距”选区中的“上”“下”“左”“右”微调框中分别输入页边距的数值；在“装订线”微调框中输入装订线的宽度值；在“装订线位置”下拉列表中选择“左”或“上”选项。在“方向”选区中选择“纵向”或“横向”选项来设置文档在页面中的方向。在“页码范围”选区中单击“多页”下拉列表右侧的下三角按钮，在弹出的下拉列表中选择相应的选项，可设置页码范围类型。在“预览”选区中的“应用于”下拉列表中选择要应用新页边距设置的文档范围；在后面的预览区中即可看到设置的预览效果。设置完成后，单击“确定”按钮即可。

（2）设置纸张类型。

Word 2010默认的打印纸张为A4，其宽度为210毫米，高度为297毫米，且页面方向为纵向。如果实际需要的纸型与默认设置不一致，就会造成分页错误，此时就必须重新设置纸张类型。

设置纸张类型的具体操作步骤如下。

① 在“页面布局”选项卡中的“页面设置”组中的“纸张大小”下拉列表中选择“其他页面大小”选项，弹出“页面设置”对话框，打开“纸张”选项卡。

② 在该选项卡中单击“纸张大小”下拉列表右侧的下三角按钮，在打开的下拉列表中选择一种纸型。用户还可在“宽度”和“高度”微调框中设置具体的数值，自定义纸张的大小。

③ 在“纸张来源”选区中设置打印机的送纸方式。在“首页”列表框中选择首页的送纸方式；在“其他页”列表框中设置其他页的送纸方式。

④ 在“应用于”下拉列表中选择当前设置的应用范围。单击“打印选项”按钮，可在

弹出的“Word选项”对话框中的“打印选项”选区中进一步设置打印属性。设置完成后，单击“确定”按钮即可。

（3）设置版式。

Word 2010提供了设置版式的功能，可以设置有关页眉和页脚、页面垂直对齐方式以及行号等特殊的版式选项。

设置版式的具体操作步骤如下。

① 在“页面布局”选项卡中的“页面设置”组中单击“对话框启动器”按钮，弹出“页面设置”对话框，打开“版式”选项卡。

② 在该选项卡中的“节的起始位置”下拉列表中选择节的起始位置，用于对文档分节。

③ 在“页眉和页脚”选区中可确定页眉和页脚的显示方式。如果需要奇数页和偶数页不同，可选中“奇偶页不同”复选框；如果需要首页不同，可选中“首页不同”复选框。在“页眉”和“页脚”微调框中可设置页眉和页脚距边界的具体数值。

④ 在“垂直对齐方式”下拉列表中可设置页面的一种对齐方式。图3-29所示为页面垂直对齐方式示例。

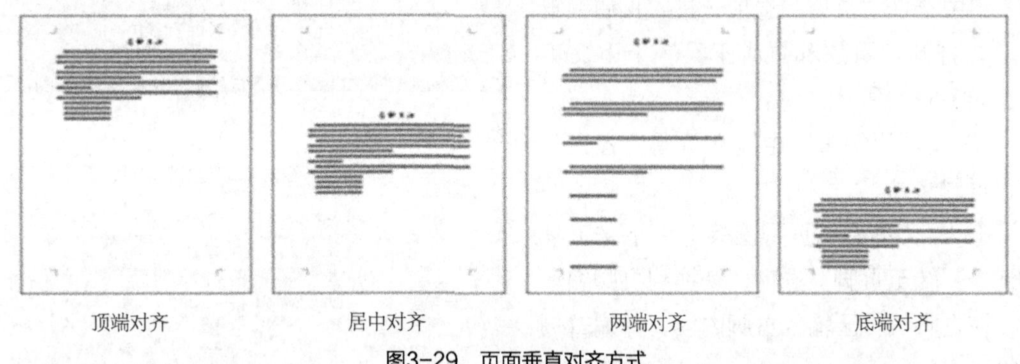

图3-29 页面垂直对齐方式

顶端对齐：该对齐方式为系统默认方式，指正文的第一行与上页边距对齐。

居中对齐：指正文的上页边距与下页边距之间居中对齐。

两端对齐：增大段间距，使得第一行与上页边距对齐，最后一行与下页边距对齐。

底端对齐：指正文的最后一行与下页边距对齐。

⑤ 在“预览”选区中单击“行号”按钮，弹出“行号”对话框，选中“添加行号”复选框。

⑥ 在“起始编号”微调框中设置起始编号；在“距正文”微调框中设置行号与正文之间的距离；在“行号间隔”微调框中设置每几行添加一个行号。

⑦“编号方式”选区中有“每页重新编号”“每节重新编号”和“连续编号”3个单选按钮，用户可根据需要对其进行设置。单击“确定”按钮，即可看到添加行号的效果。

⑧ 在“页面设置”对话框中单击“确定”按钮，完成页面版式的设置。

（4）设置文档网格。

设置文档网格的具体操作步骤如下。

① 在“页面布局”选项卡中的“页面设置”组中单击“对话框启动器”按钮，弹出“页面设置”对话框，打开“文档网格”选项卡。

② 在该选项卡中的“文字排列”选区中设置文字排列的方向和栏数。

③ 在“预览”选区中单击“字体设置”按钮，弹出“字体”对话框，在该对话框中设置页面中的字体格式。

④ 最后单击“确定”按钮，完成文档网格的设置。

2. 页眉和页脚

页眉与页脚不属于文档的文本内容，它们用来显示标题、页码、日期等信息。页眉位于文档中每页的顶端，页脚位于文档中每页的底端。页眉和页脚的格式化与文档内容的格式化方法相同。

（1）插入页眉和页脚。

用户可在文档中插入不同格式的页眉和页脚，例如，可插入与首页不同的页眉和页脚，或者插入奇偶页不同的页眉和页脚。插入页眉和页脚的具体操作步骤如下。

① 在“插入”选项卡中的“页眉和页脚”组中选择“页眉”选项，进入页眉编辑区，并打开“页眉和页脚工具”上下文工具，如图3-30所示。

② 在页眉编辑区中输入页眉内容，并编辑页眉格式。

③ 在“页眉和页脚工具”上下文工具中选择“转至页脚”选项，切换到页脚编辑区。在页脚编辑区输入页脚内容，并编辑页脚格式。

④ 设置完成后，选择“关闭页眉和页脚”选项，返回文档编辑窗口。

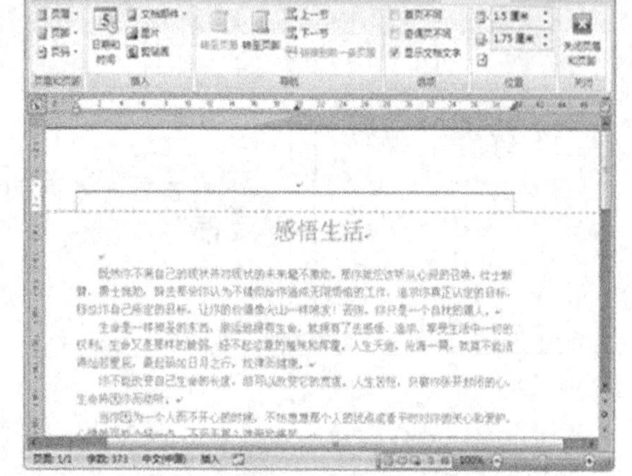

图3-30 “页眉页脚工具”对话框

（2）插入页眉线。

在默认状态下，页眉的底端有一条单线，即页眉线。用户可以对页眉线进行设置、修改和删除。插入页眉线的具体操作步骤如下。

① 将光标定位在页眉编辑区的任意位置。

② 在“开始”选项卡中的“段落”组中单击“边框和底纹”按钮，在弹出的下拉列表中选择“边框和底纹”选项，弹出“边框和底纹”对话框。

③ 在该对话框中单击“横线”按钮，弹出“横线”对话框。

④ 在该对话框中选择一种横线，单击“确定”按钮，即可在页眉编辑区中插入一条特殊的页眉线。

⑤ 设置完成后，选择“关闭页眉和页脚”选项，返回文档编辑窗口。

（3）插入页码。

有些文章有许多页，这时就可为文档插入页码，这样便于整理和阅读。

在文档中插入页码的具体操作步骤如下。

① 在“插入”选项卡中的“页眉和页脚”组中的“页码”选项下拉列表中选择“设置页码格式”选项，弹出“页码格式”对话框。

② 在该对话框中可设置所插入页码的格式。

③ 设置完成后，单击“确定”按钮，即可在文档中插入页码。

3.4.5 典型实例——格式化文本

本节主要介绍在Word文档中，利用本节所学的设置字符和段落格式以及添加边框和底纹等知识格式化文本，最终效果如图3-31所示。

操作步骤如下。

（1）单击“文件”菜单，然后在弹出的菜单中选择“新建”命令，弹出“新建文档”对话框。

（2）在该对话框左侧的“模板”列表框中选择“空白文档和最近使用的文档”选项，然后在对话框右侧的列表框中选择“空白文档”选项，单击“创建”按钮，即可创建一个空白文档。

（3）在空白文档中输入一段文本，如图3-32所示。

（4）选中第三段文本，在功能区用户界面中的“开始”选项卡中的“段落”组中，单击“对话框启动器”按钮，弹出“段落”对话框。

（5）在该对话框中的“对齐方式”下拉列表中选择“居中”选项，单击“确定”按钮，设置段落为居中对齐方式。用同样的方法设置第四段文本为分散对齐方式，效果如图3-33所示。

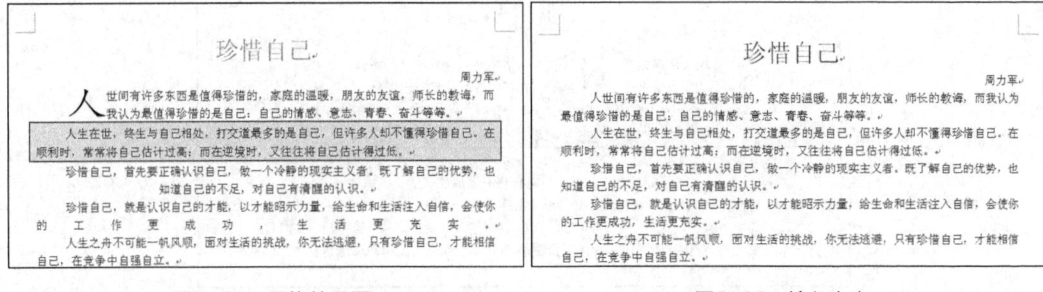

珍惜自己

周力军

人世间有许多东西是值得珍惜的，家庭的温暖，朋友的友谊，师长的教诲，而我认为最值得珍惜的是自己：自己的情感、意志、青春、奋斗等等。

人生在世，终生与自己相处，打交道最多的是自己，但许多人却不懂得珍惜自己。在顺利时，常常将自己估计过高；而在逆境时，又往往将自己估计得过低。

珍惜自己，首先要正确认识自己，做一个冷静的现实主义者。既了解自己的优势，也知道自己的不足，对自己有清醒的认识。

珍惜自己，就是认识自己的才能，以才能昭示力量，给生命和生活注入自信，会使你的工作更成功，生活更充实。

人生之舟不可能一帆风顺，面对生活的挑战，你无法逃避，只有珍惜自己，才能相信自己，在竞争中自强自立。

图3-31 最终效果图

珍惜自己

周力军

人世间有许多东西是值得珍惜的，家庭的温暖，朋友的友谊，师长的教诲，而我认为最值得珍惜的是自己：自己的情感、意志、青春、奋斗等等。

人生在世，终生与自己相处，打交道最多的是自己，但许多人却不懂得珍惜自己。在顺利时，常常将自己估计过高；而在逆境时，又往往将自己估计得过低。

珍惜自己，首先要正确认识自己，做一个冷静的现实主义者。既了解自己的优势，也知道自己的不足，对自己有清醒的认识。

珍惜自己，就是认识自己的才能，以才能昭示力量，给生命和生活注入自信，会使你的工作更成功，生活更充实。

人生之舟不可能一帆风顺，面对生活的挑战，你无法逃避，只有珍惜自己，才能相信自己，在竞争中自强自立。

图3-32 输入文本

（6）选中第二段文本，在功能区用户界面中的“开始”选项卡中的“段落”组中单击“边框和底纹”按钮，在弹出的下拉列表中选择“边框和底纹”选项，弹出“边框和底纹”对话框，如图3-34所示。

（7）在该对话框中设置文本的边框和底纹，效果如图3-35所示。

（8）选定第一段的第一个字，在功能区用户界面中的“插入”选项卡中的“文本”组中选择“首字下沉”选项，在弹出的“首字下沉”下拉列表中选择“首字下沉选项”选项，弹出“首字下沉”对话框。

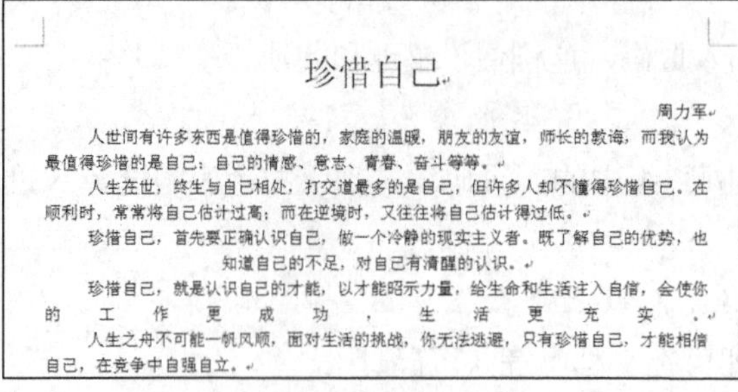

图3-33　设置段落对齐方式

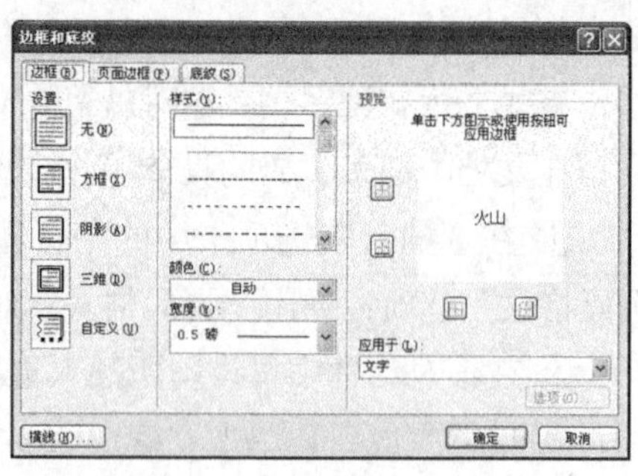

图3-34　“边框和底纹”对话框

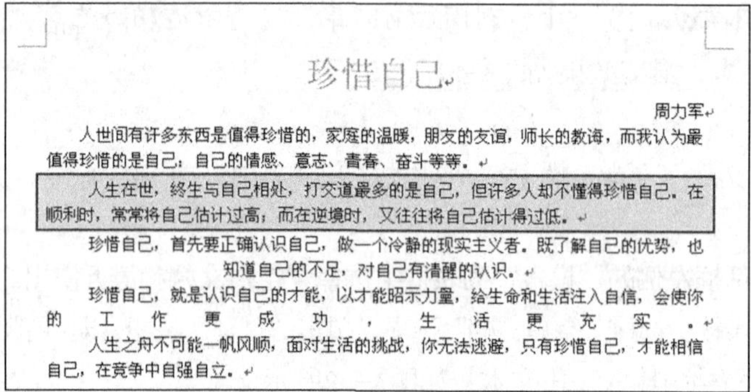

图3-35　为文本添加边框和底纹

（9）在该对话框中的“位置”选区中选择“下沉”选项，在“字体”下拉列表中选择“华文楷体”选项；在“下沉行数”微调框中输入“2”，单击“确定”按钮，效果如图3-36所示。

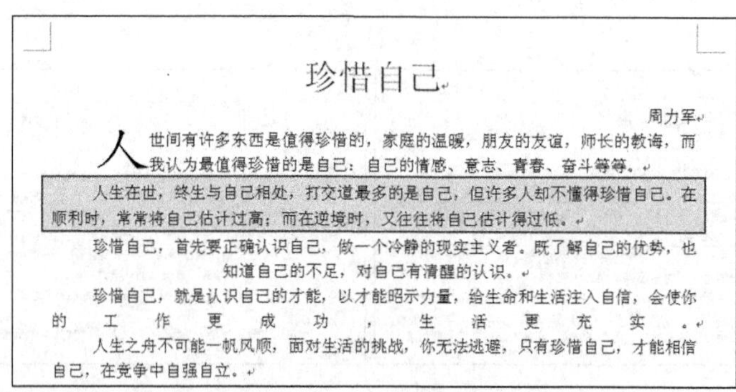

图3-36　设置首字下沉

（10）选定“珍惜自己”文本，在功能区用户界面中的“开始”选项卡中的“字体”组中选择“字体颜色”按钮右侧的下三角按钮，在弹出的“字体颜色”下拉列表中设置字体颜色为“粉红”。

3.5　Word 2010的表格制作

本节主要讲解插入表格、编辑表格、格式化表格、数据处理等使用表格的知识，通过本节的学习，读者对文档中表格的使用有一个初步的了解，并能独立在文档中对表格进行相应的格式化操作。

表格是以行和列的形式组织信息的，结构严谨，效果直观，信息量较大。Word提供的表格功能可以快速方便地建立和使用表格。

3.5.1 创建表格

在Word 2010中，可以通过从一组预先设好格式的表格（包括示例数据）中选择，或通过选择需要的行数和列数来插入表格，同时也可以将表格插入到文档中或将一个表格插入到其他表格中以创建更复杂的表格。创建表格的方法主要有以下几种。

1. 使用表格模板

可以使用表格模板插入一组预先设好格式的表格。表格模板包含有示例数据，便于用户理解添加数据时的正确位置。

使用按钮插入表格的具体操作步骤如下。

（1）选中预先设好格式的表格。

（2）在“插入”选项卡的“表格”组中选择“表格”选项，在弹出下拉列表中选择“快速表格”→“将所选内容保存到快速表格库”命令，弹出“新建构建基块”对话框，如图3-37所示。

（3）在该对话框中设置表格模板的名称、类别、说明、保存位置以及插入的位置，单击“确定”按钮，即可使用所需的数据替换模板中的数据。

2. 使用表格菜单

使用表格菜单插入表格的具体操作步骤如下。

（1）将光标定位在需要插入表格的位置。

（2）在“插入”选项卡的“表格”组中选择“表格”选项，然后在弹出下拉列表中拖动鼠标以选择需要的行数和列数，如图3-38所示。

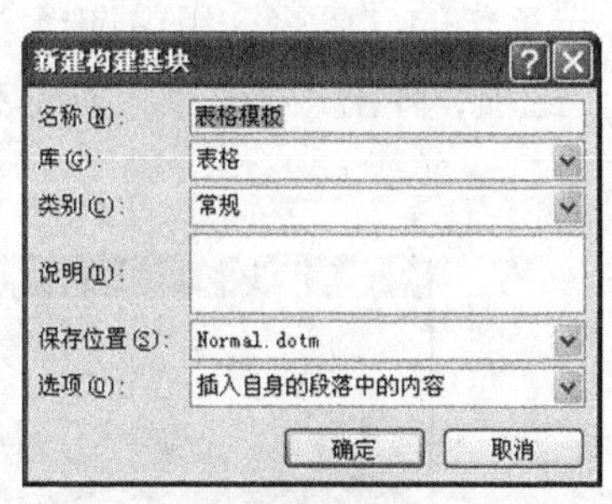

图3-37 “新建构建基块”对话框

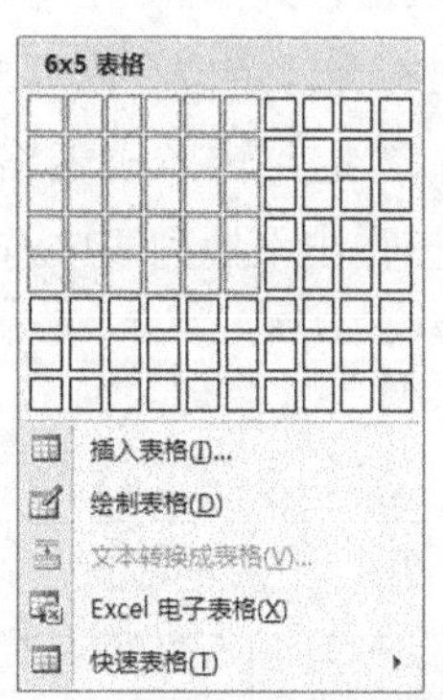

图3-38 选择表格的行数和列数

3. 使用“插入表格”命令

使用“插入表格”命令插入表格，可以让用户在将表格插入文档之前，选择表格尺寸和格式。具体操作步骤如下。

（1）将光标定位在需要插入表格的位置。

（2）在“插入”选项卡的“表格”组中选择“表格”选项，然后在弹出下拉列表中选择“插入表格”选项，弹出“插入表格”对话框，如图3-39所示。

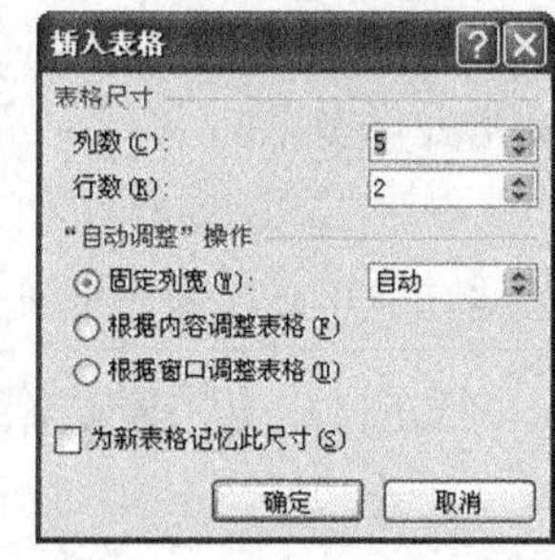

图3-39 “插入表格”对话框

（3）在该对话框中的“表格尺寸”选区中的“列数”和“行数”微调框中输入具体的数值；在“自动调整”操作选区中选中相应的单选按钮，设置表格的列宽。

（4）设置完成后，单击“确定”按钮，即可插入相应的表格。

4. 绘制表格

在Word文档中，用户可以绘制复杂的表格，例如，绘制包含不同高度的单元格的表格或每行的列数不同的表格。绘制表格的具体操作步骤如下。

（1）将光标定位在需要插入表格的位置。

（2）在“插入”选项卡的“表格”组中选择“表格”选项，然后在弹出下拉列表中选择“绘制表格”选项，此时光标变形，将鼠标移动到文档中需要插入表格的位置。

（3）按住鼠标左键并拖动，当到达合适的位置后释放鼠标左键，即可绘制表格边框。

（4）用鼠标继续在表格边框内自由绘制表格的横线、竖线或斜线，绘制出表格的单元格，图3-40所示为手绘表格效果。

（5）如果要擦除单元格边框线，可在“表格工具”上下文工具中的“设计”选项卡的“绘图边框”组中选择“擦除”选项，此时光标变为形状，按住鼠标左键并拖动其经过要删除的线，即可删除表格的边框线。

5. 文本转换成表格

在Word 2010中，可以将用段落标记、逗号、制表符、空格或者其他特定字符隔开的文本转换成表格，具体操作步骤如下。

（1）将光标定位在需要插入表格的位置。

（2）选定要转换成表格的文本，在“插入”选项卡的“表格”组中选择“表格”选项，然后在弹出下拉列表中选择“文字转换成表格”选项，弹出“将文字转换成表格”对话框，如图3-41所示。

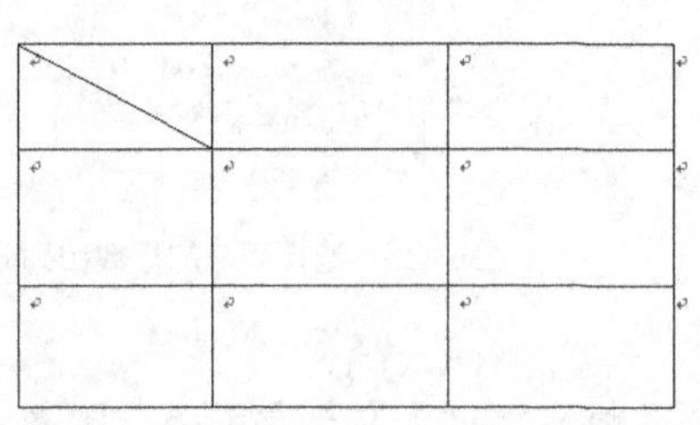

图3-40 手绘表格效果

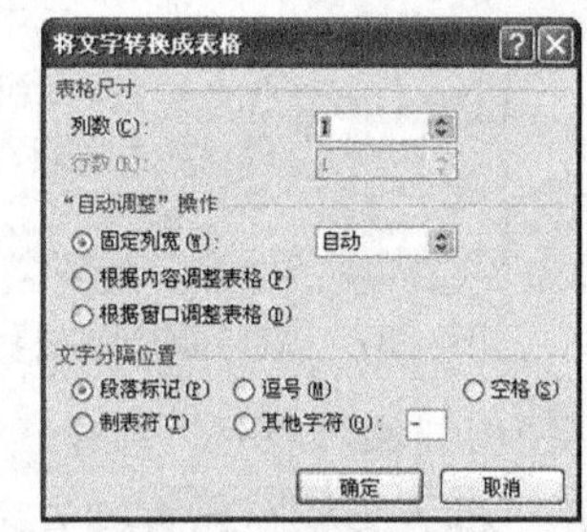

图3-41 “将文字转换成表格”对话框

（3）在该对话框中的“表格尺寸”选区中“列数”微调框中的数值为Word自动检测出的列数。用户可以根据情况，在“自动调整操作”选区中选择所需的选项，在“文字分隔位置”选区中选择或者输入一种分隔符。

（4）设置完成后，单击“确定”按钮，即可将文字转换成表格。

6. 插入Excel电子表格

在Word 2010中，不但可以插入普通表格，而且还可以插入Excel电子表格。插入Excel电子表格具体操作步骤如下。

（1）将光标定位在需要插入电子表格的位置。

（2）选定要转换成表格的文本，在“插入”选项卡的“表格”组中选择“表格”选项，然后在弹出的下拉列表中选择“Excel电子表格”选项，即可在文档中插入一个电子表格，如图3-42所示。

图3-42　插入Excel电子表格

（3）在示意网格上按住鼠标左键并拖动到合适的位置，释放鼠标即可。

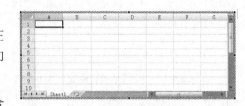

（4）在插入的Excel电子表格中输入内容，编辑完成后单击电子表格以外的空白处即可。

注意

Excel电子表格插入后，将被视为图片对象，而不再是普通电子表格。如果想要继续对插入的Excel电子表格进行编辑，可在插入的Excel电子表格处双击鼠标左键，使其处于编辑状态。

3.5.2 编辑表格

在文档中插入表格后，可对表格进行各种编辑操作，主要包括信息的输入与编辑、插入与删除单元格、合并与拆分单元格、拆分表格、调整表格大小等。

1. 信息的输入与编辑

创建好表格后，可在单元格中输入文本，并对其进行各种编辑。

（1）信息的输入。

在输入信息之前，必须先定位插入点。定位光标既可以使用鼠标定位，也可以使用键盘定位。

① 使用鼠标定位插入点，只需将鼠标指针指向要设置插入点的单元格中，单击鼠标左键即可。

② 使用键盘定位插入点的具体操作方法如表3-2所示。定位好插入点之后，可直接在单元格中输入所需的信息。

表 3-2　在表格中定位插入点的快捷键

快捷键	定　位　目　标
↑	移至上一行
↓	移至下一行

续表

快捷键	定 位 目 标
←	左移一个字符，插入点位于单元格开头时移至上一个单元格中
→	右移一个字符，插入点位于单元格末尾时移至下一个单元格中
Tab	移至下一个单元格中
Shift+Tab	移至前一个单元格中
Alt+Home	移至本行的第一个单元格中
Alt+End	移至本行的最后一个单元格中
Alt+PageUp	移至本列的第一个单元格中
Alt+PageDown	移至本列的最后一个单元格中

（2）信息的编辑。

在表格中可以像在普通文档中一样编辑表格中的文本。在“开始”选项卡中的“字体”组中单击对话框启动器，弹出“字体”对话框。在该对话框中的“字体”和“字符间距”两个选项卡中可对表格中的文字进行格式编辑。

2. 选定表格

在对表格进行操作之前，必须先选定表格，主要包括选定整个表格、选定行、选定列和选定表格中的单元格等。

（1）选定整个表格。

选定整个表格的具体操作步骤如下。

将光标定位在表格中的任意位置。表格左上角出现一个移动控制点，当鼠标指针指向该移动控制点时，单击鼠标左键；或者在“表格工具”上下文工具中的“布局”选项卡中的“表”组中选择“选择”→“选择表格”命令，即可选定整个表格，效果如图3-43所示。

（2）选定行。

在表格中选定行的具体操作步骤如下。

将光标定位在表格中需要选定的某一行，如图3-44所示。在“表格工具”上下文工具中的“布局”选项卡中的“表”组中选择“选择”→“选择行”命令，或者将鼠标定位在要选定行的左侧，单击鼠标左键，即可选定所需的行。

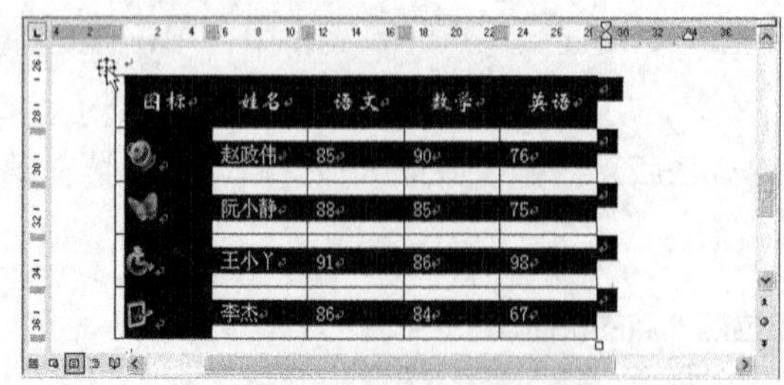

图3-43 选定整个表格

图3-44 选定表格中的行

（3）选定列。

在表格中选定列的具体操作步骤如下。

将光标定位在表格中需要选定的某一列。在“表格工具”上下文工具中的“布局”选项卡中的“表”组中选择“选择”→“选择列”命令，或者将鼠标定位在要选定列的上方，单击鼠标左键，即可选定所需的列。

选定单元格的方法和上面方法类似，不再赘述。

3. 插入单元格、行或列

用户制作表格时，可根据需要在表格中插入单元格、行或列。

（1）插入单元格。

插入单元格的具体操作步骤如下。

① 将光标定位在需要插入单元格的位置。

② 在“表格工具”上下文工具中的“布局”选项卡中的“行和列”组中单击对话框启动器，弹出“插入单元格”对话框。

③ 在该对话框中选择相应的单选按钮，例如，选中“活动单元格右移”单选按钮，单击“确定”按钮，即可插入单元格。

（2）插入行或列。

插入行或列的具体操作步骤如下。

① 将光标定位在需要插入行或列的位置。

② 在“表格工具”上下文工具中的“布局”选项卡中的“行和列”组中选择“在上方插入”或“在下方插入”选项，或者单击鼠标右键，从弹出的快捷菜单中选择“插入”→“在上方插入行”或“在下方插入行”命令（或“在左侧插入列”或“在右侧插入列”命令），即可在表格中插入所需的行或列。

4. 删除单元格、行或列

在制作表格时，如果某些单元格、行或列是多余的，可将其删除。

（1）删除单元格。

删除单元格的具体操作步骤如下。

① 将光标定位在需要删除的单元格中。

② 在“表格工具”上下文工具中的“布局”选项卡中的“行和列”组中选择“删除”选项，在弹出的下拉列表中选择“删除单元格”选项；或者单击鼠标右键，从弹出的快捷菜单中选择“删除单元格”命令，弹出“删除单元格”对话框。

③ 在该对话框中选择相应的单选按钮，例如，选中“右侧单元格左移”单选按钮，单击“确定”按钮，即可删除单元格。

（2）删除行或列。

删除行或列的具体操作步骤如下。

① 选中要删除的行或列。

② 在“表格工具”上下文工具中的“布局”选项卡中的“行和列”组中选择“删除”选项，在弹出的下拉列表中选择“删除行”或“删除列”选项；或者单击鼠标右键，从弹出的快捷菜单中选择“删除行”或“删除列”命令，即可删除不需要的行。

5. 合并与拆分单元格

（1）合并单元格。

在编辑表格时，有时需要将表格中的多个单元格合并为一个单元格，其具体操作步骤如下。

① 选中要合并的多个单元格。

② 在“表格工具”上下文工具中的“布局”选项卡中，单击“合并”组中的“合并单元格”按钮，或者单击鼠标右键，从弹出的快捷菜单中选择“合并单元格”命令，即可清除所选定单元格之间的分隔线，使其成为一个大的单元格。

（2）拆分单元格。

用户还可以将一个单元格拆分成多个单元格，其具体操作步骤如下。

① 选定要拆分的一个或多个单元格。

② 在“表格工具”上下文工具中的“布局”选项卡中的“合并”组中单击“拆分单元格”按钮，或者单击鼠标右键，从弹出的快捷菜单中选择“拆分单元格”命令，弹出“拆分单元格”对话框。

③ 在该对话框中的“列数”和“行数”微调框中输入相应的列数和行数。

④ 如果希望重新设置表格，可选中“拆分前合并单元格”复选框；如果希望将所设置的列数和行数分别应用于所选的单元格，则不选中该复选框。

⑤ 设置完成后，单击“确定”按钮，即可将选中的单元格拆分成等宽的小单元格。

6. 拆分表格

有时需要将一个大表格拆分成两个表格，以便于在表格之间插入普通文本。具体操作步骤如下。

（1）将光标定位在要拆分表格的位置。

（2）在“表格工具”上下文工具中的“布局”选项卡中的“合并”组中单击“拆分表格”按钮，即可将一个表格拆分成两个表格。

7. 移动和缩放表格

用户还可以对创建的表格进行移动和缩放操作。

（1）移动表格。

表格的位置通常不能一次确定好，此时就需要移动表格来确定其位置，具体操作步骤如下。

① 将鼠标指针指向移动控制点。

② 按住鼠标左键并拖动鼠标到合适的位置后，释放鼠标左键，即可完成表格移动操作。

（2）缩放表格。

缩放表格的具体操作步骤如下。

① 将鼠标指针指向调整控制点。

② 单击鼠标左键并拖动鼠标到合适的位置后，释放鼠标左键，即可完成表格缩放操作。

3.5.3 格式化表

格式化表格主要包括调整表格的行高和列宽、对齐方式、自动套用格式、边框和底纹、设置表格标题、绘制斜线表头以及混合排版等操作。

1. **调整表格的行高和列宽**

在实际应用中，经常需要调整表格的行高和列宽。下面将介绍调整表格行高和列宽的具体方法。

（1）调整表格的行高或列宽。

调整表格行高的具体操作步骤如下。

① 将光标定位在需要调整行高的表格中。

② 在“表格工具”上下文工具中的“布局”选项卡中的“单元格大小”组中设置表格行高和列宽；或者单击鼠标右键，从弹出的快捷菜单中选择“表格属性”命令，弹出“表格属性”对话框，打开“行”选项卡，如图3-45所示。

③ 在该选项卡中选中“指定高度”复选框，并在其后的微调框中输入相应的行高值。

④ 单击“上一行”或“下一行”按钮，继续设置相邻的行高。

⑤ 选中“允许跨页断行”复选框，允许所选中的行跨页断行。

⑥ 设置完成后，单击“确定”按钮。

调整表格列宽的方法和调整行高的方法类似，如图3-46所示，不再赘述。

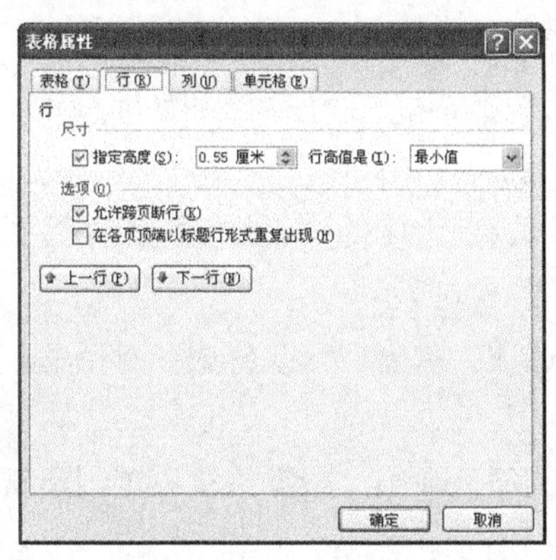

图3-45 “行”选项卡

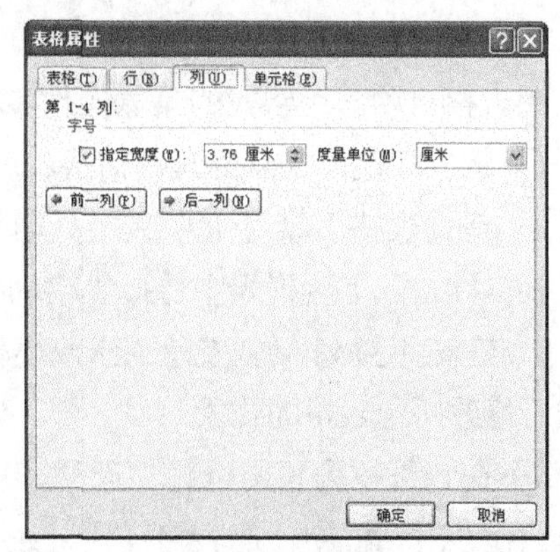

图3-46 “列”选项卡

（2）自动调整表格。

Word 2010还提供了自动调整表格功能，使用该功能，可以根据需要方便地调整表格。具体操作步骤如下。

① 选定要调整的表格或表格中的某部分。

② 在“表格工具”上下文工具中的“布局”选项卡中的“单元格大小”组中选择“自动调整”选项，弹出如图3-47所示的级联菜单。

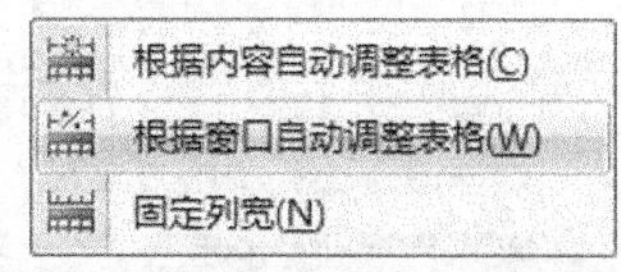

图3-47 “自动调整”级联菜单

③ 在该级联菜单中选择相应的选项，对表格进行调整。

将鼠标指针移动到要调整的行或列的边框线上，当鼠标变十字形状时，拖动鼠标到合适的位置后释放鼠标，也可调整表格的行高和列宽。

2. 表格的对齐方式

对表格中的文本可设置其对齐方式，具体操作步骤如下。

（1）选定要设置对齐方式的区域。

（2）在“表格工具”上下文工具中的“布局”选项卡中的“对齐方式”组设置文本的对齐方式，如图3-48所示。例如，单击“水平居中”按钮，效果如图3-49所示。

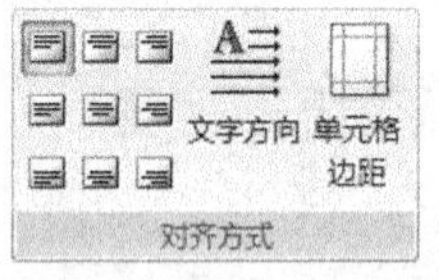

图3-48 “对齐方式”组

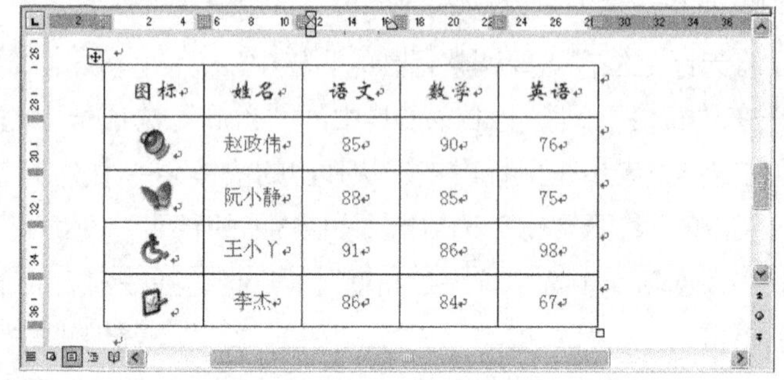

图标	姓名	语文	数学	英语
	赵政伟	85	90	76
	阮小静	88	85	75
	王小丫	91	86	98
	李杰	86	84	67

图3-49 水平居中效果

3. 表格的自动套用格式

在Word 2010中为用户提供了一些预先设置好的表格样式，这些样式可供用户在制作表格时直接套用，可省去许多调整表格细节的时间，而且制作出来的表格更加美观。

使用表格自动套用格式的具体操作步骤如下。

（1）将光标定位在需要套用格式的表格中的任意位置。

（2）在“表格工具”上下文工具中的“设计”选项卡中的“表样式”组中设置，在弹出的“表格样式”下拉列表中选择表格的样式，如图3-50所示。

（3）在该下拉列表中选择“修改表格样式”选项，弹出“修改样式”对话框。在该对话框中可修改所选表格的样式。

（4）在该下拉列表中选择“新建表格样式”选项，弹出“根据格式设置创建新样式”对话框。在该对话框中新建表格样式，效果图如3-51所示。

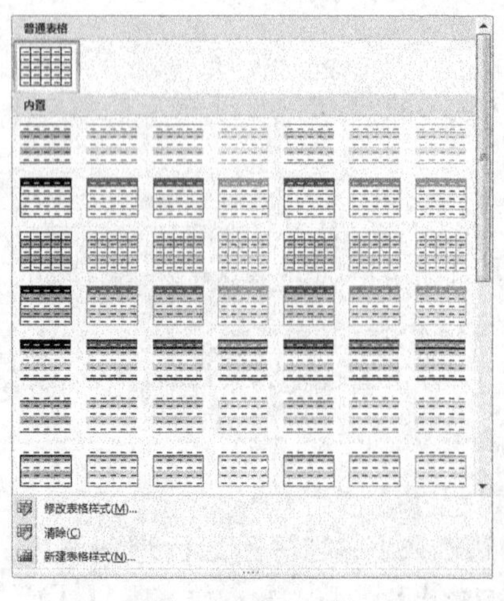

图3-50 “表格样式”下拉列表

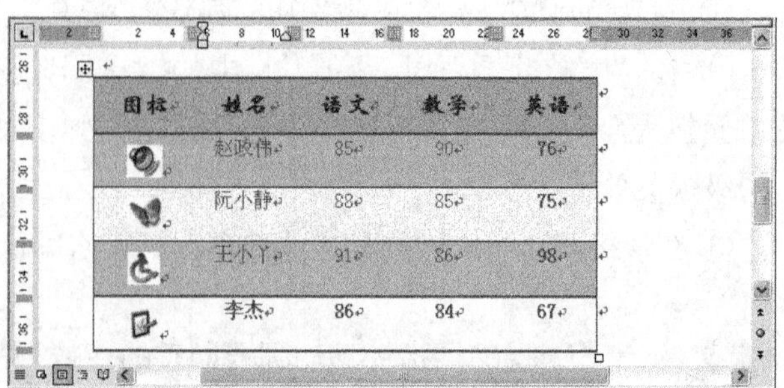

图标	姓名	语文	数学	英语
	赵政伟	85	90	76
	阮小静	88	85	75
	王小丫	91	86	98
	李杰	86	84	67

图3-51 表格自动套用格式效果

4. **表格的边框和底纹**

为表格添加边框和底纹类似于为字符、段落添加边框和底纹。在表格中添加边框和底纹，使得表格中的内容更加突出和醒目，文档的外观效果更加美观。

设置表格边框和底纹的具体操作步骤如下。

（1）将光标定位在要添加边框和底纹的表格中。

（2）在“表格工具”上下文工具中的“设计”选项卡中的“表样式”组中单击“底纹”按钮，在弹出的下拉列表中设置表格的底纹颜色，或者选择“其他颜色”选项，弹出“颜色”对话框。在该对话框中可选择其他的颜色。

（3）在“表格工具”上下文工具中的“设计”选项卡中的“表样式”组中单击“边框”按钮；或者单击鼠标右键，从弹出的快捷菜单中选择“边框和底纹”命令，弹出“边框和底纹”对话框，打开“边框”选项卡。

（4）在该选项卡中的“设置”选区中选择相应的边框形式；在“样式”列表框中设置边框线的样式；在“颜色”和“宽度”下拉列表中分别设置边框的颜色和宽度；在“预览”区中设置相应的边框或者单击“预览”区中左侧和下方的按钮；在“应用于”下拉列表中选择应用的范围。

（5）设置完成后，单击“确定”按钮，如图3-52所示。

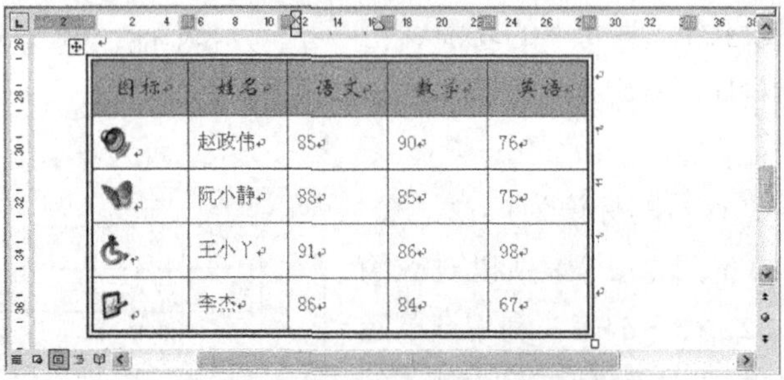

图标	姓名	语文	数学	英语
	赵政伟	85	90	76
	阮小静	88	85	75
	王小丫	91	86	98
	李杰	86	84	67

图3-52　设置表格边框和底纹效果

5. **绘制斜线表头**

绘制斜线表头的具体操作步骤如下。

（1）将光标定位在需要绘制斜线表头的单元格中。

（2）在“表格工具”上下文工具中的“设计”选项卡中的“表格样式”组中选择“边框”，选择“斜下框线”。

6. **混合排版**

在Word 2010中，表格和文本可以混合排版。具体操作步骤如下。

（1）将光标定位在表格中的任意位置。

（2）在“表格工具”上下文工具中的“布局”选项卡中的“表”组中单击“属性”按钮；或者单击鼠标右键，从弹出的快捷菜单中选择“表格属性”命令，弹出“表格属性”对话框，打开“表格”选项卡，如图3-53所示。

（3）在该选项卡中的“对齐方式”选区中选择一种表格与文字的对齐方式；在“文字环

绕”选区中选择环绕方式，单击“选项”按钮，弹出“表格选项”对话框，如图3-54所示。

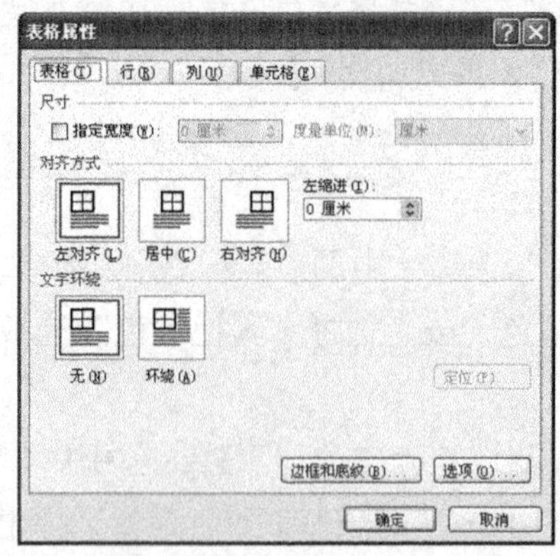

图3-53 “表格”选项卡

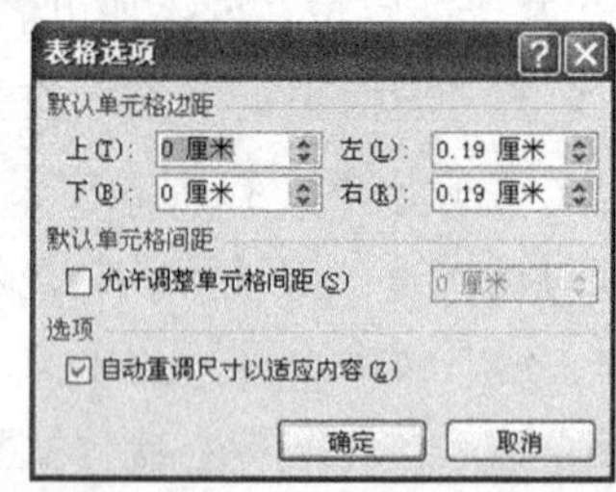

图3-54 “表格选项”对话框

（4）在该对话框中设置相应的参数，设置完成后，单击“确定”按钮，效果如图3-55所示。

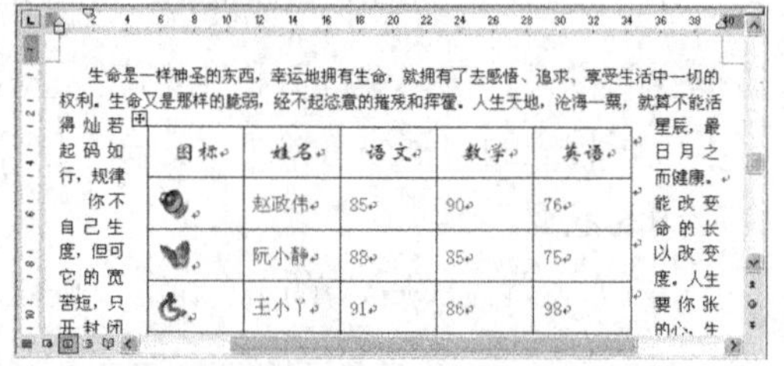
图3-55 表格与文本混合排版效果

3.5.4 数据处理

Word 2010中的表格除了可以系统地存放数据外，还具有电子表格的一些简单的功能，可对表格中的数据进行排序、计算等一些简单的操作。

1. 数据计算

在Word 2010中，行号的标识为1，2，3，4等，列号的标识为a，b，c，d等，所以对应的单元格的标识为a1，b2，c3，d4等。利用该单元格的标识符可以对表格中的数据进行计算，例如，对如图3-56所示的“成绩表”中的“总成绩”进行数据计算，具体操作步骤如下。

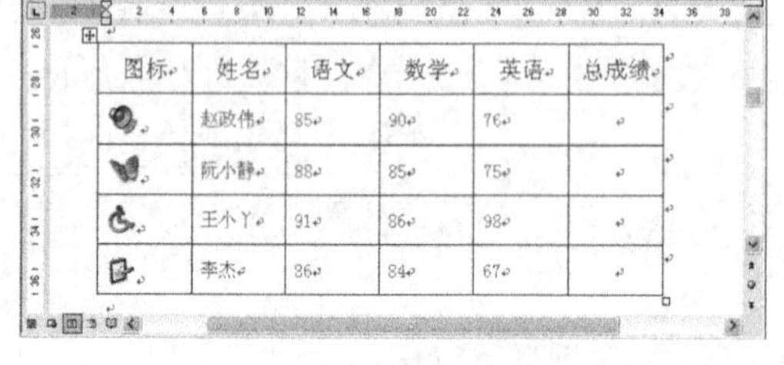

图标	姓名	语文	数学	英语	总成绩
	赵政伟	85	90	76	
	阮小静	88	85	75	
	王小丫	91	86	98	
	李杰	86	84	67	

图3-56 成绩表

（1）将光标定位在“总成绩”下方的单元格中。

（2）在“表格工具”上下文工具中的“布局”选项卡中的“数据”组中单击“公式”按钮，弹出“公式”对话框，如图3-57所示。

（3）在该对话框中的“公式”文本框中输入“=SUM(c2,d2, e2)”，在“数字格式”下拉列表中选择一种合适的计算结果格式。

（4）单击“确定”按钮，即可在表格中显示计算结果。依此类推，计算表格中的其他数据。

2. 数据排序

在实际操作过程中，经常需要将表格中的内容按一定的规则排列，具体操作步骤如下。

（1）将光标定位在需要排序的表格中。

（2）在“表格工具”上下文工具中的“布局”选项卡中，选择“数据”组中的“排序”选项，弹出“排序”对话框，如图3-58所示。

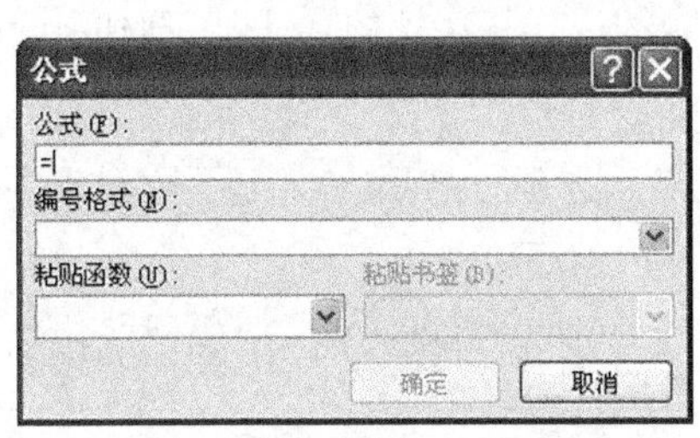

图3-57 “公式”对话框

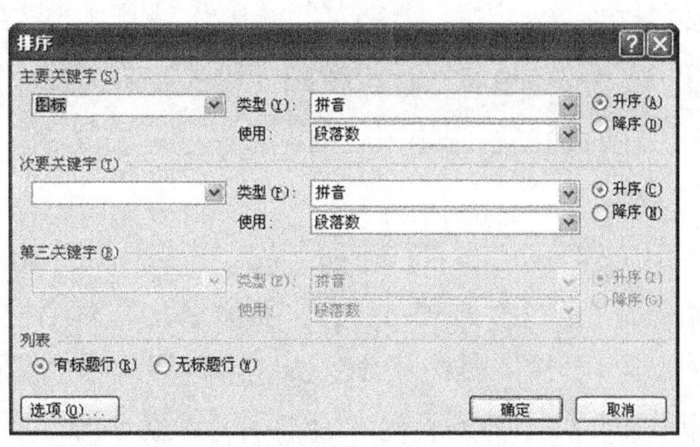

图3-58 “排序”对话框

（3）在该对话框中的“主要关键字”下拉列表中选择一种排序依据，这里选择“总成绩”。在“类型”下拉列表中选择一种排序类型，选中“降序”单选按钮。

（4）单击“选项”按钮，在弹出的如图3-59所示的“排序选项”对话框中可设置排序选项。

（5）设置完成后，单击“确定”按钮，效果如图3-60所示。

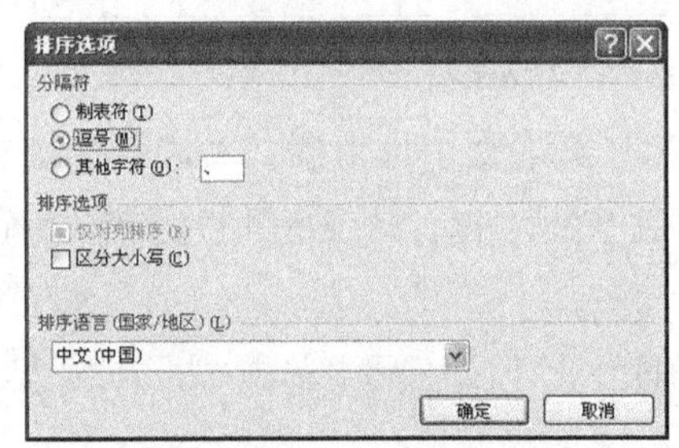

图3-59 “排序选项”对话框

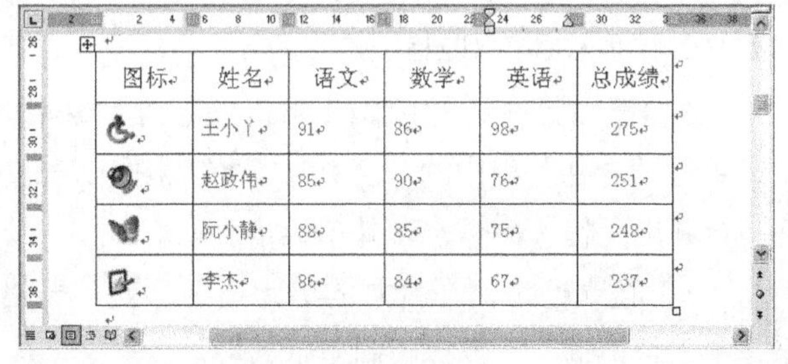

图标	姓名	语文	数学	英语	总成绩
	王小丫	91	86	98	275
	赵政伟	85	90	76	251
	阮小静	88	85	75	248
	李杰	86	84	67	237

图3-60 排序结果

3.5.5 典型实例——制作表格

为了更方便提醒班里的同学上课，李蓝决定给班里的每一位同学发一张课程表，请根据本节学习内容，制作一张如图3-61所示的课程表。

星期 / 时间		星期一	星期二	星期三	星期四	星期五
上午	第一节					
	第二节					
	第三节					
	第四节					
下午	第五节					
	第六节					
	第七节					
	第八节					

图3-61 最终效果图

课程表操作步骤如下。

（1）单击“文件”菜单，然后在弹出的菜单中选择“新建”命令，弹出“新建文档”对话框。

（2）在该对话框左侧的“模板”列表框中选择“空白文档和最近使用的文档”选项，然后在对话框右侧的列表框中选择“空白文档”选项，单击“创建”按钮，即可创建一个空白文档。

（3）在“插入”选项卡的“表格”组中选择“表格”选项，然后在弹出下拉列表中选择“插入表格”选项，弹出“插入表格”对话框，如图3-62所示。

（4）在“表格尺寸”选区中设置表格的列数和行数分别为7和9，单击“确定”按钮，即可在文档中插入表格，效果如图3-63所示。

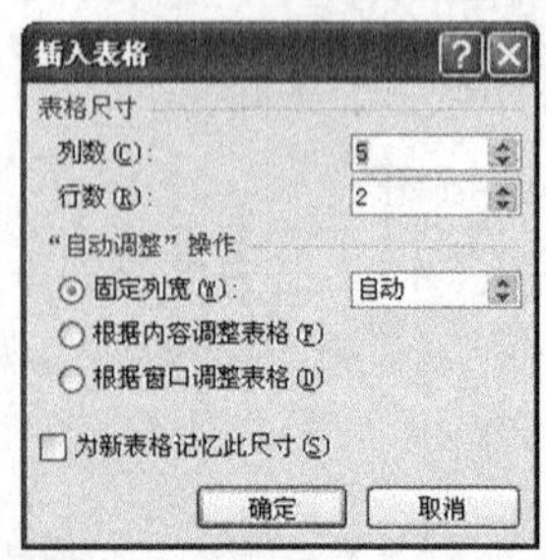

图3-62 “插入表格”对话框

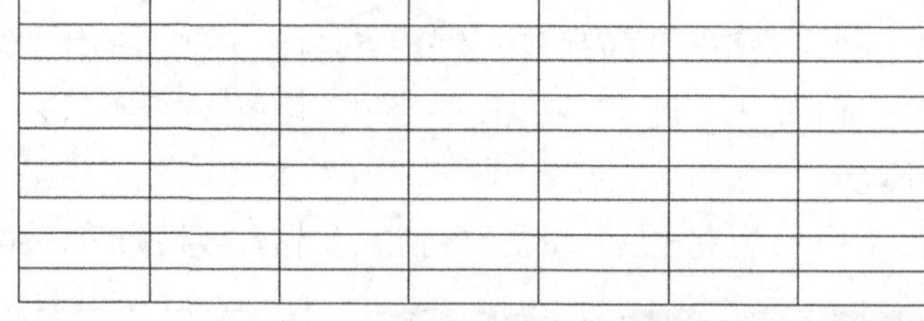

图3-63 插入表格

（5）选中第一行的前两个单元格，在“表格工具”上下文工具中的“布局”选项卡中，单击“合并”组中的“合并单元格”按钮，或者单击鼠标右键，从弹出的快捷菜单中选择“合并单元格”命令，合并单元格。

（6）将光标定位在合并的单元格中，在“表格工具”上下文工具中单击“设计”选项卡，单击“边框”，选择“斜下框线”。

（7）在“行标题”文本框中输入“星期”；在“列标题”文本框中输入“时间”，单击“确定”按钮，为表格插入斜线表头，效果如图3-64所示。

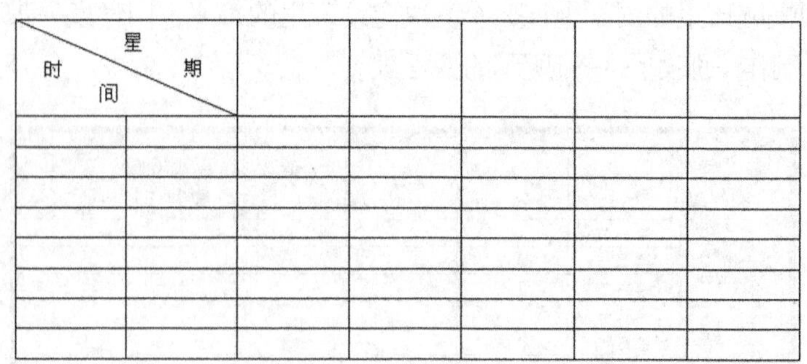

图3-64 插入斜线表头

（8）使用步骤（5）的操作方法合并单元格，效果如图3-65所示。

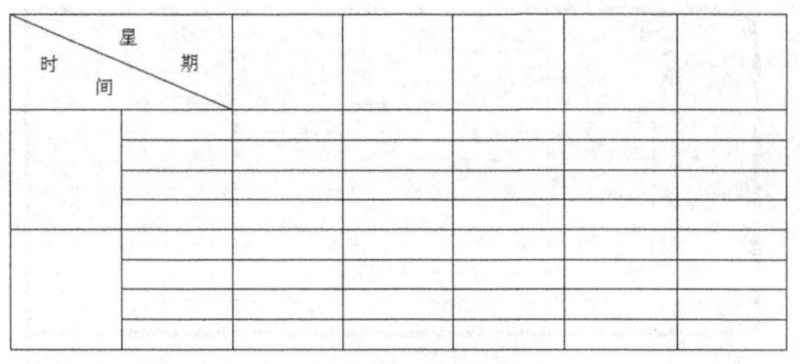

图3-65　合并后效果

（9）选中整个表格，在“表格工具”上下文工具中的“设计”选项卡中的“表样式”组中单击“边框”按钮，或者单击鼠标右键，从弹出的快捷菜单中选择“边框和底纹”命令，弹出“边框和底纹”对话框，打开“边框”选项卡，如图3-66所示。在“设置”选区中选择“网格”选项，在“样式”列表框中选择一种样式，在“预览”区中即可看到效果，如图3-67所示。

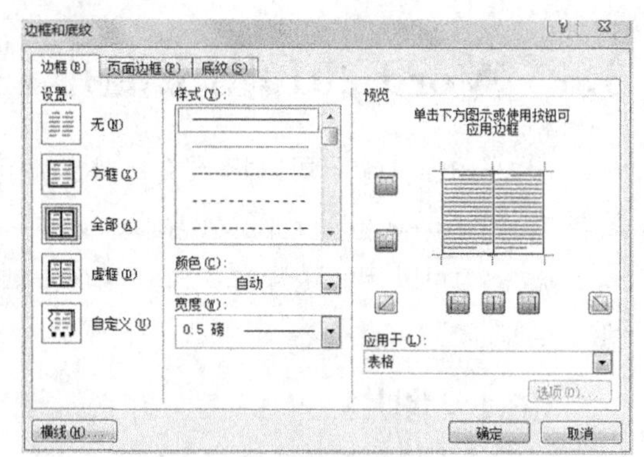

图3-66　“边框”选项卡

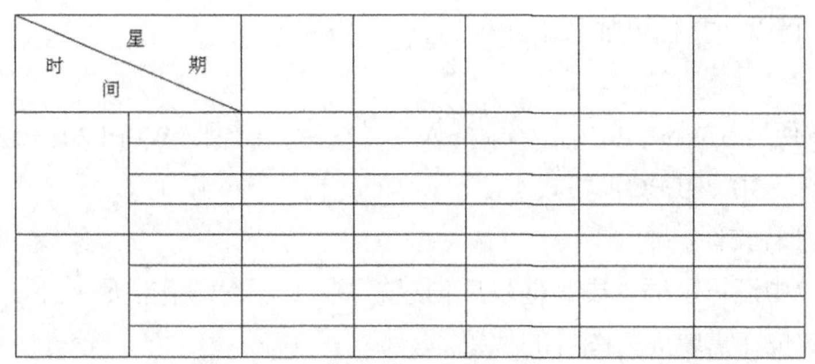

图3-67　添加表格边框

（10）设置完成后，单击“确定”按钮。

（11）分别选中表格的第一行和第一列，在“表格工具”上下文工具中的“设计”选项卡中的“表样式”组中单击“底纹”按钮，弹出其下拉列表。

（12）在该下拉列表中设置表格的底纹颜色。

（13）在表格中输入文本。

（14）选中有文本的单元格，在“表格工具”上下文工具中的“布局”选项卡中的“对齐方式”组设置文本的对齐方式，完成表格的制作，最终效果如图3-68所示。

星期 时间		星期一	星期二	星期三	星期四	星期五
上午	第一节					
	第二节					
	第三节					
	第四节					
下午	第五节					
	第六节					
	第七节					
	第八节					

图3-68　最终效果图

3.6　Word 2010图文混排

在Word中，除了可以插入文本外，还可以向文档中插入图片，并将其以用户需要的形式与文本编排在一起进行图文混排。

Word中可以用的图片有：自选图形、剪贴画、艺术字、公式以及Windows提供的大量图片文件等。

3.6.1　图片

图片是由其他文件和工具创建的图形，比如在Photoshop中创建的图像或扫描到计算机中的照片等。图片包括扫描的图片和照片、位图以及剪贴画。在Word文档中插入图片，并对其进行编辑，可以使文档更加形象和生动。

1. 插入图片

用户可以方便地在Word 2010文档中插入各种图片，例如，Word 2010提供的剪贴画和图形文件（如BMP、GIF、JPEG等格式）。

（1）插入图片文件。

在Word文档中还可以插入由其他程序创建的图片，具体操作步骤如下。

① 将光标定位在需要插入图片的位置。

② 在功能区用户界面中的“插入”选项卡中的“插图”组中选择“图片”选项，弹出“插入图片”对话框，如图3-69所示。

③ 在“查找范围”下拉列表中选择合适的文件夹，在其列表框中选中所需的图片文件。

④ 单击“插入”按钮，即可在文档中插入图片。

（2）插入剪贴画。

剪贴画是一种表现力很强的图片，使用它可以在文档中插入各种具有特色的图片。例如人、动物、建筑类图片等。在文档中插入剪贴画的具体操作步骤如下。

① 将光标定位在需要插入剪贴画的位置。

② 在功能区用户界面中的“插入”选项卡中的“插图”组中选择“剪贴画”选项，打开“剪贴画”任务窗格，如图3-70所示。

③ 在“搜索文字”文本框中输入剪贴画的相关主题或类别；在“搜索范围”下拉列表中选择要搜索的范围；在“结果类型”下拉列表中选择文件类型。

④ 单击“搜索”按钮，即可在“剪贴画”任务窗格中显示查找到的剪贴画，如图3-71所示。

⑤ 单击要插入到文件的剪贴画，即可插入到文件中。

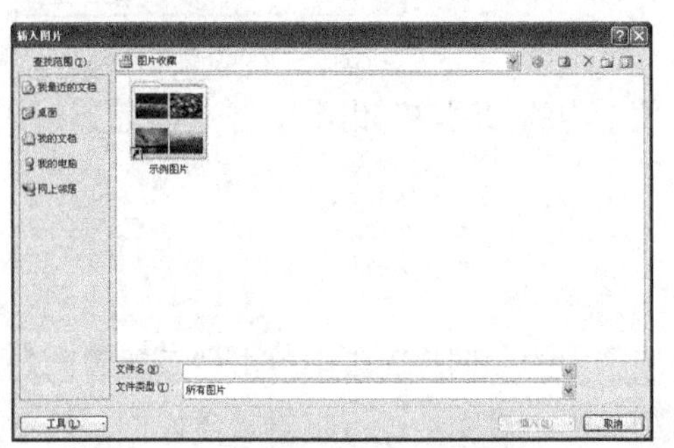

图3-69 插入图片

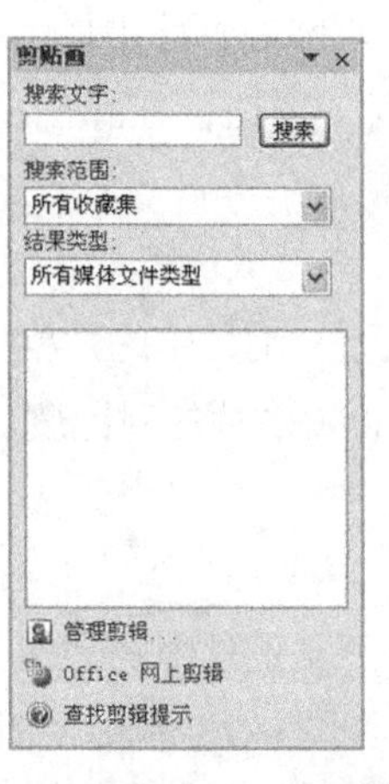

图3-70 “剪贴画”任务窗格

图3-71 搜索剪贴画

用户还可以在“剪贴画”任务窗格中单击“管理剪辑”超链接，在打开的“剪辑管理器”窗口中选择需要插入的剪贴画，单击剪贴画右侧的下三角按钮，在弹出的菜单中选择“复制”命令，在Word文档中单击鼠标右键，从弹出的快捷菜单中选择“粘贴”命令，即可将剪贴画插入到文档中。

2. 编辑图片

文档中插入图片后，图片的大小、位置和格式等不一定符合要求，需要进行各种编辑才能达到令人满意的效果。如图片的移动复制和删除、尺寸位置的调整、缩放和剪裁等。要编辑图片，首先就要选中图片，然后在上下文工具中的“格式”选项卡中对图片进行各种编辑操作。

（1）调整图片大小。

① 裁剪图片。

调整图片大小的方法主要有快速调整和精确调整两种。

快速调整图片大小的具体操作步骤如下：选中要调整大小的图片。此时图片周围出现8个控制点。将鼠标指针移至图片周围的控制点上，此时鼠标指针变形，按住鼠标左键并拖动。当达到合适大小时释放鼠标，即可完成调整图片大小。

精确调整图片大小的具体操作步骤如下：选中图片后，在上下文工具中的“格式”选项卡中的“大小”组中选择“裁剪”选项，此时鼠标指针变为形状，将鼠标指针移至图片的控制点上即可对图片进行裁剪。

② 旋转图片。

在需要旋转的图片上单击鼠标右键，从弹出的快捷菜单中选择“大小”命令，弹出“大小”对话框，效果如图3-72所示。打开“大小”选项卡，在该选项卡中的“尺寸和旋转”选区中的“旋转”微调框中输入旋转的角度。

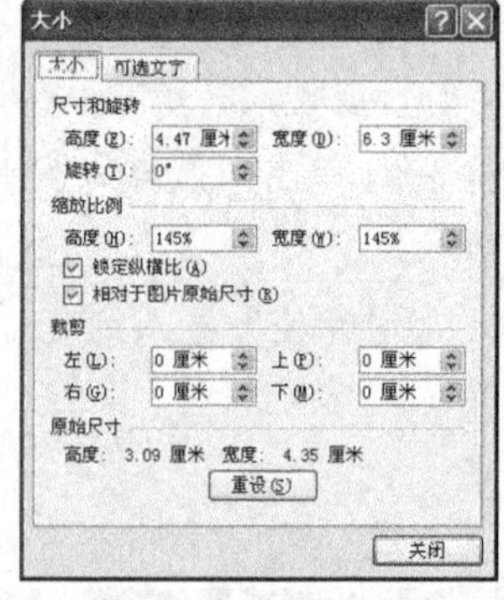

图3-72 设置图片大小

（2）设置亮度和对比度。

① 设置图片亮度。

选中图片，然后在上下文工具中的“格式”选项卡中的“调整”组中单击“亮度”按钮，在弹出的下拉菜单中设置图片的亮度。

② 设置图片对比度。

选中图片，然后在上下文工具中的“格式”选项卡中的“调整”组中单击“对比度”按钮，在弹出的下拉菜单中设置图片的对比度。

（3）调整图片颜色。

① 重新着色。

选中图片，然后在上下文工具中的“格式”选项卡中的“调整”组中单击“重新着色”按钮，弹出其下拉列表，如图3-73所示。在该下拉列表中可对图片进行重新着色操作，效果如图3-74所示。

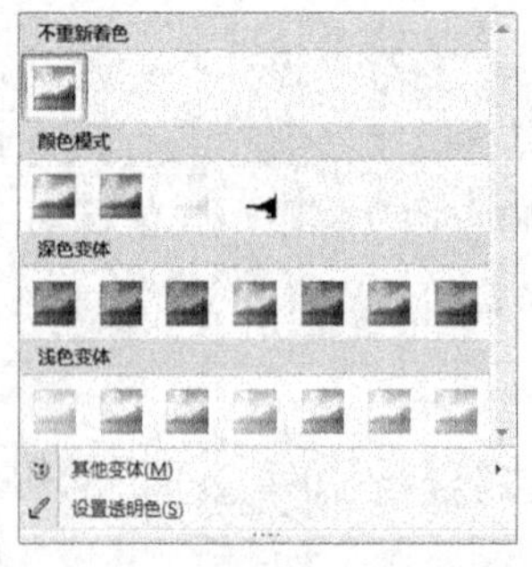

图3-73 “重新着色”下拉列表

图3-74 重新着色效果

② 设置透明色。

在“调整”组中单击“重设图片”按钮，可使图片恢复到原来的大小和格式。

选中需要设置透明色的图片，在上下文工具中的“格式”选项卡中的“调整”组中单击“重新着色”按钮，在弹出的下拉列表中选择“设置透明色”选项，此时鼠标变为✐形状，将鼠标指向需要设置为透明色的部分，单击鼠标左键，即可将所选部分设置为透明色效果。

（4）修改图片样式。

选中图片后，在上下文工具中的“格式”选项卡中的“图片样式”组中可以设置图片的艺术效果，效果如图3-75所示。

“图片样式”组中单击“图片形状”按钮，在弹出的下拉列表中选择相应的选项，即可设置图片的形状，效果如图3-76所示。

原图

效果图

图3-75　图片艺术效果

原图

效果图

图3-76　图片形状效果

"图片样式"组中单击"图片边框"按钮，在弹出的下拉列表中设置图片边框的颜色、粗细和形状，效果如图3-77所示。

"图片样式"组中单击"图片效果"按钮，在弹出的下拉列表中设置图片的预设、阴影、映像、发光、柔化边缘、棱台、三维旋转等三维效果，效果如图3-78所示。

原图

效果图

图3-77　图片边框效果

原图

效果图

图3-78　三维效果

"图片样式"组中单击"文字环绕"按钮，弹出下拉列表。在该下拉列表中选择相应的选项，即可设置图片的环绕方式。选择"其他布局选项"选项，弹出"高级版式"对话框，打开"文字环绕"选项卡，在该对话框中可对图片的环绕方式进行精确设置。

在图片上单击鼠标右键，从弹出的快捷菜单中选择"设置图片格式"命令，弹出"设置图片格式"对话框。在该对话框中可精确设置图片的填充、线条颜色、线型、阴影、三维格式、三维旋转、图片的重新着色等选项参数。

3.6.2　图形

1. 自选图形的使用

在实际工作中，有时需要在文档中插入一些简单的图形，来说明一些特殊的问题。在Word 2010文档中，用户可以直接绘制和编辑各种图形。

（1）绘制自选图形。

在Word 2010文档中，用户可以插入现成的形状，如矩形、圆、箭头、线条、流程图等符号和标注。在功能区用户界面中的"插入"选项卡中的"插图"组中选择"形状"选项，弹出其下拉菜单。在该下拉列表中选择需要绘制的自选图形的形状，此时光标变为十字形状，按住鼠标左键在绘图画布上拖动到适当的位置释放鼠标，即可绘制相应的自选图形。

（2）编辑自选图形。

在文档中绘制好自选图形后，就可以对其进行各种编辑操作。

① 为图形添加文本。

在上下文工具中的"格式"选项卡中的"插入形状"组中单击"编辑文本"按钮。或者在插入的自选图形上单击鼠标右键，从弹出的快捷菜单中选择“添加文字”命令，即可输入要添加的文本。

② 组合自选图形。

对于绘制的自选图形，用户还可以对其进行组合。组合可以将不同的部分合成为一个整体，便于图形的移动和其他操作。选中需要组合的全部图形。单击鼠标右键，从弹出的快捷菜单中选择“组合”→“组合”命令，即可将图形组合成一个整体。

③ 设置填充效果。

默认情况下，用白色填充所绘制的自选图形对象。用户还可以用颜色过渡、纹理、图案以及图片等对自选图形进行填充，具体操作步骤如下。

选定需要进行填充的自选图形。单击鼠标右键，从弹出的快捷菜单中选择“设置自选图形格式”命令，弹出“设置自选图形格式”对话框，打开“颜色与线条”选项卡，如图3-79所示。

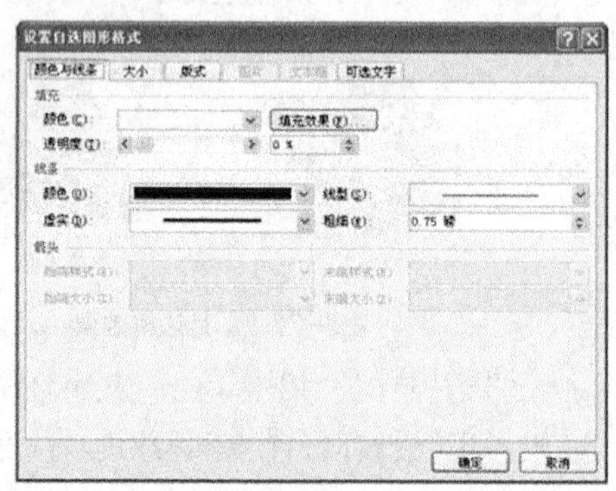

图3-79 “颜色与线条”选项卡

④ 设置阴影效果。

给自选图形设置阴影效果，可以使图形对象更具深度和立体感。并且可以调整阴影的位置和颜色，而不影响图形本身。

设置阴影效果的具体操作步骤如下。

选定需要设置阴影效果的图形。在上下文工具中的“格式”选项卡中的“阴影效果”组中选择“阴影效果”选项，弹出其下拉列表。在该下拉列表中选择一种阴影样式，即可为图形设置阴影效果；选择“阴影颜色”选项，在弹出的子菜单中可设置图形阴影的颜色。还可以在“阴影效果”选项后对图形阴影的位置进行调整。

⑤ 设置三维效果。

为图形设置三维效果，使图形更加逼真、形象，其具体操作步骤如下。

选定需要设置三维效果的图形。在上下文工具中的“格式”选项卡中的“三维效果”组中选择“三维效果”选项，弹出其下拉列表。在该下拉列表中选择一种三维样式，即可为图形设置三维效果，并可在该下拉列表中设置图形三维效果的颜色、方向等参数。用户还可以在“阴影效果”选项后对图形三维效果的位置进行调整，如图3-80所示。

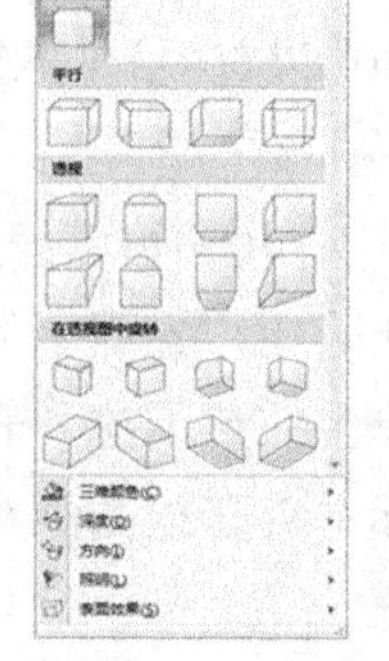

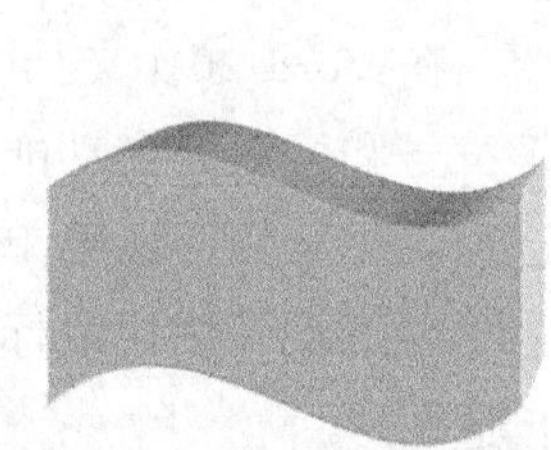

图3-80 “三维效果”下拉列表与三维效果

⑥ 设置叠放次序。

当绘制的图形与其他图形位置重叠时，就会遮盖图片的某些重要内容，此时必须调整叠放次序，具体操作步骤如下。

选定需要调整叠放次序的图片。单击鼠标右键，从弹出的快捷菜单中选择“叠放次序”

命令。在该子菜单中根据需要选择相应的命令。

2. SmartArt图形的使用

虽然插图和图形比文字更有助于读者理解和记忆信息，但大多数人仍创建仅包含文字的内容。创建具有设计师水准的插图很困难，用户可以使用SmartArt图形功能，只需单击几下鼠标，即可创建具有设计师水准的插图。SmartArt图形是信息和观点的视觉表示形式。可以通过从多种不同布局中进行选择来创建SmartArt图形，从而快速、轻松、有效地传达信息。

（1）插入SmartArt图形。

创建SmartArt图形时，系统将提示用户选择一种SmartArt图形类型，如“流程”“层次结构”“循环”或“关系”。类型类似于SmartArt图形类别，而且每种类型包含几个不同的布局。

在文档中插入SmartArt图形的具体操作步骤如下。

① 将光标定位在需要插入SmartArt图形的位置。

② 在功能区用户界面中的“插入”选项卡中的“插图”组中选择“SmartArt”选项，弹出“选择SmartArt图形”对话框，如图3-81所示。

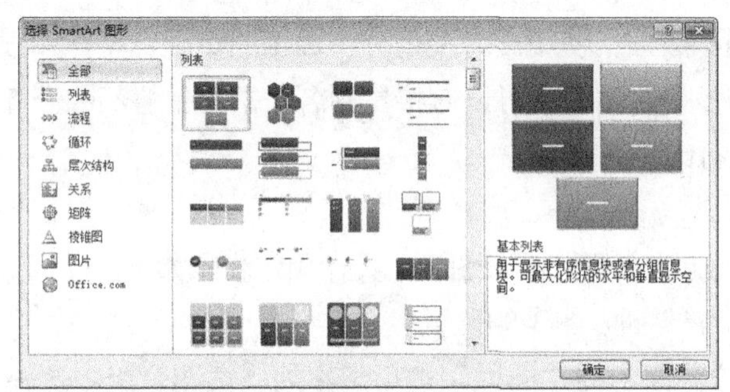

图3-81 “选择SmartArt图形”对话框

③ 在该对话框左侧的列表框中选择SmartArt图形的类型，在中间的“列表”列表框中选择子类型；在右侧将显示SmartArt图形的预览效果。

④ 设置完成后，单击“确定”按钮，即可在文档中插入SmartArt图形，如图3-82所示。

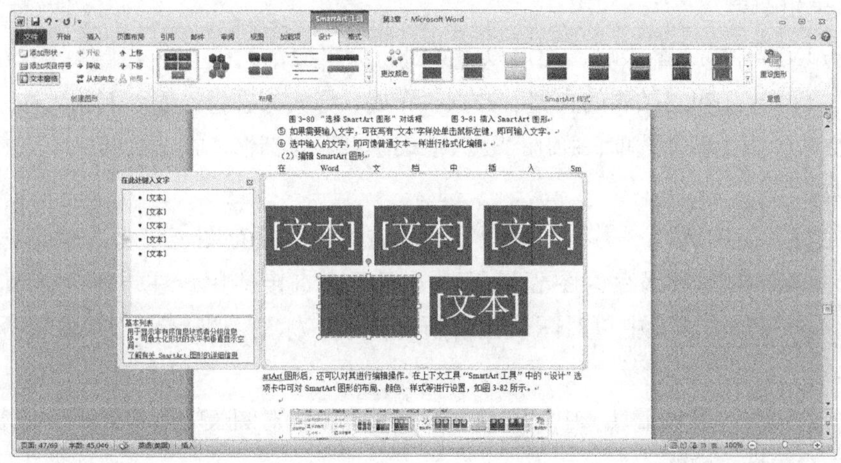

图3-82 插入SmartArt图形

⑤ 如果需要输入文字，可在写有“文本”字样处单击鼠标左键，即可输入文字。

⑥ 选中输入的文字，即可像普通文本一样进行格式化编辑。

（2）编辑SmartArt图形。

在Word文档中插入SmartArt图形后，还可以对其进行编辑操作。在上下文工具“SmartArt工具”中的“设计”选项卡中可对SmartArt图形的布局、颜色、样式等进行设置，如图3-83所示。

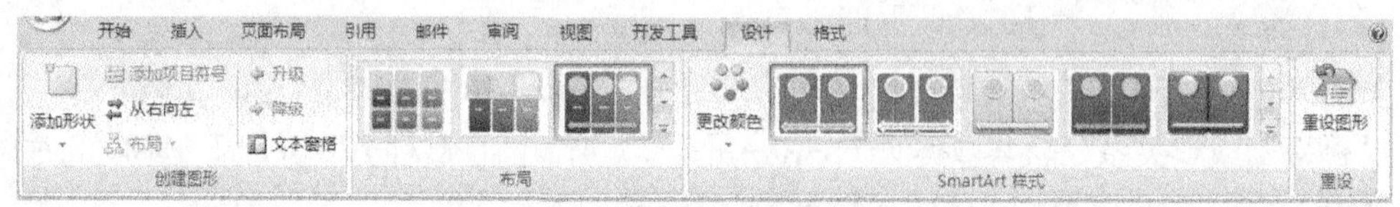

图3-83 “设计”选项卡

单击SmartArt图形中的图片占位符，弹出“插入图片”对话框。在该对话框中选择需要的图片，单击“插入”按钮，即可在SmartArt图形中插入图片。

3. 图表的使用

图表能直观地展示数据，使用户方便地分析数据的概况、差异和预测趋势。例如，用户不必分析工作表中的多个数据列就可以直接看到各个季度销售额的升降，或者直观地对实际销售额与销售计划进行比较。

（1）插入图表。

在Word文档中，能够方便地插入图表，具体操作步骤如下。

① 将光标定位在需要插入图表的位置。

② 在功能区用户界面中的“插入”选项卡中的“插图”组中选择“图表”选项，弹出“插入图表”对话框。

③ 在该对话框左侧选择图表类型模板；在右侧选择其子类型，单击“确定”按钮，即可在文档中插入图表。同时打开Excel窗口。在Excel表格中对数据进行修改，在Word文档的图表中即可显示出来。

（2）编辑图表。

在Word文档中插入图表后，还可以对其进行编辑操作。在上下文工具“图表工具”中的“设计”选项卡中可对图表的类型、数据、布局、样式等进行设置。例如，在“类型”组中选择“更改图表类型”选项，弹出“更改图表类型”对话框。在该对话框中可对图表的类型进行修改。

在“类型”组中选择“另存为模板”选项，弹出“保存图表模板”对话框。在该对话框中可将创建的图表保存为图表模板，方便下次直接使用。在上下文工具“图表工具”中的“布局”选项卡中可对图表当前所选内容、标签、坐标轴、背景、分析等进行设置。

在上下文工具“图表工具”中的“格式”选项卡中可对图表的形状样式、艺术字样式、排列以及大小等进行设置。

3.6.3 艺术字

在编辑文档过程中，为了使文字的字形变得更具艺术性，可以应用Word 2010提供的艺术字功能来绘制特殊的文字。在Word 2010中，艺术字是作为一种图形对象插入的，所以用户可以像编辑图形对象那样编辑艺术字。

1. 插入艺术字

在文档中插入艺术字的具体操作步骤如下。

（1）将光标定位在需要插入艺术字的位置。

（2）在功能区用户界面中的“插入”选项卡中的“文本”组中选择“艺术字”选项，弹出其下拉列表。

（3）在该下拉列表中选择一种艺术字样式，弹出“编辑艺术字文字”对话框。

（4）在该对话框中的“文本”文本框中输入需要插入的艺术字，在“字体”下拉列表中设置艺术字字体。在“字号”下拉列表中设置艺术字大小。

（5）设置完成后，单击“确定”按钮即可在文档中插入艺术字。

2. 编辑艺术字

（1）设置艺术字形状。

在文档中插入艺术字后，用户可以根据需要对其进行各种修饰和编辑。单击插入的艺术字，在上下文工具“艺术字工具”中的“格式”选项卡中可对艺术字进行各种格式化操作，如图3-84所示。

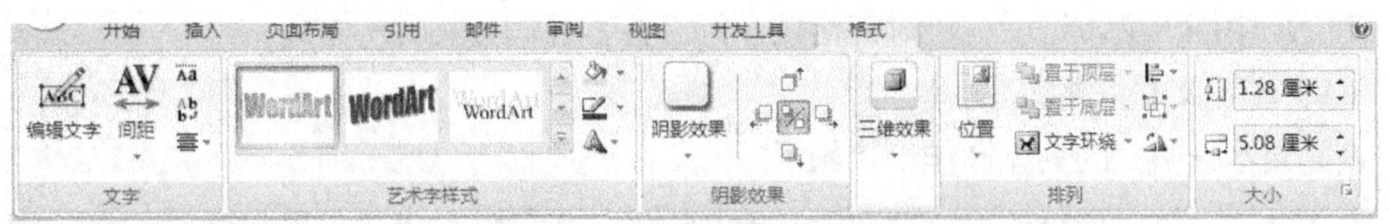

图3-84 “格式”选项卡

在上下文工具“艺术字工具”中的“格式”选项卡中的“艺术字样式”组中单击“更改形状”按钮，弹出下拉列表。在该下拉列表中单击任意形状，艺术字形状将随之改变。

（2）设置文字环绕。

在上下文工具“艺术字工具”中的“格式”选项卡中的“艺术字样式”组中单击“文字环绕”按钮，弹出下拉列表。用户可根据需要在下拉列表中选择所需的文字环绕方式。

（3）设置艺术字阴影效果。

在上下文工具“艺术字工具”中的“格式”选项卡中的“阴影效果”组中选择“阴影效果”选项，弹出下拉列表。用户可根据需要在下拉列表中选择所需的阴影效果。

（4）设置艺术字三维效果。

在上下文工具“艺术字工具”中的“格式”选项卡中的“三维效果”组中选择“三维效果”选项，弹出下拉列表。用户可根据需要在下拉列表中选择所需的三维效果。

选中插入的艺术字，单击鼠标右键，从弹出的下拉菜单中选择“设置艺术字格式”命令，弹出“设置艺术字格式”对话框。在该对话框中可对艺术字的颜色与线条、大小、版式等进行精确的设置。

3.6.4 文本框

在Word中，对文本位置的处理并不是随心所欲的。例如，当在一页横排文档中的某处使用竖排文本时，使用正文文本的编辑方法就不可能做到。此时就可以利用文本框完成。文本框是Word 2010提供的一种可以在页面上任意处放置文本的工具。使用文本框可以将段落和图形组织在一起，或者将某些文字排列在其他文字或图形周围。

1. 插入文本框

根据文本框中文字不同的排列方向，文本框可分为横排文本框和竖排文本框。插入文本框的具体操作步骤如下。

（1）在功能区用户界面中的“插入”选项卡中的“文本”组中选择“文本框”选项，在弹出的下拉列表中选择“绘制文本框”选项，此时光标变为十字形状。

（2）将鼠标指针移至需要插入文本框的位置，单击鼠标左键并拖动至合适大小，松开鼠标左键，即可在文档中插入文本框。

（3）将光标定位在文本框内，就可以在文本框中输入文字。输入完毕，单击文本框以外的任意地方即可。

在功能区用户界面中的“插入”选项卡中的“文本”组中选择“文本框”选项，在弹出的下拉列表中选择“绘制竖排文本框”选项，即可在文档中插入竖排文本框。

2. 编辑文本框

在文档中插入文本框后，可对其格式进行设置，并调整其文字方向。

（1）设置文本框格式。

设置文本框格式的具体操作步骤如下。

① 选定要设置格式的文本框，单击鼠标右键，从弹出的快捷菜单中选择“设置文本框格式”命令，或者双击鼠标左键，弹出“设置文本框格式”对话框，默认情况下打开“大小”选项卡，如图3-85所示。在该选项卡中可对文本框的大小进行设置。

② 在“设置文本框格式”对话框中打开“颜色与线条”选项卡，如图3-86所示。在该选项卡中可对文本框的颜色与线条进行设置。

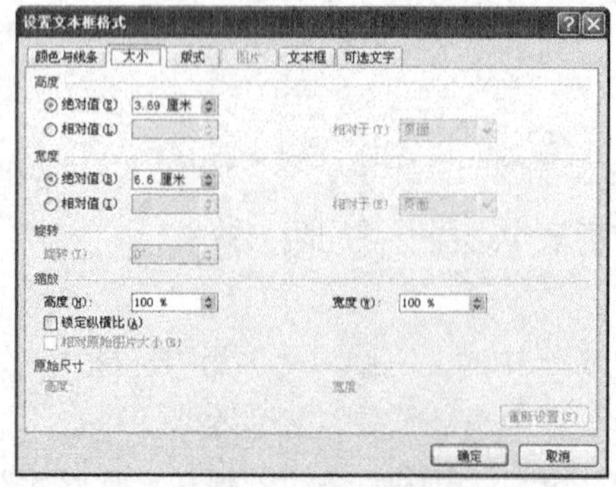

图3-85 “大小”选项卡

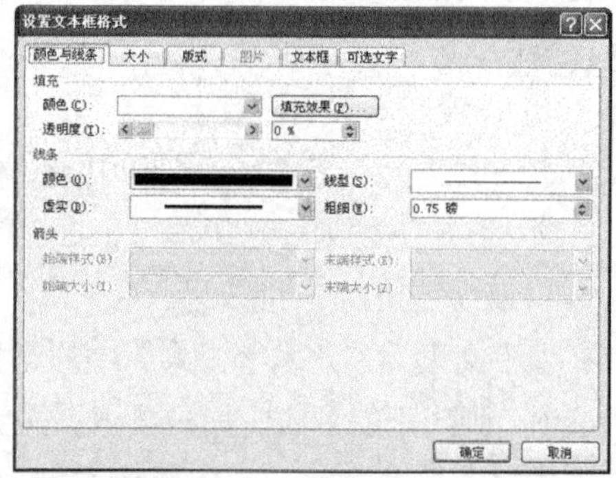

图3-86 “颜色与线条”选项卡

③ 在“设置文本框格式”对话框中打开其他的选项卡，可对文本框的其他格式进行设置。效果如图3-87所示。

（2）调整文字方向。

调整文字方向的具体操作步骤如下。

① 选定要调整文字方向的文本框。

② 在上下文工具“文本框工具”中的“格式”选项卡中，单击“文本”组中“文字方向”按钮，即可改变文本框中文字的方向，效果如图3-88所示。

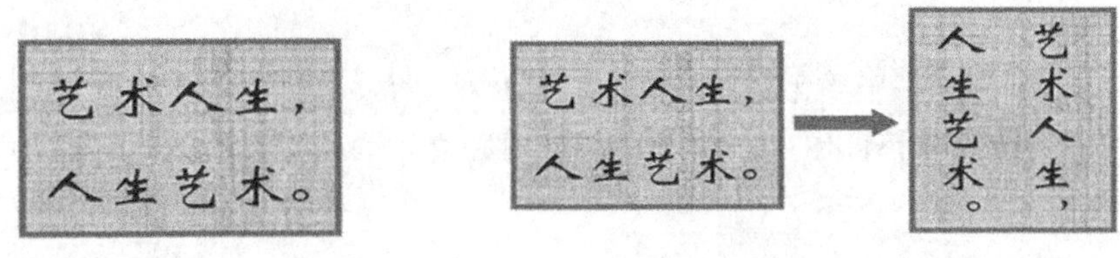

图3-87 设置文本框的格式　　图3-88 调整文字方向

（3）链接文本框。

链接文本框可以将文档中不同位置的文本框连接在一起，使之成为一个整体。在链接文本框中输入文本，如果第一个文本框写满，插入点自动跳到第二个文本框内，继续输入文本。如果第一个文本框没有写满，第二个文本框就不可以编辑，即文本按照“就前”原则进行排列。

① 创建文本框链接。

创建文本框链接的具体操作步骤如下。

在文档中需要创建链接文本框的位置创建多个空白文本框。选中第一个文本框，在上下文工具“文本框工具”中的“格式”选项卡中的“文本”组中单击“创建链接”按钮，或者单击鼠标右键，从弹出的快捷菜单中选择“创建文本框链接”命令，此时鼠标指针变为“”形状。将鼠标指针移至需要链接的下一个文本框中，此时鼠标指针变为“”形状，单击鼠标左键，即可将两个文本框链接起来。选定后边的文本框，重复以上操作，直到将所有需要链接的文本框链接起来。将光标定位在第一个文本框中，输入文本，当第一个文本框排满后，光标将自动排在后边的文本框中，效果如图3-89所示。

② 断开文本框链接。

在Word 2010中，用户可以断开文本框之间的链接。选定要断开链接的文本框，在上下文工具“文本框工具”中的“格式”选项卡中的“文本”组中单击“断开链接”按钮，或者单击鼠标右键，从弹出的快捷菜单中选择“断开向前链接”命令即可。断开文本框链接后，文字将在位于断点前的最后一个文本框截止，不再向下排列，所有后续链接文本框都将为空。图3-90所示为图3-89中文本框断开链接的效果。

③ 删除链接文本框。

选定链接文本框中的所有文本框，按“Delete”或“Back Space”键，可删除链接文本框中的所有文本框和文本。选定链接文本框中的某个文本框，按“Delete”或“Back Space”键，可删除该文本框，而保留其中的文本，并且转到后边的链接文本框中。

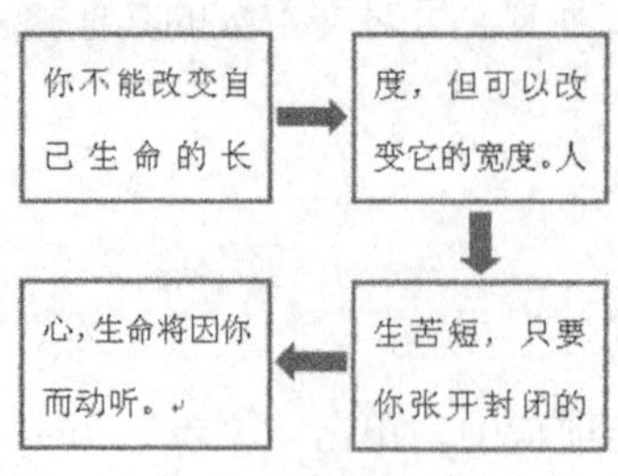

图3-89 创建文本框链接

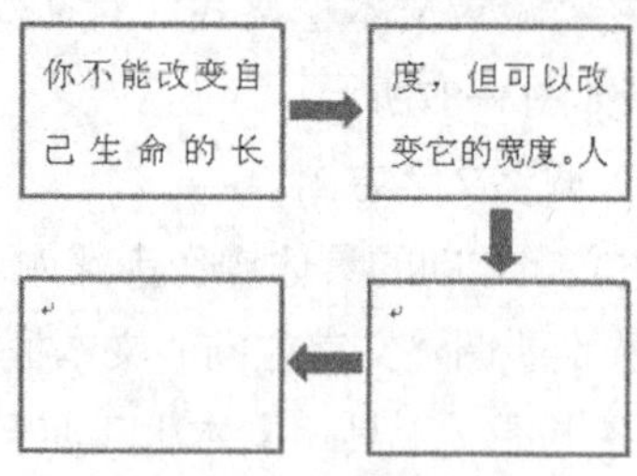

图3-90 断开文本框链接

在文档中单击鼠标左键，即可插入一个系统默认的文本框。创建文本框链接后，所链接的各文本框的格式可独立设置。

3.7 使用邮件合并技术批量处理文档

Word 2010提供的邮件合并功能具有极好的实用性和便捷性。如果用户希望批量创建一组文档，就可以使用邮件合并功能来实现。

3.7.1 邮件合并简介

“邮件合并”这个名称最初是在批量处理“邮件文档”时提出的。就是在邮件文档（主文档）的固定内容中，合并与发送信息相关的一组通信资料（数据源：如Excel表、Access数据表等），从而批量生成需要的邮件文档，大大提高工作的效率。

显然，“邮件合并”功能除了可以批量处理信函、信封等与邮件相关的文档外，一样可以轻松地批量制作标签、工资条、成绩单等。

使用邮件合并的文档通常有以下特点。

① 需要制作的数量比较大。

② 这些文档内容分为固定不变的内容和变化的内容。如信封上的寄信人地址和邮政编码、信函中的落款等，这些都是固定不变的内容；而收信人的地址邮编等就属于变化的内容。其中变化的部分由数据表中含有标题行的数据记录表表示。

3.7.2 邮件合并步骤

使用邮件合并批量处理文档主要分三大步骤。

（1）创建主文档。

主文档的主要内容是批量文档中固定不变的主体内容，如信封中的落款、信函中的对每个收信人都不变的内容等。它是用于创建出文档的“蓝图”。另外还有一系列指令（称为合并域），用于插入在每个文档中都要发生变化的文本，如收件人的姓名和地址等。

（2）选择数据源。

数据源是一个数据记录表，其中包含着相关的字段和记录内容。数据源表格可以是

Word、Excel、Access或Outlook中的联系人记录表。

在实际工作中，数据源通常是现成存在的，如要制作大量客户信封，多数情况下，客户信息可能早已被客户经理做成了Excel表格，其中含有制作信封需要的“姓名”“地址”“邮编”等字段。在这种情况下，直接拿过来使用就可以了，而不必重新制作。也就是说，在准备自己建立之前要先考查一下，是否有现成的数据可用。

如果没有现成的则要根据主文档对数据源的要求建立，根据自己的习惯使用Word、Excel、Access建立都可以，实际工作时，常常使用Excel制作。

（3）邮件合并的最终文档。

邮件合并的最终文档包含了所有的输出结果，其中，有些文本内容在输出文档中都是相同的，而有些会随着收件人的不同而发生变化。

利用“邮件合并”功能可以创建信函、电子邮件、传真、信封、标签、目录（打印出来或保存在单个Word文档中的姓名、地址或其他信息的列表）等文档。

3.8　回到工作场景

通过以上各个章节知识的学习，我们掌握了Word 2010的基本知识，就可以回到3.1完成李蓝的心愿，和她一起为她的同学刘筱制作一张生日贺卡。

3.8.1　工作过程一：进行相关的准备工作

图3-91所示是李蓝给同学刘筱制作的生日贺卡，请使用本章所学知识帮助李蓝完成心愿。

由贺卡分析可知，需要准备的相关知识为：

① 掌握绘制自选图形并设置其格式的方法；

② 掌握插入艺术字并设置其格式的方法；

③ 掌握插入图片并设置其格式的方法；

④ 掌握插入剪贴画并设置其格式的方法；

⑤ 掌握插入文本框并设置其格式的方法；

⑥ 掌握实现图文混排的方法。

图3-91　贺卡效果图

3.8.2　工作过程二：制作生日贺卡的流程

（1）定制贺卡大小。

① 新建了一个空文档，单击“页面布局”菜单项中的“页面设置”组中的页面“设置启动器按钮”。

② 打开“页面设置”对话框，切换到“纸张”选项卡。在“纸张大小”下拉列表框中选择“自定义大小”选项，一般贺卡的大小为17厘米×12厘米、14厘米×8.5厘米、18厘米×13厘米等，根据您的需要进行设置。如在“宽度”微调框中选择“18厘米”，在“高度”

微调框中选择“13厘米”。单击“确定”按钮，贺卡的大小就确定下来了。

（2）选择贺卡背景。

① 单击“页面布局”菜单项中的“主题”按钮，在其下拉菜单中选择相应的主题，如选择“华丽”。

② 同样在“页面布局”菜单项中，单击“页面背景”组中的“页面颜色”按钮，在其下拉菜单中选择相应的颜色，我们也可以选择“填充效果”命令。

③ 如果我们选择“填充效果”命令，则会打开“填充效果”对话框。切换到“纹理”选项卡，选择“软木塞”纹理。单击“确定”按钮。

（3）设置边框和底纹。

① 单击“页面布局”菜单项中的“页面背景”组中的“页面边框”按钮。

② 弹出“边框和底纹”对话框，切换到“页面边框”选项卡。在“设置”选项组中选择“方框”，在“艺术型”下拉列表框中选择一种样式，在“应用于”下拉列表框中选择“整篇文档”，如图3-92所示。

③ 如果要设置纹理，则切换到“底纹”选项卡。可以根据需要选择设置或不设置，在此生日贺卡中我们选择不添加底纹。单击“确定”按钮。

（4）绘制一个自选图形。

① 单击“插入”菜单项中的“形状”按钮，在其下拉菜单中选择“星与旗帜”选项组中的“爆炸型2”命令。

② 把鼠标移至贺卡上，这时指针变成了十字形状。在想要插入的地方按住鼠标左键不放，拖动鼠标到适当的位置，松开鼠标即可，如图3-93所示。

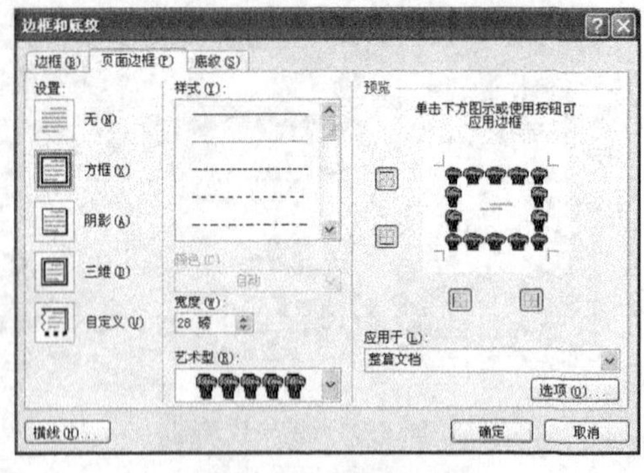

图3-92 边框与底纹

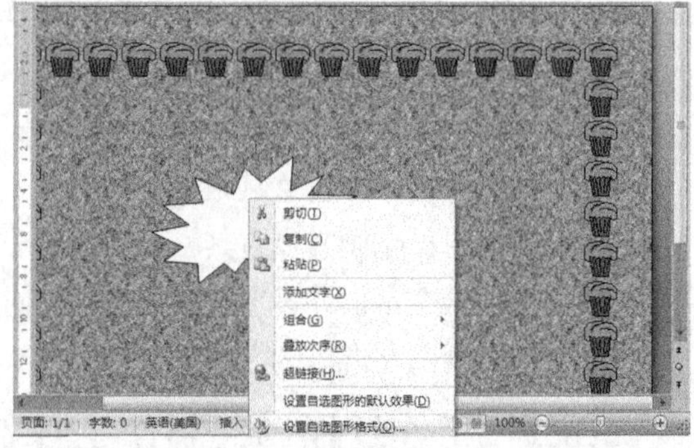

图3-93 自选图形格式

（5）设置自选图形格式。

① 选中自选图形，单击鼠标右键，在其下拉菜单中选择“设置自选图形格式”命令。

② 弹出“设置自选图形格式”对话框。这个对话框中，可以通过切换到不同的选项卡中进行颜色、大小、版式等各方面的设置。如在“颜色成线条”选项卡中，我们可以在“填充”选项组中的“颜色”下拉列表中选择“红色”，“透明度”设置为“20%”。在“线条”选项组中的“颜色”下拉列表框中选择“金色”。

③ 如果觉得填充颜色太单调，还可以单击“填充效果”按钮，在“填充效果”对话框中选择一种效果，如选择“花束”。

④ 单击“确定”按钮，返回“设置自选图形格式”对话框，切换到“版式”选项卡，选择“浮于文字上方”选项。单击“确定”按钮。

（6）插入艺术字作为标题。

① 单击“插入”菜单项中的“艺术字”按钮，在其下拉菜单中选择一种艺术字样式，选择“样式十三”。

② 弹出“编辑艺术字文字”对话框，在对话框中输入标题，如“生日快乐！”。

③ 单击“确定”按钮，这时“生日快乐！”字样的艺术字将出现在贺卡中，如图3-94所示。

（7）设置艺术字格式。

① 选中艺术字，单击鼠标右键，在其快捷菜单中选择“设置艺术字格式”命令。

② 弹出“设置艺术字格式”对话框，在“颜色与线条”选项卡中，把“颜色”设置为“红色”，如图3-95所示。

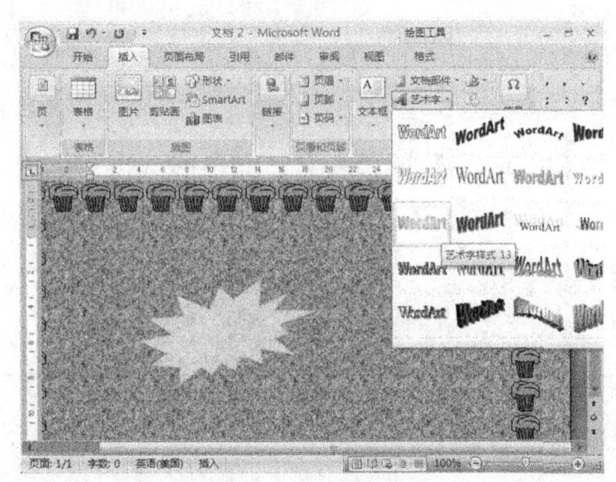

图3-94 插入艺术字

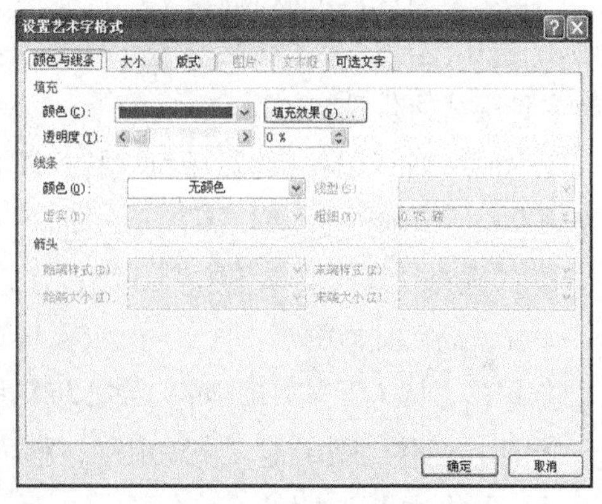

图3-95 插入艺术字格式

③ 切换到“版式”选项卡，选择“浮于文字上方”版式。单击“确定”按钮。

（8）插入图片。

① 单击“插入”菜单项中的“图片”按钮。双击图片弹出“插入图片”对话框。在图片库中找到一张合适的图片，如图3-96所示。单击“插入”按钮，这时图片就插入文档中。

② 选中图片，单击鼠标右键，在其快捷菜单中选择“大小”命令。弹出“大小”对话框，在“大小”选项卡中，把“高度”“宽度”分别设置为“9.6厘米”和“14.2厘米”，如图3-97所示。

③ 单击“关闭”按钮。再一次选中图片，激活“图片”工具栏，在其“格式”菜单中单击“位置”按钮，在其下拉菜单中选择“中间居中”命令。

④ 选中图片，单击鼠标右键，在其快捷菜单中选择“设置图片格式”命令，再选择“版式”选项中的“衬于文字下方”命令。

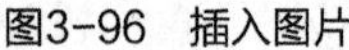

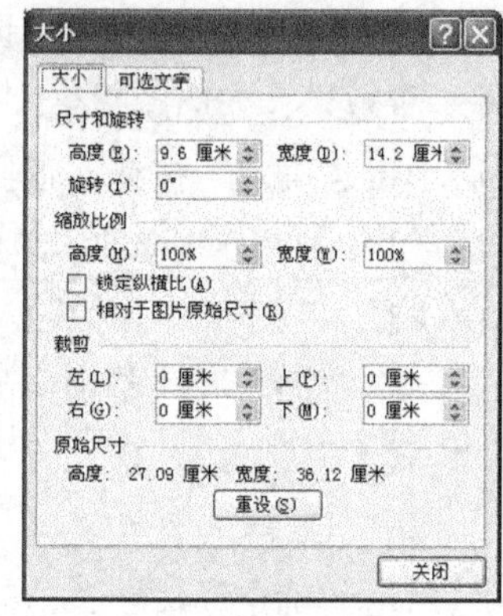

图3-96　插入图片

图3-97　调整图片大小

（9）插入剪贴画。

① 单击“插入”菜单项中的“剪贴画”按钮。

② 这时弹出“剪贴画”对话框，在里面单击选择一张剪贴画。

③ 这时文档中就插入了所选的剪贴画。

（10）设置图片的版式。

① 选中图片，单击鼠标右键，在其快捷菜单中选择“文字环绕”命令。在其级联菜单中有多种版式可供选择。

② 如果要进行具体的设置可选择“其他布局选项”命令。弹出“高级版式”对话框。切换到“文字环绕”选项卡。

③ 如选择“浮于文字上方”。设置好之后单击“确定”按钮，并调整图片的位置。

（11）插入文本框。

① 单击“插入”菜单项中的“文本框”按钮，在其下拉菜单中选择“绘制文本框”命令。

② 把光标移到贺卡上，拖动鼠标，就可以绘制出文本框了。

（12）格式化文本框。

① 选中文本框，在文本框中输入文字。

② 输入文字之后，再一次选中文本框，单击鼠标右键，在其快捷菜单中选择“设置文本框格式”命令，将弹出“设置文本框格式”对话框。

③ 切换到“颜色与线条”选项卡。在“透明度”微调框中选择“100%”在“颜色”下拉列表框中选择“无颜色”，如图3-98所示。

④ 单击“确定”按钮，这时文本框的框线消失了。

⑤ 下面我们再对文本框的文字进行格式设置，选取文字，单击“开始”菜单项，在“字体”栏中进行设置，其方法与在文档中设置一样。我们对贺卡的设置如下：字体的颜色设置为“红色”，字号为“五号”，字体为“华文行楷”。通过鼠标拖动调整文本框的大小的位置，这样一张贺卡制作就完成了，效果如图3-99所示。

图3-98 格式化文本框

图3-99 最后效果

3.9 工作实训

3.9.1 工作实训一

1. 训练内容

制作数学公式手册。在这个手册的制作中，会学习到如何创建和应用样式、特殊字符的输入、公式的编辑以及为公式添加注释、修订文档的内容、编制目录、制作模板等。

2. 训练要求

制作本实训需要用到的知识点如下：

（1）建立和应用样式

（2）特殊字符的输入

（3）公式的输入

（4）添加注释

（5）快速编制“手册”目录

（6）制作“手册”模板

（7）给文件加密

3. 训练步骤

（1）设置手册页面。

① 打开“数学手册文档”，单击“页面布局”菜单下的“页面设置”组中的工具栏启动器，如图3-100所示。

② 在弹出的“页面设置”对话框中，切换到“纸张”选项卡。在“纸张大小”下拉列表框中设置“宽度”和“高度”分别为16厘米、18厘米。

③ 单击“确定”按钮。这样就可以把手册的大小确定下来了。

（2）建立样式。

① 选定建立样式的文本，在“开始”菜单下的“样式”工具栏单击按钮；然后在弹出

的“样式”任务窗格中单击“新建样式”按钮，如图3-101所示。

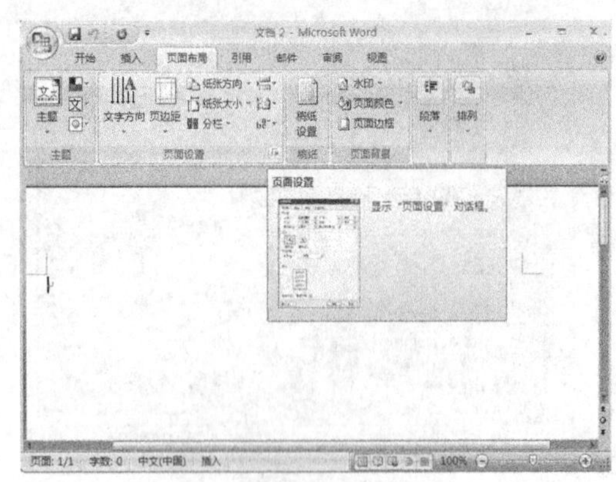

图3-100　页面设置

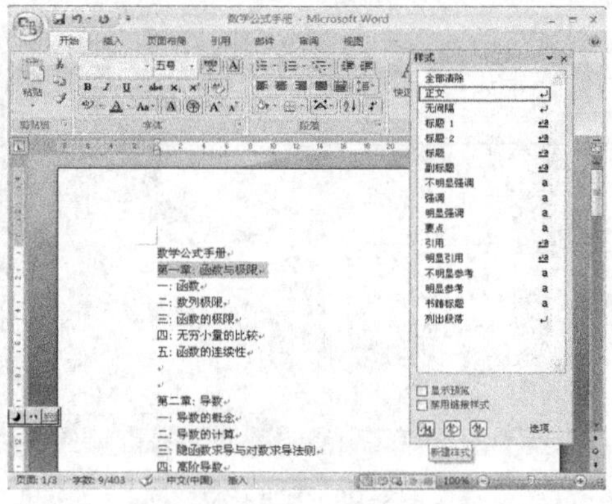

图3-101　新建样式

② 弹出“根据格式设置创建新样式”对话框，在“名称”文本框中输入“标题二”；在“样式类型”下拉列表框中选择“段落”；在“样式基准”下拉列表框中选择样式的大纲级别；在“后续段落样式”中选择“标题2”。

③ 在“格式”选项组中设置字体为“红色”“加粗”“下划线”字号为“二号”。然后单击“格式”按钮，并选择“段落”选项。

④ 则会弹出“段落”对话框，在对话框中，把行距设置为“多倍行距”。

⑤ 单击“确定”按钮，返回“根据格式设置创建新样式”对话框。单击“确定”按钮，这时新创建的样式被添加到“样式”窗口。

（3）修改样式。

① 在“样式”任务窗格中找到“标题二”样式，单击其右侧的下三角按钮，在其下拉列表中选择“修改”选项，如图3-102所示。

② 在弹出的“修改样式”对话框中进行修改，如去掉“下划线”，单击“确定”按钮。

（4）应用样式。

依次选中各章标题，在“样式”任务窗格中找到“标题二”样式，单击它，并将标题“数学公式手册”设为“二号”“加粗”“居中”。

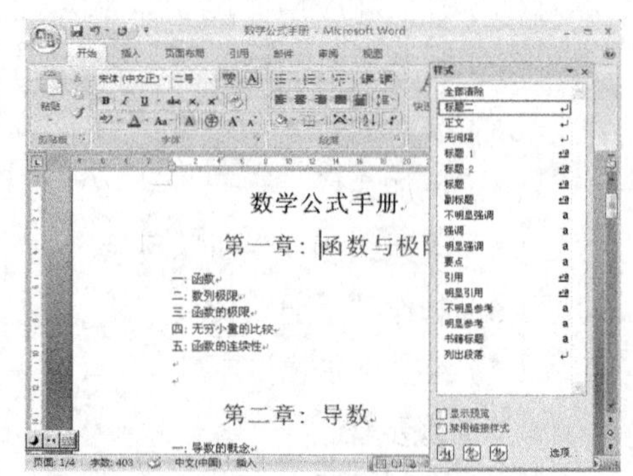

图3-102　修改样式

（5）特殊字符的输入。

① 单击要插入特殊字符的位置，在“插入”菜单项上的“符号”组中单击“符号”按钮，然后选择“其他符号”命令。

② 弹出“符号”对话框，切换到“特殊字符”选项卡，选择“注册”符号，如图3-103所示。

③ 单击“插入”按钮。则在光标定位处出现注册的符号，其效果如图3-104所示。

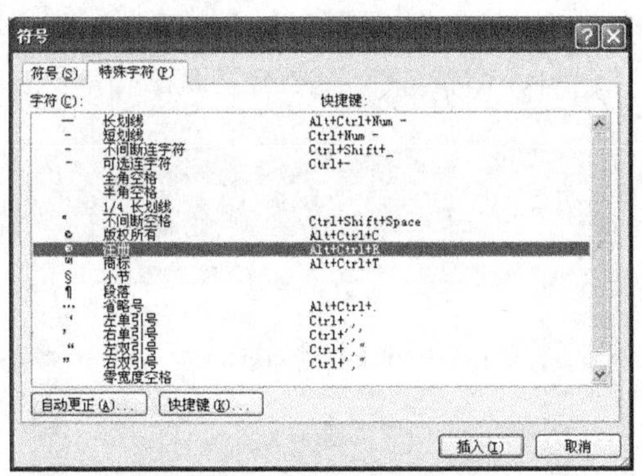

图3-103 “特殊字符”选项卡

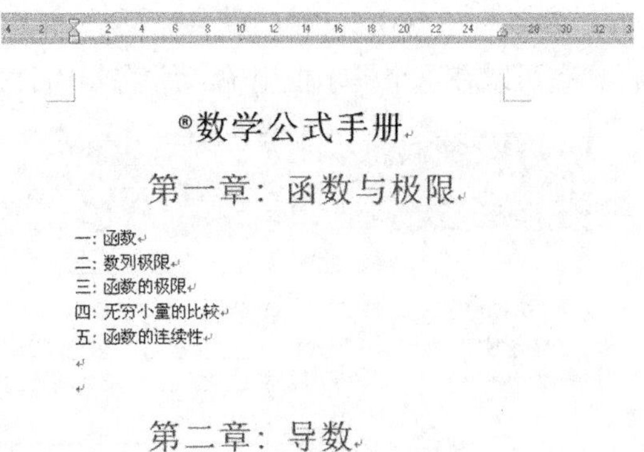

图3-104 插入特殊字符后效果

（6）打开公式编辑器。

① 在“插入”菜单项上的“符号”组中，单击“公式”按钮。

② 这样就可以激活公式编辑器了，可以在标题栏里看到“公式工具”字样，如图3-105所示。

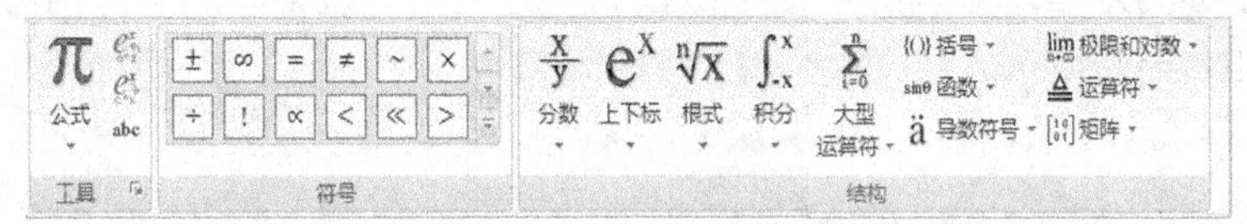

图3-105 “公式工具”

（7）使用内置公式。

① 将光标定位在要插入公式的位置。在“插入”菜单项上的“符号”组中，单击“公式”旁边的下三角按钮，在弹出的下拉菜单中，可以选择我们需要的公式，如“二次公式”，如图3-106所示。

② 在“傅立叶级数”方框上单击一下，就可以把该公式轻松地插入手册中，如图3-107所示。

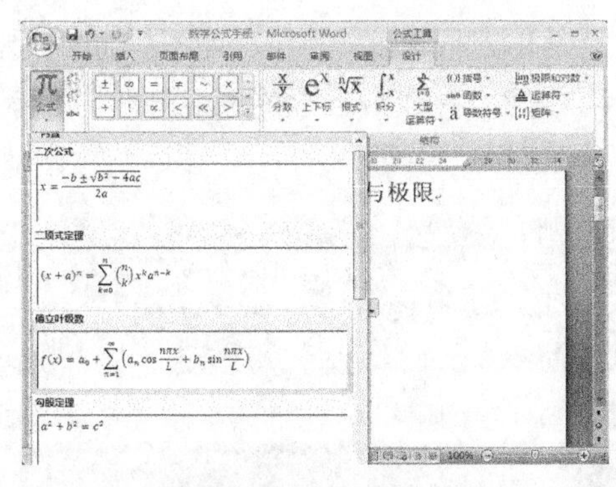

图3-106 公式

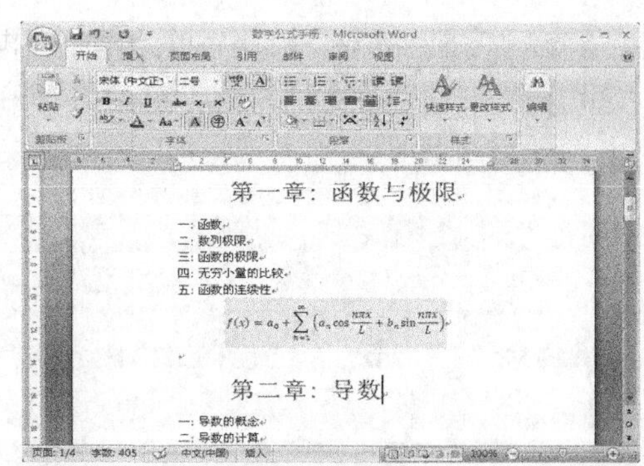

图3-107 插入公式后效果

（8）手动输入公式。

① 把光标定位在要插入公式的位置。在“插入”菜单项上的“符号”组中，单击“公式”旁边的下三角按钮，在弹出的下拉菜单中选择“插入新公式”命令，如图3-108所示。

② 这时在Word文档中就会激活公式工具，并在光标定位处出现“在此处键入公式”字样，就可以在这个提示框里输入所需要的公式了，如图3-109所示。

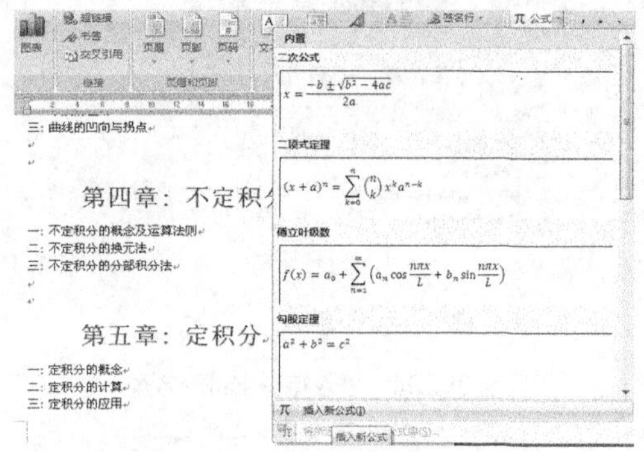

图3-108 “插入新公式”命令

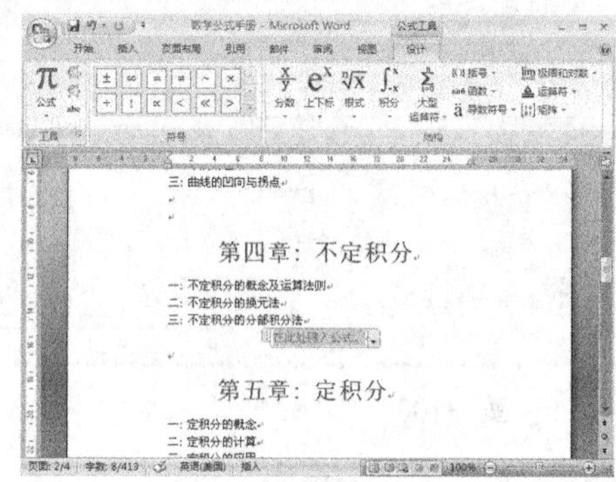

图3-109 插入公式提示框

③ 如在手册中输入幂函数的导数公式。首先在“公式工具”的“设计”菜单项的“结构”组中单击“上下标”按钮，并在其下拉菜单中选择“上标”样式，如图3-110所示。

④ 选中下标的方框，再单击“括号”按钮，并在其下拉菜单的“方括号”组中选择第一种样式，如图3-111所示。

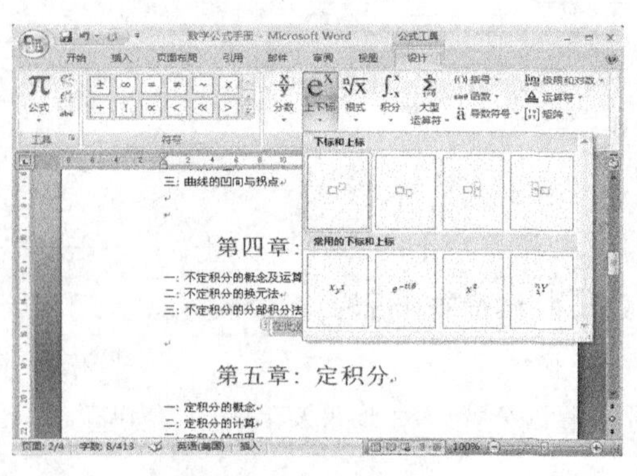

图3-110 “上标”样式

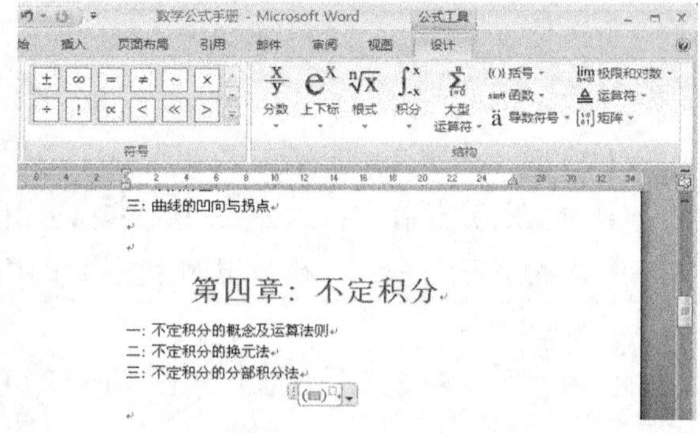

图3-111 “括号”按钮

⑤ 这时方括号被输入到下标的方框中。再选取上标的方框，输入点号，如图3-112所示。

⑥ 把光标定位到方括号内，再单击“上下标”按钮，并在其下拉菜单中选择“上标”样式，如图3-113所示。

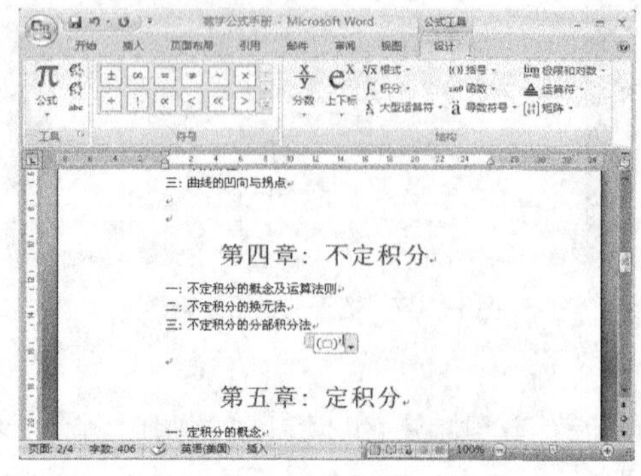

图3-112 插入方括号后效果

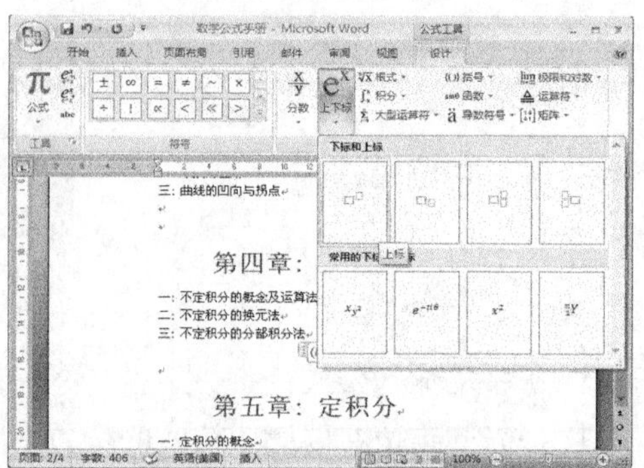

图3-113 “上标”样式

⑦ 这时在方括号内的上标框中输入“u”，在下标框中输入“x”。再把光标移至公式框的最右边。依次输入“=”“u”。再次单击“上下标”按钮，并在其下拉菜单中选择“上标”样式，如图3-114所示。

⑧ 再在其下标框输入“x”，在上标框中输入“u-1”，这样幂函数的导数公式就输入完毕了，如图3-115所示。

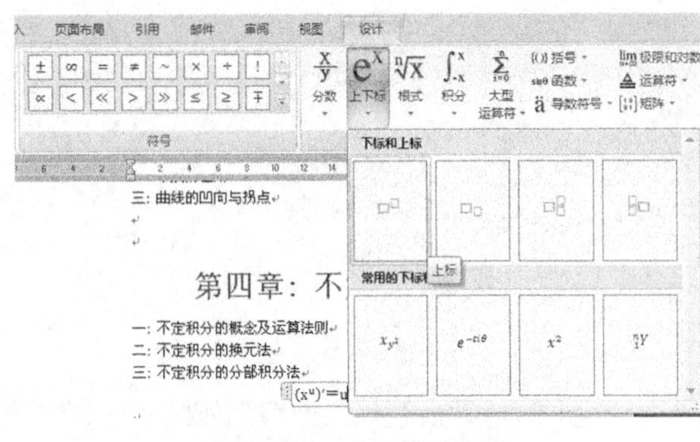

图3-114　“上下标”按钮

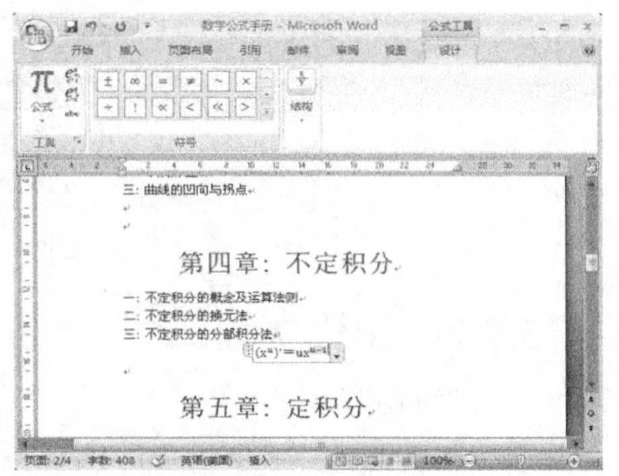

图3-115　输入公式后效果

（9）编制“手册”目录。

① 选择要在目录中包含的文本，例如，选择章节标题。

② 在“引用”选项卡上的“目录”菜单栏中，单击“添加文字”按钮。在其下拉菜单中选择所选内容标记的级别，例如，把章节标题设置为“2”级，如图3-116所示。

③ 依此类推，再把“数学公式手册”字样设置为“1级”，把小节标题设置为“3级”。

④ 把光标定位到要插入目录的位置，通常在文档的开始处。

⑤ 在“引用”菜单项的“目录”组中，单击“目录”按钮，在其下拉菜单中选择需要的目录样式。如选择“自动目录1”，如图3-117所示。

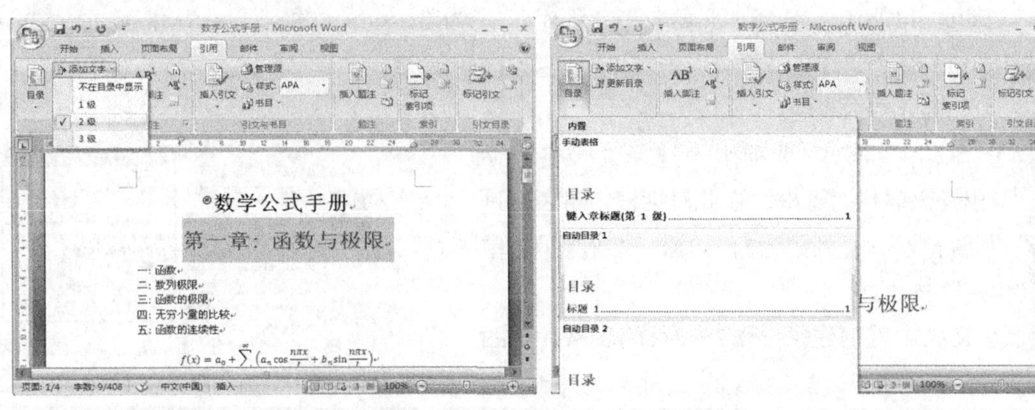

图3-116　“添加文字”按钮　　　　图3-117　“目录”按钮

⑥ 插入目录后的效果如图3-118所示。

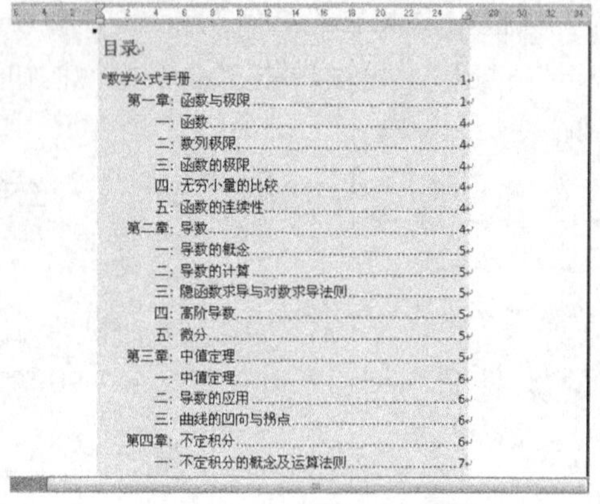

图3-118　插入目录后的效果

3.9.2　工作实训二

1. 训练内容

制作个人简历。通过创建个人简历表掌握Word 2010表格的相关操作，如插入或删除表格，插入或删除单元格、行、列，拆分或合并单元格，使用样式表美化表格，自定义边框和底纹美化表格等操作。

2. 训练要求

（1）了解表格的基本概念

（2）掌握在Word中创建表格的方法

（3）掌握表格的编辑

（4）掌握表格的美化

3. 实施步骤

（1）新建空白文档。

启动Word 2010：选择“开始”→“程序”→“Microsoft Office”→“Microsoft Office Word 2010”命令，单击“插入”选项卡→“空白页”命令。

（2）插入空白表格。

① 单击“插入”选项卡→选择“表格”命令，弹出插入表格对话框，在此对话框中对表格进行设置。行数为8，列数为7，如图3-119所示。单击“确定”按钮。

② 文档中就创建了一个7列8行的表格，如图3-120所示。

图3-119　插入空白表格

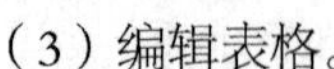

（3）编辑表格。

① 输入表格的基本信息：按照图3-121所示内容在表格中输入表格的基本信息。

② 合并部分单元格：要实现将照片处的3个单元格合并为一个单元格。即将第1行第7列、第2行第7列、第3行第7列的单元格合并为一个单元格。用拖动鼠标的方法，同时选中第

1行第7列、第2行第7列、第3行第7列的单元格，如图3-122所示。选择“布局”选项卡，单击“合并单元格”命令，如图3-123所示。合并后的效果如图3-124所示。

图3-120 创建表格

姓名		性别		年龄		照片
民族		政治面貌		籍贯		
联系方式						
学历		专业		毕业学校		
个人履历						
所获奖项						
求职意向						
其他						

图3-121 编辑表格

姓名		性别		年龄		照片
民族		政治面貌		籍贯		
联系方式						
学历		专业		毕业学校		
个人履历						
所获奖项						
求职意向						
其他						

1.选中单元格

图3-122 选中单元格

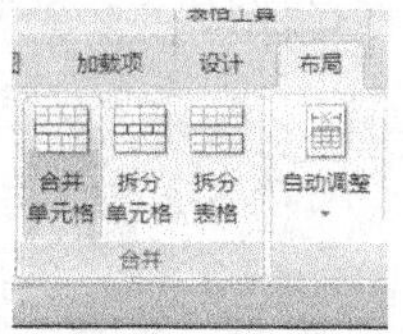

图3-123 合并单元格

③ 拆分部分单元格：要将第3行第2列、第3行3列、第3行第4行、第3行第5列、第3行第6列的单元格拆分。用拖动鼠标的方法同时选中第3行第2列、第3行3列、第3行第4行、第3行第5列、第3行第6列的单元格，如图3-125所示。

姓名		性别		年龄		照片
民族		政治面貌		籍贯		
联系方式						
学历		专业		毕业学校		
个人履历						
所获奖项						
求职意向						
其他						

图3-124 合并单元格后的效果

姓名		性别		年龄		照片
民族		政治面貌		籍贯		
联系方式						
学历		专业		毕业学校		
个人履历						
所获奖项						
求职意向						
其他						

图3-125 选中单元格

选择“布局”选项卡的“合并”组的“拆分”命令，在出现的拆分单元格对话框中，输入列数4、行数2，单击确定按钮。即可将单元格拆分为如图3-126所示结果。在拆分后的单元格中输入下图中所示的信息。用同样的方法将“个人履历”一行后面的几个单元格拆分为2行2列的单元格，并输入以下信息。

④ 插入标题行和内容行：要实现在第一行的前面插入1行的效果，如图3-127所示。光标放在第一行的前面，当光标变为反向空心箭头时，单击鼠标左键，选中第一行。选择“布局”选项卡的，选择“行和列”组，单击“在上方插入”命令，即可在第一行的上面插入一行。

姓名		性别		年龄		照片
民族		政治面貌		籍贯		
联系方式	地址		邮政编码			
	手机		E-mail			
学历		专业		毕业学校		
个人履历	时间			学习或工作经历		
所获奖项						
求职意向						
其他						

图3-126 拆分部分单元格

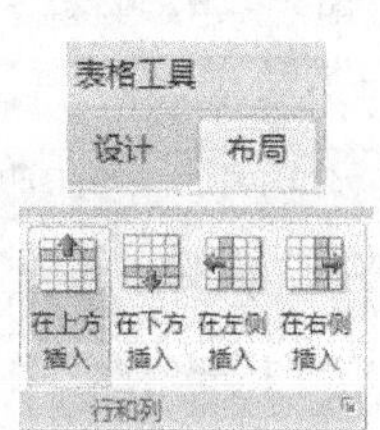

图3-127 插入行

用拖动鼠标的方法，选中第一行。单击“布局”选项卡的，选择“合并”组，单击“合并单元格”命令，可将第一行的单元格合并为一个单元格，然后按照图所示的内容输入信息。用同样的方法，将“所获奖项”一行下面插入一行，并输入如图3-128所示的信息。

个人简历							
姓名		性别		年龄		照片
民族		政治面貌		籍贯		
联系方式	地址		邮政编码			
	手机		E-mail			
学历		专业		毕业学校		
个人履历	时间			学习或工作经历		
所获奖项						
专业特长						
求职意向						
其他						

图3-128　插入行并输入信息后的效果

⑤ 调整文字的对齐方式：要将整个表格中的文本信息全部居中对齐。

将光标放在整个表格的左上角，当光标变为十字形状时，单击鼠标左键，选中整个表格。选择“布局”选项卡，单击“对齐方式”组，选中“水平居中”命令。即可使表格所有文本居中对齐。按“Shift”键同时选中第一列中的以下文本信息：个人履历、所获奖项、专业特长、求职意向、其他。选择“布局”选项卡，在“对齐方式”组中，选择“文字方向”命令。再次点击“对齐方式”选项卡下面的下三角图标。在出现的菜单中选择“中部居中”命令。即可实现字体的竖向排列。或者选择“页面布局”选项卡，在“页面设置”组中，单击“文字方向”按钮，选择“垂直”命令，也可以使文字竖向排列。将光标放在每一行的边框上，单击鼠标左键，拖动边框使行宽到一定的宽度，实现如图3-129所示结果。

⑥ 将表格内容补充完整：按以下内容输入表格信息，如图3-130所示。

个人简历						
姓名		性别		年龄		照片
民族		政治面貌		籍贯		
联系方式	地址		邮政编码			
	手机		E-mail			
学历		专业		毕业学校		
个人履历	时间			学习或工作经历		
所获奖项						
专业特长						
求职意向						
其他						

图3-129　调整文字的对齐方式和行高

个人简历						
姓名	小丫	性别	女	年龄	19	照片
民族	汉	政治面貌	团员	籍贯	浙江余姚	
联系方式	地址	浙江省余姚市泗门镇	邮政编码	315470		
	手机	12345678901	E-mail	Xiaoya@xiaoya.com		
学历	职高	专业	文秘	毕业学校	余姚市职校	
个人履历	时间			学习或工作经历		
	2003 年 9 月—2006 年 6 月 2006 年 9 月—2009 年 6 月 2007 年 3 月—2008 年 6 月 2009 年 2 月—2009 年 5 月			余姚市初级中学学习 余姚市职校学习 茜茜文印店参加社会实践 八方公司实习		
所获奖项	校三好学生、校社团积极分子、校技能标兵 校级技能鉴定获文字录入中级、图文混排高级、应用文写作高级 获 办公高级文员证书、劳动局计算机硬件维修中级证书					
专业特长	能熟练操作各类办公软件和绘图软件 有较强的语言表达能力和组织能力 有一定的实践经验，有独立解决问题的能力					
求职意向	办公文员、文秘人员、仓管员等文职类工作					
其他	个人爱好：唱歌、运动 座右铭：天生我材必有用					

图3-130　表格内容补充完整

（4）美化表格。

① 设置单元格边框和底纹。选中相应的单元格，单击鼠标右键，选择“边框和底纹”选项，在出现的“边框和底纹”对话框中，单击“底纹”标签，可以设置所选单元格的底纹，单击“边框”标签，可设置所选单元格的“边框”。

② 设置表格的文本和段落的格式。选中相应的文本信息，单击鼠标右键，选择“字

体”，在出现的字体对话框中可以设置字体的样式。选择“段落”，在出现的段落对话框中可以设置段落的样式。

③ 调整表格的行高和列高。选择“布局”选项卡，单击“选择”图标，在下拉菜单中可以选择行、列或单元格以及表格。在“单元格大小”组中，可以使用行高和列宽命令，调整行高和列宽。

④ 使用“样式表”美化表格。单击“表格工具”选项卡，“表样式”组中有多种样式供选择。

⑤ 进一步修饰表格。对表格进行整体设置以后，可以选择部分单元格，对部分单元格的属性进行重新设置。如图3-131所示为页面美化前后对照图。

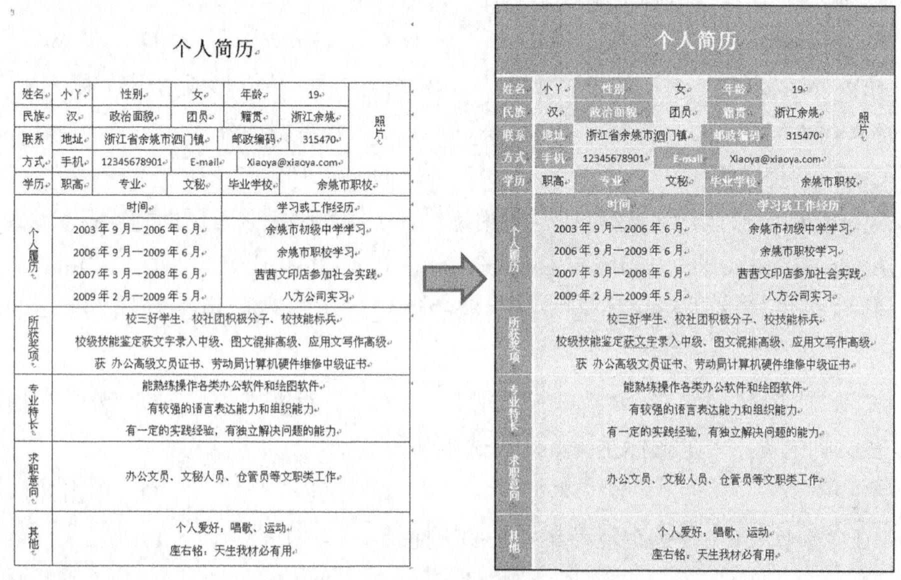

个人简历

姓名	小丫	性别	女	年龄	19	照片
民族	汉	政治面貌	团员	籍贯	浙江余姚	
联系方式	地址	浙江省余姚市泗门镇		邮政编码	315470	
	手机	12345678901		E-mail	Xiaoya@xiaoya.com	
学历	职高	专业	文秘	毕业学校	余姚市职校	
个人履历	时间			学习或工作经历		
	2003年9月—2006年6月			余姚市初级中学学习		
	2006年9月—2009年6月			余姚市职校学习		
	2007年3月—2008年6月			茜茜文印店参加社会实践		
	2009年2月—2009年5月			八方公司实习		
所获奖项	校三好学生、校社团积极分子、校技能标兵 校级技能鉴定获文字录入中级、图文混排高级、应用文写作高级 获 办公高级文员证书、劳动局计算机硬件维修中级证书					
专业特长	能熟练操作各类办公软件和绘图软件 有较强的语言表达能力和组织能力 有一定的实践经验，有独立解决问题的能力					
求职意向	办公文员、文秘人员、仓管员等文职类工作					
其他	个人爱好：唱歌、运动 座右铭：天生我材必有用					

图3-131 页面美化前后对照

（5）保存文档。

单击“文件”菜单，选择“保存”或“另存为”。出现“另存为”对话框，可以保存为不同格式的文档。

习题三

一、选择题

1. Word 2010是Office 2010的组件之一，是一种在（　　）环境下使用的文字处理软件。

   A. Windows　　B. DOS　　C. Linux　　D. Unix

2. 退出Word 2010的方法有多种，常用的方法有（　　）。

   A. 单击Word 2010窗口右上角的“关闭”按钮

   B. 双击Word 2010窗口左上角的“控制”图标

   C. 选择“文件”菜单中的“退出”选项

D. 以上方法都正确

3. Word 2010窗口顶端的标题区中，不包含以下（　　）选项。

A. 快速访问工具栏　　B. 标题栏

C. 窗口控制按钮　　D. 选项卡标签

4. 在编辑Word 2010文档的时候，如果所做的操作不合适，而想返回到当前结果前面的状态，则可以单击“快速访问工具栏”中的（　　）按钮。

A. “撤销/恢复”　　B. “文件”

C. “Ctrl+X”　　D. “窗口控制按钮”

5.（　　）键可以实现插入状态和改写状态的切换。在插入状态下输入文本，后面的文本会自动往后移。在改写状态下输入文本时，会取代插入点后面的文本。

A. “Insert”　　B. “Delete”　　C. “Enter”　　D. “Tab”

6. 在Word 2010中，对图片设置（　　）环绕方式后，可以形成水印效果。

A. 衬于文字下方　　B. 紧密型环绕

C. 四周型环绕　　D. 浮于文字上方

7. Word 2010中，对于少量字符，可用（　　）键删除插入点后面的字符。

A. “Backspace”　　B. “Delete”　　C. “Insert”　　D. “End”

8. 将鼠标指针移动到文档某一行左端的选定栏上，然后单击鼠标左键，即可选定（　　）。

A. 一段文本　　B. 一个单词　　C. 一行文本　　D. 整个文档

9. 在文档中（　　）鼠标左键，即可选中一段文本。

A. 单击　　B. 双击　　C. 三击　　D. 单击并拖动

10. 在Word 2010中要选定整篇文档可按快捷键（　　）。

A. “Ctrl+A”　　B. “Ctrl+V”　　C. “Ctrl+C”　　D. “Ctrl+X”

11. 在Word中，欲选定文本中的一个矩形区域，应在拖曳鼠标前，按（　　）键不放。

A. “Ctrl”　　B. “Alt”　　C. “Shift”　　D. “空格”

12. 在Word 2010软件中，删除当前所有选定文本并将其放在剪贴板上的快捷键是（　　）。

A. “Shift+X”　　B. “Ctrl+V”　　C. “Ctrl+C”　　D. “Ctrl+X”

13. Word 2010中，自动将文档中的某个单词或短语替换为其他单词或短语，例如，可以将“电脑”替换为“电脑报”，可以使用Word 2010提供的（　　）功能。

A. 复制　　B. 剪切　　C. 查找与替换　　D. 粘贴

14. 通过Word 2010字体对话框，不可以对以下（　　）进行设置。

A. 字体　　B. 字号　　C. 字符间距　　D. 段落间距

15. 在Word 2010软件中，对于一段两端对齐的文字，只选定其中的几个字符，用鼠标单击“居中”按钮，则（　　）。

A. 整个段落均变成居中格式　　B. 只有被选定的文字变成居中格式

C. 整个文档变成居中格式　　　　　　D. 格式不变，操作无效

16. 在Word 2010中，不缩进段落的第一行，而缩进其余的行，是指（　　）。

A. 首行缩进　　B. 左缩进　　C. 悬挂缩进　　D. 右缩进

17. 在Word 2010文档中，要绘制包含不同高度的单元格的表格或每行的列数不同的表格时，最好的方法是通过（　　）来实现。

A. 在“插入”选项卡的“表格”组中选择“表格”选项，然后在弹出下拉列表中选择“绘制表格”选项

B. 在“插入”选项卡的“表格”组中选择“表格”选项，然后在弹出的下拉列表中选择“插入表格”选项

C. 在“插入”选项卡的“表格”组中选择“表格”选项，然后在弹出的下拉列表中拖动鼠标以选择需要的行数和列数

D. 在“插入”选项卡的“表格”组中选择“表格”选项，然后在弹出的下拉列表中选择“文本框转换成表格”选项

18. 以下（　　）可以选定所有图形。

A. 按住鼠标左键拖动选择图片　　　　B. 用“选定”按钮选定所有图形

C. 按住鼠标右键拖动选择图片　　　　D. 按“Ctrl”键来逐一选定所有图形

19. Word 2010中可以插入的图片有（　　）。

A. Windows提供的大量图片文件　　　　B. 剪贴画

C. 艺术字　　　　　　　　　　　　　D. 以上都正确

20. 如果用户希望批量创建一组文档，就可以使用Word 2010提供的（　　）功能来实现。

A. 查找与替换　　　　　　　　　　　B. 邮件合并

C. 插入表格　　　　　　　　　　　　D. 图文混排

二、填空题

1. Word 2010的默认文档格式是________。

2. Word 2010是________的组件之一，主要用于日常的文字处理工作，如书写编辑信函、公文、简报、报告、文稿和论文、个人简历、商业合同、Web页等，具有处理各种图、文、表格混排的复杂文件，实现类似杂志或报纸的排版效果等功能。

3. 一般在对文档内容进行复制、剪切和移动等操作时，需要先________操作对象，然后进行操作。

4. Word 2010中，文档排版主要包括字符格式化、________和页面设置等。

5. Word 2010中，插入表格后，在选定行和列时，按住________键可以选定连续的行、列和单元格；按住________键可以选定不连续的行、列和单元格。

三、操作题

1. 制作贺卡

（1）使用Word 2010创建一个空白文档。

（2）根据自己的需要，进行页面设置。

（3）选择一个主题，插入文本框、贺卡内容，并对字符和段落进行设置。

（4）在文档中插入图片、艺术字。设置图片和艺术字的效果，设置“文字环绕”方式。

（5）设置边框和底纹，美化页面。

（6）加密、保存。

2. 制作课程表

（1）新建一个空白的Word文档。

（2）在文档中插入表格，在表格中输入一个课程表的内容，并设计文本格式。

（3）为表格添加边框和底纹，并设置行高和列宽。

（4）打印预览，保存。

3. 长文档的编辑

（1）编辑一篇文档，由不同章节组成（如文档共包含3章，每章2小节）。

（2）设置其页边距、纸张类型和纸张方向，插入奇偶页不同的页眉和页脚，并插入页码。

（3）字符格式化：设置文档的一级标题格式、二级标题格式、正文格式。

（4）段落格式化：首行缩进两个字符，两端对齐，1.5倍行距。

（5）自动生成目录。

（6）保存文档。

PART 4

项目四 Excel 2010

项目要点

- 电子表格的基础知识。
- 电子表格的基本操作。
- 电子表格的编辑与美化。
- 电子表格中的公式。
- 电子表格中创建图表。
- 数据表的操作。
- 打印电子表格。

技能目标

- 了解电子表格的一些相关概念。
- 掌握电子表格的建立和编辑。
- 掌握电子表格的公式操作和图表创建。
- 掌握数据表的操作。

4.1 工作场景导入

【工作场景】

小王是一家公司的职员，公司常常要处理大量的数据，这些需要使用Excel 2010来处理，例如，对数据做一些汇总、报表总结、进行相应的计算统计，有些数据还要用视觉化较好的图表来解释。

【引导问题】

（1）在日常工作中，你是否经常使用Excel 2010软件?

（2）你了解Excel 2010吗?

（3）想从大量的数据中解脱出来让Excel 2010自动为你工作，并得到正确的结果吗?

4.2 Excel 2010简介

Excel 2010是Microsoft公司新推出的电子表格软件，是Office办公系列软件的重要组成部分。它继承了以前版本的所有优点，例如，具有人工智能特性，可以对各种问题提供针对性很强的帮助和指导；具有强大的数据综合管理与分析功能，可以把数据用各种统计图的形式形象地表示出来；提供了丰富的函数和强大的决策分析工具，可以简便快捷地进行各种数据处理、统计分析和预测决策分析等。

Excel 2010是Office 2010的一个重要组件，同Word 2010一样，在安装Office 2010时一同安装。

Excel 2010的新功能是它提供了新的面向结果的用户界面，在包含命令和功能逻辑组的、面向任务的选项卡上更轻松地找到各种命令和功能。用户界面如图4-1所示。

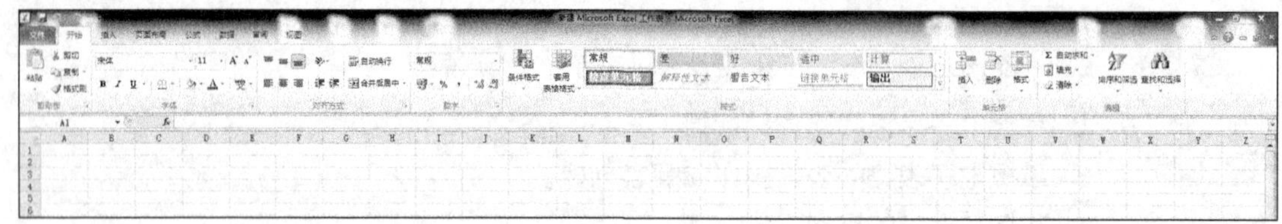

图4-1　Excel 2010用户界面

Excel 2010窗口简介如下。

1. 选项卡

选项卡菜单是功能区的重要组成部分，分为不同功能的组。每个选项卡菜单都与一系列类型的操作有关。例如，在选择“插入”后，显示出相应可以在Excel 2010中插入的对象，如图4-2所示。

2. 快速访问工具栏

快速访问工具栏是一个可自定义的工具栏，它包含一组独立于当前显示的选项卡的命令。用户可以向快速访问工具栏中添加命令按钮，还可以移动快速访问工具栏。

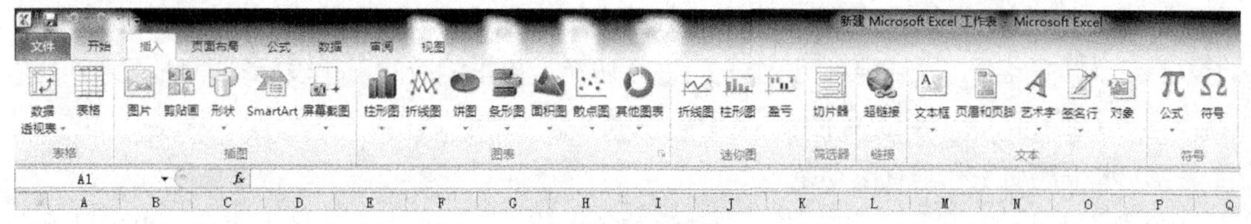

图4-2　选项卡菜单

3. 浮动工具栏

选择文本时，会显示或隐藏一个方便、微型、半透明的工具栏，称为浮动工具栏。浮动工具栏可以帮助用户使用字体、字型、字号、对齐方式、文本颜色、缩进级别和项目符号等功能，如图4-3所示。

4. 状态栏

在Excel 2010中，用户可以利用状态栏进行一些常用的编辑工作。在状态栏空白处单击鼠标右键可以设置状态栏显示的选项，对状态栏自定义，如图4-4所示。

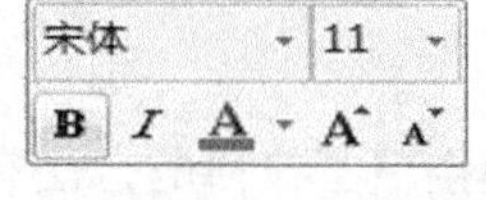

图4-3　文本编辑

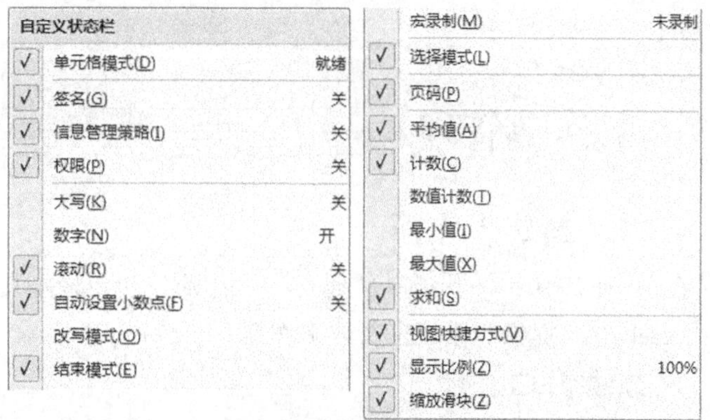

图4-4　状态栏选项

5. 编辑栏

位于格式栏的下面，自左至右依次由名称框、编辑公式按钮、编辑栏组成，如图4-5所示。

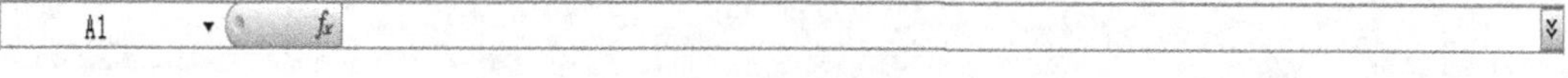

图4-5　编辑栏

名称框：用于显示当前激活的单元格编号，例如上例为“C1”（即第一行第三列）。

编辑栏：在此输入单元格的内容或公式，将同步在单元格中显示。

6. 工作簿窗口

在Excel 2010中，工作簿是处理和存储数据的文件，每个工作簿可以包含多张工作表。工作表是Excel 2010中用于存储和处理数据的主要文档，也称为电子表格，主要由排成行和列的单元格组成，其中行号由1，2，3等数字组成，列标由A，B，C等英文字母组合而成。工作表总是包含在工作簿中，使用工作表可以显示和分析数据。可以同时在多张工作表上输入并编辑数据，并且可以对不同工作表的数据进行汇总计算。工作簿窗口底部的工作表标签上显示工作表的名称。如果要在工作表间进行切换，单击相应的工作表标签即可。每个工作表都有一个工作区，用于数据的输入、编辑和排版。

7. 水平滚动条和垂直滚动条

分别位于工作区的下面和右边，拖动滚动条可使工作区窗口在文档中滚动。也可以单击滚动条上的箭头滚动工作区窗口。

8. 单元格

单元格是Excel 2010运算和操作的基本单位，用来存放输入的数据。每一个单元格都有一个固定的地址编号，由“列标+行号”构成，如A1。

活动单元格：被黑框套住的单元格称为活动单元格。

填充柄：位于选定区域右下角的小黑方块。将鼠标指向填充柄时，鼠标的指针更改为十字形状，如图4-6所示。

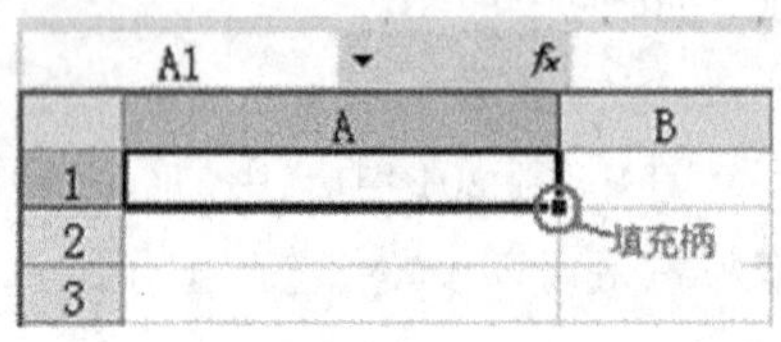

图4-6 单元格

4.3 工作簿管理

4.3.1 新建工作簿

在Excel 2010中，既可以新建空白工作簿，也可以利用已有工作簿新建工作簿，还可以利用Excel 2010 提供的模板来新建工作簿。

1. 新建空白工作簿

空白工作簿就是其工作表中没有任何数据资料的工作簿，新建空白工作簿的方法有3种。要新建一个工作表，单击“新建”按钮，在弹出的“新建”对话框中选择相应的对象新建工作簿。快捷键为“Ctrl+N”，如图4-7所示。

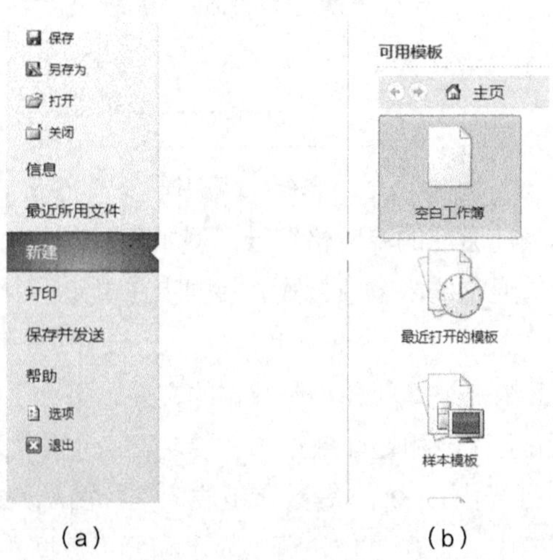

（a）　（b）

图4-7 空白工作簿

2. 根据现有工作簿新建工作簿

如果想新建一个工作簿，并且想让它跟现有的一个工作簿的结构一样，那么就可以根据现有工作簿新建一个工作簿。单击"文件"选项卡下的"新建"按钮，选择"根据现有内容新建"，弹出如图4-8所示的对话框。

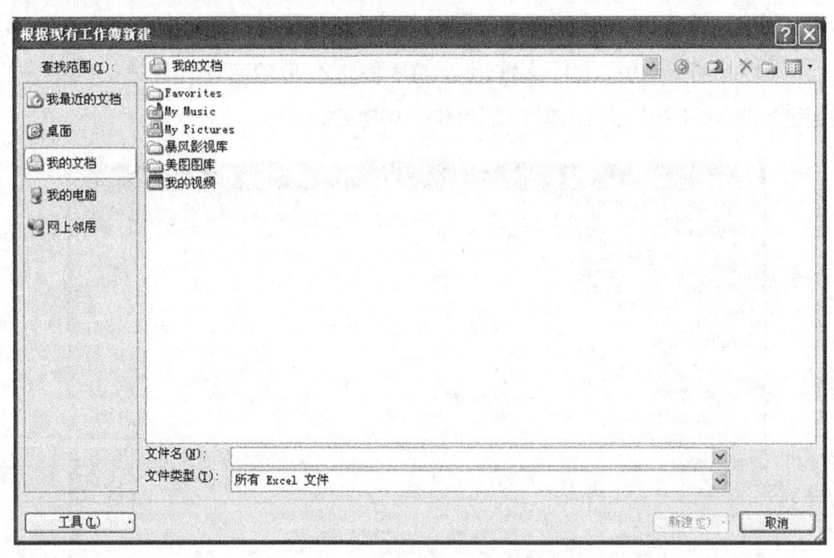

图4-8 选择现有工作簿

3. 根据模板新建工作簿

Excel 2010提供了一系列丰富而实用的模板，这些模板可以作为其他相似工作簿的基础工作簿，如图4-9所示。

图4-9 选择模板

4.3.2 保存和关闭工作簿

1. 工作簿的保存

键盘快捷键为“Ctrl+S”。如果是第一次保存该文件，系统将要求为其命名。默认情况下，工作簿将保存成Office Excel 2010的文件格式，文件的后缀名为.xlsx，保存在“我的文档”文件夹。同时，该文件夹将位于驱动器C的根目录下，它是Microsoft Office 程序中创建的所有文档和其他文件的默认工作文件夹。如果要保存成Office以前版本的文件格式，请在保存类型中选择“Excel 2010工作簿”，如图4-10所示。

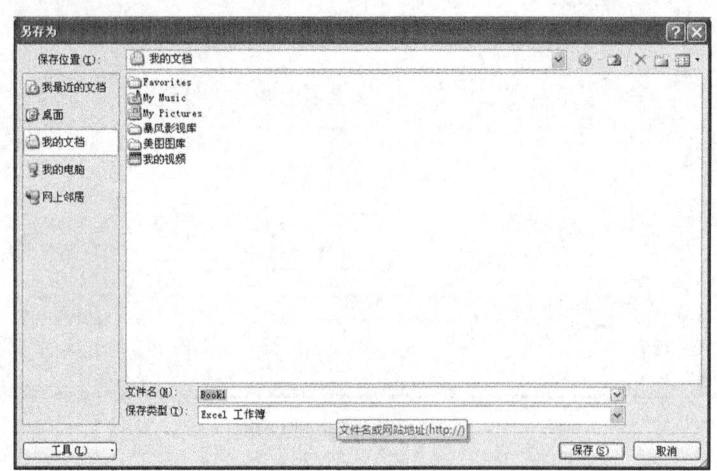

图4-10 保存工作簿

2. 关闭工作簿

单击“关闭”按钮，可以退出该工作簿的编辑状态，也可以单击工作簿右上角的“关闭”按钮。

4.3.3 打开已有工作簿

工作簿的打开：单击“打开”按钮，在对话框中选择文件，并单击“打开”按钮即可。键盘快捷键为“Ctrl+O”。关于文件的打开方式，有多个选项可供选择。单击“打开”旁的按钮，在打开选项中有“以只读方式打开”“以副本方式打开”“打开并修复”这3种。不做任何选择将打开原始文件，选择“打开并修复”能打开损坏的工作簿，也可以打开副本，还可以将文件以只读方式打开，在只读方式打开的情况下文件无法保存，除非用另一个名字保存，如图4-11所示。

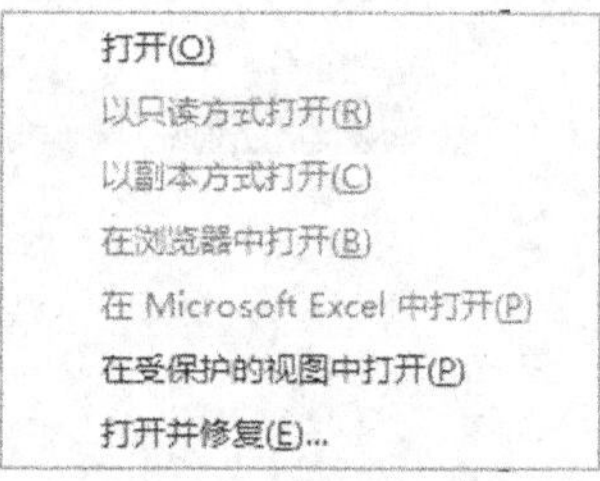

图4-11 打开工作簿

4.3.4 保护工作簿

在“审阅”选项卡上的“更改”组中，单击“保护工作簿”按钮，键入工作簿的密码即可。如图4-12所示。

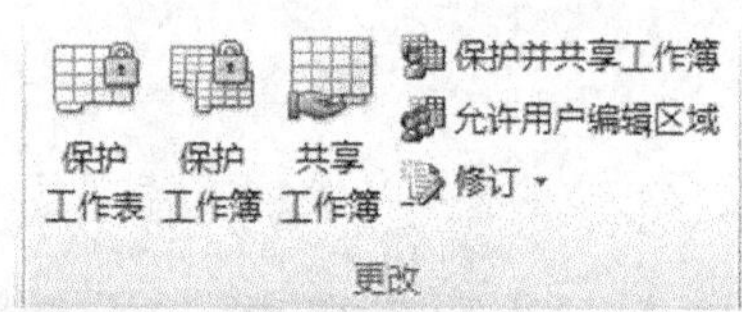

图4-12 保护工作簿

4.3.5 工作表的操作

1. 工作表的插入

一般说来，在Excel 2010中对工作表进行操作有如下几种方法。

方法一：使用工作表标签。例如，若要在现有工作表的末尾快速插入新工作表，单击屏幕底部的“插入工作表”标签，如图4-13所示。

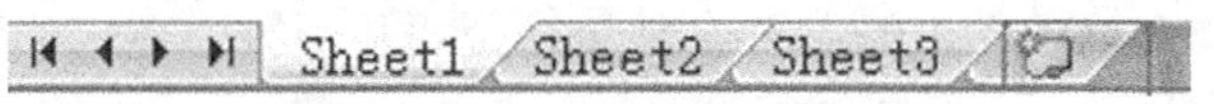

图4-13 使用工作表标签插入工作表

方法二：使用选项卡。先选择现有工作表，在“开始”选项卡上“单元格”组中，单击“插入”按钮，然后单击“插入工作表”，如图4-14所示。

方法三：使用右键菜单。右键单击现有工作表的标签，然后单击“插入”按钮。在弹出的“插入”对话框中，单击“工作表”按钮，然后单击“确定”按钮，如图4-15所示。对工作表进行重命名时一般使用这种方式。

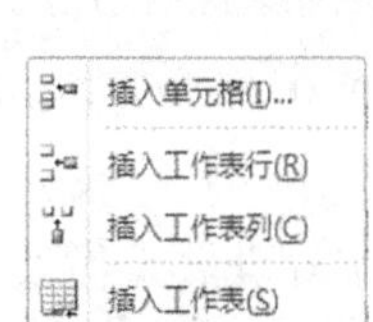

图4-14 使用选项卡插入工作表

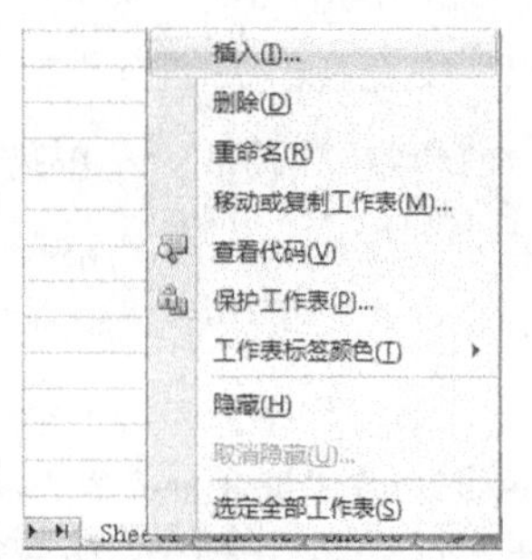

图4-15 使用右键菜单插入工作表

2. 同时查看两个或更多个工作表

要同时查看两个或者更多个工作表，在“视图”选项卡上的“窗口”组中，单击“并排查看”按钮，如图4-16所示。

3. 工作表的保护

工作表被保护后，用户只能进行设定好的操作。工作表的保护同工作簿的保护类似，具体操作步骤如下。

（1）选择要保护的工作表。

（2）在“审阅”选项卡上的“更改”组中，单击“保护工作表”按钮。

（3）键入工作表的密码即可。如图4-17所示。

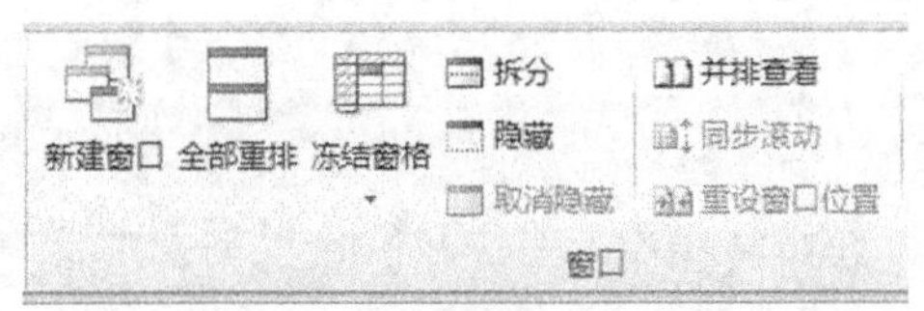

图4-16 同时打开多个表

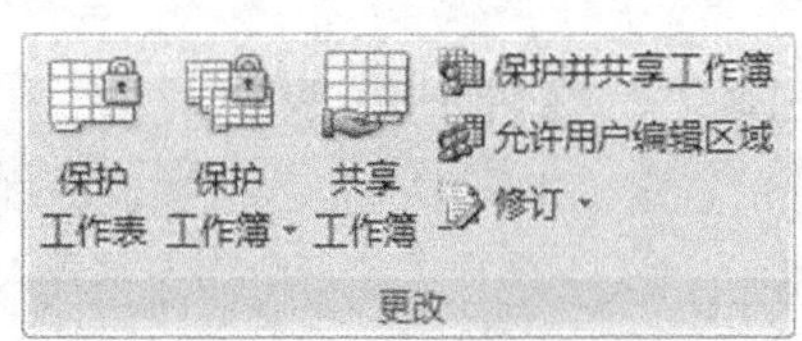

图4-17 保护工作表

4. 更改默认主题

主题是向Office 2010文件赋予最新的专业外观的一种简单而快捷的方式。在Excel 2010中提供了大量的默认主题供用户选用，这些主题可以很好地美化工作表。在“页面布局”选项卡上的“主题”组中，单击“主题”按钮即可。

4.3.6 工作簿中的数据

Excel 2010的单元格中的数据主要有常量、公式和函数。在向单元格中输入常量数据时，Excel 2010根据输入自动区分数据的类型，主要包括文本、数值、日期或时间。

（1）文本数据。文本可以是数字、空格和非数字字符的组合。例如下列数据均为文本：50AA509、557AXY、55-976和5084675。如果输入全部由数字组成的文本数据，输入时应在数字的前面加一个英文单引号(')，例如'12434，Excel 2010自动将其识别为文本型数据。

（2）数值数据。Excel 2010将由下列21个字符“0～9 + - ( ) , / $ % . E e”组成的字符串识别为数值型数据,中间不可有“空格”。Excel 2010 将忽略数字前面的正号(+)，并将单个句点视作小数点。所有其他数字与非数字的组合均做文本处理。输入分数时为避免将输入的分数视作日期，请在分数前键入零(0)和空格,如键入 0 1/2。输入负数时请在负数前键入减号(–)，或将其置于括号( )中。在默认状态下，所有数字在单元格中均右对齐。如果要改变其对齐方式，请单击“格式”菜单→“单元格”命令，再单击“对齐”选项卡，并从中选择所需的选项。

（3）日期或时间数据。Excel 2010将日期和时间视为数字处理。工作表中的时间或日期的显示方式取决于所在单元格中的数字格式。在键入了Excel 2010可以识别的日期或时间数据后，单元格格式会从“常规”数字格式改为某种内置的日期或时间格式。默认状态下，日期和时间项在单元格中右对齐。如果Excel 2010不能识别输入的日期或时间格式，输入的内容将被视作文本，并在单元格中左对齐。如果要在同一单元格中同时键入日期和时间，请在其间用空格分隔。如果要基于12小时制键入时间，请在时间后键入一个空格，然后键入A.M或P.M（也可键入A或P），用来表示上午或下午。否则，Excel 2010将基于24小时制计算时间。例如，如果键入3:00而不是3:00 P.M，将被视为3:00 A.M保存。

时间和日期数据输入方法：单击需要输入数据的单元格。键入数据并按“Enter”或“Tab”键。用斜杠或减号分隔日期的年、月、日部分：例如，可以键入“2010/9/10”或“10-Sep-2010”。

（4）逻辑型数据。TRUE FALSE（true false）

4.3.7 选择和移动

1. 选定文本、单元格、区域、行和列

在执行大多数Excel 2010命令前一般应选定要对其操作的单元格区域。所谓区域是指工作表中的两个或多个单元格。区域中单元格可相邻也可以不相邻。表4-1所示为选择不同对象的方法。

表 4-1　选择不同对象的方法

选择内容	具体操作
单元格中的文本	如果对单元格进行编辑，选定并双击该单元格，然后选择其中的文本
单个单元格	方法 1：单击相应的单元格 方法 2：用箭头键移动到相应的单元格 方法 3：在编辑栏的“名称框”中输入该单元格的名称
某个单元格区域	单击选定该区域的第一个单元格，然后拖动鼠标直至选定最后一个单元格
工作表中所有单元格	单击“全选”按钮（位于行标和列表标交叉处）
不相邻的单元格或单元格区域	（1）先选定第一个单元格或单元格区域，（2）然后按住“Ctrl”键再选定其他的单元格或单元格区域
连续的单元格区域	（1）单击选定该区域的第一个单元格，（2）按住“Shift”键再单击区域中最后一个单元格 提示：通过滚动可以使该单元格可见
整行	单击行标题（行号）
整列	单击列标题（列标）
相邻的行或列	方法 1：沿行号或列标拖动鼠标。 方法 2：先选定第一行或第一列，然后按住“Shift”键再选定其他的行或列
不相邻的行或列	先选定第一行或第一列，按住“Ctrl”键再选定其他的行或列

2. 取消单元格选定区域

如果要取消某个单元格选定区域，请单击工作表中其他任意一个单元格。

3. 工作表中插入点的移动

如果要在工作表的单元格之间进行移动，请单击任意单元格或用方向键移动。当移动到某个单元格时，该单元格就成为活动单元格。要显示工作表的其他区域，则用滚动条，如表4-2所示。

表 4-2　移动时的不同操作

滚　动	请 执 行
上移或下移一行	单击垂直滚动条上的箭头
左移或右移一列	单击水平滚动条上的箭头
上翻或下翻一屏	方法 1：单击垂直滚动条上滚动块之上或之下的区域 方法 2：按键盘上的“PageUp”键或“PageDown”键
左翻或右翻一屏	单击水平滚动条上滚动块之左或之右的区域
移动较大距离	方法 1：拖动滚动块至适当的位置 方法 2：在较大的工作表中，则需要同时按住“Shift”键再拖动滚动条

4.3.8 输入数据

1. 单元格和区域的名称

Excel 2010中是以行号(行标签)和列标(列标签)来唯一确定一个单元格。其中，列标在前，行号在后。在Excel 2010中区域有两种，一种是连续的，一种是非连续的。连续的单元格区命名时取第一个单元格的名称和最后的单元格名称，中间用“:”分隔。非连续的单元格区域在引用时，不同的区域间用“,”分隔，例如所选单元格区域为“B2:C3,D2,E2:E3”。

2. 单个单元格输入数据

在单元格中输入数据的步骤如下。

（1）选定要输入数据的空白单元格。

用鼠标在该单元格上单击或在“编辑栏”的“名称”中单击，删除原来的名称,然后输入新单元格的名称。

（2）在选定的单元格中输入数据。

3. 同时在多个单元格中输入相同数据

（1）请选定需要输入数据的单元格。

（2）键入相应数据，然后按“Ctrl+Enter”键。

4. 撤销错误操作

如果只撤销上一步操作，请单击“撤销”按钮。如果要撤销多步操作，请单击“撤销”按钮右端的下拉箭头，在随后显示的列表中选择要撤销的步骤。Excel 2010将撤销从选定的操作项往上的全部操作。在按下“Enter”键前如果想取消单元格或公式栏中的项，请按下“Esc”键。

5. 自动填充数据

选定单元格，直接用鼠标左键拖动填充柄（右键拖动产生快捷菜单）。

（1）等差序列：选定A1和A2两个单元格，鼠标左键直接拖动填充柄即可产生等差序列。

（2）等比序列：选定A1和A2两个单元格，鼠标右键拖动填充柄然后松手，在快捷菜单中选择“等比序列”。

4.3.9 编辑单元格内容

（1）双击要编辑的单元格,进入单元格编辑状态。

（2）修改单元格中的内容。

（3）按“Enter”键确认修改，按“Esc”键则取消所做的改动。

4.3.10 插入和删除单元格、行或列

1. 插入空单元格

（1）在需要插入空单元格处选定相应的单元格,如果要同时插入多个单元格，则需选定相同数目的单元格。

（2）打开“开始”选项卡上，在“单元格”组中单击“插入”命令中的“插入单元格”，如图4-18所示。

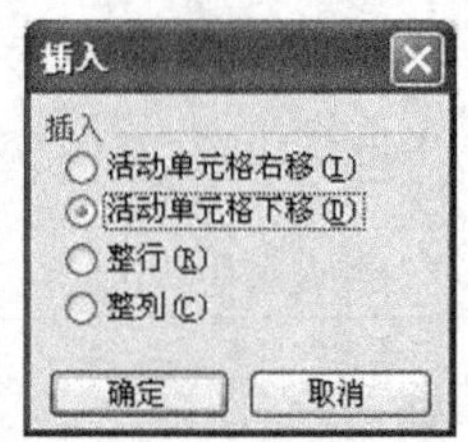

图4-18 “插入”单元格

（3）单击“确定”按钮,完成操作。

2. 插入列

（1）单击需要插入的新列的右侧相邻列中的任意单元格。例如，如果要在C列左侧插入一列，请单击C列中任意单元格。

（2）打开“开始”选项卡，在“单元格”组中单击“插入”命令中的“插入工作表列”。

提示

如果需要插入多列，需要选择连续的若干列,选定的列数与待插入的空列数目要相同。

3. 插入行

（1）单击需要插入的新行之下相邻行中的任意单元格。例如，如果要在第6行之上插入一行，请单击第6行中任意单元格。

（2）在“开始”菜单上，在“单元格”组中单击“插入”命令中的“插入工作表行”。

4. 删除单元格、行或列

（1）选定需要删除的单元格、行、列或区域。

（2）打开“开始”菜单，在“单元格”组中单击“删除”命令。

（3）如果删除的是“单元格”或“区域”，则弹出“删除”对话框，根据需要选择操作，如图4-19所示。

（4）单击“确定”按钮即可。

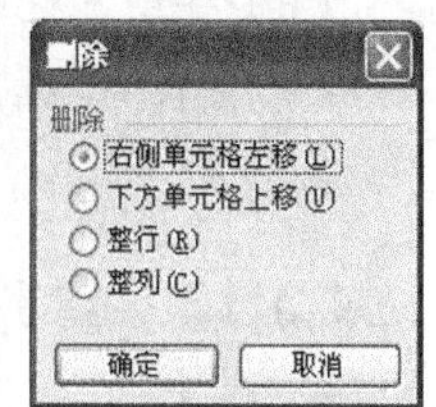

图4-19 “删除”对话框

4.3.11 复制和移动单元格、行或列

1. 移动或复制单元格、行或列

用工具栏按钮或菜单：

（1）选定要移动或复制的区域。

（2）单击常用工具栏上的“剪切”按钮或“复制”按钮。

（3）选定要移动或复制的目标区域。

（4）单击“粘贴”按钮来移动或复制单元格、行或列，包括其中的公式、批注和格式。

用鼠标拖动：

（1）选定需要移动或复制的单元格、行或列。

（2）将鼠标指向选定区域的选定框，如图4-20所示。

（3）拖动鼠标到移动或复制数据的目标区域的左上角单元格。

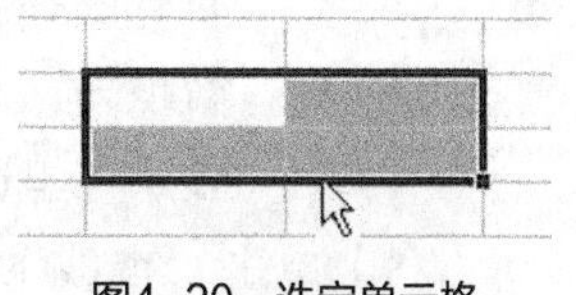

图4-20 选定单元格

（4）释放鼠标。如果目标区域中有数据，Excel 2010将提示“替换目标单元格内容”。

如果要复制选定单元格，则需要按住“Ctrl”键，再拖动鼠标。

2. 只复制单元格中的数值、公式、批注或单元格格式

（1）选定需要复制的单元格。

（2）单击“复制”按钮。

（3）选定要复制数据的目标区域的左上角单元格。

（4）在“开始”菜单的“编辑”组上，单击“选择性粘贴”命令，弹出“选择性粘贴”对话框。

（5）单击“粘贴”标题下的所需选项。

（6）单击“确定”按钮,完成操作。

3. 将单元格中内容的一部分移动或复制到其他单元格

（1）双击包含待复制或移动内容的单元格。

（2）在单元格中，选定待复制或移动的部分字符。

（3）如果要移动选定的字符，请单击“剪切”按钮。

（4）如果要复制选定的字符，请单击“复制”按钮。

（5）再双击目标单元格，进入编辑状态。

（6）在单元格中，单击需要粘贴字符处。

（7）单击“粘贴”按钮。

（8）按“Enter”键确认修改。

4.3.12 查找和替换数据

1. 查找

（1）打开“开始”选项卡，单击“查找和选择”命令，屏幕显示“查找和替换”对话框。

（2）在“查找内容”里输入要查找的信息，可以是公式、值、批注。

（3）在“选项”中“搜索”里选择按行或按列搜索。

（4）在“查找范围”里选择与“查找内容”中相一致的类型。

（5）单击“查找下一个”按钮，找到所需内容后，该单元格将显示在屏幕上并被激活。

（6）如果需继续查找，请再次单击“查找下一个”按钮，否则单击“关闭”按钮。

2. 替换

（1）打开“开始”选项卡，单击“替换”命令，屏幕显示“查找和替换”对话框。

（2）在“查找内容”里输入要查找的信息。

（3）在“替换为”里输入新值。

（4）在“搜索”里选择按行或按列搜索。

（5）单击“查找下一个”按钮，找到所需内容后，该单元格将显示在屏幕上并被激活，如果是需要被替换的内容，请单击“替换”按钮，单元格中的内容将被替换值中的内容替换。否则单击“查找下一个”继续查找。

（6）单击“全部替换”将替换与“查找内容”相匹配的所有单元格内容。

4.3.13 添加批注

1. 添加批注

某些单元格中的数据具有特殊的意义，在使用时需加以提示，可以对这些单元格的附加备注进行说明。操作步骤如下。

（1）单击需要添加批注的单元格。

（2）打开“审阅”选项卡，单击“批注”命令。

（3）在弹出的批注框中键入批注文本。

（4）完成文本键入后，请单击批注框外部的任一单元格即可完成操作。

2. 删除批注

（1）选择含有批注的单元格。

（2）右键单击该单元格。

（3）在弹出的快捷菜单上单击“删除批注”命令

4.4 设置工作表的格式

4.4.1 设置单元格中文本格式

1. 设置字体和字号

（1）选定要设置字体的单元格区域或单个单元格中的指定文本。

（2）在“开始”选项卡上的“字体”框中，单击所需的字体。

（3）在“字号”框中，单击所需的字号，或输入字体大小。

2. 设置文本颜色

（1）选定要设置颜色的单元格区域或单个单元格中的指定文本。

（2）如果“开始”选项卡上的“字体颜色”按钮上所示颜色为所需颜色，直接单击该按钮，否则，请单击“字体颜色”按钮旁的向下箭头，然后单击调色板上的某种颜色。

3. 设置文本为粗体、斜体或带下划线

（1）选定要格式化的单元格区域或单个单元格中指定的文本。

（2）在“开始”选项卡上，单击所需的格式按钮。其中，B为“加粗”按钮，I为“倾斜”按钮，U为“下划线”按钮。

4. 复制单元格或单元格区域的格式

（1）选择含有要复制格式的单元格或单元格区域。

（2）单击“开始”选项卡上的“格式刷”按钮。

（3）拖动鼠标选择要设置新格式的单元格或单元格区域，完成操作。

5. 用单元格格式对话框设置文本格式

（1）选定要设置字体的单元格区域或单个单元格中的指定文本。

（2）单击鼠标右键弹出“单元格格式”对话框，在对话框中进行设置即可，如图4-21所示。

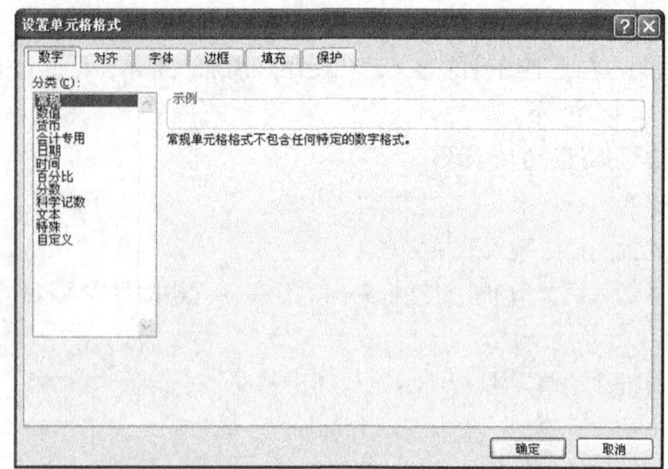

图4-21 单元格格式对话框

4.4.2 设置单元格格式

1. 在单元格内显示多行文本

当单元格中的文字宽度大于单元格宽度时，可进行如下操作。

（1）选择单元格区域或单个单元格。

（2）单击鼠标右键弹出“单元格格式”对话框。

（3）然后单击“对齐”标签，如图4-22所示。

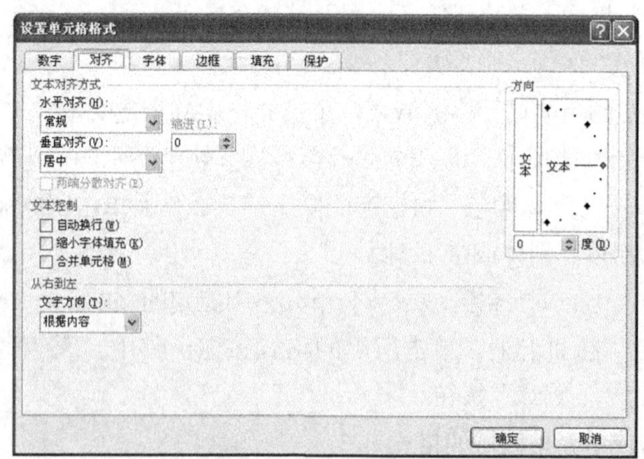

图4-22 “对齐”对话框

（4）在“文本控制”标题下选中“自动换行”复选框即可。

2. 更改列宽

（1）将鼠标指针指向列标签的右边界。

（2）拖动鼠标即可设置所需的列宽，如图4-23所示。

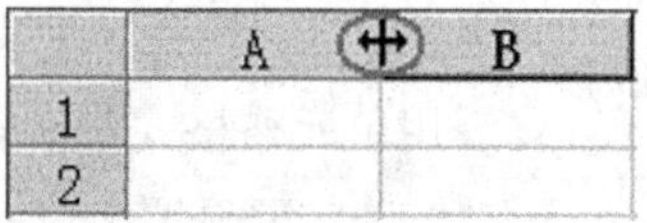

图4-23 设置列宽

3. 适合内容的宽度

（1）将鼠标指针指向列标签的右边界。

（2）双击该列标签右边的边界。

如果要对工作表上的多列进行此项操作，可先选择多列，然后双击某一列标右边的边界。

4. 更改多列的列宽

（1）将鼠标指针指向列标签的右边界，如果要更改多列的宽度，则先选定所有要更改的列。

（2）然后拖动选定列中的任意一列的列标签右边的边界。

4.4.3 设置边框与底纹

1. 对单元格应用边框

（1）选择要添加边框的所有单元格。

（2）单击"开始"工具栏上的"边框"按钮，将边框设置为该按钮对应边框。

（3）单击"边框"按钮旁的箭头，然后单击选项板上所需的边框样式，可以设置其他边框，如图4-24所示。

对单元格设置边框和更改边框线条颜色的操作步骤如下。

（1）选定单元格。打开"单元格格式"对话框，单击"边框"标签。

（2）设置线条样式和颜色，添加所需边框。

2. 用纯色设置单元格背景色

（1）选择要设置背景色的单元格。

（2）单击"开始"工具栏上的"填充颜色"按钮旁的箭头，然后单击模板上的一种颜色，如图4-25所示。

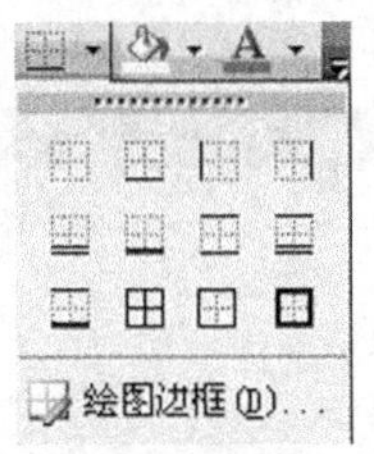

图4-24 设置边框

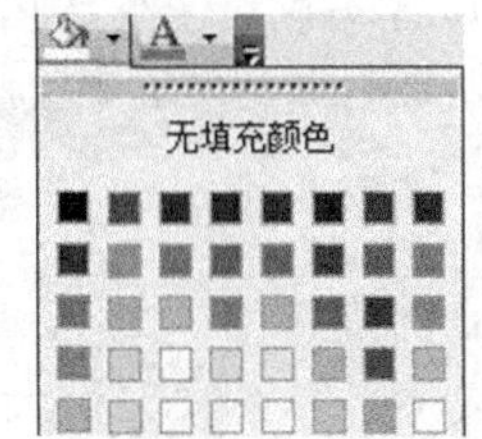

图4-25 填色板

3. 用图案设置单元格背景色

（1）选择要设置背景色的单元格。单击"开始"选项卡中的"单元格"组中的"格式"按钮。

（2）单击"设置单元格格式"选项卡。

（3）选择"背景色"列表中的某一颜色。

（4）单击"填充"框右侧的两个选项，选择所需的图案样式和颜色。

4.4.4 设置条件格式

条件格式是将工作表中所有满足特定条件的单元格中的数据按照指定格式突出显示。例如，将所有成绩小于60的总分设置为红色加粗字体，操作方法如下。

（1）选择要突出显示的单元格区域。

（2）单击“开始”菜单中的“条件格式”命令。

（3）执行下列操作之一。

方法一：如果要将选定单元格中的值作为格式条件，单击“单元格数值”选项。

方法二：如果需要将公式作为格式条件使用，单击左面框中的“公式”，然后在右面的框中输入公式。

选择要应用的字体样式、字体颜色、边框、背景色或图案，指定是否带下划线。本例中只设置字体为加粗，颜色为红色。只有单元格中的值满足条件或是公式返回逻辑值为真时，Excel 2010才应用选定的格式。如果要加入其他条件，单击“条件格式”对话框“添加”按钮，可以指定最多3个条件。如果指定条件中没有一个为“真”，则单元格将保持已有的格式。

4.4.5 设置数字、时间显示格式

在Excel 2010中，可以使用数字格式更改数字（包括日期和时间）的显示，而不更改数字本身的值。所应用的数字格式并不会影响单元格中的实际数值。

1. 重新设置数字(或文本)格式

（1）选择需要设置其格式的单元格或单元格区域。

（2）单击鼠标右键弹出“设置单元格格式”对话框。

（3）单击“数字”选项卡。

（4）单击“分类”列表中的“数值”(或“文本”)选项。

（5）设置显示格式，例如，设置小数位数为3,则单元格中的数值数据将显示3位小数，多于3位的进行四舍五入(若设置文本，此步可略)，如图4-26所示。

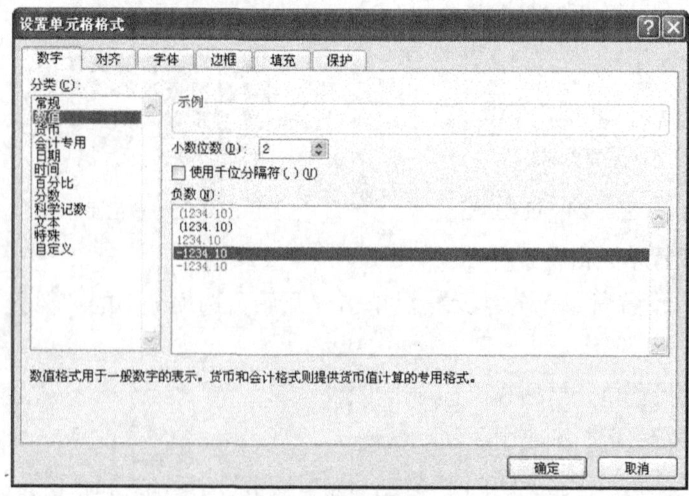

图4-26 设置数字格式

（6）单击“确定”按钮。

2. 设置日期的显示格式

（1）选择要设置格式的单元格，单击鼠标右键弹出“设置单元格格式”对话框。

（2）单击“数字”选项卡。

（3）单击“分类”列表中的“日期”选项，选择所需的格式。

（4）单击“确定”按钮完成设置。

3. 设置时间的显示格式

（1）选择要设置格式的单元格，单击鼠标右键弹出“设置单元格格式”对话框。

（2）单击“数字”选项卡，单击“分类”列表中的“时间”选项。

（3）单击所需的格式，单击“确定”按钮完成设置。

4.5 使用公式和函数

4.5.1 公式的结构

Excel 2010中的公式主要由等号、操作符、运算符组成。公式以等号（=）开始，用于表明之后的字符为公式。紧随等号之后的是需要进行计算的元素（操作数），各操作数之间以算术运算符分隔。例如，公式“=(A2+67)/SUM(B2:F2)”含义如下。

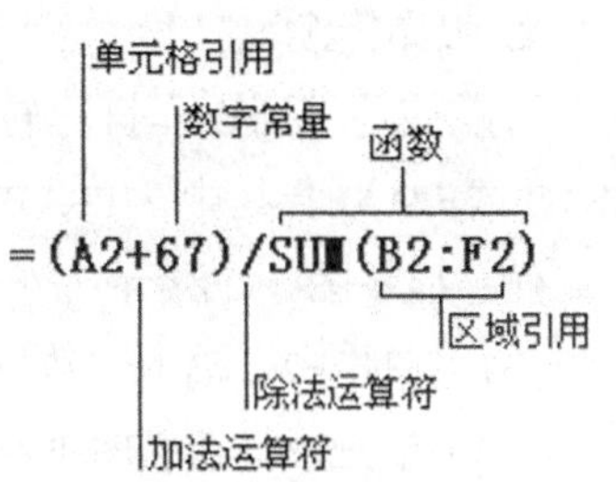

① 将A2单元格中的数值加上67。

② 计算B2单元格到F2单元格的和，即B2+C2+D2+E2+F2。

③ 将①的结果除以②的结果。

4.5.2 公式中的运算符

Excel 2010包含4种类型的运算符：算术运算符、比较运算符、文本运算符和引用运算符。

1. 算术运算符

完成基本的数学运算，包括以下算术运算符，如表4-3所示。

表4-3 算术运算符

算术运算符	含　义	示　例
+（加号）	加	A1+A2
−(减号)	减	A1−B3
*（星号）	乘	A1*3
/（斜杠）	除	A1/4
%（百分号）	百分比	20%
^（脱字符，在主键盘上的数字 6 的上面）	乘方	4^2（与 4*4 相同）

例：计算图4-27所示工作表中李响的总分，操作如下。

（1）单击单元格F2，输入“总分”按“Enter”键。

（2）单击单元格F6。

（3）在编辑框中输入“=C6+D6+E6”。

（4）单击“输入”按钮✓或按“Enter”键，显示结果如图4-27所示。

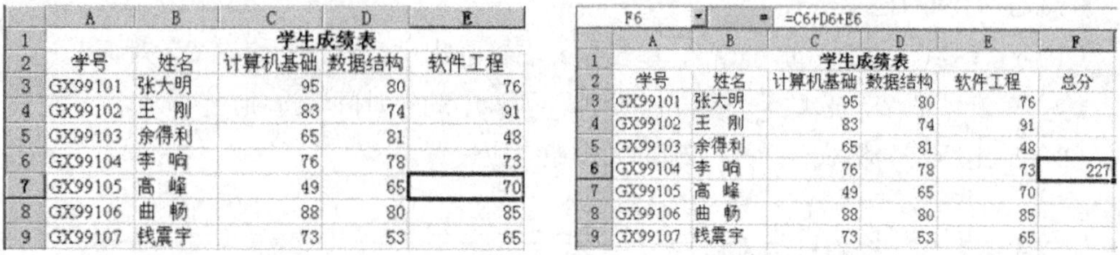

	A	B	C	D	E
1			学生成绩表		
2	学号	姓名	计算机基础	数据结构	软件工程
3	GX99101	张大明	95	80	76
4	GX99102	王　刚	83	74	91
5	GX99103	余得利	65	81	48
6	GX99104	李　响	76	78	73
7	GX99105	高　峰	49	65	70
8	GX99106	曲　畅	88	80	85
9	GX99107	钱震宇	73	53	65

（a）

F6　=　=C6+D6+E6

	A	B	C	D	E	F
1			学生成绩表			
2	学号	姓名	计算机基础	数据结构	软件工程	总分
3	GX99101	张大明	95	80	76	
4	GX99102	王　刚	83	74	91	
5	GX99103	余得利	65	81	48	
6	GX99104	李　响	76	78	73	227
7	GX99105	高　峰	49	65	70	
8	GX99106	曲　畅	88	80	85	
9	GX99107	钱震宇	73	53	65	

（b）

图4-27　公式应用

2. 比较运算符

可以使用下列操作符比较两个值。当用操作符比较两个值时，结果是一个逻辑值，为TRUE或FALSE，其中，TRUE表示“真”，FALSE表示“假”。

例：显示图4-28所示工作表中数据结构课程及格情况。

（1）单击F2，输入“数据结构及格”。

（2）单击F3，在编辑框中输入“=D3>=60”。

（3）单击“输入”按钮✓或按“Enter”键，F3显示为“TRUE”。

（4）拖动F3的填充柄到D9，显示结果如图4-28所示。

其中，钱震宇的数据结构成绩为53，所以F9中显示为FALSE。

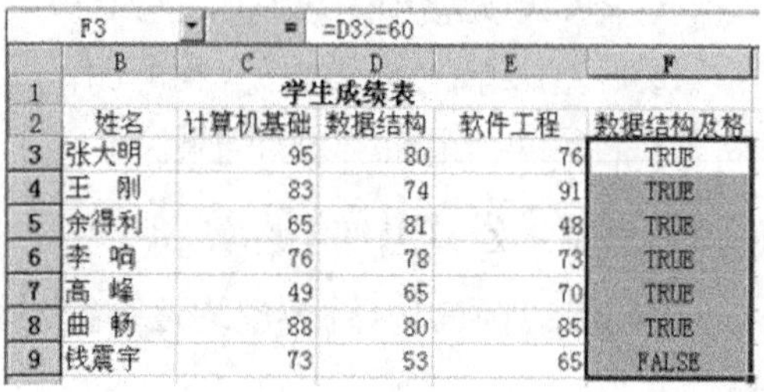

F3　=　=D3>=60

	B	C	D	E	F
1			学生成绩表		
2	姓名	计算机基础	数据结构	软件工程	数据结构及格
3	张大明	95	80	76	TRUE
4	王　刚	83	74	91	TRUE
5	余得利	65	81	48	TRUE
6	李　响	76	78	73	TRUE
7	高　峰	49	65	70	TRUE
8	曲　畅	88	80	85	TRUE
9	钱震宇	73	53	65	FALSE

图4-28　公式应用

3. 文本运算符

使用和号(&)连接一个或更多字符串以产生更大的文本，如表4-4所示为文本运算符。

表4-4　文本运算符

文本运算符	含　义	示　例
&	将两个文本值连接起来产生一个连续的文本值	公式 =B9& "的" &D2& "成绩是" &D9 的结果为"钱震宇的数据结构成绩是 53 "，其中，["的"] 和 ["成绩是"] 表示文本，在公式中要用引号引上

4. 引用运算符

用于标明工作表中的单元格或单元格区域，如表4-5所示为引用运算符。

表 4-5　引用运算符

引用运算符	含　义	示　例
:（冒号）	区域运算符，对两个引用之间，包括两个引用在内的所有单元格进行引用	B5:B15
,（逗号）	联合操作符将多个引用合并为一个引用	SUM(B5:B15,D5:D15)

4.5.3　函数

1. 函数的结构

函数是一些预定义的公式，每个函数由函数名及其参数构成。例如，SUM函数对单元格或单元格区域进行加法运算。

函数使用时需要参数进行运算，参数可以是数字、文本、形如TRUE或FALSE的逻辑值或单元格引用等。参数也可以是常量、公式或其他函数。

函数的结构以函数名称开始，后面是左圆括号、以逗号分隔的参数和右圆括号。如果函数以公式的形式出现，请在函数名称前面键入等号(=)。Excel 2010函数的一般形式为：

函数名(参数1,参数2,……)

例如：=SUM(C3:E3)，其中，SUM为函数名，C3:E3为参数。

2. 函数的输入方法

下面以图4-29所示在学生成绩统计表中求所有学生的总分和平均分为例说明操作方法。

	A	B	C	D	E	F	G
1	学生成绩统计表						
2	学号	姓名	英语	数学	数据结构	总分	平均分
3	106221	甲	65	61	89		
4	106222	乙	99	84	45		
5	106223	丙	50	58	99		
6	106224	丁	67	48	45		
7	106225	戊	57	79	77		
8	106226	己	77	99	78		
9	106227	庚	80	87	95		
10	106228	辛	85	49	47		
11	106229	壬	90	59	84		
12	106230	癸	100	68	12		

图4-29　自动求和

（1）单击单元格F3，单击常用工具栏的“插入函数”按钮（或单击菜单栏的“插入”→“函数”命令）弹出“插入函数”对话框，如图4-30所示。

（2）从“选择类别”下拉列表框中选择要输入的函数类别。求和在“常用函数”中，我们选择“常用函数”选项。

（3）在“选择函数”列表框中选择求和的函数SUM，单击“确定”按钮。弹出“函数参数”对话框，如图4-31所示。

（4）检查“函数参数”对话框中的数值参数栏“Number1”中的区域是否正确，正确的话单击“确定”按钮，否则，单击Number1最右边的“公式选项板”折叠按钮，隐藏公式选项板，显示如图4-32（a）所示。再在工作表上拖动鼠标选择单元格区域，然后恢复“公式选项板”原状，单击“确定”按钮完成操作，如图4-32（b）所示。

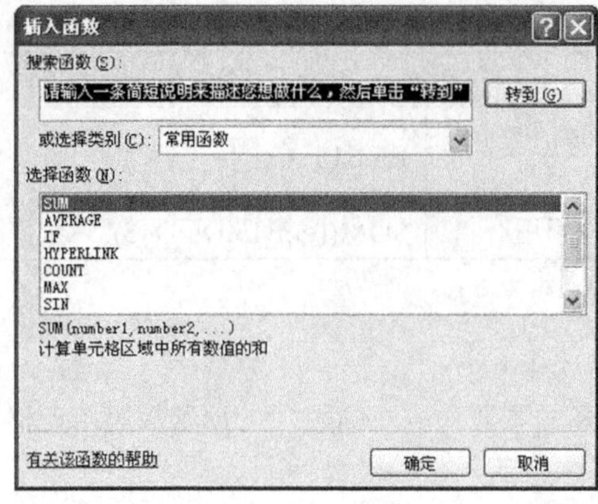

图4-30　选择函数　　　　图4-31　选择数据区域

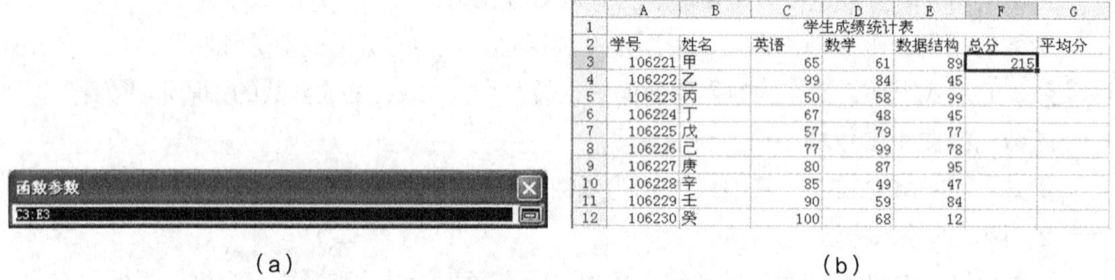

	A	B	C	D	E	F	G
1			学生成绩统计表				
2	学号	姓名	英语	数学	数据结构	总分	平均分
3	106221	甲	65	61	89	215	
4	106222	乙	99	84	45		
5	106223	丙	50	58	99		
6	106224	丁	67	48	45		
7	106225	戊	57	79	77		
8	106226	己	77	99	78		
9	106227	庚	80	87	95		
10	106228	辛	85	49	47		
11	106229	壬	90	59	84		
12	106230	癸	100	68	12		

（a）　　　　（b）

图4-32　运算结果

（5）拖动单元格F1的填充柄到F12，完成最终操作。结果显示如图4-33所示。

	A	B	C	D	E	F	G
1				学生成绩统计表			
2	学号	姓名	英语	数学	数据结构	总分	平均分
3	106221	甲	65	61	89	215	
4	106222	乙	99	84	45	228	
5	106223	丙	50	58	99	207	
6	106224	丁	67	48	45	160	
7	106225	戊	57	79	77	213	
8	106226	己	77	99	78	254	
9	106227	庚	80	87	95	262	
10	106228	辛	85	49	47	181	
11	106229	壬	90	59	84	233	
12	106230	癸	100	68	12	180	
13							

图4-33　运算结果

求平均值的操作和以上求和类同，要特别注意"Number1"中的区域的正确性。

4.5.4　输入公式

1. 输入公式

（1）单击将要在其中输入公式的单元格。

（2）在编辑栏中键入等号（＝）。

（3）输入公式内容。

（4）按回车键确认公式。

如果在第二步单击了"编辑公式"按钮 = 或"粘贴函数"按钮 fx，Excel 2010将自动插入一个等号。

2. 输入包含函数的公式

（1）单击需要输入公式的单元格。

（2）在编辑栏中单击“编辑公式”按钮=。

（3）单击“函数”下拉列表框右端的下拉箭头，单击“插入其他函数”按钮（在×按钮左边）。

（4）单击选定需要添加到公式中的函数。如果函数没有出现在列表中，请单击“插入其他函数”按钮选择所需的函数。

（5）输入函数参数。

（6）按回车键，完成操作。

4.5.5 编辑公式

1. 编辑公式

（1）单击包含待编辑公式的单元格。

（2）在编辑栏中，对公式进行修改。

（3）如果需要编辑公式中的函数，单击“编辑公式”按钮。

（4）如果要修改函数的参数请选择该函数括号内的参数，如果要使用其他函数，请选定函数的函数名。

（5）输入新的参数或新的函数名及其参数。

（6）按回车键。

2. 移动或复制公式

当移动公式时，公式中的单元格引用并不改变。

当复制公式时，单元格绝对引用也不改变，但单元格相对引用将会改变。

相对引用：随着公式的位置变化，所引用单元格位置也在变化。

绝对引用：随着公式位置的变化，所引用单元格位置不变化。绝对引用符“$”，在行号或列标前加绝对引用符，就是对行号或列标的绝对引用。

例：① 相对引用，复制公式时地址跟着发生变化，如：

C1单元格有公式：=A1+B1

当将公式复制到C2单元格时变为：=A2+B2

② 绝对引用，复制公式时地址不会跟着发生变化，如：

C1单元格有公式：=$A$1+$B$1

当将公式复制到C2单元格时仍为：=$A$1+$B$1

（1）选定包含待移动或复制公式的单元格。

（2）指向选定区域的边框。

（3）如果要移动单元格，请把选定区域拖动到粘贴区域左上角的单元格中，Excel 2010将替换粘贴区域中所有的现有数据。如果要复制单元格，请在拖动时按住“Ctrl”键。

也可以通过使用填充柄将公式复制到相邻的单元格中。操作步骤：

（1）选定包含公式的单元格；

（2）拖动填充柄，使之覆盖需要填充的区域。

3. 删除公式

（1）单击包含公式的单元格；

（2）按“Delete”键。

4.6 图表功能

4.6.1 创建图表

1. 图表的类型

主要的图表类型，如图4-34所示。

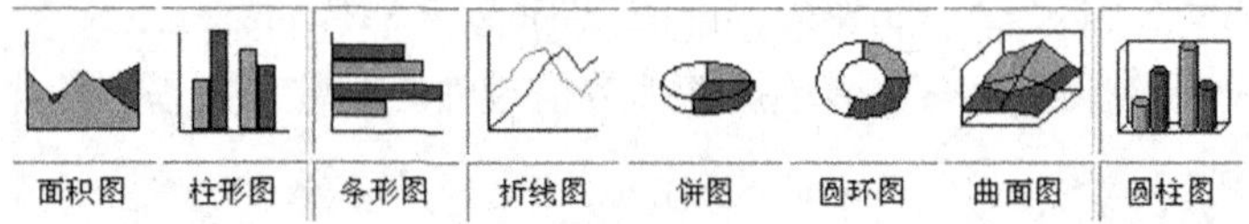

图4-34 图表

（1）面积图：强调了随时间的变化幅度。由于也显示了绘制值的总和，因此面积图也可显示部分相对于整体的关系。

（2）柱形图：用于显示一段时间内的数据变化或说明项目之间的比较结果。通过水平组织分类、垂直组织值可以强调说明一段时间内的变化情况。

（3）条形图：显示了各个项目之间的比较情况。纵轴表示分类，横轴表示值，它主要强调各个值之间的比较而并不太关心时间。

（4）折线图：显示了相同间隔内数据的变化趋势。

（5）饼图：显示了构成数据系列的项目相对于项目总和的比例大小。饼图只显示一个数据序列（如显示第一季度中各个产品的产量在该季度中的比例或一种产品4个季度产量的比例）；当希望强调某个重要元素时，饼图就很有用。

（6）圆环图：也显示了部分与整体的关系，但圆环图可以包含多个数据系列。圆环图的每一个环都代表一个数据系列。

（7）曲面图：显示在两组数据间最优组合。比如在地形图中，颜色和图案指出了有相同值的范围的地域。

（8）锥形图、圆柱图和棱锥图：数据标记能使三维柱形图和条形图具有生动的效果。

2. 图表的结构

图表是与生成它的工作表数据相链接的。因此，工作表数据发生变化时，图表也将自动更新。图表的结构如图4-35所示。

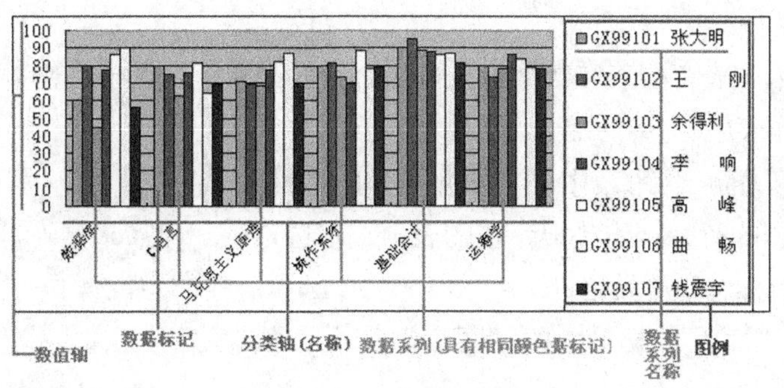

图4-35　图表的结构

图表是由数值轴、图例（包括图例项、图例项标识等）、分类轴、数据系列、网络线等组成，统称为图表项。

Excel 2010根据工作表上的数据来创建坐标值。通过在数值轴上单击鼠标右键，在弹出的快捷菜单上单击“坐标轴格式”命令，打开“坐标轴格式”对话框，可以设置字体、图案、刻度、对齐等格式，如图4-36所示。

Excel 2010将工作表数据中的行或列标题作为分类轴的名称使用。通过在分类轴上单击鼠标右键，在弹出的快捷菜单上单击“坐标轴格式”命令，打开“坐标轴格式”对话框，可以设置字体、图案、刻度、对齐等格式。Excel 2010将工作表数据中的行或列标题作为系列名称使用。系列名称会出现在图表的图例中。右键单击图例或图例中的数据系列名称，在弹出的快捷菜单上单击“图例格式”命令，打开格式设置对话框，可以设置其格式如图4-37所示。

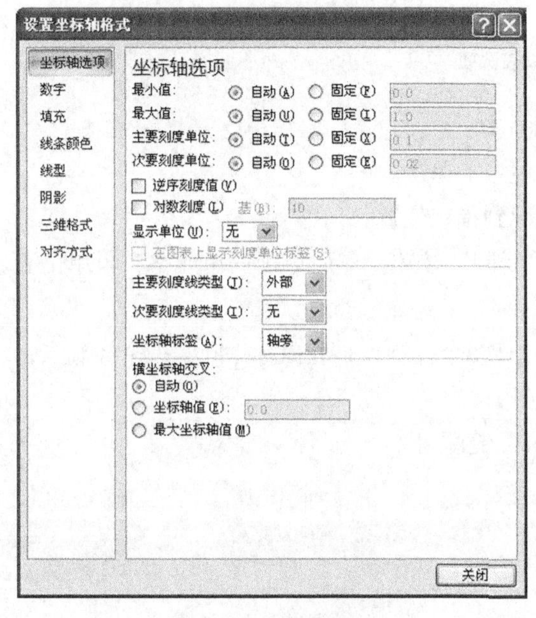

图4-36　坐标轴格式

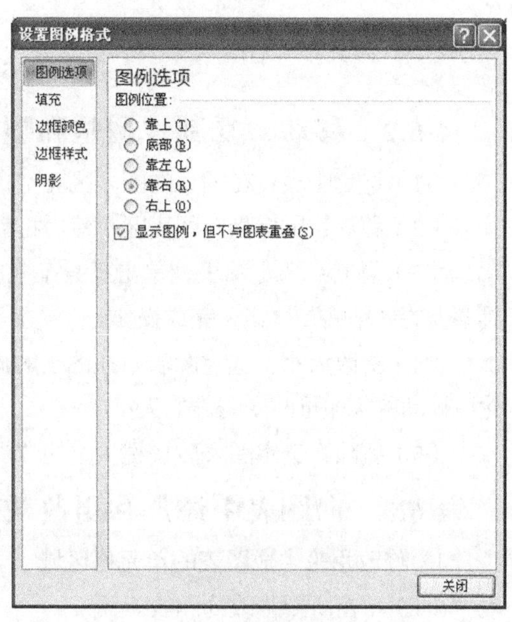

图4-37　设置图例格式

具有相同图案的数据标记代表一个数据系列。每个数据标记都代表工作表中的一个数据。

3. 创建图表

可以创建嵌入图表（图表和数据源在同一张工作表中），也可以创建图表工作表（图表在一张单独的工作表中）。

（1）选定要显示于图表中的数据所在的单元格域，如果希望数据的行列标志也显示在图表中，则选定区域还应包括含有标志的单元格。

（2）单击“插入”菜单中的“图表”命令，如图4-38所示。

图4-38 图表

确认“数据区域”中的单元格区域是否正确。如需更改，请单击该框右边的“折叠对话框”按钮，然后在工作表中重新选择数据范围（单元格区域），完成后，请再次单击该框右边的“折叠按钮”返回向导对话框。设置“系列产生在”行或列，本例中设置为“行”，如图4-39所示。

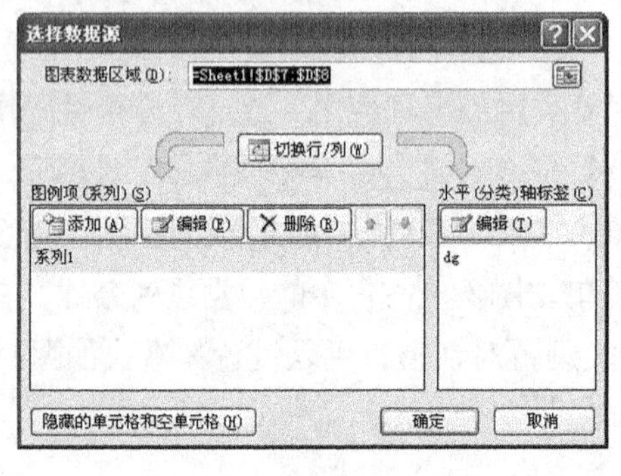

(a)

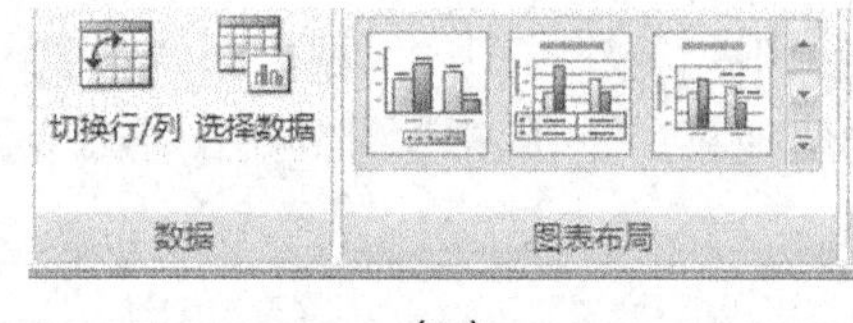

(b)

图4-39 图表选项

4.6.2 移动、复制、调整和删除图表

（1）选定图表：在图表的图表区（空白的地方）单击。

（2）移动：鼠标指向图表区，然后拖动鼠标到指定位置。

（3）复制：选定图表，单击工具条上的“复制”按钮，然后单击一单元格，再单击工具条上的“粘贴”按钮，完成操作。

（4）更改大小：选定图表后在图表的周围出现8个控制点，将鼠标指向某一个控制点，然后拖动鼠标即可改变图表的大小。

（5）删除：选定图表后按键盘上的“Delete”键即可。

4.6.3 向图表中添加和更改数据

1. 修改用来生成图表的单元格区域

（1）单击所要修改的图表。

（2）单击“选择数据”编辑框右边的“折叠”按钮重新选择区域。

（3）单击“确定”按钮，完成操作。

2. 通过复制和粘贴向图表中添加数据

（1）选择含有待添加数据的单元格。如果希望新数据的行列标志也显示在图表中，则选定区域还应包括含有标志的单元格。

（2）单击“复制”按钮。

（3）单击“图表区”。

（4）单击“粘贴”按钮，完成操作。

3. 更改图表中的数值

图表中的数值是链接在创建该图表的工作表上的。图表将随工作表中的数据变化而更新。

（1）打开用于绘制图表的数据所在的工作表。

（2）在需要更改数值的单元格中键入新值。

（3）按“Enter”键，完成操作。

4. 删除数据系列

如果要同时删除工作表和图表中的数据，仅需删除工作表中数据，图表中的数据将自动更新。使用下列步骤可以仅删除图表中的数据系列，而工作表中的数据完好无损。

（1）在图表上单击所要删除的数据系列。

（2）按“Delete”键，完成操作。

4.7 数据操作

4.7.1 数据表

1. 什么是数据表

数据表是包含相关数据的一系列工作表数据行，如发货单数据库，或学生成绩表或联系电话等。数据表可以像数据库一样使用，其中，行表示记录，列表示字段。数据表的第一行中含有列的标记——每一列中内容的名称，表明该列中数据的实际意义。

2. 将数据表用作数据库

在Excel 2010中将数据表用作数据库。在执行数据操作时，例如查询、排序或汇总数据时，Excel 2010会自动将数据表视作数据库，并使用下列数据表元素来组织数据。

（1）数据表中的列是数据库中的字段。

（2）数据表中的列标志是数据库中的字段名称，如“数据结构”就是一个字段名。

（3）数据表中的每一行对应数据库中的一个记录，如图4-40所示。

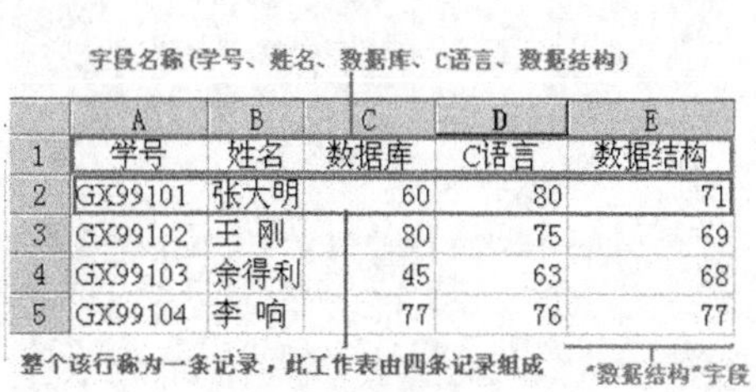

字段名称(学号、姓名、数据库、C语言、数据结构)

	A	B	C	D	E
1	学号	姓名	数据库	C语言	数据结构
2	GX99101	张大明	60	80	71
3	GX99102	王 刚	80	75	69
4	GX99103	余得利	45	63	68
5	GX99104	李 响	77	76	77

整个该行称为一条记录，此工作表由四条记录组成

“数据结构”字段

图4-40 数据表

3. 根据列中的内容对行进行排序

（1）在需要排序的数据表中单击任一单元格。

（2）在“数据”菜单中，单击“排序”命令。

（3）在“主要关键字”下拉列表框中，单击需要排序的列，在“次要关键字”和第三关键字中设置其他字段作为排序依据，排序时首先按照“主要关键字”进行排序，如果设置了“次要关键字”和“第三关键字”则在“主要关键字”相同的记录中再按“次要关键字”排序，“主要关键字”和“次要关键字”都相同的记录再按“第三关键字”排序。

（4）设置排序的方式：递增或递减。

（5）单击“确定”按钮。

4. 根据行数据对数据列排序

（1）在所要排序的数据表中，单击任意单元格。

（2）在“数据”菜单中，单击“排序”命令。

（3）弹出“排序”对话框单击“选项”按钮。

（4）在“方向”选项框中，单击“按行排序”选项。

（5）单击“确定”按钮。

（6）在“主要关键字”和“次要关键字”下拉列表框中，单击选定需要排序的数据行。

（7）单击“确定”按钮，完成操作。

4.7.2 数据筛选

通过筛选数据表，可以将原始数据表中符合筛选条件的数据记录显示出来，将其余记录隐藏起来。Excel 2010提供两种筛选数据表的方法：自动筛选和高级筛选。

1. 自动筛选

（1）选定一个单元格。

（2）单击“自动筛选”命令。在每个字段名右边加一个下拉箭头。

（3）单击“数据库”字段的下拉箭头，出现选择列表，如图4-41（a）所示。可以从中选择筛选条件。选定“自定义”，出现如图所示的“自定义自动筛选方式”对话框，输入筛选条件。后单击确定按钮，如图4-41（b）所示。

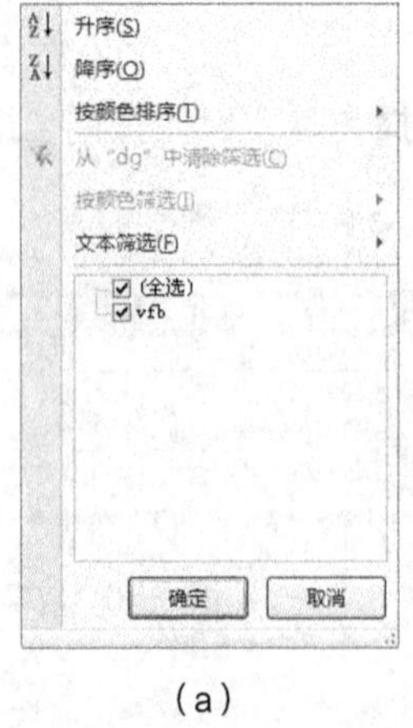

（a）

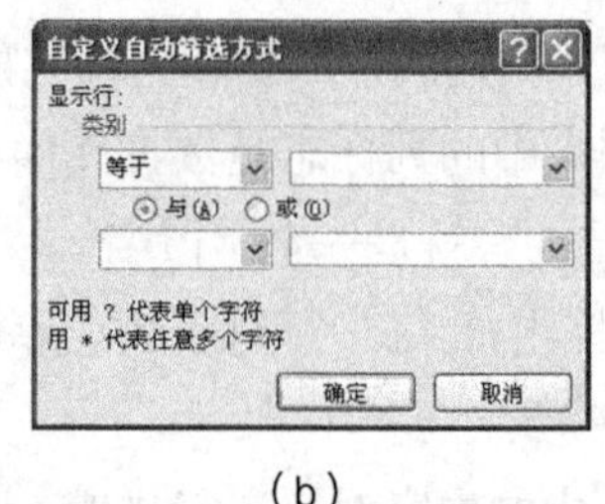

（b）

图4-41 自定义筛选方式

（4）系统开始自动筛选，符合条件的记录行号变成蓝色。用来设置筛选条件的字段箭头为蓝色。在一次筛选后，还可以再继续选择筛选条件进行筛选。

2. 取消自动筛选

（1）取消一列的筛选。在要取消列的字段下拉列表中选定全部。

（2）取消所有字段的筛选。单击“全部显示”命令，但自动筛选箭头保留。

（3）取消自动筛选箭头。在选择自动筛选命令后，再次单击“自动筛选”命令，将取消自动筛选。所有筛选条件均被删除，字段名称旁边的箭头被取消，数据表恢复以前的状况。

3. 高级筛选

自动筛选和高级筛选都能为数据表设置筛选条件。使用自动筛选功能只能为一个字段设置筛选条件，而使用高级筛选可同时为多个字段设置筛选条件。

高级筛选命令不在字段名旁显示用于条件选择的箭头，而是在对数据表进行操作之前，首先要定义条件区域。所谓条件区域就是存放筛选条件的一组连续的单元格区域，其作用是在执行高级筛选命令过程中对其进行引用。

4.8 回到工作场景

下面回到4.1节的工作场景中，使用Excel 2010完成对数据的一系列操作。

1. 案例说明

本节案例通过制作一个学生成绩表，学习公式和函数的基础知识。具体知识点如下。

（1）在公式中使用运算符。

（2）在单元格中输入公式。

（3）公式运算或常用的错误值。

（4）SUM（）、IF（）、MIN（）、MAX（）、HOUR（）、TODAY（）、COUNT（）等函数。

（5）单元格的引用方式。

（6）名称的定义方法。

（7）使用名称管理器管理名称。

（8）在公式中应用名称。

2. 在公式中使用运算符

步骤1：打开“成绩表”，如图4-42所示，将光标定位在G2中，要计算学生的总分，此时输入“=D2+E2+F2”，被引用的单元格会显示彩色的边框，按“Enter”键确定，在G2单元格中得出总分。

G2 =D$2+E2+F2

	A	B	C	D	E	F	G
1	学号	姓名	性别	语文	数学	外语	总分
2	001	张三	男	90	95	88	273
3	002	赵四	女	70	85	68	243
4	003	王五	女		62	92	244
5	004	张学友	男	65	68	62	220
6	005	刘德华	女	70	82	80	252
7	006	郭美美	女	90	98	95	283
8	007	张红	女	58	62	50	202
9	008	刘强	男	88	89	92	271
10	009	刘立	男	84	90	99	279
11	010	赵军	男	60	100	58	248
12	011	罗亚平	男	89	95	92	277
13	012	何丽芬	女	96	98	100	288
14	013	陈明	女	78	68	79	237
15	014	王建	男	71	77	71	238
16	015	赵山林	男	62	80	79	249
17							

图4-42 计算总分

步骤2：同文本一样，公式也是可以复制的。选中G2单元格并复制（可以使用复制按钮或者按“Ctrl+C”键），光标定位到G3单元格，粘贴，此时会弹出一个粘贴按钮。单击这个按钮，将弹出粘贴下拉列表，如图4-43所示，选择使用目标主题即可。

步骤3：复制G2单元格，再次粘贴到G4单元格中，注意到D4单元格内没有数据，此时G4单元格旁出现一个错误按钮，单击此按钮弹出下拉列表，选择“错误检查选项”，弹出对话框，去除错误检查规则中“公式中引用了空单元格”复选项即可，如图4–44所示。

图4–43　使用目标主题

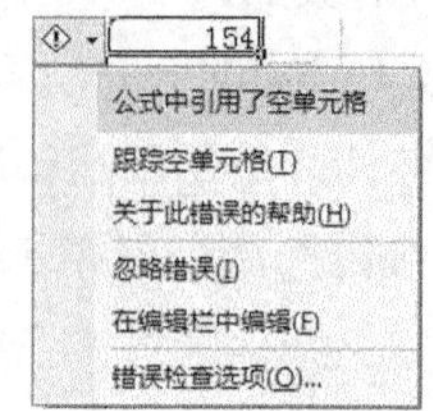

图4–44　引用单元格

步骤4：复制G2单元格，再次粘贴到G4单元格中，注意到D4单元格内没有数据，此时G4单元格旁出现一个错误按钮，单击此按钮弹出下拉列表，如图4–45所示，选择“错误检查选项”。

步骤5：弹出对话框，去除错误检查规则中“公式中引用了空单元格”复选项即可，如图4–46所示。

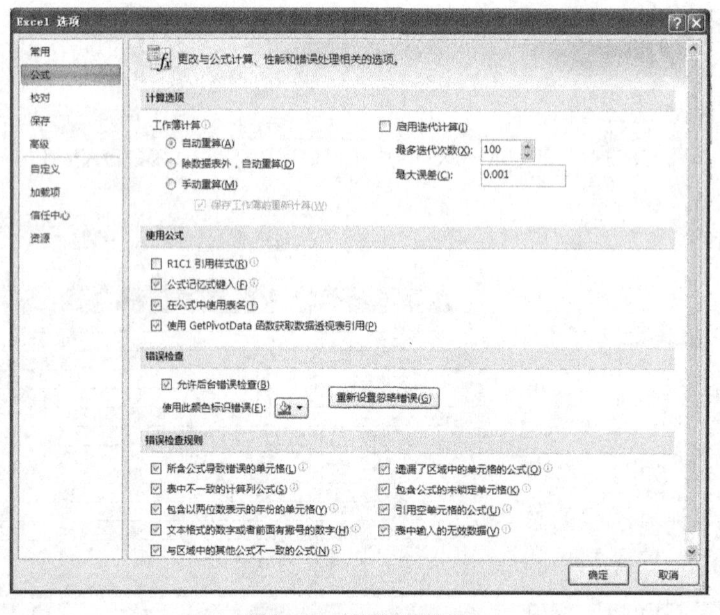

图4–45　打开错位检查

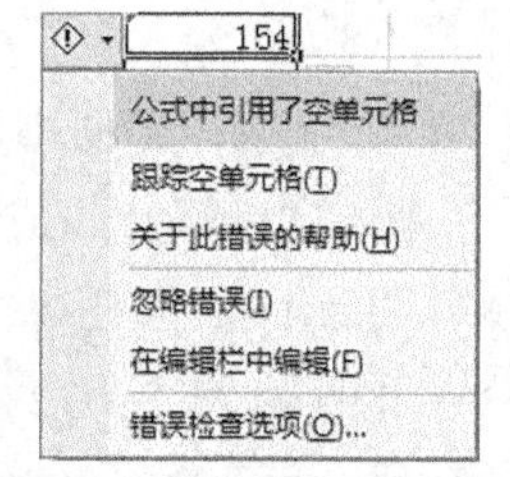

图4–46　引用单元格的公式

提示

在Excel 2010中，如果公式和函数不能计算出结果，有时会直接返回一个错误值，表4–6列出了公式的单元格可能出现的各类错误值。

表 4-6 各类错误值

错误值	原因说明
####	该列列宽不够，或者包含一个无效的时间或日期
#DIV/O!	该公式使用了 0 作为除数，或者公式中使用了一个空单元格
#N/A	公式中引用的数据对函数或公式不可用
#NAME?	公式中使用了 Excel 2007 不能辨认的文本或名称
#NULL!	公式中使用了一种不允许出现相交但却交叉了的两个区域
#NUM!	使用了无效的数字值
#REF!	公式引用了一个无效的单元格
#VALUE!	函数中使用的变量或参数类型错误

3. 单元格的引用

步骤1：在上一个完成的成绩表上继续操作。选中G2单元格并复制，再选中G5:G16单元格区域，按回车键，此时G5:G16区域内计算出各名学生的总分，如图4-47所示。

数学	外语	总分
95	88	273
85	68	223
62	92	154
68	62	
82	80	
98	95	
62	50	
89	92	
90	99	
100	58	
95	92	
98	100	
68	79	
77	71	
80	79	

数学	外语	总分
95	88	273
85	68	223
62	92	154
68	62	195
82	80	232
98	95	283
62	50	170
89	92	269
90	99	273
100	58	218
95	92	276
98	100	294
68	79	225
77	71	219
80	79	221

图4-47 单元格的引用

提示

只使用列标和行号来表示单元格的方法即是单元格的相对引用，如C5、A20。Excel 2010一般是使用相对地址来引用单元格的位置。相对地址是指当把一个含有单元格地址的公式复制到一个新的位置或者用一个公式填入一个范围时，公式中的单元格地址会随着改变，如此时G5单元格内显示为“=D5+E5+F5”，其余单元格也为相对引用自动调整。

步骤2：将G2:G16区域内容删除。

步骤3：在G2单元格内输入“=$D$2+$E$2+$F$2”。

步骤4：将光标放在G2单元格右下角，使用填充柄拖动到G16单元格内，此时显示出学生的成绩，如图4-48所示，此时学生的成绩相同，均为G2单元格所计算的结果。

提示

在单元格列号和行号前面添加“￥”符号后，单元格的引用为绝对引用。绝对引用的是固定的单元格或单元格区域，不会发生相对变化。

步骤5：将G2:G16区域内容删除。

步骤6：在G2单元格内输入“=D$2+E2+F2”。

步骤7：将光标放在G2单元格右下角，使用填充柄拖动到G16单元格内，此时显示出学生的成绩，如图4-49所示。

G2 =$D$2+$E$2+$F$2

	A	B	C	D	E	F	G
1	学号	姓名	性别	语文	数学	外语	总分
2	001	张三	男	90	95	88	273
3	002	赵四	女	70	85	68	273
4	003	王五	女		62	92	273
5	004	张学友	男	65	68	62	273
6	005	刘德华	女	70	82	80	273
7	006	郭美美	女	90	98	95	273
8	007	张红	女	58	62	50	273
9	008	刘强	男	88	89	92	273
10	009	刘立	男	84	90	99	273
11	010	赵军	男	60	100	58	273
12	011	罗亚平	男	89	95	92	273
13	012	何丽芬	女	96	98	100	273
14	013	陈明	女	78	68	79	273
15	014	王建	男	71	77	71	273
16	015	赵山林	男	62	80	79	273

图4-48　相对引用

G2 =D$2+E2+F2

	A	B	C	D	E	F	G
1	学号	姓名	性别	语文	数学	外语	总分
2	001	张三	男	90	95	88	273
3	002	赵四	女	70	85	68	243
4	003	王五	女		62	92	244
5	004	张学友	男	65	68	62	220
6	005	刘德华	女	70	82	80	252
7	006	郭美美	女	90	98	95	283
8	007	张红	女	58	62	50	202
9	008	刘强	男	88	89	92	271
10	009	刘立	男	84	90	99	279
11	010	赵军	男	60	100	58	248
12	011	罗亚平	男	89	95	92	277
13	012	何丽芬	女	96	98	100	288
14	013	陈明	女	78	68	79	237
15	014	王建	男	71	77	71	238
16	015	赵山林	男	62	80	79	249

图4-49　绝对引用

除了相对引用和绝对引用，有时还可能需要进行混合引用，在某些情况下，需要复制公式时只有行或者只有列保持不变，这就需要使用混合引用。混合引用是指在一个单元格地址引用中，既有相对地址引用，同时也包含绝对地址引用。如G2单元格中“=D¥2+E2+F2”，此时不论公式复制到哪一行，对于语文成绩始终引用了学生“张三”的语文成绩。

步骤8：单击单元工作表标签旁的插入工作表按钮。如图4-50所示，在工作薄中插入一个新的工作表。

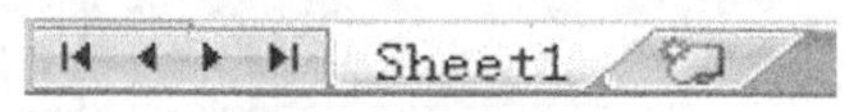

图4-50　插入新表

步骤9：在工作表“Sheet2”中输入“=Sheet1!A1”，如图4-51所示。

步骤10：将光标定位在工作表“Sheet2”中A1单元格右下角，使用填充柄拖动到B2，如图4-52所示。

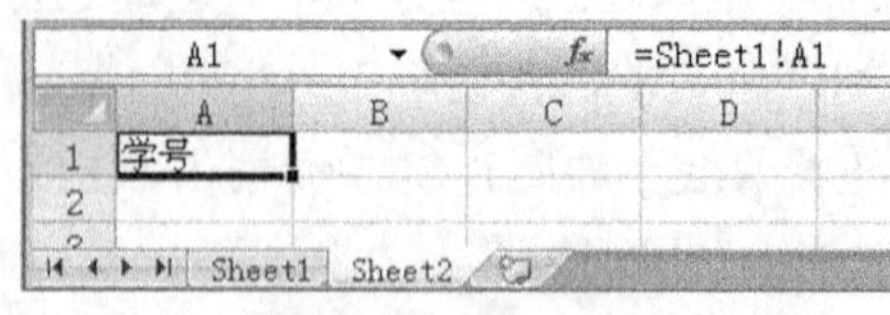

图4-51　输入引用

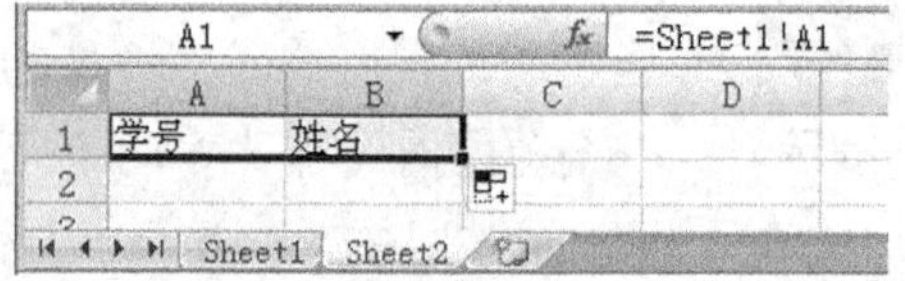

图4-52　填充单元格

步骤11：继续拖动填充柄到B16，完成填充，如图4-53所示。

4. 名称的定义和应用

步骤1：打开原来的成绩表，选中D2:D16，单击名称框，在其中输入“语文”，按回车键确定，如图4-54所示。

步骤2：单击“公式”选项卡中的“定义的名称”组中的“定义名称”按钮，在弹出的下拉列表中选择“定义名称”，如图4-55所示。

	A	B
1	学号	姓名
2	1	张三
3	2	赵四
4	3	王五
5	4	张学友
6	5	刘德华
7	6	郭美美
8	7	张红
9	8	刘强
10	9	刘立
11	10	赵军
12	11	罗亚平
13	12	何丽芬
14	13	陈明
15	14	王建
16	15	赵山林
17		

图4-53　完成填充

语文　f_x 90

	A	B	C	D
1	学号	姓名	性别	语文
2	001	张三	男	90
3	002	赵四	女	70
4	003	王五	女	
5	004	张学友	男	65
6	005	刘德华	女	70
7	006	郭美美	女	90
8	007	张红	女	58
9	008	刘强	男	88
10	009	刘立	男	84
11	010	赵军	男	60
12	011	罗亚平	男	89
13	012	何丽芬	女	96
14	013	陈明	女	78
15	014	王建	男	71
16	015	赵山林	男	62

图4-54　名称

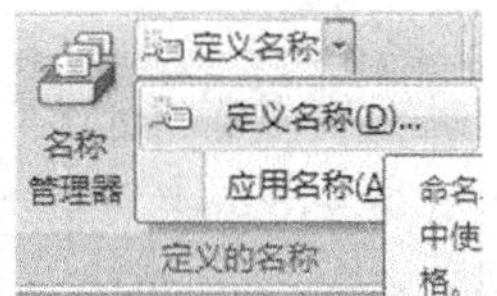

图4-55　定义名称

步骤3：在弹出的对话框的“名称”文本框内输入名称“数学”，范围选择“Sheet1”，备注中输入“数学成绩”，引用位置为“=Sheet1!$E$2:$E$16”，如图4-56所示，单击“确定”按钮，将E2:E16单元格区域定义为“数学”。

步骤4：选择F1:F16，在“公式”选项卡的“定义的名称”组中单击“根据所选内容创建”按钮，如图4-57所示。

步骤5：在弹出的对话框中选中“首行”复选框，如图4-58所示，单击“确定”按钮，此时工作表中F2:F16区域被命名为“外语”。

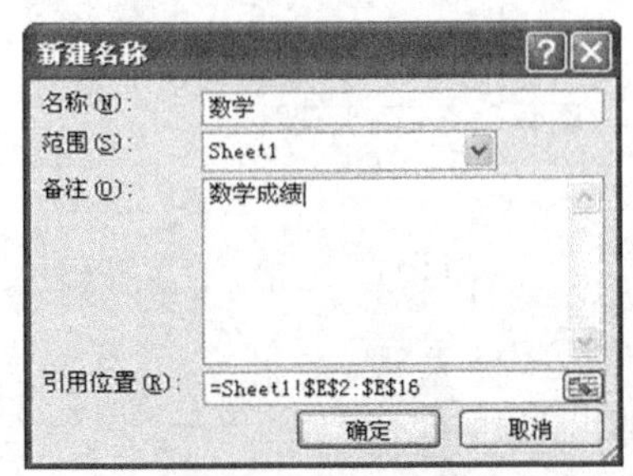

图4-56　定义单元区域

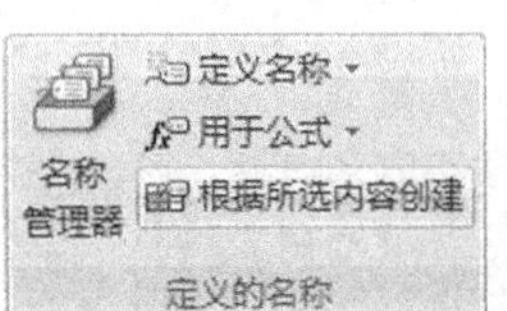

图4-57　根据所选内容创建

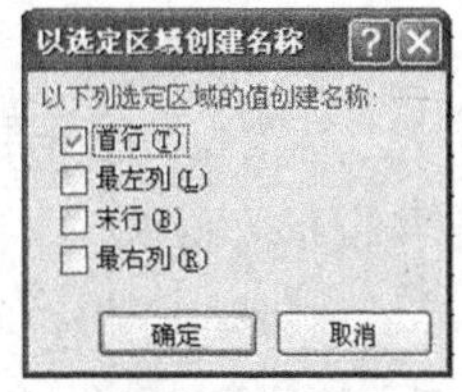

图4-58　创建名称

在创建和编辑名称时需要注意名称的语法规则，名称的语法规则主要有以下几点。

（1）名称中的第一个字符必须是字母、下划线。

（2）不能用字母C、c、R、r定义名称。

（3）名称不能与单元格引用相同。

（4）名称中不能出现空格。

（5）一个名称中最多255个字符。

（6）名称可以包含大写和小写字母，在Excel 2010中不区分大小写。

步骤6：在G2单元格内输入“=语文+数学+外语”，则可以计算出该学生的成绩，拖动填充柄到G16计算其他学生总分成绩。

步骤7：选中A1:G16单元格区域，单击“插入”选项卡中的“表格”组中的“表格”按钮，在弹出的对话框中选中“表包含标题”复选框，然后单击“确定”按钮，如图4−59所示。系统会为创建的表应用默认的表样式，同时显示“表格工具−设计”选项卡。在该选项卡的“属性”组中可以修改表名称，如图4−60所示。

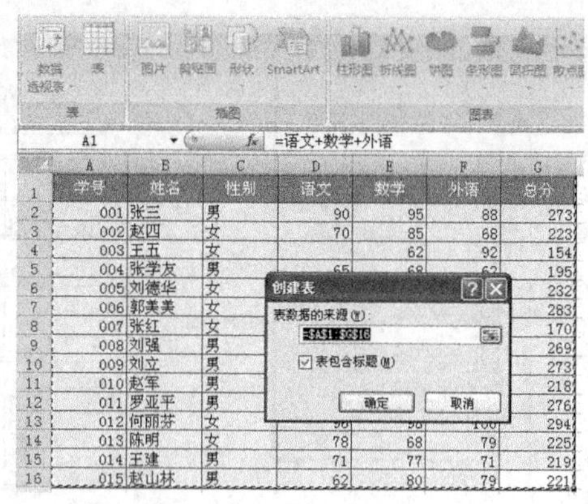

图4−59　标题

步骤8：单击“公式”选项卡中的“定义的名称”组的“名称管理器”，弹出的对话框将列出当前工作簿中已经定义的名称和表名称，如图4−61所示。

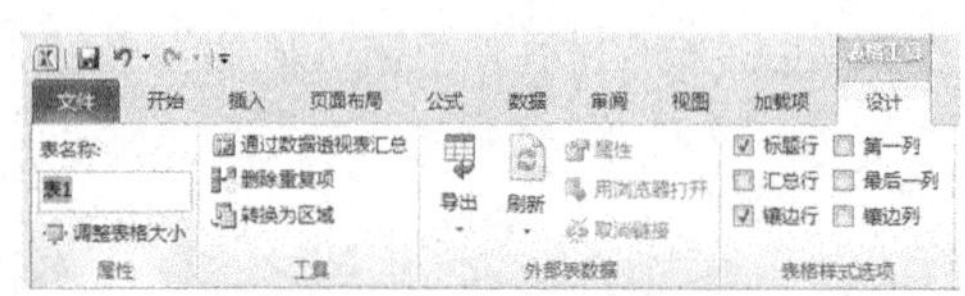

图4−60　表格工具

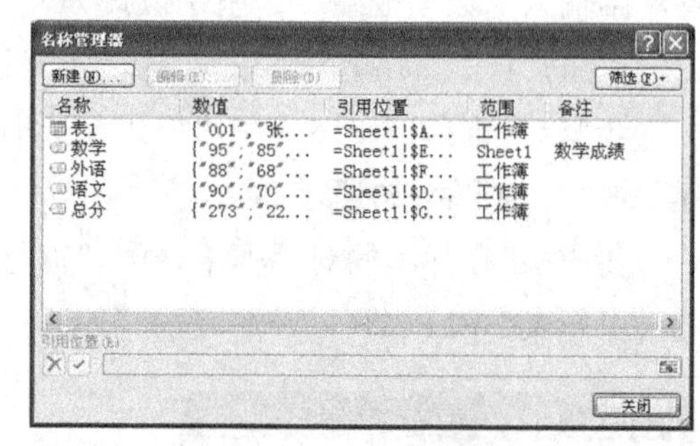

图4−61　名称管理器

5. 函数

步骤1：打开制作好的成绩表，将G2:G16数据删除，并在G2单元格内手工输入“=SUM(D2:F2)”，同样可以得到学生的总分成绩，如图4−62所示。

步骤2：在H1单元格内输入“平均分”，并将光标定位于H2单元格内，在“公式”选项卡的“函数库”组中单击“插入函数”按钮，或者单击编辑栏左边的“插入函数”按钮，如图4−63所示。

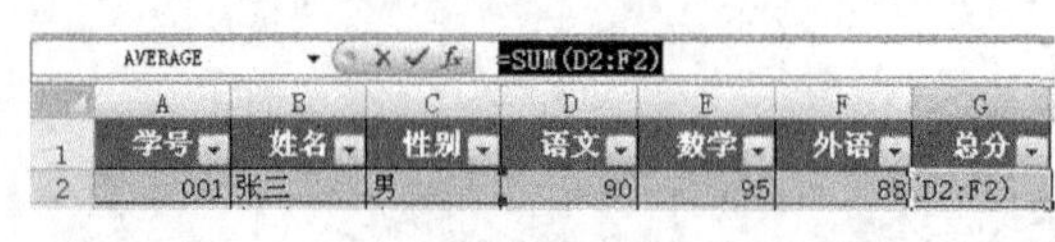

图4−62　函数

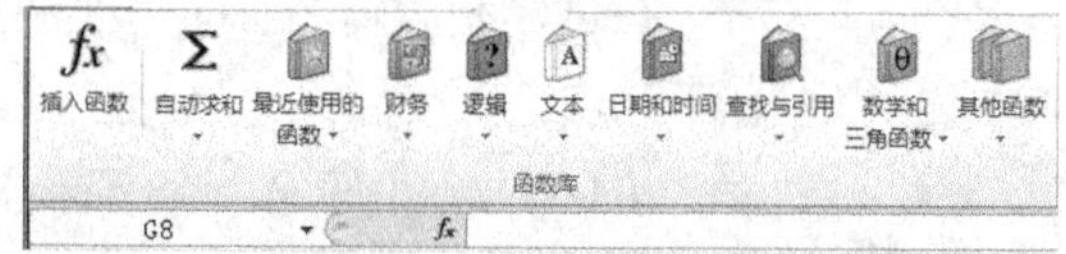

图4−63　插入函数

步骤3：在弹出的“插入函数”对话框中选择平均分的函数“AVERAGE（）”，如图4−64所示。

步骤4：在弹出的“函数参数”对话框中设置相应的区域为“D2:F2”，如图4−65所示。

提示

一般系统会自动添加参数，如果需要修改，可以单击旁边的区域按钮。

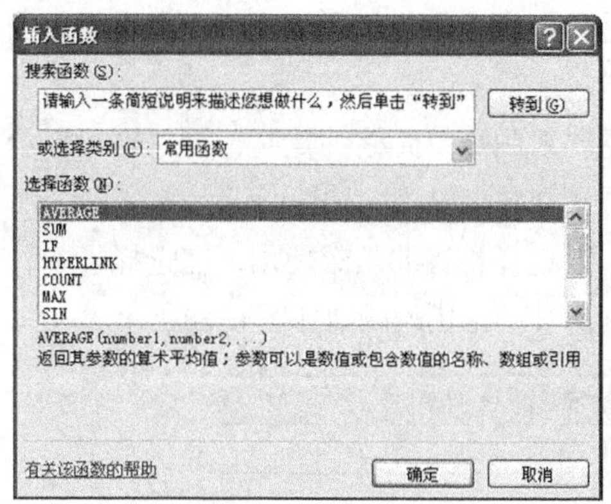

图4-64　平均函数

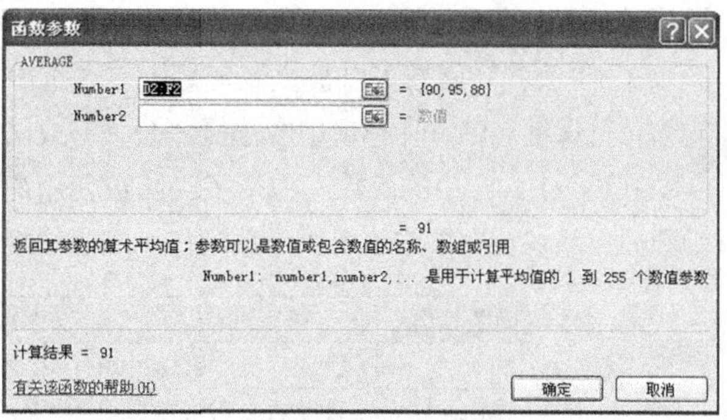

图4-65　参数

步骤5：单击确定后，系统会自动计算出该列的平均值，这也是2010的新功能。

步骤6：在I1单元格中输入“等级”，回车后，系统会自动添加一列。

步骤7：光标定位在I2单元格内，使用“插入函数”按钮在其中插入“IF（）”函数，如图4-66所示。

步骤8：在弹出的对话框中输入IF函数的参数，如图4-67所示。光标定位在第一个参数，单击H2，并输入“>60”，即意味着平均分大于60分为判断条件，在第二个和第三个参数中输入“及格”和“不及格”，这是判断后的返回值。

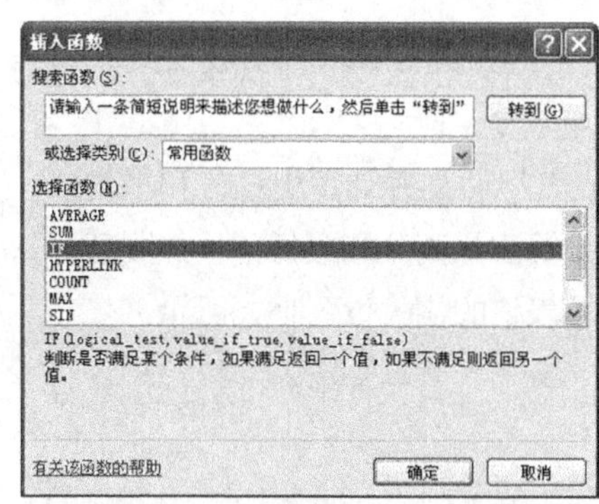

图4-66　参数

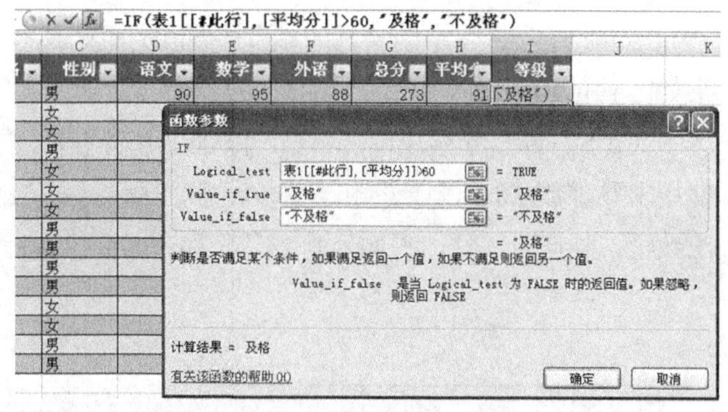

图4-67　选择不连续数据区域

提示

IF函数的第一个参数为判断的条件，第二个是条件成立时的返回值，第三个为条件不成立时的返回值，可以省略不写。系统会自动计算该列的等级。

步骤9：将光标定位于H18，在“公式”选项卡的“函数库”组中单击“日期和时间”按钮，选择“TODAY（）”函数，在H18单元格中插入当前日期。

6. 案例总结

（1）在Excel 2010中使用公式和函数能够极大地提高数据计算速度。一个基本的Excel 2010公式主要包括运算符、单元格引用、值或字符串、工作表函数以及它们的参数。

（2）Excel 2010表是Excel 2010中提出来的新概念，实际上是以前版本中“列表”，但在Excel 2010中功能更加完善。对某一单元格区域进行命名后即定义了“表”，在进行数据计算时，系统会自动添加相应行或列的计算值。

（3）公式和函数可以被复制使用。首先选中需要复制的单元格并复制，再单击目标单元格，选择性粘贴，在选项组中选择“公式”或“公式和数字格式”按钮即可。

在Excel 2010中的函数库包括多种函数，用户可以选择相当的函数使用，在选择了一种函数后，系统会在下方给出该函数的作用的语法规则。其中常用的函数如图4-68所示。

函　数	说　明
Sum()	返回某一单元格区域中所有数字之和。
Average()	返回参数的平均值（算术平均值）。
Min()	返回一组值中的最小值。
Max()	返回一组值中的最大值。
Count()	返回包含数字的单元格的个数以及返回参数列表中的数字个数。利用函数 COUNT 可以计算单元格区域或数字数组中数字字段的输入项个数。
Counta()	返回参数列表中非空值的单元格个数。利用函数 COUNTA 可以计算单元格区域或数组中包含数据的单元格个数
If()	根据对指定的条件计算结果为 TURE 或 FALSE，返回不同的结果。可以使用 IF 对数值和公式执行条件检测

图4-68　函数的使用

7. 练习

（1）打开练习中的文件“周销售业绩报表.xlsx”，使用公式计算出“实收货款”，结果如图4-69所示。

（2）打开“学生成绩.xlsx”，添加“总分”和“平均分”两列并计算出总分和平均分，使用求和函数“Sum（）”和求平均函数“Average（）”计算出最高分和最低分，并同理计算出数学、外语、总分、平均分的最高分和最低分，最后设置表格的格式如图4-70所示。

周销售业绩报表

值班经理:

日 期	星 期	销售额	折 扣	实收货款
2007-3-12	星期一	12895.85	53.45	12842.4
2007-3-13	星期二	13652.38	66.52	13585.86
2007-3-14	星期三	18592.15	71.2	18520.95
2007-3-15	星期四	20120.18	83.15	20037.03
2007-3-16	星期五	27815.6	121.55	27694.05
2007-3-17	星期六	25147.8	103.55	25044.25
2007-3-18	星期日	29852.05	155.85	29696.2

图4-69　效果图1

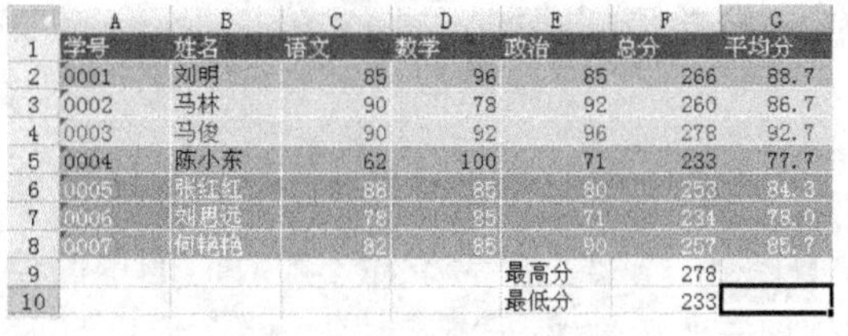

	A	B	C	D	E	F	G
1	学号	姓名	语文	数学	政治	总分	平均分
2	0001	刘明	85	96	85	266	88.7
3	0002	马林	90	78	92	260	86.7
4	0003	马俊	90	92	96	278	92.7
5	0004	陈小东	62	100	71	233	77.7
6	0005	张红红	88	85	80	253	84.3
7	0006	刘思远	78	85	71	234	78.0
8	0007	何艳艳	82	85	90	257	85.7
9					最高分	278	
10					最低分	233	

图4-70　效果图2

4.9　工作实训

4.9.1　工作实训一

1. 训练内容

对下图所示表进行计算，如图4-71所示。

2. 训练要求

熟悉公式和函数的操作。

学生成绩表										
学号	姓名	出生年月日	性别	党员否	数学	计算机	英语	总分	平均分	等级
2007113001	黎明	1978-1-1	女	FALSE	65	56	82			
2007113002	青竹	1965-6-7	女	TRUE	74	77	54			
2007113003	张含	1979-3-2	男	FALSE	45	66	78			
2007113004	李念	1977-5-8	男	TRUE	65	55	77			
2007113005	周瑜	1977-12-20	女	FALSE	74	84	56			
2007113006	杨影	1977-4-3	女	TRUE	56	55	95			
2007113007	金哲	1978-2-2	男	TRUE	94	67	54			
2007113008	郝斌	1978-4-1	女	FALSE	76	46	65			

图4-71 学生成绩表

4.9.2 工作实训二

1. 训练内容

对业主入住收费明细表中的数据按下面的要求进行操作，如图4-72、图4-73所示。

业主入住收费明细表										
房间号	业主姓名	联系电话	房屋面积	房屋类型	物业管理费	公摊电费	装修保证金	装修出渣费	墙地面恢复费	合计
A-0101	李因x	1324567xxxx	200.5	门面	1,203.00	21.00	2,000.00	601.50	50.00	3,875.50
A-0104	刘鑫x	1324878xxxx	126.7	门面	760.20	21.00	2,000.00	380.10	50.00	3,211.30
A-0105	沙x爱	1367534xxxx	123.2	门面	739.20	21.00	2,000.00	369.60	50.00	3,179.80
A-0103	万小x	1354567xxxx	118.3	门面	709.80	21.00	2,000.00	354.90	50.00	3,135.70
A-0102	张x新	1334576xxxx	132.5	门面	795.00	21.00	2,000.00	397.50	50.00	3,263.50
A-0205	林知x	1594357xxxx	97.4	商用	467.52	21.00	2,000.00	292.20	50.00	2,830.72
A-0204	贾玉x	1584357xxxx	102.5	住宅	307.50	21.00	2,000.00	307.50	50.00	2,686.00
A-0301	马x	1331542xxxx	132.5	住宅	397.50	21.00	2,000.00	397.50	50.00	2,866.00
A-0203	尚家x	1394725xxxx	89.5	住宅	268.50	21.00	2,000.00	268.50	50.00	2,608.00
A-0201	邵x	1381254xxxx	132.5	住宅	397.50	21.00	2,000.00	397.50	50.00	2,866.00
A-0202	孙x姣	1344231xxxx	124.5	住宅	373.50	21.00	2,000.00	373.50	50.00	2,818.00

图4-72 业主明细表

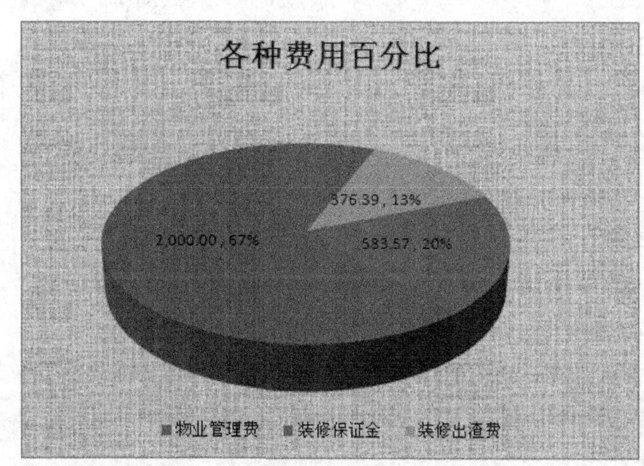

图4-73 费用图表

要求：

（1）排序，按房屋类型为主关键字段、房间号为次关键字段升序排序；

（2）筛选出电话号码为135开头的记录；

（3）筛选出房屋面积最大的3条记录；

（4）筛选出物业管理费超出平均物业管理费的记录；

（5）分类汇总求出不同房屋类型的物业管理费、装修保证金、装修出渣费的平均值；

（6）根据一级汇总结果，参考样本图片，创建数据图表。

2. 训练要求

练习对数据的排序、筛选和汇总，并且创建相应的图表。

习题四

一、选择题

1. 在Excel 2010中提供了一整套功能强大的（　　），使得我们对数据的管理变得非常容易。

A. 数据集　　B. 程序集　　C. 对象集　　D. 命令集

2. 在Excel 2010中建立了数据库后，只要有字段名，Excel 2010会自动产生一个（　　）。

A. 数据单　　B. 对象单　　C. 字段单　　D. 记录单

3. 在Excel 2010中，“Σ”按钮的意思是（　　）。

A. 自动求积　　B. 自动求差　　C. 自动求除　　D. 自动求和

4. 在Excel 2010中，对于参数较多且比较复杂的函数，建议用户使用（　　）来输入量。

A. 删除函数　　B. 复制函数　　C. 粘贴函数　　D. 以上都不对

5. 在Excel 2010工作表操作中，可以将公式“=B1+B2+B3+B4”转换为（　　）。

A. “SUM(B1:B5)”　　B. “=SUM(B1:B4)”

C. “=SUM(B1:B5)”　　D. “SUM(B1:B4)”

6. 在Excel 2010中，如果直接在单元格上粘贴，则会（　　）。

A. 改变原数据的字体大小、颜色等格式

B. 保持原数据的字体大小、颜色等格式

C. 只保持原数据的字体大小

D. 只改变颜色等格式

7. Excel 2010中，编辑单元格内容的方法是（　　）。

A. 单击要编辑的单元格，插入点将出现在该单元格中

B. 双击要编辑的单元格，插入点将出现在该单元格的上一个单元格中

C. 双击要编辑的单元格，插入点将出现在该单元格中

D. 单击要编辑的单元格，插入点将出现在该单元格的下一个单元格中

8. Excel 2010中使用剪贴板复制数据时，所选择的单元格的数据被复制到（　　）的剪

贴板中。

A. Windows　　B. Excel　　C. Word　　D. Access

9. 在Excel 2010中，按文件名查找时，可用（　　）代替任意个字符。

A. ?　　B. ;　　C. *　　D. +

10. 在Excel 2010中，要使表格的前几行信息不随滚动条的移动发生变化可以（　　）命令来实现。

A. 拆分窗口　　B. 冻结窗口

C. 拆分和冻结窗口　　D. 重排窗口

11. 在Excel 2010中，当点击右键删除单元格的内容时（　　）。

A. 将删除该单元格所在列　　B. 将删除该单元格所在行

C. 将彻底删除该单元格　　D. 以上都不对

12. 在Excel 2010工作表中，如果输入到单元格中的数值太长或公式产生的结果太长，单元格不能完整显示其内容时，应（　　）。

A. 适当增加行宽度　　B. 适当增加列宽度

C. 适当增加行和列宽　　D. 适当减少行宽度

13. 在Excel 2010中，复制单元格公式主要应用于（　　）。

A. 两个工作表中　　B. 三个工作表中

C. 同一个工作表中　　D. 多个工作表中

14. 在Excel 2010中，在默认状态下数据输入工作表后，文字的水平对齐方式为（　　）。

A. 左对齐　　B. 居中　　C. 上对齐　　D. 右对齐

15. 在Excel 2010中，当前工作簿的文件名显示在（　　）。

A. 任务栏　　B. 标题栏　　C. 工具栏　　D. 其他任务窗格

16. 在Excel 2010的公式运算中，如果与公式相关的数据没有准备好，那么公式所在的单元格中将（　　）。

A. 显示1　　B. 显示0　　C. 显示2　　D. 什么也不显示

17. 在命名单元格时，先选定单元格范围，然后单击（　　），输入名称并回车。

A. 名称框　　B. 插入函数框　　C. 两者都可以　　D. 两者都不对

18. 在Excel 2010中，给单元格添加批注时，单元格右上方出现（　　）表示此单元格已加入批注。

A. 红色方块　　B. 红色三角形　　C. 黑色三角形　　D. 红色箭头

19. 在Excel 2010中，复制引用公式分为两种类型——相对引用和绝对引用，相对引用主要用于（　　）。

A. 同一个工作表　B. 两个工作表　　C. 三个工作表　　D. 多个工作表

20. 在Excel 2010中，如果同时打开了两个工作簿，单击“关闭”按钮会将（　　）工作簿关闭。

A. 两个　　B. 一个　　C. 打开一个　　D. 最小化一个

21. 当Excel 2010窗口中同时打开了多个文件，在多个文档之间进行切换时，可以使用Windows切换程序的快捷键（　　）来实现。

A. “Alt+Shift”　　B. “Ctrl+Tab”　　C. “Ctrl+Shift”　　D. “Alt+Tab”

22. 在使用Excel 2010自动分类汇总功能时，系统将自动在清单底部插入一个（　　）行。

A. 总计　　B. 求和　　C. 求积　　D. 求最大值

23. 在Excel 2010中，若单元格中出现#N / A，这是指在函数或公式中没有（　　）时产生的错误信息。

A. 被0除　　B. 被0乘　　C. 可用数值　　D. 以上都不对

24. Excel 2010的运算符有四类，以下哪一类是不正确的（　　）。

A. 算术运算符　　B. 比较运算符　　C. 文本运算符　　D. 等差运算符

25. 在Excel 2010的编辑栏中输入公式时，应先输入（　　）号。

A. ?　　B. =　　C. *　　D. #

26. 在Excel 2010中，在单元格中输入数字字符串100102（邮政编码）时，应输入（　　）。

A. 100102　　B. “100102”　　C. '100102　　D. ‘100102’

27. 在Excel 2010中，填充柄位于（　　）。

A. 当前单元格的左下角　　B. 标准工具栏

C. 当前单元格的右下角　　D. 当前单元格的右上角

28. 在Excel 2010中，如果单元格A1中为“Mon”，那么向下拖动填充柄到A3，则A3单元格应为（　　）。

A. Wed　　B. Mon　　C. Tue　　D. Fri

29. 在Excel 2010，直接处理的对象称为工作表，若干工作表的集合成为（　　）。

A. 工作簿　　B. 文件　　C. 字段　　D. 活动工作簿

30. 在Excel 2010中，单元格地址是指（　　）。

A. 每一个单元格　　B. 每一个单元格的大小

C. 单元格所在的工作表　　D. 单元格在工作表中的位置

31. 在Excel 2010中，若使单元格显示0.3，应该输入（　　）。

A. 6/20　　B. “6/20”　　C. =“6/20”　　D. =6/20

32. 在Excel 2010中，公式“=$C1+E$1”是（　　）。

A. 相对引用　　B. 绝对引用　　C. 混合引用　　D. 任意引用

二、填空题

1. 在Excel 2010中，筛选功能包括________和________。

2. 在Excel 2010中工作表的单元格D6中有公式“=$B$2+C6”，将D6单元格的公式复制到C7单元格内，则C7单元格的公式为________。

3. 在Excel 2010中，在某单元格中输入“=-5+6*7”，则按回车键后此单元格显示为________。

4. 在Excel 2010中，在A1单元格中输入$12345，确认后A1单元格中的结果为________。

5. 在Excel 2010中，进行分类汇总前必须对数据表进行________。

6. 在Excel 2010中，用于求总计值的函数是________。

三、简答题

1. 简述工作簿与工作表的区别。

2. 如何隐藏单元格和工作表。

四、操作题

1. 创建一个命名为“通讯录”的工作簿，内建立5个工作表，分别命名为“同学”“亲戚”“一般朋友”“亲密朋友”和“同事”，然后把他们的详细资料放置在相应的工作表内。

2. 自定义一个自动填充序列。

3. 使用等差序列填充式输入你所在学校的所有同学的学号。

4. 每次考试后，老师都要将各科成绩输入，并作统计，在输入学生各科成绩后，把这个统计工作交给Excel 2010来完成。先把各个同学的每科成绩都输入工作簿中，并把要求各个科成绩的总分、个人平均分、最高分、最低分、各科平均分、整体平均分都使用计算和函数功能输入表格中。

5. 当在工作表中使用公式进行计算后，再把其中的数学科成绩进行更改，更改数据后，对所统计的值自动更新一次。

PART 5

项目五 PowerPoint 2010

项目要点

- 幻灯片的基础知识。
- 幻灯片中的动画制作。
- 幻灯片的编辑与美化。
- 幻灯片的放映。
- 幻灯片的综合应用。

技能目标

- 了解演示文稿一些相关的概念。
- 掌握演示文稿的建立和编辑。
- 掌握演示文稿版式的设置和动画效果的设置。
- 掌握幻灯片的放映方法。

5.1 工作场景导入

【工作场景】

王先生去一家汽车销售公司应聘销售经理，市场主管要求王先生对2010年的汽车销售做一个市场调查，并要求以幻灯片的方式做份报告给考核人员，公司以此考察王先生的市场观察和销售能力。

【引导问题】

（1）在日常工作中，你是否经常使用PowerPoint 2010?

（2）你了解PowerPoint 2010吗?

（3）如何自己动手制作出精美的幻灯片?

5.2 演示文稿简介

PowerPoint 2010是一个演示文稿制作程序，它也是Office的组件之一，是当前最流行的幻灯片制作工具之一。

用PowerPoint 2010可制作出生动活泼、富有感染力的幻灯片，用于报告、总结和讲演等各场合。PowerPoint 2010操作简单，使用方便，使用它很容易就可制作出专业的演示文稿。

演示文稿是由一张张幻灯片组成的，而我们的任务就是利用PowerPoint 2010做成各种不同内容的幻灯片，这些幻灯片可构成一个完整的演示文稿。演示文稿可以以多种方式进行演示，它可以在计算机显示器上演示或通过数字投影仪投射到大屏幕上，也可以把它打印出来像讲义一样分发。

PowerPoint 2010所生成的演示文稿可以包含动画、声音剪辑、背景音乐以及全运动视频等。它还提供了众多的设计向导，制作者可以根据自己的需要从中做出选择。这些演示文稿既可以面对面播放，也可以通过Internet传播。

另外，PowerPoint 2010还新增了以下功能和特性。

（1）面向结果的功能区。

（2）取消任务窗格功能。

（3）增强的图表功能。

（4）专业的SmartArt图形。

（5）方便的共享模式。

5.2.1 PowerPiont的几个基本概念

1. 演示文稿

在PowerPoint 2010中演示文稿由多张幻灯片以及与每张幻灯片相关联的备注及演示大纲等几部分组成。用户在创建一个新幻灯片的同时也创建了一个演示文稿。演示文稿通常用于新产品的介绍，或是专题演示会，或是用于课程的讲授等。

2. 幻灯片

幻灯片是演示文稿的基本组成部分之一，一个完整的演示文稿是由多张幻灯片构成的。

每张幻灯片都可以包括标题、文本、几何图形或自绘图形、剪贴画、图片以及由其他应程序创建的各种表格、图表等。

5.2.2 启动和退出PowerPoint 2010

1. 启动PowerPoint 2010

（1）常规启动。

常规启动是在Windows操作系统中最常用的启动方式，即通过“开始”菜单启动。单击“开始”按钮，选择“程序”→“Microsoft Office”→“Microsoft Office PowerPoint 2010”命令，即可启动PowerPoint 2010。

（2）通过创建新文档启动。

成功安装Microsoft Office 2010之后，在桌面或者“我的电脑”窗口中的空白区域单击鼠标右键，在弹出的快捷菜单中，选择“新建”→“Microsoft Office PowerPoint 2010演示文稿”命令，即可在桌面或者当前文件夹中创建一个名为“新建 Microsoft Office PowerPoint 2010演示文稿”的文件。此时可以重命名该文件，然后双击文件图标，即可打开新建的PowerPoint 2010文件。

（3）通过现有演示文稿启动。

用户在创建并保存PowerPoint 2010演示文稿后，可以通过已有的演示文稿启动PowerPoint 2010。通过已有演示文稿启动可以分为3种方式。

① 通过“开始”菜单启动。

② 通过打开旧的PowerPoint 2010文件启动。

③ 通过桌面快捷方式启动。

2. 退出PowerPoint 2010

单击窗口右上方的“关闭”按钮。

5.2.3 PowerPoint 2010的用户界面

1. 界面组成

PowerPoint界面由标题栏、功能区、状态栏等组成，如图5-1所示。

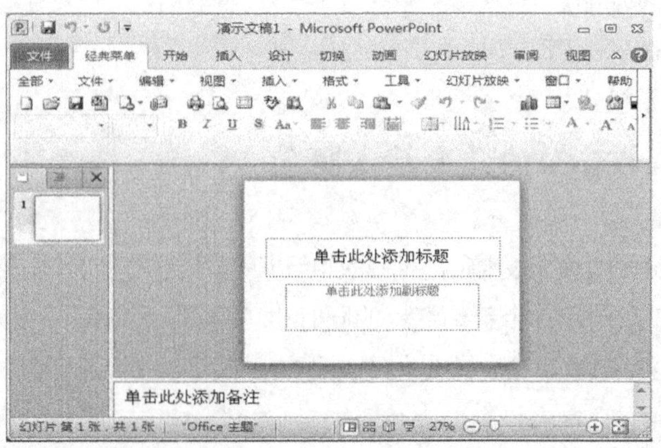

图5-1 幻灯片界面

2. 视图方式

用户可以在功能区中选择“视图”选项卡，然后在“演示文稿视图”组中选择相应的按钮即可改变视图模式，如图5-2所示。

图5-2 “视图”选项卡

（1）普通视图

（2）幻灯片浏览

（3）备注页

（4）幻灯片放映

通过单击这些按钮，可以以不同的形式显示幻灯片。这样可从各个角度观察所制作的幻灯片。当要在屏幕上显示带有大纲的一张幻灯片时，可单击“普通视图”按钮。在普通视图下，“幻灯片”选项卡用于显示、详细设计和美化演示文稿的一张幻灯片，而“大纲”选项卡能同时看到整个幻灯片的标题和内容。

单击“幻灯片浏览”按钮，能显示出演示文稿中所有的幻灯片，以便于迅速看到它们的布局和顺序。单击“备注页”按钮，能输入要放到幻灯片上的备注或显示已写的备注。单击“幻灯片放映”按钮可运行已经完成的幻灯片演示，注意此时幻灯片是如何显示在整个屏幕上的。

5.2.4 设计模板和幻灯片版式的概念

PowerPoint 2010 有两个专有名词——“设计模板”和“幻灯片版式”。一个演示文稿是由若干张幻灯片组成的，设计模板是关于幻灯片的底色、背景图案、配色方案等的模板，对整个演示文稿的外观起作用。幻灯片的版式是关于文字、图形等在幻灯片中的位置及排列方式的版式，可以根据幻灯片中的内容选取不同的版式。

5.3 制作演示文稿

5.3.1 建立演示文稿的方法

（1）空白文档和最近使用的文档。

（2）根据“已安装的模板”创建演示文稿。

（3）根据“已安装的主题”创建演示文稿。

（4）根据“我的模板”创建演示文稿。

（5）根据现有内容新建演示文稿。

（6）使用Office Online模板创建演示文稿。

方法一：启动PowerPoint 2010自动创建空白演示文稿。

方法二：使用文件菜单创建空白演示文稿，如图5-3所示。用户可以在“模板”选项中选择，如图5-4所示。

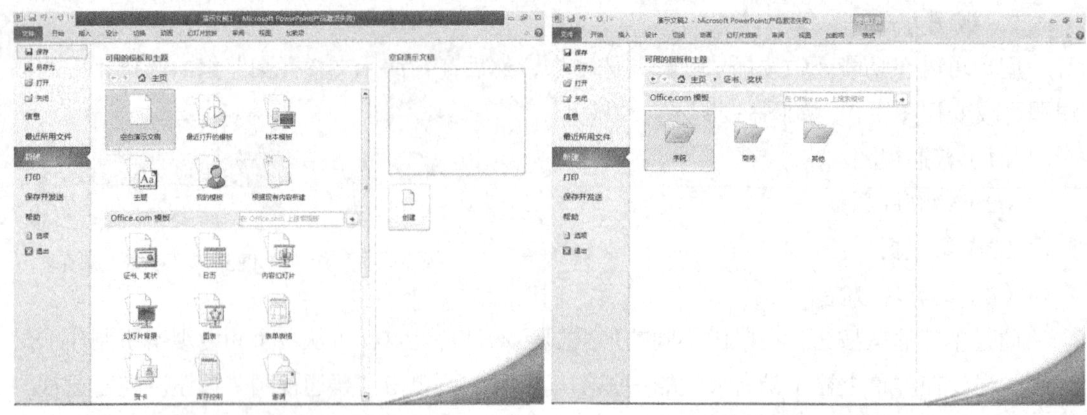

图5-3　创建空白演示文稿　　　　图5-4　选择空白演示文稿

5.3.2　演示文稿的编辑

1. 幻灯片的选择

（1）选择单张幻灯片：只需单击需要的幻灯片，即可选中该张幻灯片。

（2）选择编号相连的多张幻灯片：首先单击起始编号的幻灯片，然后按住“Shift”键，单击结束编号的幻灯片，此时将有多张幻灯片被同时选中。

（3）选择编号不相连的多张幻灯片：在按住“Ctrl”键的同时，依次单击需要选择的每张幻灯片，此时被单击的多张幻灯片同时选中。在按住“Ctrl”键的同时再次单击已被选中的幻灯片，则该幻灯片被取消选择，如图5-5所示。

图5-5　选择版式

2. 添加幻灯片

当启动PowerPoint 2010打开一个新的演示文稿后，或当内容提示向导提供的幻灯片用完后，用户需要添加一些新的幻灯片（或是用户想在当前幻灯片后面插入一张新幻灯片）。添加幻灯片的操作方法如下：

（1）选定要在其后插入新幻灯片的幻灯片。

（2）选择“插入”菜单下的“新建幻灯片”命令（或单击工具栏上的“新建幻灯片”按钮），即可在当前幻灯片后面插入一张新幻灯片。

（3）根据新幻灯片的内容选择幻灯片的版式，如图5-6所示。

3. 复制幻灯片

（1）选中需要复制的幻灯片，在“开始”选项卡的“剪贴板”组中单击“复制”按钮。

（2）在需要插入幻灯片的位置上单击，然后在“开始”选项卡的“剪贴板”组中单击“粘贴”按钮，如图5-7所示。

图5-6　新增的一张幻灯片

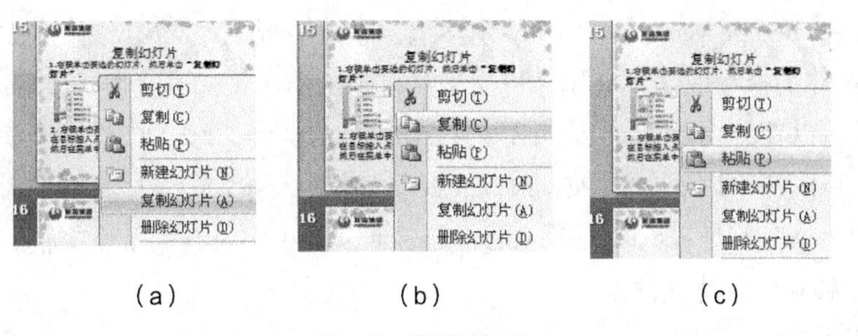
(a) (b) (c)

图5-7 复制幻灯片

4. 调整幻灯片顺序

（1）在制作演示文稿时，如果需要重新排列幻灯片的顺序，就需要移动幻灯片。移动幻灯片可以用“剪切”按钮和“粘贴”按钮，其操作步骤与使用“复制”和“粘贴”按钮相似。

（2）或者首先选择需要移动的幻灯片，然后单击鼠标左键拖动，在需要插入幻灯片的位置松开鼠标左键即可。

5. 删除幻灯片

鼠标右键单击选中需要删除的幻灯片，在弹出的快捷菜单中选择“删除幻灯片”。或者选中要删除的幻灯片，直接按“Delete”键进行删除，如图5-8所示。

图5-8 删除幻灯片

6. 保存演示文稿

（1）单击“保存”按钮。

（2）单击“文件”，在弹出的下拉列表中选择“保存”或者“另存为”命令，如图5-9所示。

常用保存格式包括如下几种。

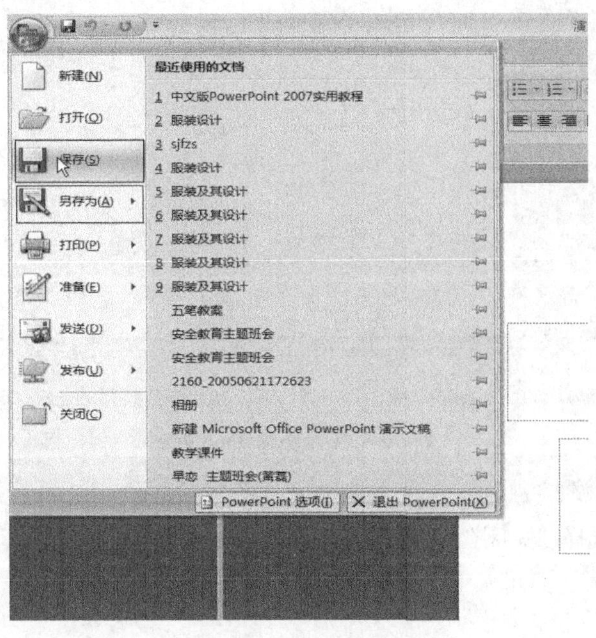
图5-9 保存演示文稿

① .pptx：Office PowerPoint 2010 演示文稿，默认情况下为 XML 文件格式。

② .potx：作为模板的演示文稿，可用于对将来的演示文稿进行格式设置。

③ .ppt：可以在早期版本的 PowerPoint 2010（从 97 到 2003）中打开的演示文稿。

④ .pot：可以在早期版本的 PowerPoint 2010（从 97 到 2003）中打开的模板。

⑤ .pps：始终在幻灯片放映视图（而不是普通视图）中打开的演示文稿。

⑥ .sldx：独立幻灯片文件。

7. 在演示文稿中添加文本

（1）在占位符中添加文本。

（2）使用文本框添加文本。

（3）从外部导入文本。

选择文档版式后，就可以在其中输入内容了。演示文稿的第一张幻灯片一般为标题,在此将显示演示文稿的标题、姓名及幻灯片中提示的其他内容。

标题幻灯片制作好后，在幻灯片视图中选中下一张幻灯片，或单击垂直滚动条上的“下一页”按钮，切换到下一张幻灯片。根据幻灯片中的有关内容，单击文本区后，输入自己所需的演示文稿内容。这样就可以完成多张幻灯片制作，如图5-10所示。

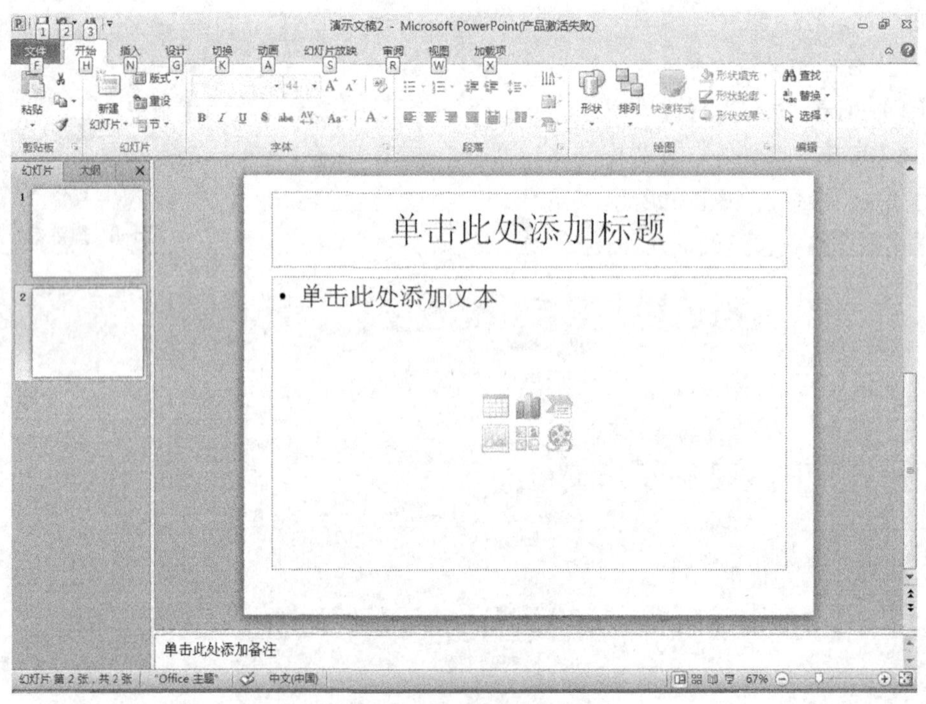

图5-10 输入内容后的幻灯片

8. 关闭演示文稿

在文件菜单中选择“关闭”。

5.4 编辑幻灯片

对于创建的演示文稿可以进一步进行编辑，如设置文本格式、段落格式、背景颜色等。

5.4.1 幻灯片背景

1. 设置背景颜色

（1）点击“设计”选项卡下的“背景”区域“背景样式”下三角，如图5-11所示，选择“设置背景格式”，出现图5-12所示设置背景格式对话框。打开“颜色”栏中的下拉列表，选择合适的颜色。

（2）单击“全部应用”按钮，即可将所选择的颜色应用到整个演示文稿所有幻灯片的背景上。

2. 设置背景填充效果

（1）选择“设计”菜单下的“背景”选项，出现如图5-12所示的“设置背景格式”对话框。

（2）选择“填充”选项，如图5-12所示。在该对话框中，选择各个选项可改变主题内容。根据需要设置各选项。

图5-11 背景样式

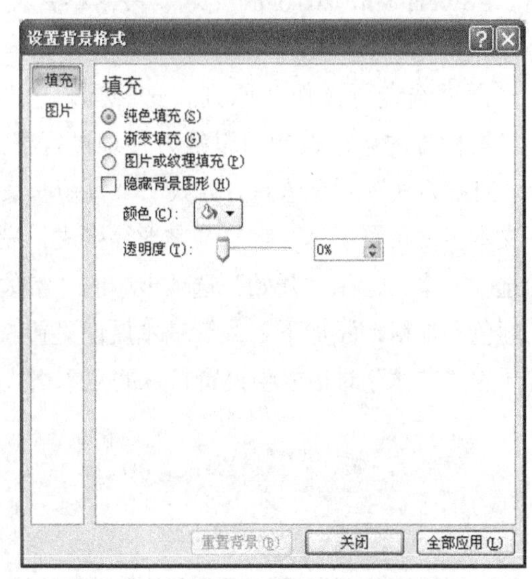

图5-12 “设置背景格式”对话框

单击“全部应用”按钮，所选择的效果就应用到了整个演示文稿中。

5.4.2 配色方案

每个设计模板都带有一套配色方案，用于演示文稿的主要颜色，如文本、背景、填充、强调文字所用的颜色等。方案中的每种颜色都会自动用于幻灯片上的不同组件。

改变配色方案的操作方法是：

（1）选择“设计”菜单中的“主题”组，如图5-13所示。

（2）选择不同字体、颜色、效果的搭配。

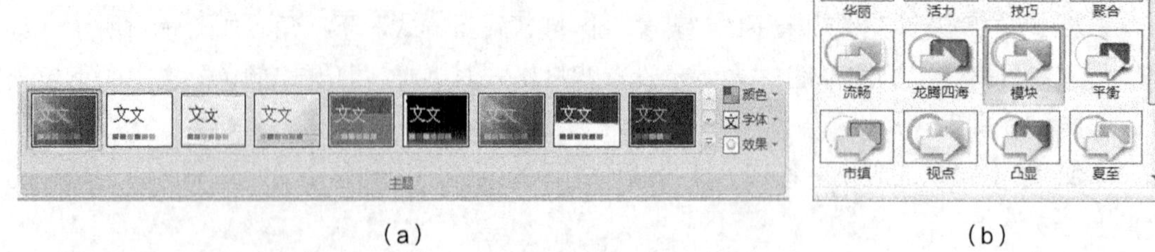

（a）　　　　（b）

图5-13　配色方案

5.4.3　设置文本和段落格式

1. 设置文本、段落格式

文本是幻灯片中最基本的对象，设置合适的文本和段落格式能使幻灯片的内容主题突出。PowerPoint 2010 的文本、段落格式设置方法与Word中文本段落设置操作方法大同小异。

根据“选定再操作”原则，选择需设置格式的文本或段落后，利用“绘图工具-格式”工具栏中的各个按钮可以很方便地进行格式设置。也可以选择“格式”菜单中的“字体”“对齐方式”“字体对齐方式”“行距”菜单项等进行操作。

文本主要设置字体、字号、字形等格式，段落主要设置对齐方式、段间距、行间距等。

选中文本，运用“开始”选项卡中的“字体”组，如图5-14所示。对文本进行大小、字体、颜色、加粗、添加下划线等基本属性设置。还可以单击“字体”组中的对话框启动器，在打开的“字体”对话框中设置特殊的文本格式。

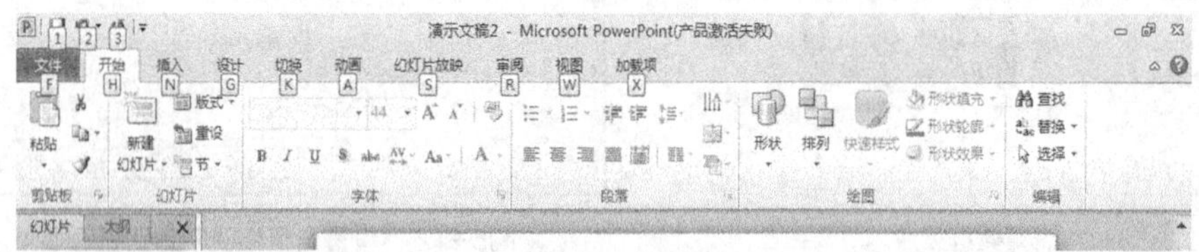

图5-14　“开始”选项卡

2. 添加和改变项目符号类型

在幻灯片中经常用到项目符号和编号,使用项目符号和编号可以使内容更加整齐、清晰。

选定要添加项目符号的文本,单击“格式”工具栏中的项目符号按钮即可。再次单击“项目符号”按钮可以取消当前文本的项目符号。

PowerPoint 2010 支持多级项目符号和编号，各级文字间具有不同的字体、字号、字形以及项目符号等，在幻灯片母版上保存了各级文字格式的默认值。

选择“格式”菜单中的项目符号菜单项，打开项目符号对话框，可以指定项目符号的字符、大小、颜色、字体等。

5.4.4 在幻灯片中插入图片对象

在演示文稿中插入图片、声音、视频等对象，可以更生动形象地阐述其主题和要表达的思想。在插入对象时，要充分考虑幻灯片的主题，使对象和主题和谐一致。

1. 插入符号

单击“插入”菜单中的“符号”按钮，出现“符号”对话框，如图5-15所示。

(a)

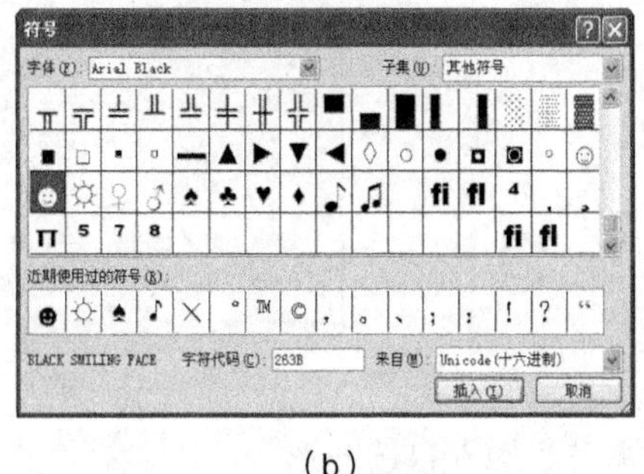

(b)

图5-15 插入符号

2. 插入公式

单击“插入”选项卡，在“文本”组中单击“对象”按钮，在打开的对话框中选择公式编辑器即可，如图5-16所示。

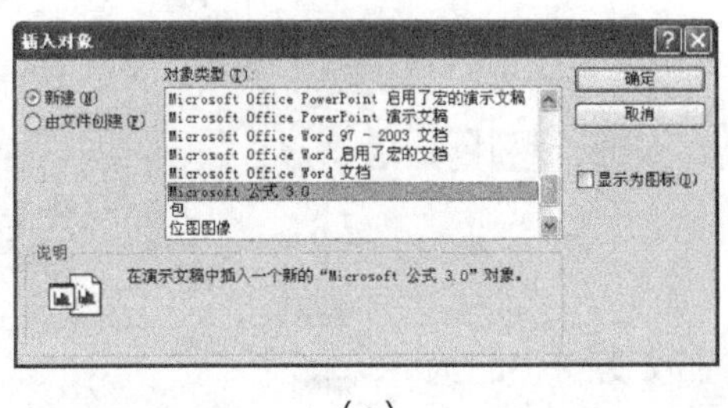

(a)

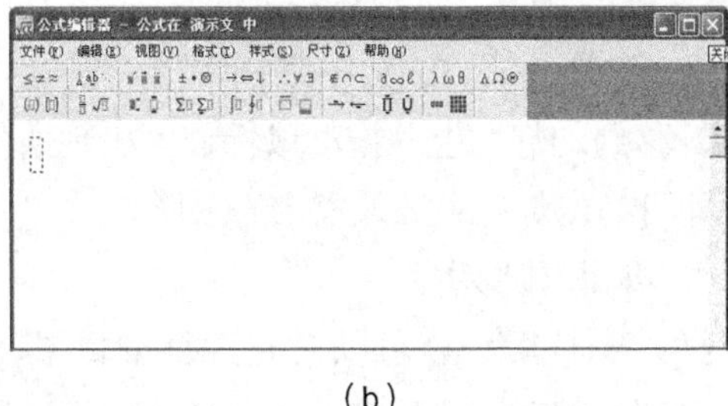

(b)

图5-16 插入公式

3. 插入剪贴画

要插入剪贴画，可以在“插入”选项卡的“图像”组中单击“剪贴画”按钮，打开“剪贴画”任务窗格，插入某图像，如图5-17所示。

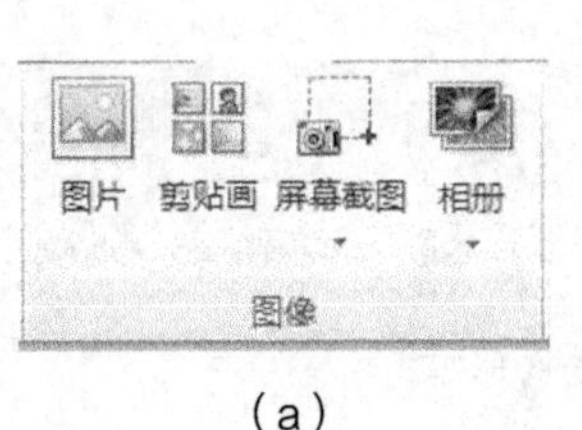

(a)

(b)

图5-17 插入剪贴画

4. 插入来自文件的图片

要插入来自文件的图片，可以在“插入”选项卡的“图像”组中单击“图片”按钮，打开“插入图片”对话框，选择合适的图片文件后，单击“确定”按钮，如图5-18所示。

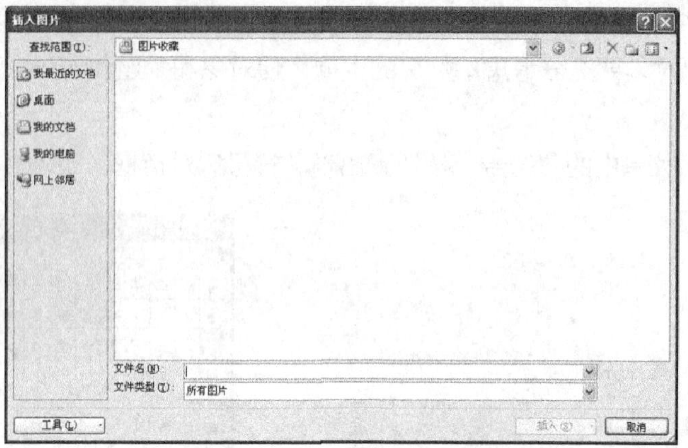

图5-18　插入来自文件的图片

5. 插入自选图形

PowerPoint 2010中自选图形可分为几类，有箭头、连接符、流程图、标注等，而每一类中又各自有不同的图形。在幻灯片中插入自选图形的方法是：

（1）单击“插入”选项卡中“插图”组的“形状”按钮，打开自选图形工具栏，如图5-19所示。

（2）单击某一选项中某一图形，鼠标指针变为十字形状，将指针移到幻灯片上，拖动鼠标使之出现所插入的图形，松开鼠标后即可在幻灯片中插入指定的图形。

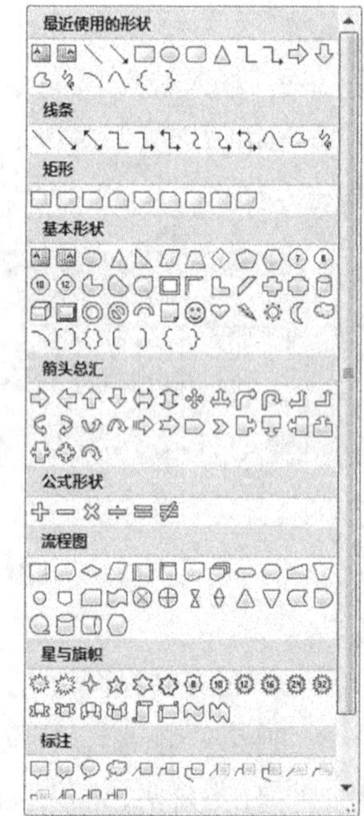

图5-19　插入形状

6. 编辑图形对象

插入图片后，就可以对它进行编辑了，包括改变图片的大小、复制、移动和删除等。另外还可以设置图片的线条和填充颜色，如图5-20所示。

调整图片大小的步骤如下。

（1）选中要调整的图片。

（2）图片四周会出现黑色句柄，用鼠标单击这些句柄，并拖动鼠标就可调整图片的大小。

图5-20　设置自选图形格式

（3）复制、移动和删除图片的方法与在Word中处理图片的步骤一样，利用工具栏上的“复制”“剪切”和“粘贴”按钮或利用菜单中相应的命令就可以了，这里不再赘述。

7. 插入艺术字

在“插入”功能区的“文本”组中单击“艺术字”按钮，打开艺术字样式列表。单击需要的样式，即可在幻灯片中插入艺术字，如图5-21所示。

8. 插入声音文件

在“插入”功能区的“媒体”组中单击“音频”按钮，选择相应操作，如图5-22所示。

9. 插入视频文件

在“插入”功能区的“媒体”组中单击“视频”按钮，如图5-23所示。

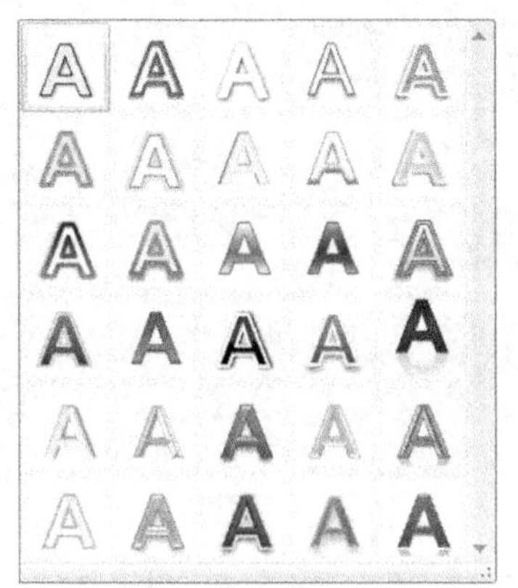

图5-21 插入艺术字

图5-22 插入声音文件

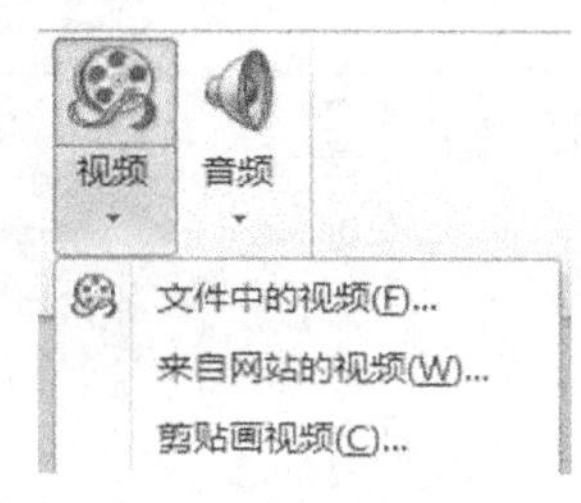

图5-23 插入视频文件

10. 插入其他对象：SmartArt图表、图表、表格

（1）插入SmartArt图表。在“插入”功能区单击“SmartArt”按钮，弹出“选择SmartArt图形”对话框，依据需要选择图形，如图5-24所示。

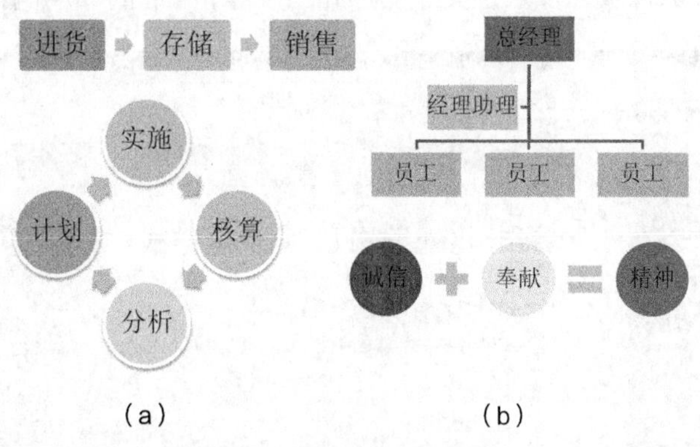

图5-24 插入SmartArt文件

（2）插入图表。在“插入”功能区单击“图表”按钮，弹出“插入图表”对话框，依据需要选择图表，如图5-25所示。

（3）插入表格。在“插入”功能区单击“表格”按钮，依需要进行相应操作如图5-26所示。

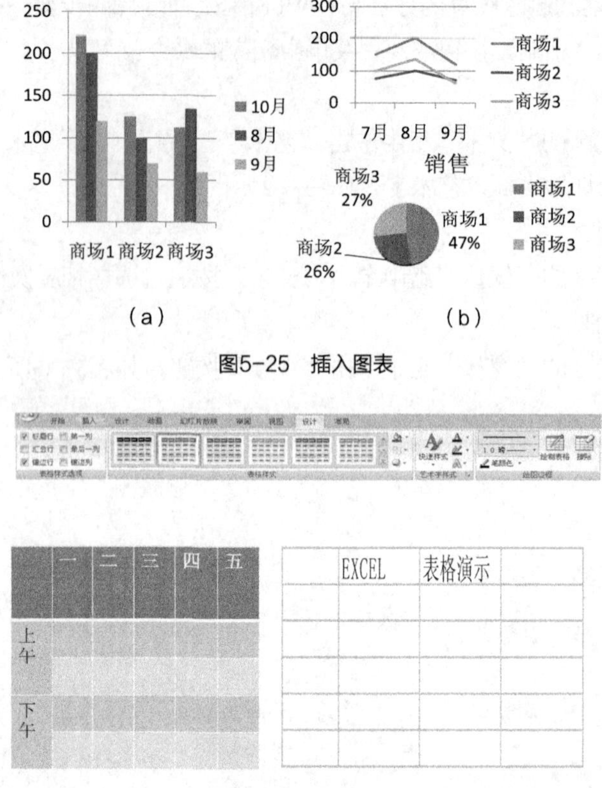

图5-25 插入图表

图5-26 插入表格

5.4.5 幻灯片母版

在演示文稿中，有时需要给每张幻灯片规定统一的格式，例如显示的字体和格式等，这些都可以用幻灯片母版来设置。设置幻灯片母版后，这些格式就会自动应用到所有幻灯片上。另外，也可以添加背景，加入正文、图形和图片等，如图5-27所示。

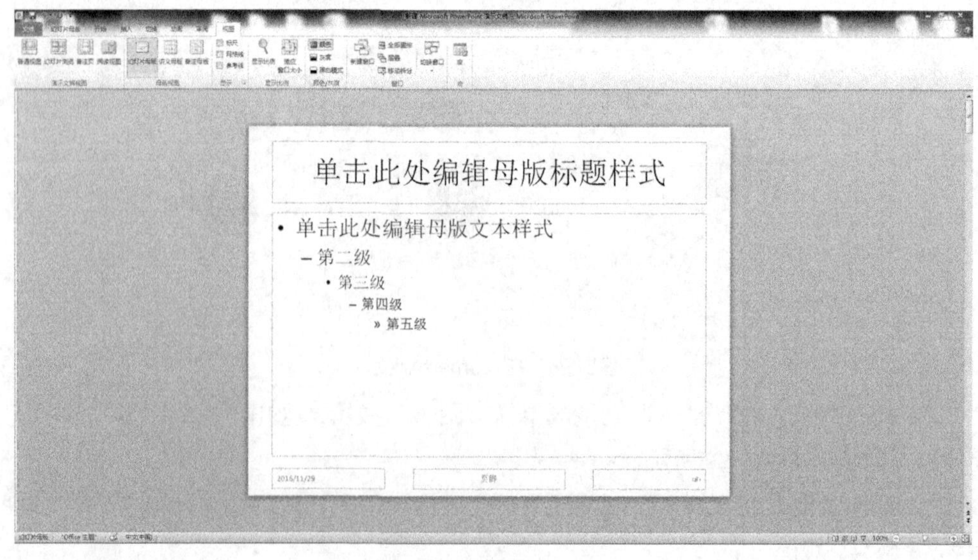

图5-27 选用幻灯片母版

在“视图”功能区单击“幻灯片母版”按钮，一个空白的幻灯片母版就显示出来了。在各区域可添加标题、日期、页码、页脚等内容。添加完后，就应用到所有的幻灯片上了。

5.5 演示文稿的放映

演示文稿的放映有多种方式，最常用的是使用计算机和大屏幕投影仪进行联机播放。在计算机上放映幻灯片时，可以设置特殊的视听和动画效果，有助于突出重点，增强趣味性，吸引大家的注意力，以达到更好的演示效果。

5.5.1 添加动画效果

在PowerPoint 2010中，用户可以为演示文稿中的文本或多媒体对象添加特殊的动画效果，例如使文字逐字飞入演示文稿等。PowerPoint 2010提供了丰富的动画效果，用户可以设置对象的自定义动画。

所谓自定义动画，是指为幻灯片内部各个对象设置的动画。运用自定义动画，可将幻灯片中的文本或对象设置成不同的动画效果，设置方法如下。

（1）选中幻灯片中要设置动画效果的文本或对象。

（2）选择“动画”菜单中的“动画”组，依需要选择动画样式，如图5-28所示。

图5-28 动画样式

（3）单击“添加动画”按钮。通过“添加动画”的下一级菜单选项，用户可以对指定对象进行“进入”“强调”“退出”和“动作路径”的设置，如图5-29所示。

设置动画效果时还可以设置动画效果开始的方式，动画效果的方向以及播放动画时的速度。除此之外，通过“对动画重新排序”下面的两个按钮还可以调整每个对象的动画效果在播放时的先后顺序，如图5-30所示。

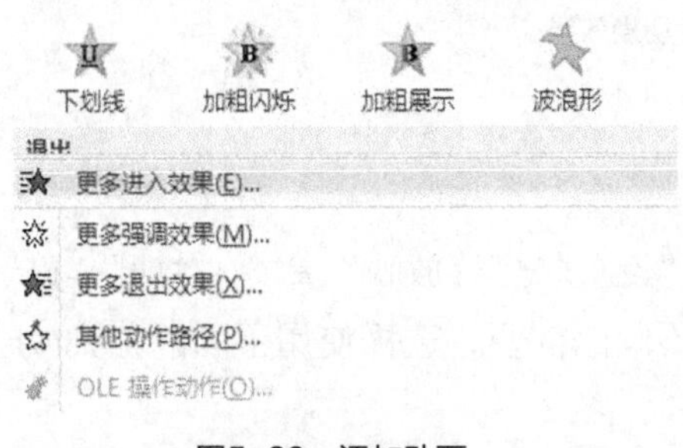

图5-29 添加动画

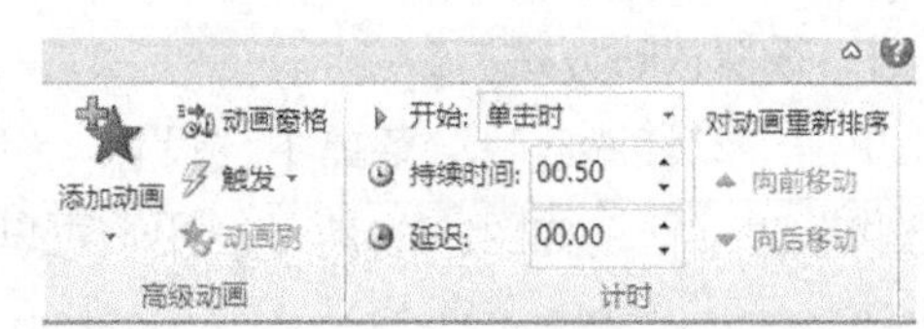

图5-30 “方向”“速度”选项及“重新排序”按钮

（4）更改动画格式和调整动画播放顺序，如图5-31所示。

图5-31　更改动画格式和调整动画播放顺序

5.5.2　设置幻灯片切换效果

幻灯片切换效果是指一张幻灯片如何从屏幕上消失，以及另一张幻灯片如何显示在屏幕上的方式。

幻灯片切换是指放映演示文稿时，各幻灯片进入屏幕的方式，设置方法如下。

（1）选择“切换”菜单。

（2）在图5-32所示图中右方选项中可以设置。切换速度和声音，在“持续时间”选项中可以指定幻灯片切换时的速度；在“声音”选项中可以指定切换时的声音效果；在“换片方式”中可指定换片时是按“单击鼠标时”换片还是按间隔时间换片。设置完后即可将所设置的切换方式应用于当前幻灯片。如想将此切换方式应用于所有的幻灯片中，可单击下方的“全部应用”按钮，如图5-32所示。

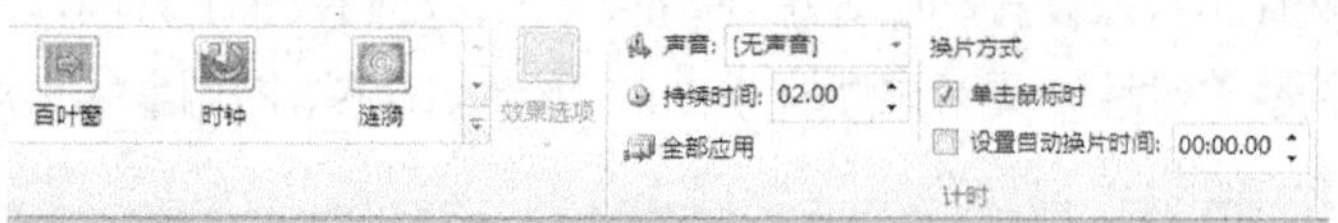

图5-32　设置幻灯片切换效果

5.5.3　放映演示文稿

1. 设置放映方式

单击“幻灯片放映”菜单中“设置”组中的“设置幻灯片放映”命令，打开“设置放映方式”对话框，如图5-33所示。用户可以根据不同的需要，选择使用不同的方式放映演示文稿。

（1）设置放映类型。

演讲者放映（全屏幕）：选择此选项可运行全屏显示的演示文稿，这是最常用的方式，通常演讲者播放演示文稿时使用。

观众自行浏览：选择此选项可让观众运行演示，使观众更具有参与感。这种演示文稿一般出现在小窗口内，并提供命令在放映时移动、编辑、复制和打印幻灯片。

在展台浏览：选择此选项可自动运行演示文稿。如果展台、会议或其他地点需要运行无人管理的幻灯片放映，可以选择此种放映方式，将演示文稿设置为：运行时大多数菜单和命令不可用，并且在每次放映完毕后重新启动。选定此选项后，“循环放映，按“Esc”键终止”选项会自动被选中，如图5-33所示。

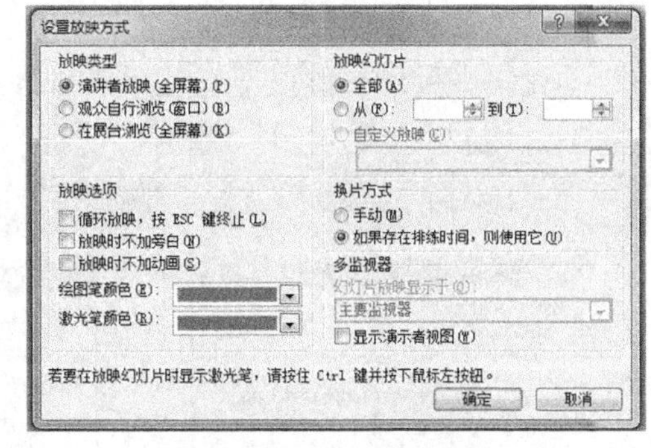

图5-33　设置放映方式

（2）在“设置放映方式”对话框中还可通过“放映幻灯片”选项指定幻灯片放映的范围；通过“换片方式”选项指定换片方式。

2. **创建自定义放映**

可以利用“自定义放映”功能根据需要只放映演示文稿中的部分幻灯片，具体方法如下。

（1）选择“幻灯片放映”菜单下的“自定义幻灯片放映”命令，在弹出的“自定义放映”对话框中设置，如图5-34（a）所示。

（2）单击“新建”按钮，打开“定义自定义放映”对话框，如图5-34（b）所示。

（3）通过“添加”按钮，添加所要播放的幻灯片。还可以通过“↑”“↓”两个按钮调整播放幻灯片的顺序。

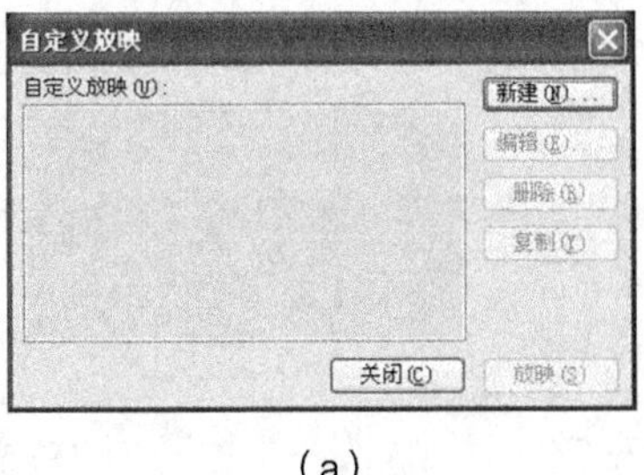

（a）

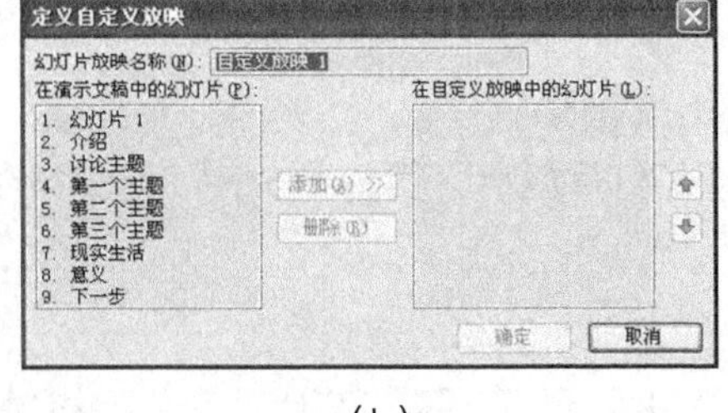

（b）

图5-34　自定义放映

5.5.4　创建交互式放映

在放映幻灯片时，如果单击某一对象，立即切换到其他幻灯片或执行其他程序，这就是交互式的演示文稿。在PowerPoint 2010中，可以通过动作按钮和插入超级链接实现交互式演示文稿。

1. **设置动作按钮**

（1）选择一个动作按钮，添加到幻灯片中。

（2）对动作按钮进行“动作设置”，如图5-35所示。

“动作设置”与“动画设置”不是同一个操作。不仅是按钮，对于文本框、图片等对象，都可以像这样设置。

2. 建立超级链接

（1）选择要进行超链接的文本或图形。

（2）选择“插入”→“超链接”命令。

（3）然后单击鼠标右键→“超链接”，如图5-36所示。

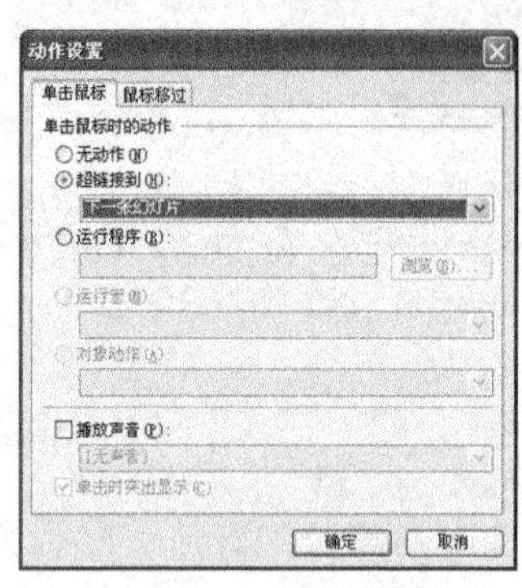

图 5-35　动作设置超链接

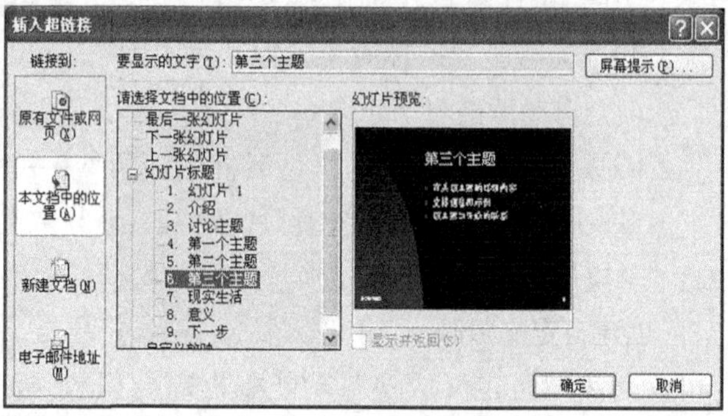

图5-36　插入超级链接

通过该对话框，可以将当前对象与一个幻灯片、一个网页、一个文件等建立超级链接。这就使得幻灯片放映与浏览网页相类似，具备较好的交互性。

5.5.5　控制演示文稿的放映过程

1. 启动演示文稿放映

使用下列方法之一可以启动幻灯片放映。

（1）单击“幻灯片放映”菜单，在“开始放映幻灯片”组中单击“从头开始”命令。

（2）按F5键。

启动幻灯片放映之后，PowerPoint 2010在默认状态下从第一张幻灯片开始按顺序一张张放映。

2. 控制演示文稿的放映

（1）进入到下一张幻灯片：利用空格键、回车键、“↓”、“→”、“Page Down”键，或单击鼠标左键。

（2）退回到上一张幻灯片：“↑”、“←”、退格键、“Page Up”键。

（3）结束放映：“Esc”键。

3. 选择放映幻灯片

在“演讲者放映类型”的放映状态下，鼠标右键单击屏幕，出现右键菜单。单击“定位至幻灯片”选项，在弹出的下一级菜单中显示演示文稿中所有的幻灯片标题，选择要放映的幻灯片，则直接跳转到所选择的幻灯片进行放映，如图5-37所示。

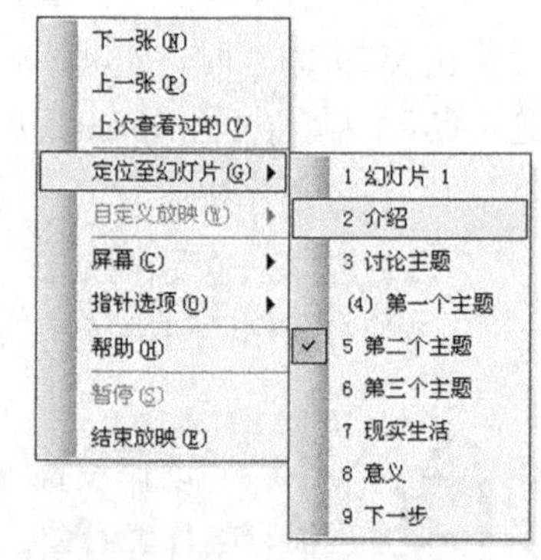

图5-37　幻灯片定位

4. 隐藏幻灯片

在幻灯片视图中，选择待隐藏的一个或多个幻灯片，然后单击幻灯片浏览视图上的“隐藏幻灯片”按钮，此时所选择幻灯片被隐藏。被隐藏的幻灯片只是在放映时不予显示，在大纲视图或幻灯片浏览视图中还是能见到，但其右下角的编号做上了特殊标记，如。

5.5.6　绘图笔的应用

在演讲过程中，有时为了强调某部分内容，可以利用绘图笔在幻灯片放映时直接在屏幕上涂写。

（1）在放映时单击鼠标右键，在出现的菜单中选择“指针选项”，再从下一级菜单中，选择相应的画笔命令。

（2）按住鼠标左键，在屏幕上直接涂写，而不会改变幻灯片的内容。

（3）若要改变绘图笔的颜色，则选中“墨迹颜色”选项，再从出现的下一级菜单中选择需要的颜色。

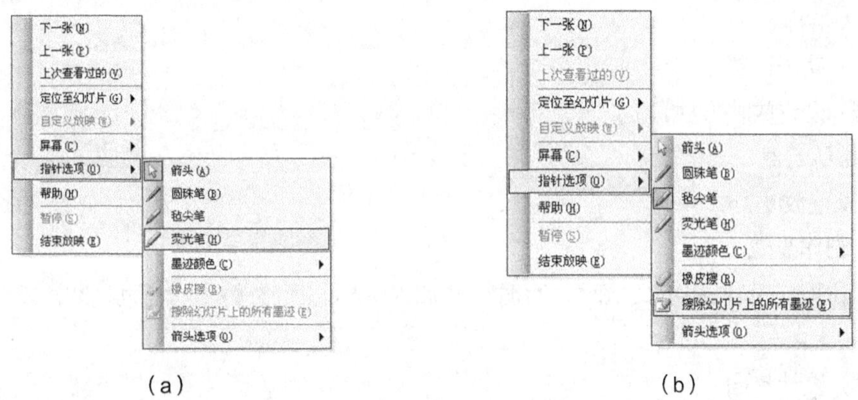

图5-38　绘图笔

（4）若想擦除所画的笔迹，可在“指针选项”的下一级菜单中选择“橡皮擦”或“擦除幻灯片上的所有墨迹”，即可进行擦除，如图5-38所示。

5.6　回到工作场景

下面回到5.1节的工作场景中完成相关PPT的制作。

2010年中国轿车销售市场调查报告

1. 案例说明

王先生去一家汽车销售公司应聘销售经理，市场主管要求王先生对2010年的汽车销售做一个市场调查，并要求以幻灯片的方式做份报告给考核人员，公司以此考察王先生的市场观察和销售能力。

2. 所应用知识要点

（1）幻灯片背景设置

① 纯色填充

② 渐变填充

③ 纹理填充

④ 图片填充

（2）新建幻灯片

（3）自选图形的绘制和格式修改

① 绘制自选图形

② 修改自选图形的填充、边框等

（4）图表

① 插入图表

② 修改图表格式

（5）表格

① 插入表格

② 表格样式

（6）动画设置

（7）设置放映方式

① 排练计时

② 设置放映方式

3. **制作步骤**

我们通常在制作演示文稿时，有时需要加入图标、表格等一些辅助对象，以对听众有更加清楚的展示。

（1）设计封面

步骤1：启动PowerPoint 2010，创建一个“空白幻灯片”。

步骤2：设置背景，如图5-39所示。

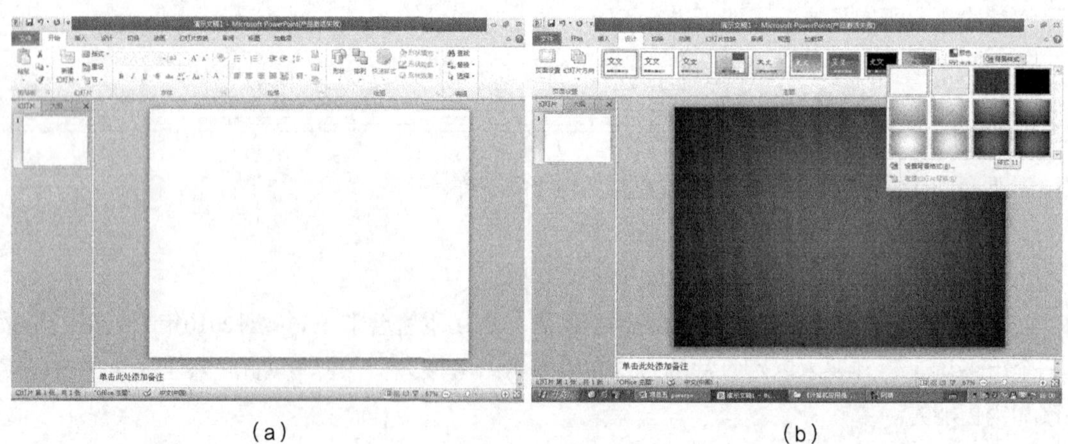

（a）　　　　（b）

图5-39　设置背景

步骤3：在幻灯片中绘制一个平行四边形，如图5-40所示。

步骤4：双击平行四边形，转到“格式”视图。可以在“格式”视图中“形状样式”组中修改平行四边形的填充、边框和阴影等属性，如图5-41所示。

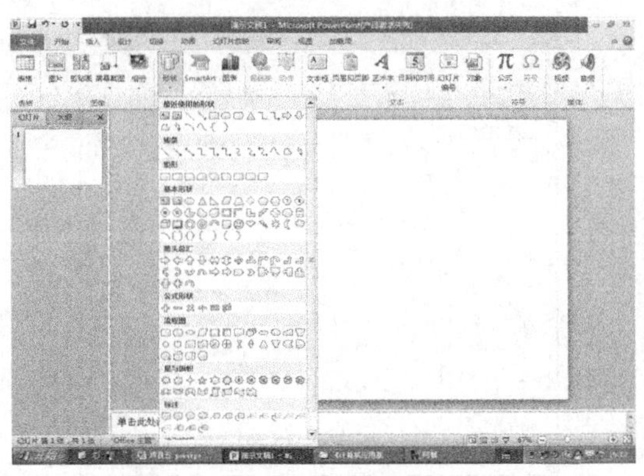

图5-40　绘制图形

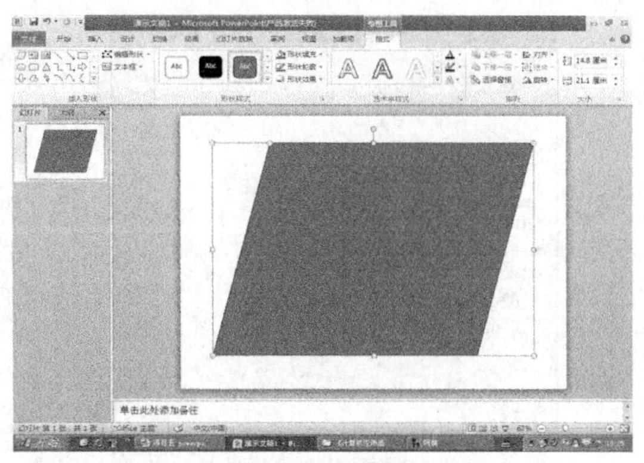

图5-41　选择样式

步骤5：单击“形状填充”右边的下拉小箭头，选择“渐变”→“其他渐变…”命令，如图5-42所示，弹出“设置形状格式”对话框。

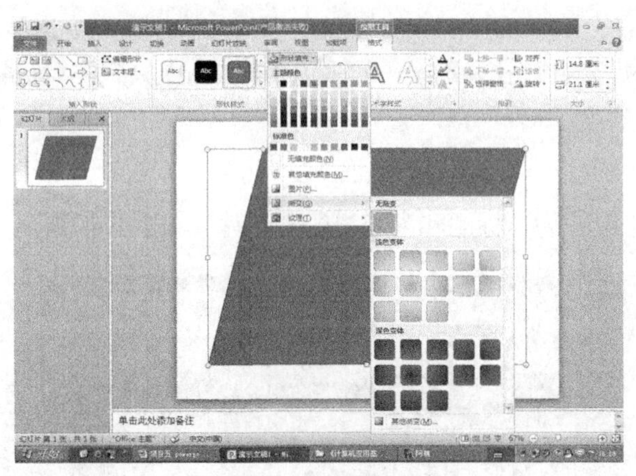

图5-42 设置形状

步骤6：选择“填充”选项卡，如图5-43所示，选中“渐变填充”单选框，在预设颜色中选择“雨后初晴”，类型设置为“线性”，方向选择“线性向下”，角度为“90度”，透明度为“100%”，完成后效果如图5-44所示。

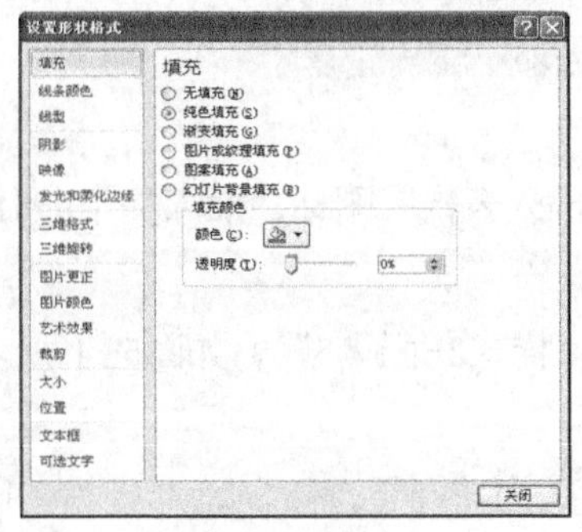

图5-43　填充

图5-44　填充后效果

步骤7：设置线条颜色为透明，如图5-45所示。

步骤8：设置右上对角的阴影效果，如图5-46所示。

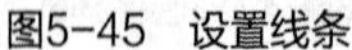

图5-45　设置线条

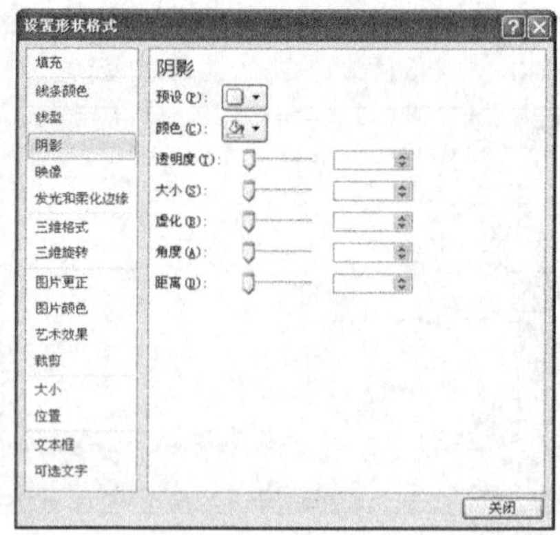

图5-46　设置阴影效果

步骤9：在平行四边形中添加标题文本“2010年中国汽车销售调查报告”。右键单击平行四边形，在弹出的快捷菜单中选择“编辑文字”。添加文本，并设置文本字体大小为44号字，字体为华文行楷。

步骤10：设置封面幻灯片切换方式。幻灯片切换方式设置为“新闻快报”“抽气”，速度为“慢速”。

（2）制作第二张幻灯片——表格幻灯片

步骤1：新建一张版式为“标题和内容”的幻灯片，如图5-47所示。

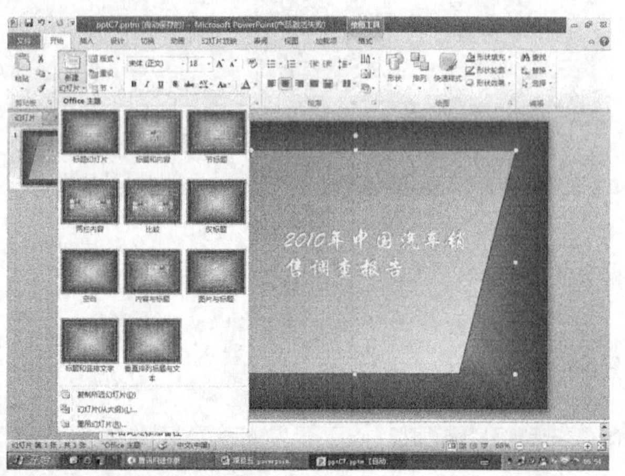

图5-47　设计版式

步骤2：在新建的第二张幻灯片的内容中单击“插入表格”图标，插入一个6列11行的表格，如图5-48所示。

步骤3：选择喜欢的表格样式。在这里选择“中度样式2-强调5”，如图5-49所示。

步骤4：输入表格内容，如图5-50所示。

步骤5：根据前面所学内容，设置幻灯片切换方式为“向下擦除”，声音为“电压”，速度为“慢速”。

图5-48　插入表格

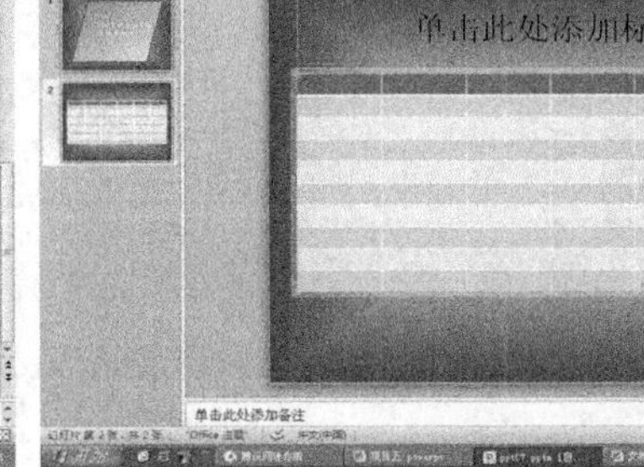

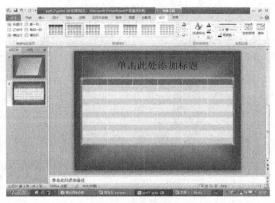

图5-49　选择表格样式

排名	企业	07年销量	同比增长	07目标销量	08年目标
1	上海通用	500308	22%	460000	600000
2	一汽大众	455654	34.30%	400000	600000
3	上海大众	436343	34%	420000	未透露
4	奇瑞汽车	381219	34%	393000	480000
5	广州本田	295299	13.50%	310000	340000
6	一汽丰田	281183	8%	260000	400000
7	东风日产	271915	56%	300000	340000
8	北京现代	231131	-12.5%	260000	380000
9	长福马自达	218465	57%	150000	110000
10	吉利汽车	217687	10%	240000	未透露

（a）

排名	企业	07年销量	同比增长	07目标销量	08年目标
1	上海通用	500308	22%	460000	600000
2	一汽大众	455654	34.30%	400000	600000
3	上海大众	436343	34%	420000	未透露
4	奇瑞汽车	381219	34%	393000	480000
5	广州本田	295299	13.50%	310000	340000
6	一汽丰田	281183	8%	260000	400000
7	东风日产	271915	56%	300000	340000
8	北京现代	231131	-12.5%	260000	380000
9	长福马自达	218465	57%	150000	110000
10	吉利汽车	217687	10%	240000	未透露

（b）

图5-50　输入表格数据

步骤6：动画设置。

① 表格动画。

为表格添加进入动画为“菱形”，开始方式为“单击时”，方向为“放大”，速度为“中速”。

② 为动画对象进入时添加声音，如图5-51所示。

③ 制作第三张幻灯片——图表幻灯片

步骤1：新建幻灯片。

步骤2：单击“插入”选项卡中“插图”组的“图表”。默认选择“柱形图”中的“簇状柱形图”，如图5-52所示。

步骤3：设置垂直坐标轴的刻度。选择垂直坐标轴，单击鼠标右键，如图5-53所示。设置“坐标轴选项”内容，如图5-54所示。

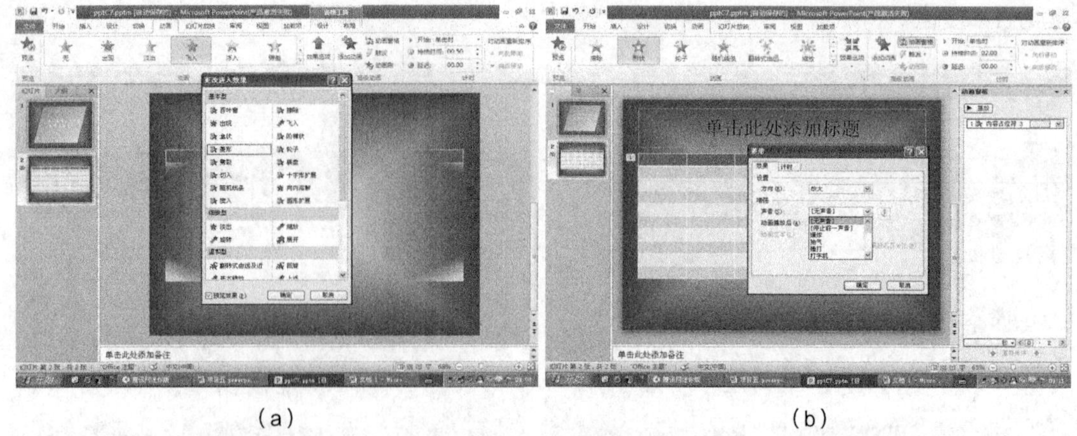

（a）　　　　　　（b）

图5-51　设置动画声音

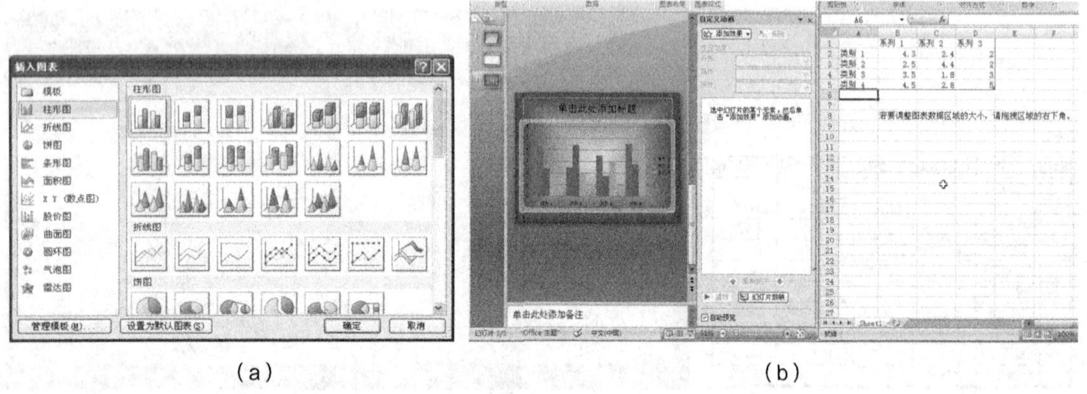

（a）　　　　　　（b）

图5-52　选择图表样式

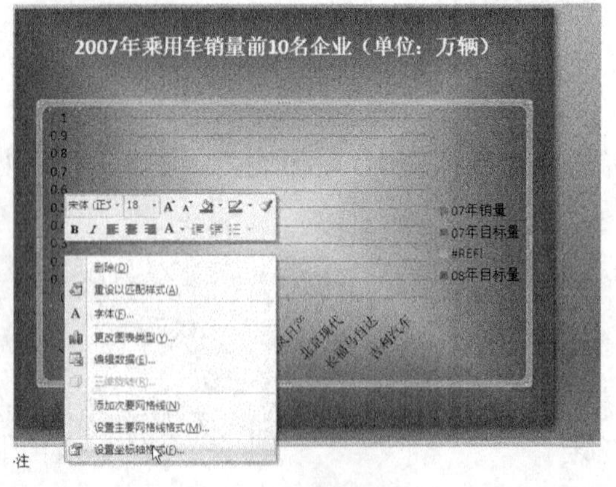

图5-53　设置坐标

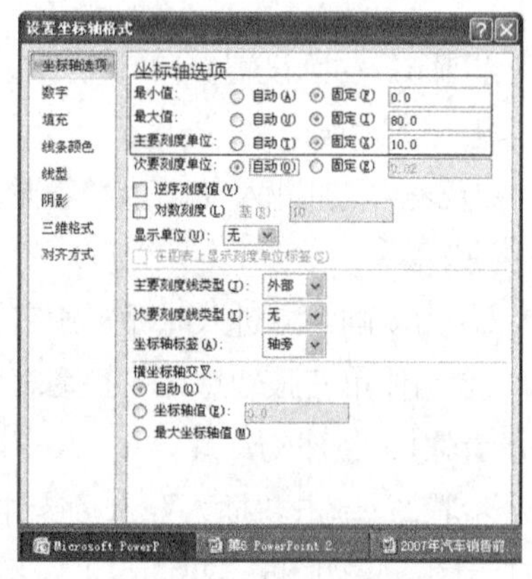

图5-54　设置坐标内容

步骤4：在Excel中输入数据。完成Excel表格后，幻灯片显示如图5-55所示。

步骤5：设置第三张幻灯片的切换效果为“翻转”，声音为“风声”，如图5-56所示。

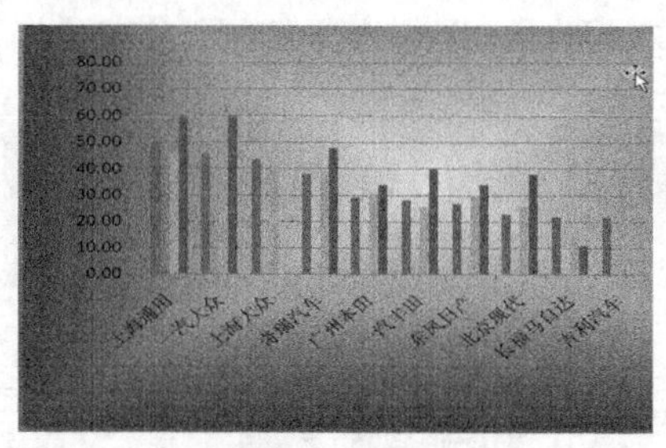

图5-55 完成表格

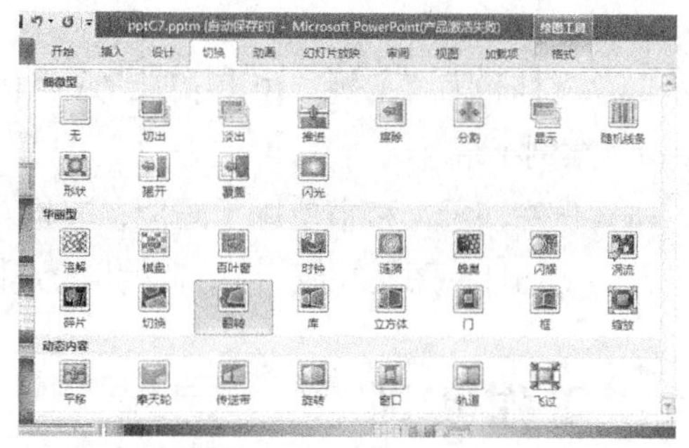

图5-56 设置切换速度

步骤6：设置对象动画。

① 标题进入动画效果为“颜色打字机”，开始方式为“单击时”，速度值为“0.08秒”，声音为“打字机”。

② 图表进入动画效果为“温和型”“渐入”，开始方式“单击时”，速度为“快速”，声音为“爆炸”。

（3）放映幻灯片

步骤1：排练计时，如图5-57所示。

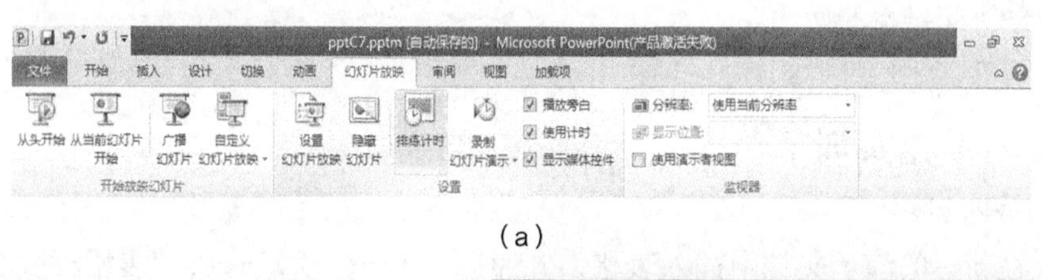

（a）

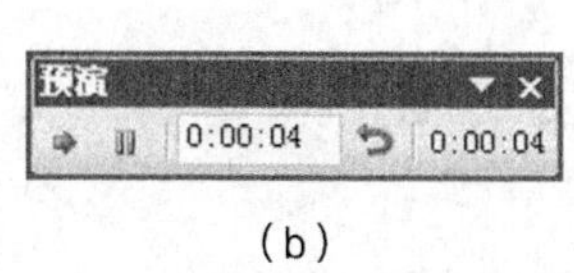

（b）

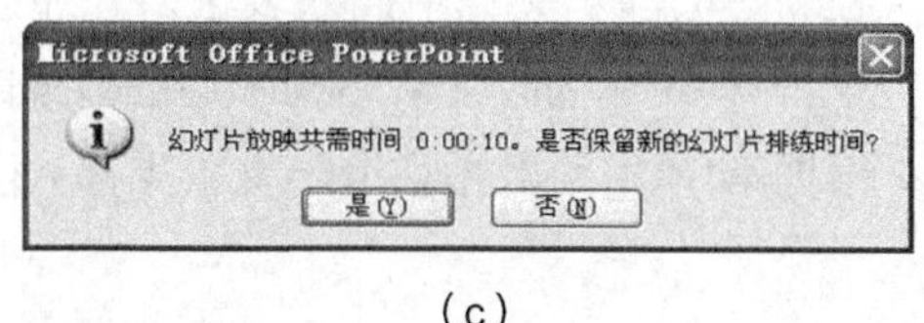

（c）

图5-57 排练计时

步骤2：设置放映方式进行放映，如图5-58所示。

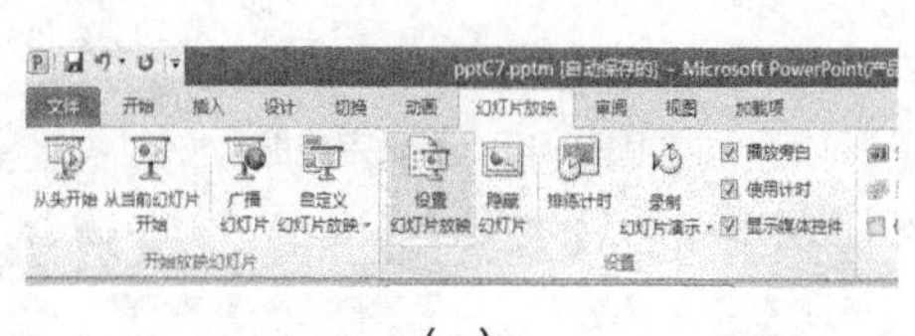

（a）

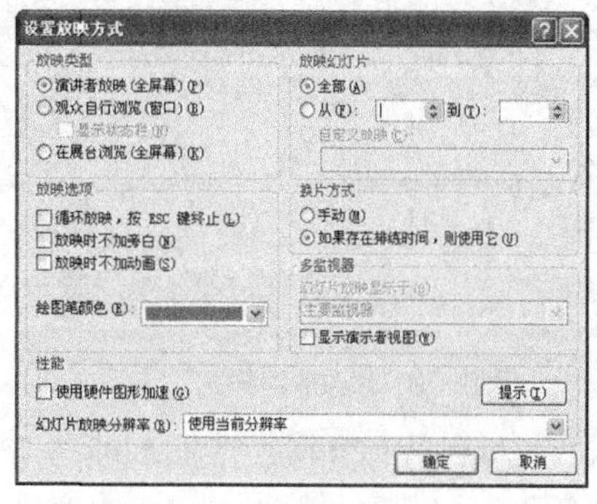

（b）

图5-58 设置放映方式

（4）保存文档

保存文档名为“案例2010年中国汽车销售市场调查报告.ppt”，本案例制作完成。

4. **案例小结**

本案例在演示文稿中使用了图片、表格、图表等元素，还通过设置幻灯片切换效果和动画设置，使幻灯片图文并茂，更加吸引听众注意。

5.7 工作实训

5.7.1 工作实训一

1. **训练内容**

A汽车生产公司所设计生产的一款新车欲参加某国际概念车展，为了让人们更加生动形象地了解该款车，也为了在该车上市后促进销售，公司需要制作一个简单美观的演示文稿，向人们展示该车的外观、内饰和特性。

2. **训练要求**

（1）复习在幻灯片中插入对象。

（2）学习超链接的使用。

（3）灵活运用幻灯片的切换。

5.7.2 工作实训二

1. **训练内容**

（1）在新建的演示文档中插入表格，并通过“设计”选项卡中“表格样式”组改变表格样式，如图5-59所示为改变表格样式后的效果图。

（2）根据第1步所给数据在演示文稿中插入图表，如图5-60所示。

二年级前五名成绩

姓名	语文	数学	英语
王云	98	98	99
何文	98	95	90
欧欣	96	94	90
蔡帆	93	92	91
张奇	90	98	87

图5-59 修改表格样式

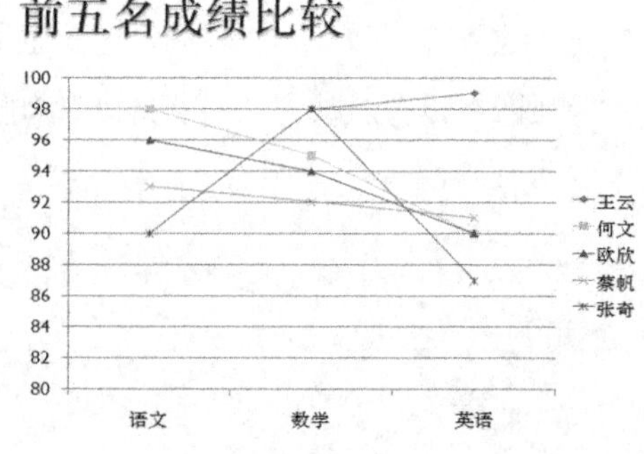

图5-60 图表完成图

（3）利用已有资料，根据本项目所学，完成一个主题演示文稿的制作，要求有多种媒体元素出现，并且具有适当的动画效果。

2. 训练要求

（1）复习在幻灯片中插入图表。

（2）学习表格的美化。

（3）灵活运用幻灯片的动画效果。

习题五

一、选择题

1. 创建演示文稿的方法有（　　）。

   A. 使用“内容提示向导”　　B. 使用“模板”

   C. 使用“空演示文稿”　　D. 以上全是

2. PowerPoint 2010提供了（　　）种视图方式。

   A. 4　　B. 5　　C. 6　　D. 3

3. 使用（　　）菜单下的“背景”命令可以改变幻灯片的背景。

   A. 视图　　B. 工具　　C. 编辑　　D. 设计

4. 在PowerPoint 2010中，若为幻灯片中的对象设置“飞入”，应选择对话框（　　）。

   A. 自定义动画　　B. 幻灯片版式　　C. 自定义放映　　D. 幻灯片放映

5. 在PowerPoint 2010中，要设置两张幻灯片之间的超级链接，要通过（　　）命令。

   A. “幻灯片放映”→“设置放映方式”　　B. “幻灯片放映”→“自定义放映”

   C. “幻灯片放映”→“动作设置”　　D. “幻灯片放映”→“幻灯片切换”

6. PowerPoint 2010中，下列说法中错误的是（　　）。

   A. 将图片插入到幻灯片中后，用户可以对这些图片进行必要的操作

   B. 利用“图片”工具栏中的工具可裁剪图片、添加边框和调整图片亮度及对比度

   C. 选择视图菜单中的“工具栏”，再从中选择“图片”命令可以显示“图片”工具栏

   D. 对图片进行修改后不能再恢复原状

7. PowerPoint 2010中，下列说法中错误的是（　　）。

   A. 可以动态显示文本和对象　　B. 可以更改动画对象的出现顺序

   C. 图表中的元素不可以设置动画效果　　D. 可以设置幻灯片切换效果

8. PowerPoint 2010中，下面有关复制幻灯片的说法中错误的是（　　）。

   A. 可以在演示文稿内使用幻灯片副本

   B. 可以使用“复制”和“粘贴”命令

   C. 选定幻灯片后选择“插入”菜单中的“幻灯片副本”命令

   D. 可以在浏览视图中按住“Shift”键，并拖动幻灯片

9. PowerPoint 2010中，启动幻灯片放映的方法中错误的是（　　）。

   A. 单击演示文稿窗口左下角的“幻灯片放映”按钮

B. 选择“幻灯片放映”菜单中的“观看放映”命令

C. 选择“幻灯片放映”菜单中的“幻灯片放映”命令

D. 直接按“F6”键，即可放映演示文稿

10. 在PowerPoint 2010中，“格式”下拉菜单中的（　　）命令可以用来改变某一幻灯片的布局。

A. “背景”　　B. “幻灯片版式”

C. “幻灯片配色方案”　　D. 字体

11. PowerPoint 2010中，有关幻灯片背景下列说法错误的是（　　）。

A. 用户可以为幻灯片设置不同的颜色、阴影、图案或者纹理的背景

B. 也可以使用图片作为幻灯片背景

C. 可以为单张幻灯片进行背景设置

D. 不可以同时对多张幻灯片设置背景

12. PowerPoint 2010中，有关插入幻灯片的说法中错误的是（　　）。

A. 选择“插入”菜单中的“新幻灯片”，在对话框中选择相应的版式

B. 可以从其他演示文稿中插入幻灯片

C. 在浏览视图下单击鼠标右键，选择“新幻灯片”

D. 在大纲视图下单击要插入新幻灯片的位置，按回车键

13. PowerPoint 2010中，下列有关在应用程序中链接数据的说法中错误的是（　　）。

A. 可以将整个文件链接到演示文稿中

B. 可以将一个文件中的选定信息链接到演示文稿中

C. 可以将Word表格链接到PowerPoint 2010中

D. 若要与Word建立链接关系，则选择PowerPoint 2010的“编辑”菜单中的“粘贴”命令即可

14. PowerPoint 2010中，有关排练计时的说法中错误的是（　　）。

A. 可以首先放映演示文稿，进行相应的演示操作，同时记录幻灯片之间切换的时间间隔

B. 要使用排练计时，请选择“幻灯片放映”菜单中的“排练计时”命令

C. 系统以窗口方式播放

D. 如果对当前幻灯片的播放时间不满意，可以单击“重复”按钮

15. PowerPoint 2010中，在（　　）视图中，可以轻松地按顺序组织幻灯片，进行插入、删除、移动等操作。

A. 备注页视图　　B. 浏览视图　　C. 幻灯片视图　　D. 黑白视图

16. PowerPoint 2010中，在（　　）视图中，可以定位到某特定的幻灯片。

A. 备注页视图　　B. 浏览视图　　C. 放映视图　　D. 黑白视图

17. PowerPoint 2010中，下列说法错误的是（　　）。

A. 可以利用自动版式建立带剪贴画的幻灯片，用来插入剪贴画

B. 可以向已存在的幻灯片中插入剪贴画

C. 可以修改剪贴画

D. 不可以为图片重新上色

18. PowerPoint 2010中，在浏览视图下，按住“Ctrl”键并拖动某幻灯片，可以完成（ ）操作。

A. 移动幻灯片　B. 复制幻灯片　C. 删除幻灯片　D. 选定幻灯片

19. PowerPoint 2010中，有关删除幻灯片的说法中错误的是（ ）。

A. 选定幻灯片，单击“编辑”菜单中的“删除幻灯片”

B. 如果要删除多张幻灯片，请切换到幻灯片浏览视图。按下“Ctrl”键并单击各张幻灯片，然后单击“删除幻灯片”

C. 如果要删除多张不连续幻灯片，请切换到幻灯片浏览视图。按下“Shift”键并单击各张幻灯片，然后单击“删除幻灯片”

D. 在大纲视图下，单击选定幻灯片，单击“Del”键

20. PowerPoint 2010中，关于在幻灯片中插入组织结构图的说法中错误的是（ ）。

A. 只能利用自动版式建立含组织结构图的幻灯片

B. 可以通过插入菜单的“图片”命令插入组织结构图

C. 可以向组织结构图中输入文本

D. 可以编辑组织结构图

21. 要使幻灯片在放映时能够自动播放，需要为其设置（ ）。

A. 超级链接　B. 动作按钮　C. 排练计时　D. 录制旁白

22. 如果要从第三张幻灯片跳转到第八张幻灯片，需要在第三张幻灯片上设置（ ）。

A. 动作按钮　B. 预设动画　C. 幻灯片切换　D. 自定义动画

23. 如果要从一个幻灯片淡入到下一个幻灯片，应使用菜单“幻灯片放映”中的（ ）命令进行设置。

A. 动作按钮　B. 预设动画　C. 幻灯片切换　D. 自定义动画

24. PowerPoint 2010 提供了多种（ ），它包含了相应的配色方案、母版和字体样式等，可供用户快速生成风格统一的演示文稿。

A. 版式　B. 模板　C. 母版　D. 幻灯片

25. 演示文稿中的每一张演示的单页称为（ ），它是演示文稿的核心。

A. 版式　B. 模板　C. 母版　D. 幻灯片

二、填空题

1. 在幻灯片插入“组织结构图”，可以选择“插入”菜单的________命令。

2. PowerPoint 2010提供了________、________和________3种母版。

3. 一个演示文稿在放映过程中，终止放映需要按键盘上的________键。

4. 一个幻灯片内包含的文字、图形、图片等称为________。

5. 能规范一套幻灯片的背景、图像、色彩搭配的是________。

6. 一个完整的演示文稿是由________个幻灯片构成的。

7. 在一个演示文稿中________(能、不能)同时使用不同的模板。

8. 在PowerPoint 2010中，为每张幻灯片设置放映时的切换方式，应使用“幻灯片放映”菜单下的________选项。

9. PowerPoint 2010演示文稿的缺省扩展名为________。

10. 如果在幻灯片浏览视图中要连续选取多张幻灯片，应当在单击这些幻灯片时按住________键。

三、判断题

1. 如果用户对已定义的版式不满意，只能重新创建新演示文稿，无法重新选择自动版式。 (　　)

2. 一个演示文稿的格式要在幻灯片版式中定义。 (　　)

3. 没有安装PowerPoint 2010应用程序的计算机也可以放映演示文稿。 (　　)

4. PowerPoint 2010允许在幻灯片上插入图片、声音和视频图像等多媒体信息，但是不能在幻灯片中插入CD音乐。 (　　)

5. 使用某种模板后，演示文稿的所有幻灯片将被应用新模板的母版样式和配色方案。 (　　)

6. 对设置了排练时间的幻灯片，也可以手动控制其放映。 (　　)

7. 在PowerPoint 2010中，更改背景和配色方案时，“全部应用”和“应用”按钮的作用是一样的。 (　　)

8. 使用某种模板后，演示文稿的所有幻灯片格式均相同，不能更改某张幻灯片的格式。 (　　)

9. 在PowerPoint 2010中，用户修改了配色方案以后，可以添加为“标准”配色方案，供以后使用。 (　　)

10. 演示文稿中的幻灯片不一定都有备注页。 (　　)

四、简答题

1. 设计模板和幻灯片版式有什么不同?

2. 如何给幻灯片增加切换效果和动画效果?

3. 控制演示文稿中的幻灯片具有统一外观的方法有哪些?

五、操作题

1. 制作一个个人简历演示文稿，要求：

（1）选择一种合适的模板；

（2）整个文件中应有不少于3张的相关图片；

（3）幻灯片中的部分对象应有动画设置；

（4）幻灯片之间应有切换设置；

（5）幻灯片的整体布局合理、美观大方。

2. 制作一个演示文稿，介绍李白的几首诗，要求：

（1）第一张幻灯片是标题幻灯片；

（2）第二张幻灯片重点介绍李白的生平；

（3）第三张幻灯片中给出要介绍的几首诗的目录，它们应该通过超链接到相应的幻灯片上；

（4）在每首诗的介绍中应该有不少于1张的相关图片；

（5）选择一种合适的模板；

（6）幻灯片中的部分对象应有动画设置；

（7）幻灯片之间应有切换设置；

（8）幻灯片的整体布局合理、美观大方。

PART 6

项目六 Access 2010

项目要点

- Access 2010介绍。
- Access 2010的新界面。
- Access 2010的新功能。
- Access 2010的功能区。
- 数据库的六大对象。
- 各种对象的主要概念和功能。

技能目标

- 了解Access 2010数据库。
- 了解Access 2010用户界面。
- 掌握Access 2010数据库概念。
- 掌握Access 2010数据库基本操作。

6.1 工作场景导入

【工作场景】

1. Access 2010数据库的基本操作

小李是某大型企业的财务人员，企业经理要求她完成某个财务报表，小李顺利地完成了工作，具体工作中用到那些数据库知识呢？我们将在本项目中介绍。

2. 创建Access 2010数据库

在工作过程中，要熟练完成各种各样的数据库创建和操作，就要熟练掌握Access 2010各种功能。

【引导问题】

（1）在日常工作中，你是否经常使用数据库Access 2010?

（2）你了解Access 2010的基本功能吗，有哪些新特性?

（3）你掌握了Access 2010的基本操作吗?

（4）如何创建各个类型的数据库?

6.2 Access 2010简介

Access 2010是Microsoft公司最新推出的2010年推出Access版本，是微软办公软件包Office 2010的一部分，目前最新的版本是Access 2013。作为一种新型的关系型数据库，它能够帮助用户处理各种海量的信息，不仅能存储数据，更重要的是能够对数据进行分析和处理，使用户将精力聚焦于各种有用的数据。

Access是Microsoft Office组件之一，是在Windows环境下流行的桌面型数据库管理系统。它无需编写任何代码，只需通过直观的可视化操作就可以完成大部分数据管理任务。自从1992年11月Access 1.0被推出以来，Microsoft公司一直在不断地完善增强Access的功能，先后推出了Access 1.1/2.0/7.0、Access 97/2000和Access 2010等。它是一种基于关系模型的数据库管理系统，给用户提供一个功能很强的数据处理平台，帮助用户组织和共享数据库信息。

在Microsoft Access数据库中，包括了存储信息的表、显示人机交互界面的窗体、有效检索数据的查询、信息输出载体的报表、提高应用效率的宏、功能强大的模块工具等。它不仅可以通过ODBC与其他数据库相连，实现数据交换和共享，还可以与Word、Excel等办公软件进行数据交换和共享，并且通过对象链接与嵌入技术在数据库中嵌入和链接声音、图像等多媒体数据。

Access 2010是简便、实用的数据库管理系统，它提供了大量的工具和向导，即使没有编程经验的用户也可以通过其可视化的操作来完成绝大部分的数据库管理和开发工作。

6.2.1 Access 2010产品简介

自Microsoft公司研制开发出Access以来，就以其简单易学的优势使得Access的用户不断增加，成为流行的数据库管理系统软件之一。

Access 2010是Office 2010系列办公软件中的产品之一，是微软公司出品的优秀的桌面数据库管理和开发工具。Microsoft 公司将汉化的Access 2010中文版加入Office 2010中文版套装软件中，使得Access在中国得到了广泛的应用。

Access 2010是一个面向对象的、采用事件驱动的新型关系型数据库。这样说可能有些抽象，但是相信用户经过后面的学习，就会对什么是面向对象、什么是事件驱动有更深刻的理解。

Access 2010提供了表生成器、查询生成器、宏生成器、报表设计器等许多可视化的操作工具，以及数据库向导、表向导、查询向导、窗体向导、报表向导等多种向导，可以使用户很方便地构建一个功能完善的数据库系统。Access还为开发者提供了Visual Basic for Application（VBA）编程功能，使高级用户可以开发功能更加完善的数据库系统。

Access 2010还可以通过ODBC与Oracle、Sybase、FoxPro等其他数据库相连，实现数据的交换和共享。并且，作为Office办公软件包中的一员，Access还可以与Word、Outlook、Excel等其他软件进行数据的交互和共享。

此外，Access 2010还提供了丰富的内置函数，以帮助数据库开发人员开发出功能更加完善、操作更加简便的数据库系统。

6.2.2 Access 2010的功能

Access 2010属于小型桌面数据库系统，是管理和开发小型数据库系统非常好用的工具。

Access 2010可以在一个数据库文件中通过六大对象对数据进行管理，从而实现高度的信息管理和数据共享。它的六大对象如下。

（1）表：存储数据。

（2）查询：查找和检索所需的数据。

（3）窗体：查看、添加和更新数据库的数据。

（4）报表：以特定的版式分析或打印数据。

（5）宏：执行各种操作，控制程序流程。

（6）模块：处理、应用复杂的数据信息的处理工具。

Access 2010数据库有六大数据库对象，分别为表、查询、窗体、报表、宏、VBA模块。这六个数据库对象相互联系，构成一个完整的数据库系统。SharePoint网站这个对象是新增的，读者可以自行学习。

只要在一个表中保存一次数据，就可以从表、查询、窗体和报表等多个角度查看到数据。由于数据的关联性，在修改某一处的数据时，所有出现此数据的地方均会自动更新。

Access 2010有许多方便快捷的工具和向导，工具有表生成器、查询生成器、窗体生成器和表达式生成器等；向导有数据库向导、表向导、查询向导、窗体向导和报表向导等。利用这些工具和向导，可以建立功能较为完善的中小型数据库应用系统。

6.3　Access 2010的新特点

Access 2010在数据库的管理上，除了保持原有的功能特性之外，还做了进一步的扩展和更新，使操作更加灵活方便，用户能更有效地进行合作与交流，具体体现在以下几个方面。

（1）改进的全新用户界面。Access 2010采用了一种全新的用户界面，可以帮助用户提高工作效率。新界面使用称为“功能区”的标准区域来代替Access早期版本中的多层菜单和工具栏，功能区是包含按特征和功能组织的命令组的选项卡集合。

功能区的重要功能如下。

① 命令选项卡：显示通常配合使用的命令的选项卡，这样可在需要命令的时候快速找到命令。

② 上下文命令选项卡：根据上下文显示的一种命令选项卡。上下文就是目前正在着手处理的对象或正在执行的任务。

③ 库：显示样式或选项的预览的新控件，以便能在做出选择前查看效果。

Access 2010中引入的导航窗格列出了当前打开的数据库中的所有对象，并可让用户轻松访问这些对象。导航窗格取代了 Access 早期版本中的“数据库”窗口。

Access 2010包含经过专业化设计的数据库模板，这些模板可用来跟踪联系人、任务、事件、学生和资产，以及其他类型的数据等。每个模板都是一个完整的跟踪应用程序，其中包含预定义表、窗体、报表、查询、宏和关系等。

（2）功能强大的模板帮助用户入门。使用“开始使用Microsoft Office Access”窗口可以快速创建数据库。用户可以创建自己的数据库，也可以使用事先设计好的、具有专业水准的数据库模板创建数据库。

（3）增强的排序和筛选功能。新增的Access 2010自动筛选功能增强了Access早期版本的筛选功能，使用户可以快速找到所需的数据。

（4）“布局”视图。新增的“布局”视图允许用户在浏览时进行设计更改。利用此功能，可以在查看实时窗体或报表时进行许多最常见的设计更改。例如，用户可以从新增的“字段列表”窗口中拖动字段来添加字段，或者使用属性表来更改属性。“布局”视图支持新增的堆叠式布局和表格式布局，这些布局是成组的控件，可以将它们作为一个控件来操作，从而可以轻松地重新排列字段、列、行或整个布局。还可以在“布局”视图中轻松地删除字段或添加格式。

（5）借助“创建”面板增强了快速创建功能。Access 2010功能区中的“创建”面板是新增的添加对象的主要工具。利用它可以快速创建新窗体、报表、表、SharePoint列表、查询、宏、模块以及更多对象。在创建过程中，如果有某个表已打开，只需双击便可以创建基于该表的新窗体。新的窗体和报表的设计已得到升级，不仅外观更精美，而且可以立即投入使用。例如，自动生成的窗体和报表具有专业的设计外观，其页眉包含徽标和标题（窗体）或者日期和时间（报表）以及信息丰富的页脚和汇总行。

（6）使用改进的数据表视图快速创建表。Access 2010可以帮助用户更容易地创建表。

只需单击“创建”面板的“表格”面板中的“表”按钮，然后在改进的数据表视图中输入数据即可。Access 2010会自动确定数据类型，因此用户可以立即开始工作。Access 2010新增的“添加新字段”列明确地指出了可以添加字段的位置。如果需要更改数据类型或显示格式，可以使用功能区轻松地实现，甚至可以将Excel表格粘贴到新的数据表中，Access 2010会自动创建所有字段并识别数据类型。

（7）数据表中的汇总行。Access 2010的数据表视图中新增了汇总行，可以在其中添加合计、计数、平均值、最大值、最小值、标准偏差或方差等功能。只需指向所需要的功能并单击即可选择该功能。

（8）用于创建新字段的字段模板。可以在Access 2010中查看新的“字段模板”窗格并可以将需要的字段拖动到数据表中。字段模板是针对字段的设计，包含名称、数据类型、长度和预填充属性。

（9）“字段列表”对话框。Access 2010新增的“字段列表”对话框中包括其他表中的字段，因而比Access早期版本中的字段选取器的功能更强大。可以将表中的字段拖放到记录源、相关表或数据库内的不相关表中。Access 2010可以智能地创建必要的基础设施，因此在整个过程中，如果需要表之间的关系，程序会自动创建关系，或者对用户进行提示。

（10）分割窗体功能。使用Access 2010新增的分割窗体功能可以创建合并了数据表视图和窗体视图的窗体。可以通过设置属性来通知Access将数据表放在窗体的顶部、底部、左侧还是右侧。

（11）嵌入宏。使用Access 2010新增的受信任的嵌入宏可以不必编写代码。嵌入宏存储在属性中，是它所属对象的一部分。可以修改嵌入宏的设计，而无需考虑可能使用该宏的其他控件，因为每个嵌入宏都是独立的。可以信任嵌入的宏，因为系统会自动禁止它们执行某些可能不安全的操作。

6.4 Access 2010的安装

Access 2010是作为Office 2010的组件一同发布的，在介绍Access 2010之前，首先简单介绍Office 2010的安装过程，这样有助于读者根据需要选择安装自己所需的Office组件。

Access 2010的安装步骤如下。

（1）把Office 2010的安装光盘插入驱动器之后，安装程序将自动运行，稍等片刻，打开“阅读Microsoft软件许可证条款”界面，选中“我接受此协议的条款”复选框，然后单击“继续”按钮。Office 2010也可以在网上下载，读者根据需要自行学习。

（2）在“选择所需的安装”界面中，单击“自定义”按钮，如图6-1所示，打开“安装选项”选项卡。

（3）在“安装选项”选项卡中，可以选择需要安装的组件，在不需要安装的组件上选择“不可用”选项即可。

（4）选择“文件位置”选项卡，设置软件的安装位置，单击“立即安装”按钮，系统便开始安装Office 2010应用程序，并显示软件的安装进度。安装完成之后，将出现“安装已完成”界面。

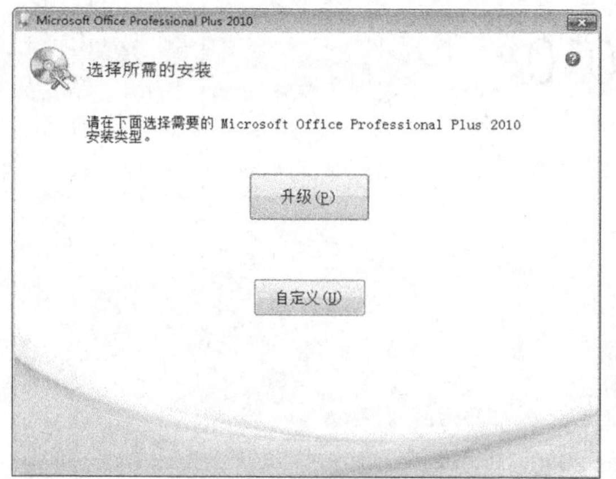

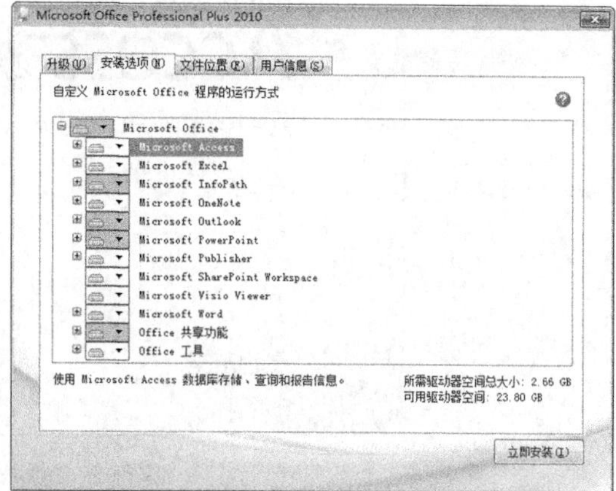

图6-1 “选择所需的安装”界面

整个过程需要二三十分钟。如果只是安装Access 2010，则只需5～6分钟左右的时间，重新启动计算机即可。

6.5 Access 2010启动与退出

在Windows操作系统中，有几种方法可以方便地启动和退出Access 2010。

6.5.1 Access 2010的启动

成功安装Access 2010以后，就可以运行这个程序了。

启动Access 2010的方法和启动其他软件的方法一样，Access 2010的启动步骤如下。

（1）单击桌面上的“开始”按钮。

（2）打开“所有程序”级联菜单。

（3）选择“Microsoft Office”→“Microsoft Access 2010”命令，就可启动Access 2010了。

最简单而直接的启动方法，是在桌面上建立Access 2010的快捷方式，只需双击桌面上的快捷方式图标，就可以方便、快捷地启动系统，如图6-2所示。

建立桌面快捷方式的步骤如下。

（1）单击桌面上的“开始”按钮。

（2）打开“所有程序”级联菜单。

（3）在“Microsoft Office”→“Microsoft Access 2010”命令上单击鼠标右键。

（4）在弹出的快捷菜单中选择“发送到”→“桌面快捷方式”命令。

也可以直接启动Access 2010文件。

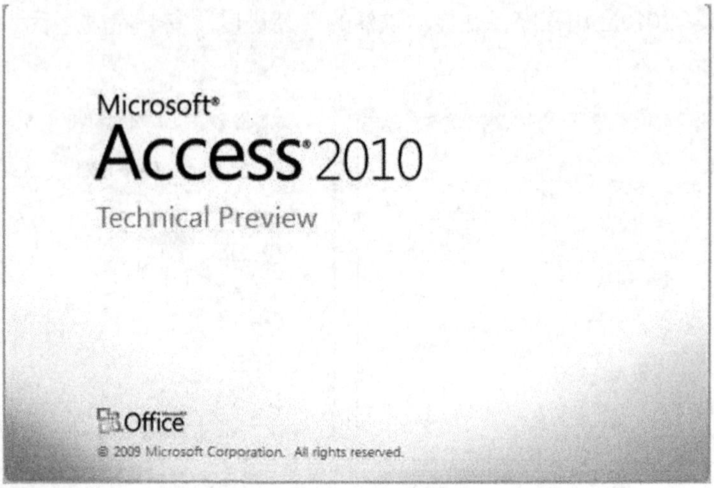

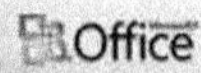

图6-2　Access 2010启动过程

提示

在通过“开始”菜单启动Access 2010 以后，系统首先会显示“可用模板”面板，这是Access 2010 界面上的第一个变化。新版本的Access 2010采用了和Access 2007扩展名相同的数据库格式，扩展名为.accdb。而原来的各个Access版本都是采用扩展名为.mdb的数据库格式。

6.5.2　Access 2010的退出

退出Access 2010的方法有以下几种。

（1）单击“Office”按钮→“退出Access”按钮。

（2）双击“Office”按钮。

（3）单击标题栏右侧的“关闭”按钮。

（4）按“Alt + Space”键，在弹出的快捷菜单中选择“关闭”命令。

（5）在任务栏中Access 2010程序按钮上单击鼠标右键，在弹出的快捷菜单中选择“关闭”命令。

（6）按“Alt + F4”键。

（7）依次按“Alt”“F”和“X”键。

提示

在打开另一个数据库的同时，Access 2010将自动关闭当前的数据库。

6.6　Access 2010的窗口操作

Access 2010的操作窗口比以前的版本更具特色，特点更鲜明。

6.6.1 Access 2010的系统主窗口

启动Access 2010时，首先会出现全新的Access标识，然后创建空白数据库，打开其系统主窗口，如图6-3所示。和Office的其他组件窗口类似，主要由Office 按钮、标题栏、快捷访问工具栏、功能选项卡区、任务窗格、模板展示栏、功能区等部分组成。其中，功能区也称为工具栏，显示各选项卡中的工具按钮。

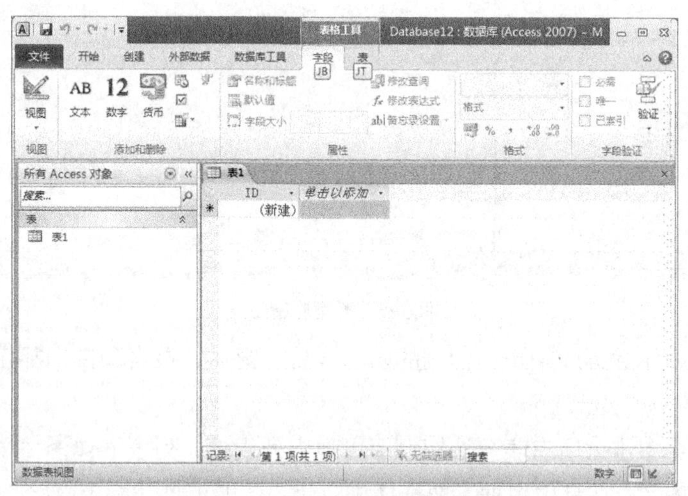

图6-3 Access 2010系统主窗口

Access系统主窗口由三部分组成：标题栏、菜单栏和面板以及快速访问工具栏。

（1）标题栏：主要包括Access 2010标题，最大化、最小化及关闭窗口的按钮，如图6-4所示。

（2）菜单栏和面板：Access 2010的菜单栏和面板是对应的关系，在菜单栏中单击某个选项即可显示相应的面板。在面板中有许多自动适应窗口大小的选项板，提供了常用的命令按钮，如图6-5所示。

（3）快速访问工具栏：快速访问工具栏位于窗口的左上角，其中包括“保存”按钮、“撤销”按钮和“恢复”按钮等。

Database1 : 数据库 (Access 2007) - Microsoft Access

图6-4 Access的标题栏

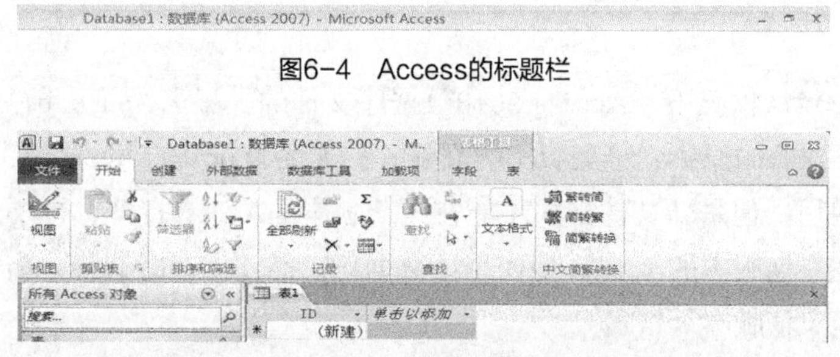

图6-5 Access 2010的菜单栏和面板

6.6.2 Access 2010的数据库窗口

选择“Office”按钮→“新建”命令，打开相应任务窗格，可以选择“空白数据库”项来新建一个数据库。数据库窗口是Access中非常重要的部分，可以让用户方便、快捷地对数据库进行各种操作，创建数据库对象，综合管理数据库对象。

数据库窗口主要包括名称框、导航窗格以及视图区3个部分，如图6-6所示。

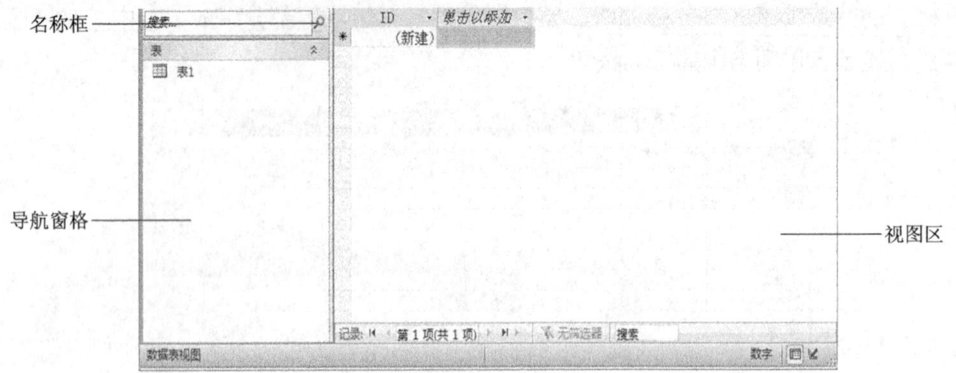

图6-6 数据库窗口

导航窗格仅显示数据库中正在使用的内容。表、窗体、报表和查询都在此处显示，便于用户操作。

在导航窗格中单击“所有表”按钮，即可弹出列表框，列表框包含“浏览类别”和“按组筛选”两个选项区，在其中根据需要选择相应命令，即可打开相应窗格。

6.7 创建数据库

首先应该明确数据库各个对象之间的关系。通过前面已经知道数据库中有6个对象，分别为“表”“查询”“窗体”“报表”“宏”和“模块”，这6个对象构成了数据库系统。

而数据库，就是存放各个对象的容器，执行数据仓库的功能。因此在创建数据库系统之前，应最先做的就是创建一个数据库。

在Access 2010中，可以用多种方法建立数据库，既可以使用数据库建立向导，也可以直接建立一个空数据库。建立了数据库以后，就可以在里面添加表、查询、窗体等数据库对象了。

提示

默认情况下，Access 2010数据库文件的扩展名为.accdb。依照软件版本向下兼容的原则，早期版本的文件（扩展名为.db）在Access 2010中可以打开并使用，但是新文件格式不能在早期版本的Access打开，也不兼容。如果需要在早期版本的Access 中使用该数据库，需在保存时选择“将数据库另存为其他（低版本）格式”。

下面将分别介绍创建数据库的几种方法。

6.7.1 创建一个空白数据库

先建立一个空数据库，以后根据需要向空数据库中添加表、查询、窗体、宏等对象，这样能够灵活地创建更加符合实际需要的数据库系统。

建立一个空数据库的操作步骤如下。

（1）启动Access 2010程序，并进入Backstage视图，然后在左侧导航窗格中单击“新建”命令，接着在“可用模板”窗格中单击“空数据库”选项，如图6–7所示。

图6–7 空数据库选项图

（2）在右侧窗格中的“文件名”文本框中输入新建文件的名称，再单击“创建”图标按钮，如图6–8所示。

若要改变新建数据库文件的位置，可以在上图中单击“文件名”文本框右侧的文件夹图标，弹出“文件新建数据库”对话框，选择文件的存放位置，接着在“文件名”文本框中输入文件名称，再单击“确定”按钮即可，如图6–9所示。

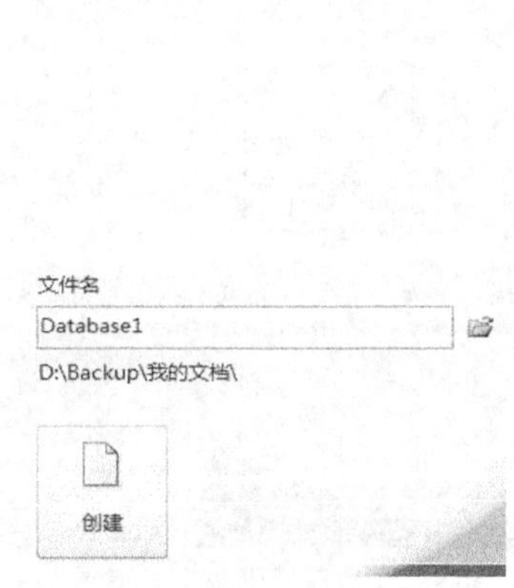

图6–8 创建图标按钮

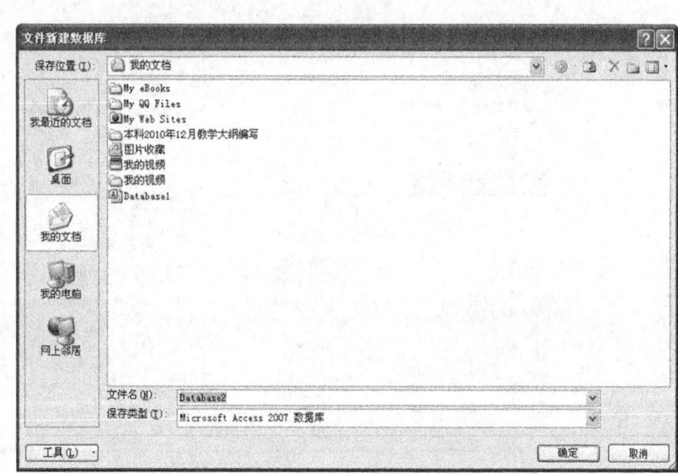

图6–9 文件新建数据库

（3）这时将新建一个空白数据库，并在数据库中自动创建一个数据表，如图6-10所示。

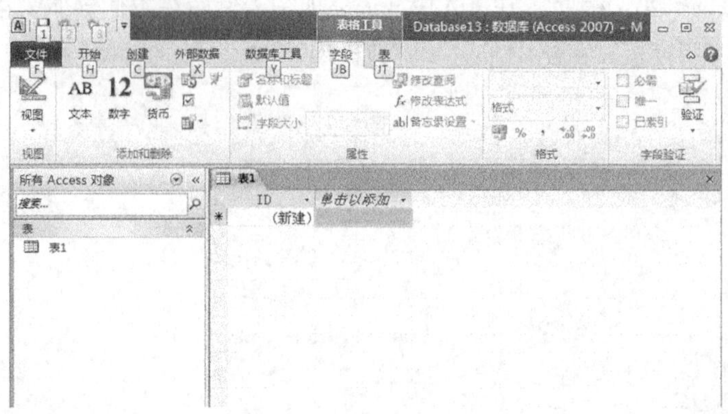

图6-10　文件新建数据库

运用这种方法，Access 2010大大提高了建立数据库的简易程度。运用这种方法建立的数据库，可以更加有针对性地设计自己所需要的数据库系统，相对于被动地用模板而言，增强了使用者的主动性。

6.7.2　利用模板创建数据库

Access 2010提供了12个数据库模板。使用数据库模板，用户只需要进行一些简单操作，就可以创建一个包含表、查询等数据库对象的数据库系统。

下面利用Access 2010中的模板，创建一个“联系人”数据库，具体操作步骤如下。

（1）启动Access 2010，单击“样本模板”选项，从列出的12个模板中选择需要的模板，这里选择“联系人Web数据库”选项，如图6-11所示。

图6-11　联系人Web数据库

（2）在屏幕右下方弹出的“数据库名称”中输入想要采用的数据库文件名，然后单击“创建”按钮，完成数据库的创建。创建的数据库如图6-12所示。

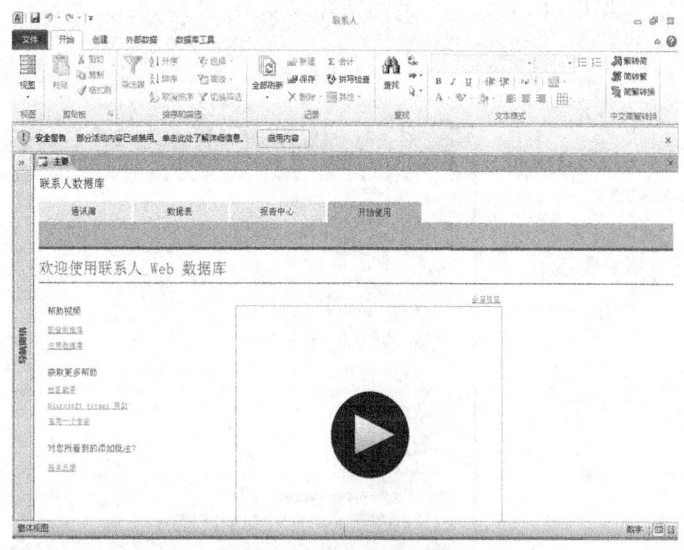

图6-12 联系人数据库

（3）这样就利用模板创建了“联系人”数据库。单击“通讯簿”选项卡下的“新增”按钮，弹出如图所示的对话框，即可输入新的联系人资料了，如图6-13所示。

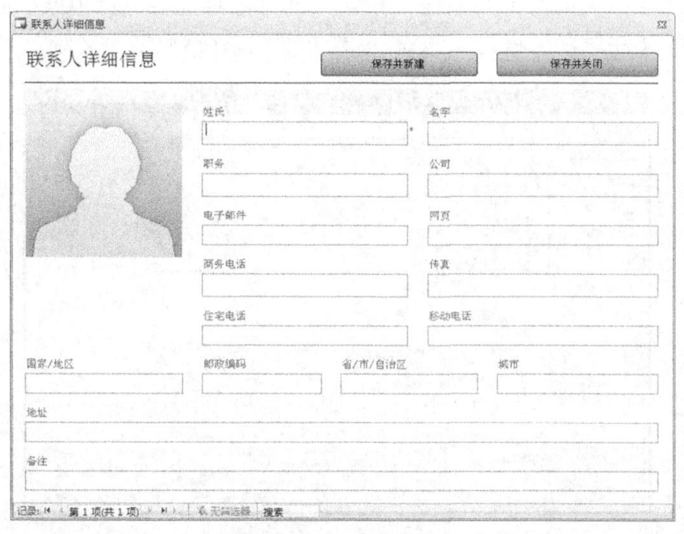

图6-13 联系人数据库

可见，通过数据库模板可以创建专业的数据库系统，但是这些系统有时不太符合要求，因此最简便的方法就是先利用模板生成一个数据库，然后再进行修改，使其符合要求。

6.7.3 创建数据库的实例

【例3-1】创建一个空数据库ldjkk.accdb。

操作步骤如下。

（1）选择“Office”按钮→“新建”命令，如图6-14所示。

（2）弹出相应任务窗格，在其中单击“空白数据库”图标，然后单击文件名右侧的文件夹图标按钮，打开如图6-15所示的“文件新建数据库”对话框。

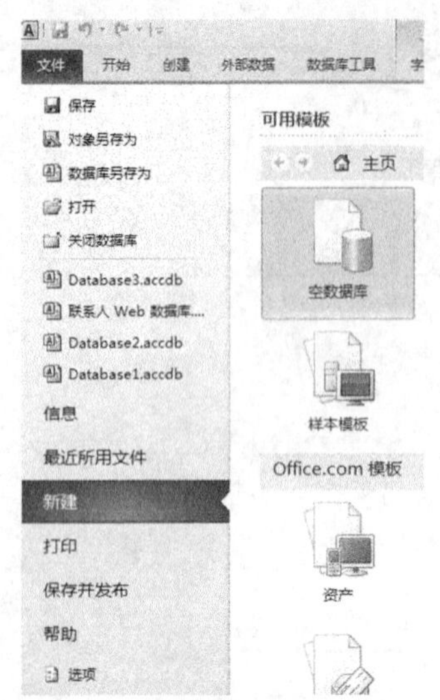

图6-14　选择“新建”命令

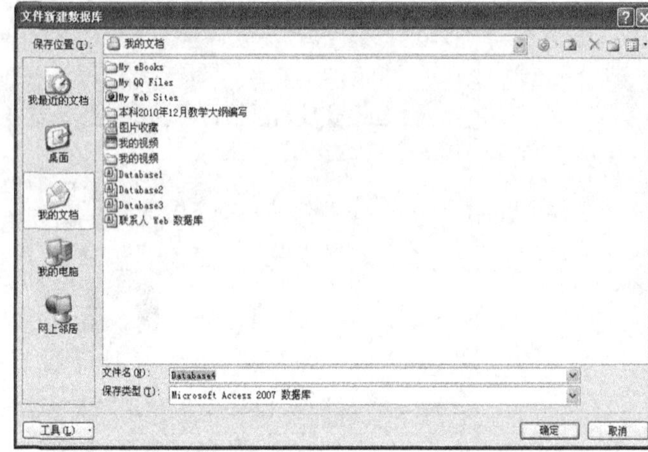

图6-15　“文件新建数据库”对话框

（3）确定数据库文件的保存位置和文件名。在打开的“文件新建数据库”对话框中指定数据库文件的保存位置，如图6-16所示，在“保存位置”列表框中选择数据库文件保存的位置，例如数据库文件保存位置为“D:\高校教务管理系统\数据库文件”。

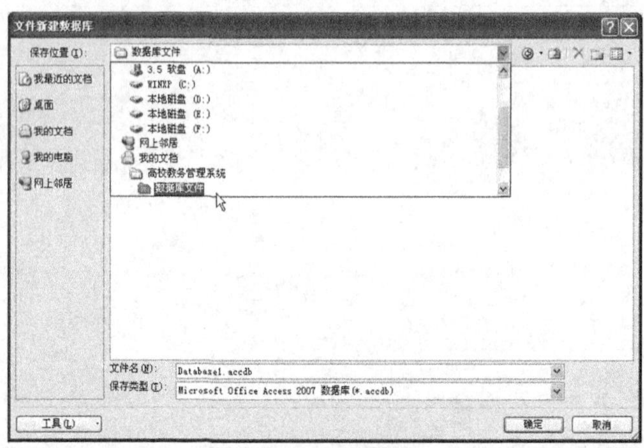

图6-16　确定数据库文件的保存位置

在“文件名”下拉列表框中输入数据库文件的文件名，如图6-17所示，数据库文件名为ldjkk.accdb，保存类型采用默认的Microsoft Office Access 2010 数据库（.accdb）。

（4）完成创建。

单击“文件新建数据库”对话框右下角的“确定”按钮，返回任务窗格，单击“创建”按钮，Access 2010就会创建一个名为ldjkk.accdb的数据库，并打开其数据库窗口，如图6-18所示。就可以在数据库窗口中创建所需的各种对象。

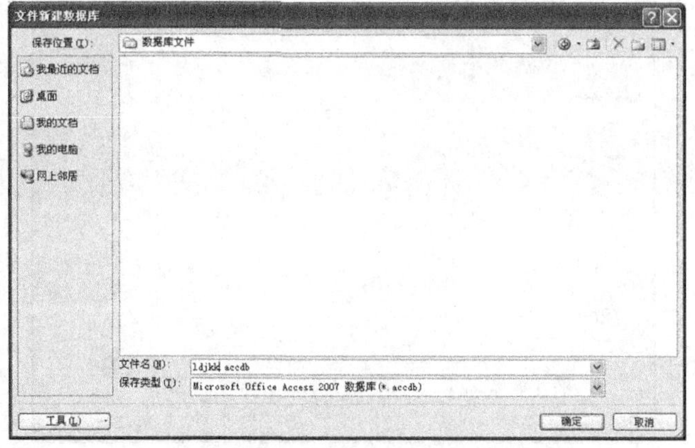

图6-17　输入数据库文件的文件名

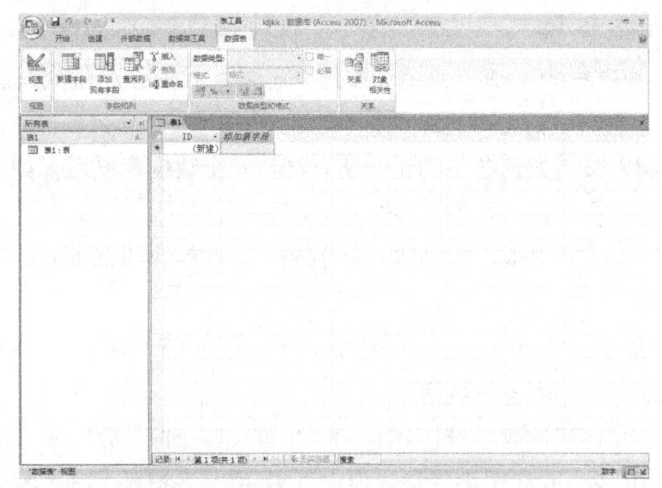

图6-18　新建的ldjkk.accdb数据库窗口

6.7.4　数据库的打开与关闭

在执行数据库的各种操作之前要求数据库必须先打开，在完成操作后则需要关闭数据库。

1. 打开数据库

打开数据库的具体操作步骤如下。

（1）选择“Office”按钮→“打开”命令，弹出如图6-19所示的“打开”对话框。

（2）在“打开”对话框中，选择“查找范围”，然后选择数据库文件名，在“打开”按钮的右侧有一个向下的箭头，单击它会出现一个下拉菜单。

（3）单击“打开”按钮，即可打开一个数据库。

2. 关闭数据库

关闭数据库可以用以下方法。

在Access主菜单中，选择“Office”按钮→“关闭数据库”命令。

单击数据库窗口右上角的“关闭”按钮 x 。

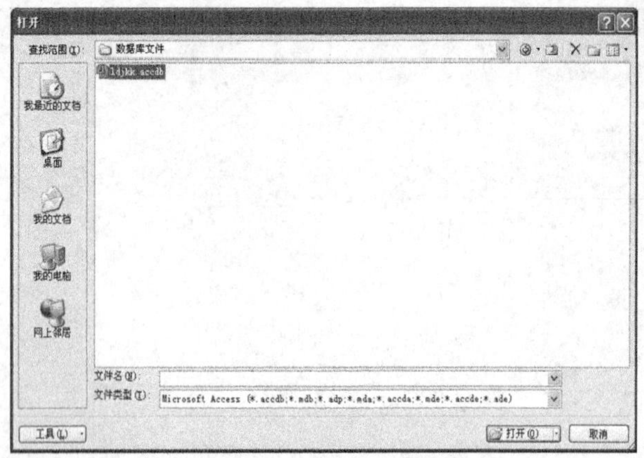

图6-19 “打开”对话框

6.7.5 管理数据库

在数据库的使用过程中，随着使用次数越来越多，难免会产生大量的垃圾数据，使数据库变得异常庞大，如何去除这些无效数据呢？为了数据的安全，备份数据库是最简单的方法，在Access中数据库又是如何备份的呢？还有打开一个数据库以后，如何查看这个数据库的各种信息呢？

所有的问题都可以在数据库的管理菜单下解决，下面就介绍基本的数据库管理方法。

1. 备份数据库

对数据库进行备份，是最常用的安全措施。下面以备份“罗斯文.accdb”数据库文件为例，介绍如何在Access 2010中备份数据库。

（1）在Access 2010程序中打开压缩过的“罗斯文.accdb”数据库，然后单击“文件”标签，并在打开的Backstage视图中选择“保存并发布”命令，选择“备份数据库”选项，如图6-20所示。

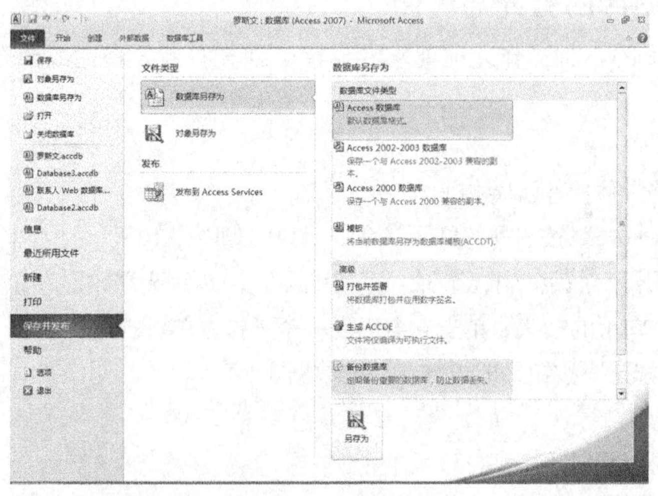

图6-20 备份数据库

（2）系统将弹出“另存为”对话框，默认的备份文件名为“数据库名+备份日期”，如

图6-21所示。

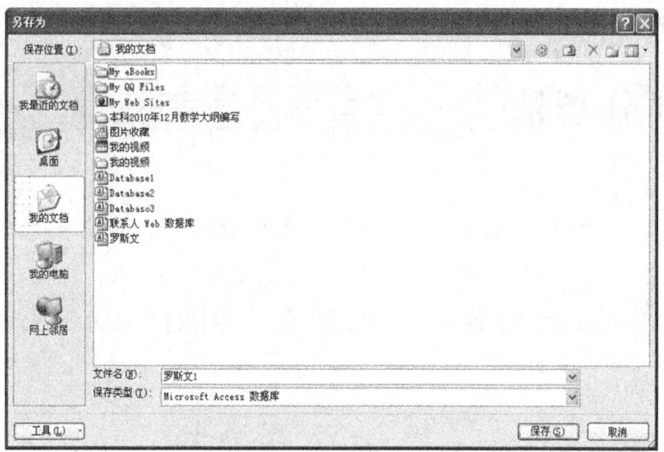

图6-21　另存为对话框

（3）单击“保存”按钮，即可完成数据库的备份。

提示

数据库的备份功能类似于文件的“另存为”功能，其实利用Windows的“复制”功能或者Access的“另存为”功能都可以完成数据库的备份工作。

2. 查看数据库属性

对于一个新打开的数据库，可以通过查看数据库属性，来了解数据库的相关信息。

下面以查看“罗斯文_full”数据库的属性为例进行介绍，具体操作步骤如下。

（1）启动Access 2010，打开任意一个数据库文件。

（2）单击屏幕左上角的“文件”标签，在打开的Backstage视图中选择“管理”命令，再选择“数据库属性”选项。

（3）在弹出的数据库属性对话框的“常规”选项卡中显示了文件类型、存储位置与大小等信息，如图6-22所示。

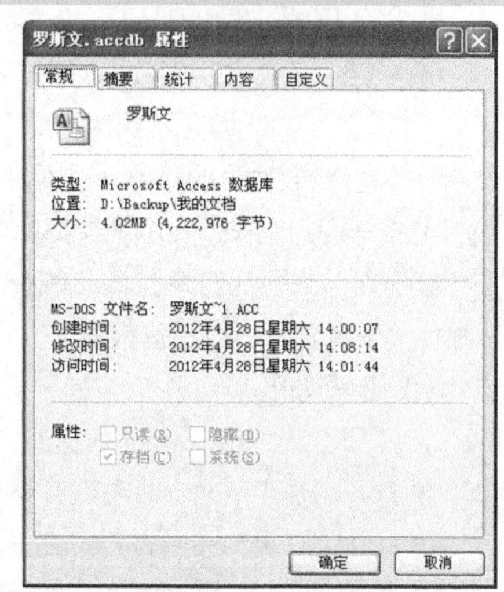

图6-22　属性对话框

提示

单击选择各个选项卡可以来查看数据库的相关内容。需特别提示的是：为了便于以后的管理，建议尽可能地填写“摘要”选项卡的信息。这样即使是下一个进行数据库维护，也能清楚数据库的内容。

在使用过程中，数据库的体积会越来越大。通过修复和压缩数据库，可以移除数据库中的临时对象，大大减小数据库的体积，从而提高系统的打开和运行速度。

在本项目中，介绍了对数据库进行压缩、修复和备份等操作，了解这些操作对于使用整个数据库系统来说是十分必要的。

6.8 回到工作场景

掌握Access 2010的基本操作

（1）启动Access 2010，打开“罗斯文示例数据库”，观察其各个对象组所包含的对象。

分析：打开“罗斯文示例数据库”，选择导航窗格中的不同对象，即可显示各个对象组所包含的对象。

步骤：

① 选择“开始”→“所有程序”→“Microsoft Office”→“Microsoft Access 2010”命令，启动Access 2010。

② 选择“Office”按钮→“新建”→“本地模板”→“罗斯文2010”→“创建”命令，打开罗斯文2010.accdb数据库。

③ 在导航窗格中选择“对象类型”浏览类别，然后依次选择表、查询、窗体、报表、宏和模块对象，观察各对象组所包含的对象。

④ 以不同的视图打开不同的对象，观察了解视图区的变化。

⑤ 关闭“罗斯文示例数据库”。

（2）打开“罗斯文示例数据库”，查看库中有几位员工，有几份订单，有几位客户，查看库中销量居前3位的订单，查看各员工的电子邮件地址，查看年度销售报表等。

实验分析：在罗斯文示例数据库中，分别打开员工、订单和客户表，能查到有关信息，打开销量居前十位的订单查询，能查到销量居前3位的订单，打开员工窗体能查看员工的电子邮件地址和打开年度销售报表。

实验步骤如下。

① 打开罗斯文2010.accdb数据库，选择“表”对象。

② 打开“员工”表，查看有几条信息，即有几位员工。

③ 打开“订单”表，查看有几条记录，即有几份订单。

④ 打开“客户”表，查看有几位客户。

⑤ 选择“查询”对象，打开“销量居前十位的订单”，找出销量居前3位的订单。

⑥ 选择“窗体”对象，打开“员工列表”窗体，查看各员工的电子邮件地址。

⑦ 选择“报表”对象，打开“年度销售报表”报表，单击“预览”按钮查看该报表。

⑧ 关闭数据库。

注：罗斯文示例数据库是Access 2010自带的数据库，它的安装路径为Microsoft Office\OFFICE 11\SAMPLES。

6.9 工作实训

1. 训练内容

（1）收集数据表中所需的数据。

（2）创建图书管理系统的数据库。

2. 训练要求

（1）掌握创建数据库的方法。

（2）掌握如何打开和关闭数据库。

（3）认识数据库窗口。

3. 训练步骤

（1）调查分析、收集数据。

按照表6-1～表6-4的格式，调查所在院校的图书书目信息、部门信息、读者信息和图书借阅信息，收集一些数据填入表中。

表6-1 图书书目（BookInfo）表

图书ID（自动编号）	书目编号（文本10）	ISBN（文本18）	书名（文本40）	作者（文本16）	出版社（文本30）	出版日期（日期/时间）	单价（货币7.2）
1	TP3/2167	ISBN 978-7-5609-7981-6	Visual Foxpro8.0数据库程序设计	张思卿	华中科技大学出版社	2013-08-01	￥39.00
2							
3							
4							
5							

表6-2 部门（Department）表

部门ID（自动编号）	部门编号（文本2）	部门名称（文本20）	部门电话（文本7）	负责人（文本10）
1	01	信息工程学院	67899717	张思卿
2				
3				
4				

表6-3 读者（Reader）表

读者ID（自动编号）	读者编号（文本4）	借书证编号（文本8）	姓名（文本10）	部门编号（文本2）	联系电话（文本7）
1	0001	00096508	李志伟	01	67899717

续表

读者 ID (自动编号)	读者编号 (文本 4)	借书证编号 (文本 8)	姓名 (文本 10)	部门编号 (文本 2)	联系电话 (文本 7)
2					
3					
4					
5					

表 6-4　图书借阅(Borrow)表

借阅 ID (自动编号)	书目编号 (文本 10)	借书证编号 (文本 8)	借出日期 (日期 / 时间)	应归还日期 (日期 / 时间)
1	TP3/2167	00096503	2014-8-12	2014-12-20
2				
3				
4				

(2)创建数据库。

不使用“数据库模板”创建名为Book.accdb的数据库。

习题六

一、选择题

1. 在数据库的六大对象中，用于存储数据的数据库对象是(　　)，用于和用户进行交互的数据库对象是(　　)。

A. 表　　B. 查询　　C. 窗体　　D. 报表

2. 在Access 2010中，随着打开数据库对象的不同而不同的操作区域称为(　　)。

A. 命令选项卡　　B. 上下文命令选项卡

C. 导航窗格　　D. 工具栏

3. Access 2010停止了对数据访问页的支持，转而大大增强的协同工作是通过(　　)来实现的。

A. 数据选项卡　　B. SharePoint网站

C. Microsoft在线帮助　　D. Outlook新闻组

4. 新版本的Access 2010的默认数据库格式是(　　)。

A. MDB　　B. ACCDB　　C. ACCDE　　D. MDE

二、简答题

1. Access数据库包括哪些对象？

2. Access数据库的主要功能是什么？

3. Access数据库有几种数据类型？它们的作用是什么？
4. 什么是表达式？Access中有几种表达式？
5. 写出下列各表达式。
（1）出生地是“上海”或“北京”。
（2）姓“王”的女性。
（3）出生日期是2000年。
（4）编号中的第4位为0（共5位编号）。
6. 写出下列各表达式的返回值。
（1）“8>5” or “3>5”
（2）“8>5” and “3>5”
（3）Year(date( ))

三、操作题

1. 用各种方式启动和关闭Access 2010程序。
2. 打开“罗斯文示例数据库”，用不同的视图方式打开几个不同的对象，再关闭。

PART 7 项目七 计算机网络与Internet应用

项目要点

- 计算机网络的基础知识。
- Internet的基础及应用。
- Internet的基本操作。
- 常用网络软件的使用。

技能目标

- 了解计算机网络的基础知识。
- 了解Internet的基础及应用。
- 掌握Internet的基本操作。
- 掌握常用的无线路由器设置方法。

7.1 工作场景导入

【工作场景】

小李大学刚毕业，应聘到一家网络公司上班，办公室只有一个网线，公司老板让他购买一台路由器，组成一个办公局域网，让大家都能够上网办公。这个工作对小李来说是非常简单的，他知道用到了哪些自己学到的知识，所以很快完成了工作。

【引导问题】

（1）在日常工作中，如何组建一个局域网？

（2）计算机网络组网过程中，常用的几种网络设备有哪些？功能如何？

（3）常用工具的使用，你会使用哪些软件呢？

（4）Internet的基本操作和维护，你会哪些？

7.2 计算机网络基础

7.2.1 计算机网络的概念

1. 计算机网络的定义

计算机网络是计算机技术与通信技术相结合的产物，它是将地理位置不同、独立功能的多个计算机系统通过通信设备和线路连接起来，并在功能完善的网络软件支持下实现数据通信和资源共享的计算机集合。

2. 计算机网络的特征

（1）通过通信媒体互相连接的计算机群体。

（2）网络中的每一台计算机都是独立的，任何一台计算机不干预其他计算机的工作。

（3）计算机之间通过通信协议实现通信。

3. 计算机网络的功能

资源共享、数据通信、分布式处理、提高计算机的可靠性、均衡负载的互相协作。

4. 建立计算机网络的目的

建立计算机网络的主要目的在于实现资源共享（硬件资源共享、软件资源共享和数据共享）。

7.2.2 计算机网络的分类

1. 按使用地区范围或联网规模划分

局域网（LAN）：在有限的地理区域内构成的计算机网络，其直径不超过几公里，数据传输率不低于几个Mbit/s，为某单位或部门所独有。

城域网（MAN）：覆盖整个城市的计算机网络。

广域网（WAN）：是指覆盖面积辽阔的计算机网络。

2. 按信息传输带宽或传输介质划分

基带网（Baseband Network)：通常使用的材料是双绞线和基带同轴电缆。

基带就是不加任何调制直接使用数字信号来传输数据，终端设备把数字信号转换成脉冲电信号时，这个原始的电信号所固有的频带，称为基本频带，简称基带。在信道中直接传送基带信号时，称为基带传输。

宽带网（Broadband Network）：通常使用的材料是宽带同轴电缆或光纤。

频带传输是一种利用调制器对传输信号进行频率交换的传输方式，信号调制的目的是为了更好地适应信号传输通道的频率特性，传输信号经过调制处理也能克服基带传输同频带过宽的缺点，提高线路的利用率，一举两得。但是调制后的信号在接收端要解调还原，所以传输的收发端需要专门的信号频率变换设备，传输设备费用相应增加。远距离通信信道多为模拟信道，例如，传统的电话（电话信道）只适用于传输音频范围（300Hz～3400Hz）的模拟信号，不适用于直接传输频带很宽、但能量集中在低频段的数字基带信号。

频带传输就是先将基带信号变换（调制）成便于在模拟信道中传输的、具有较高频率范围的模拟信号（称为频带信号），再将这种频带信号在模拟信道中传输。计算机网络的远距离通信通常采用的是频带传输。

3. **按网络功能和结构分**

计算机网络由通信子网和资源子网组成。通信子网一般由路由器、交换机和通信线路组成，负责数据传输。资源子网由主机、外设、各种软件和信息资源等组成，负责数据处理，如图7-1所示。

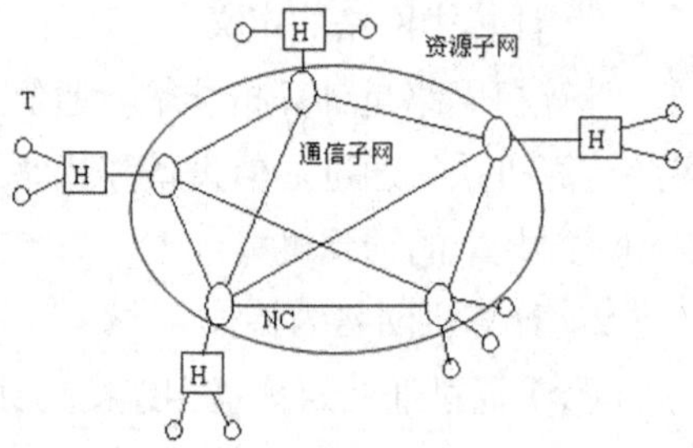

通信子网功能：包括计算机（H）、终端(T)、通信子网接口设备及各种软件资源等，它负责全网的数据处理和向网络用户提供网络资源及网络服务。

资源子网功能：负责信息处理。NC是用作信息交换的网络节点（路由器等）。

图7-1　通信子网和资源子网关系图

计算机网络正朝着宽带、高速、多媒体的方向发展，实现公众电话网、有线电视网和计算机数据网“三网合一”，向用户提供包括数据、图像、语音的多媒体服务。

7.2.3　计算机网络的拓扑结构

由点和线组成的几何图形，称为网络拓扑结构（点：服务器、工作站；线：通信介质）。

常见的拓扑结构如图7-2所示：（1）星型结构（2）环型结构（3）总线结构（4）树型结构。

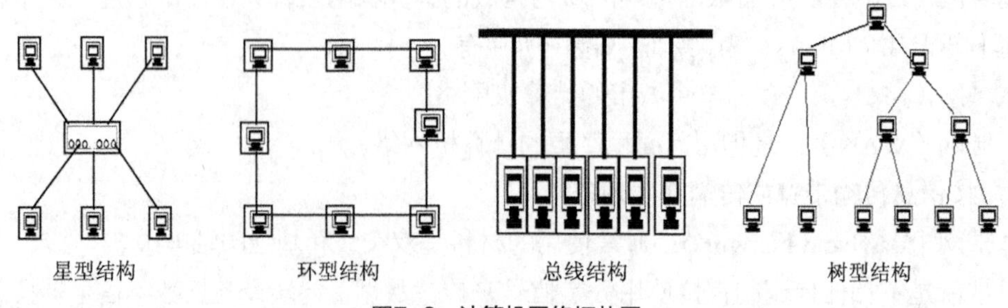

图7-2　计算机网络拓扑图

（1）星型结构。一个中心集中式控制。工作站点设计简单，对中心站的可靠性要求高。

（2）环型结构。一个站点发出信息，所有站点都能完全接收。信息单向流动，接口功能简单，网络扩充方便，但有一个工作站发生问题，可能导致整个网络停止工作。

（3）总线型。可靠性好，个别工作站的问题不会影响其他点工作。但由于承载能力的影响，总线的节点数量有一定限制。

（4）树型结构。对根部计算机要求较高，可充分利用计算机资源。但要经多级传输，系统相应时间较长。

（5）分布式网络。无中心节点，通信网是封闭式结构，通信功能分布在各节点上。可靠性高，易于资源共享，控制、软件较复杂。广域网络通常采用分布式网络。

7.2.4 计算机网络的组成

大型的计算机网络是一个复杂的系统。例如，现在所使用的Internet网络，它是一个集计算机软件系统、通信设备、计算机硬件设备以及数据处理能力为一体的，能够实现资源共享的现代化综合服务系统。一般网络系统的组成可分为3部分：硬件系统、软件系统和网络信息。

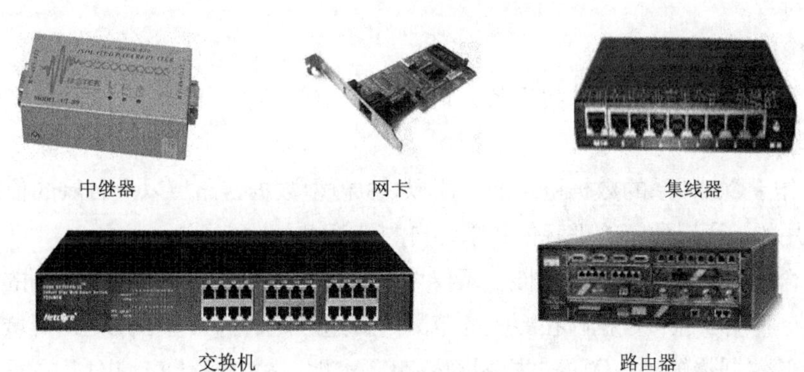

图7-3 常见计算机网络连接部件

1. 硬件系统

硬件系统是计算机网络的基础，硬件系统由计算机、通信设备、连接设备及辅助设备组成，如图7-3所示，通过这些设备的组成形成了计算机网络的类型。下面是几种常用的设备。

（1）服务器（Server）。

在计算机网络中，核心组成部分是服务器。服务器是计算机网络中向其他计算机或网络设备提供服务的计算机，并按提供的服务被冠以不同的名称，如数据库服务器、邮件服务器等。

常用的服务器有文件服务器、打印服务器、通信服务器、数据库服务器、邮件服务器、信息浏览服务器和文件下载服务器等。

文件服务器是存放网络中的各种文件，运行的是网络操作系统，并且配有大容量磁盘存储器。文件服务器的基本任务是协调处理各工作站提出的网络服务请求。一般影响服务器性能的主要因素包括：处理器的类型和速度、内存容量的大小和内存通道的访问速度、缓冲能力、磁盘存储容量等。在同等条件下，网络操作系统的性能起决定作用。

打印服务器接收来自用户的打印任务，并将用户的打印内容存放到打印队列中，当队列中轮到该任务时，送打印机打印。

通信服务器是负责网络中各用户对主计算机的通信联系，以及网与网之间的通信。

（2）客户机（Client）。

客户机是与服务器相对的一个概念。在计算机网络中享受其他计算机提供的服务的计算机就称为客户机。

（3）网卡。

网卡是安装在计算机主机板上的电路板插卡，又称网络适配器或者网络接口卡NIC（network interface board）。网卡的作用是将计算机与通信设备相连接，负责传输或者接收数字信息。

（4）调制解调器。

调制解调器（Modem）是一种信号转换装置，它可以将计算机中传输的数字信号转换成通信线路中传输的模拟信号，或者将通信线路中传输的模拟信号转换成数字信号。

一般将数字信号转换成模拟信号，称为“调制”过程；将模拟信号转换成数字信号，称为“解调”过程。

（5）集线器。

集线器是局域网中常用的连接设备，它有多个端口，可以连接多台本地计算机。

（6）网桥。

网桥工作于OSI体系的数据链路层。所以OSI模型数据链路层以上各层的信息对网桥来说是毫无作用的。所以协议的理解依赖于各自的计算机。

网桥包含了中继器的功能和特性，不仅可以连接多种介质，还能连接不同的物理分支，如以太网和令牌网，能将数据包在更大的范围内传送。网桥的典型应用是将局域网分段成子网，从而降低数据传输的瓶颈，这样的网桥叫“本地”桥。用于广域网上的网桥叫做“远地”桥。两种类型的桥执行同样的功能，只是所用的网络接口不同。生活中的交换机就是网桥。主要用于异性网络互连。

（7）路由器。

路由器是互联网中常用的连接设备，它可以将两个网络连接在一起，组成更大的网络。

路由器工作在OSI体系结构中的网络层，这意味着它可以在多个网络上交换和路由数据数据包。路由器通过在相对独立的网络中交换具体协议的信息来实现这个目标。比起网桥，路由器不但能过滤和分隔网络信息流、连接网络分支，还能访问数据包中更多的信息。并且用来提高数据包的传输效率。路由器包含有网络地址、连接信息、路径信息和发送代价等。路由器比网桥慢，主要用于广域网或广域网与局域网的互连。

桥由器（Brouter）是网桥和路由器的合并。

（8）中继器。

中继器工作可用来扩展网络长度。中继器的作用是在信号传输较长距离后，进行整形和放大，但不对信号进行校验处理等。

（9）传输介质。

传输介质是网络中节点之间的物理通路，它对网络数据通信质量有极大的影响。目前常用的网络传输介质可分为有线和无线两种。

有线传输介质有双绞线、同轴电缆、光导纤维，如图7-4所示。

无线传输介质有无线电波、微波和红外线。

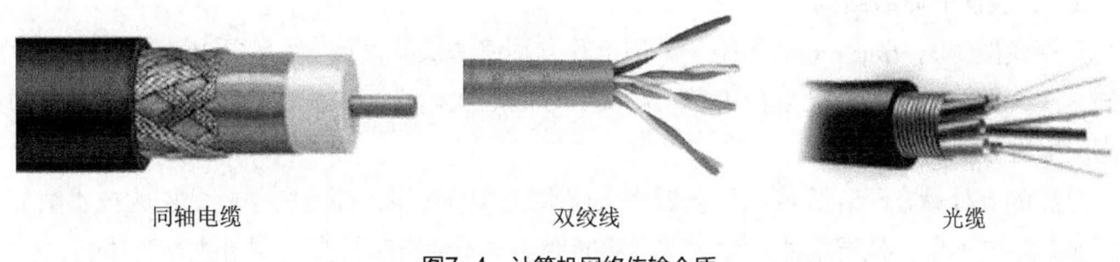

图7-4 计算机网络传输介质

2. 软件系统

网络系统软件包括网络操作系统和网络协议等。网络操作系统是指能够控制和管理网络资源的软件，由多个系统软件组成，在基本系统上有多种配置和选项可供选择，使得用户可根据不同的需要和设备构成最佳组合的互联网络操作系统。网络协议是计算机网络中的实体之间有关通信规则和标准的集合。网络体系结构主要有ISO的OSI参考模型的和TCP/IP参考模型。

网络操作系统（network operating system—NOS）：网络操作系统就是为了使联网的计算机能方便而有效地共享资源，提供网络工作平台。

特点：提供高效、可靠的网络通信能力；提供多种网络服务功能。

UNIX网络操作系统：主流操作系统，历史悠久，但版本不统一。

一般采用UNIX系统，主要是必须运行相应的软件，如客户／服务器模式的数据库银行系统等。

Novell网络操作系统（Netware）：其目录服务功能是以单一逻辑方式访问所有网络服务和资源的技术，用户只需一次登录即可访问全部服务和资源，其主要缺点是在其上运行的软件均需设计成可加载模块方式，编程困难，同时价格相对较高。

Microsoft网络操作系统（为Windows NT）：价格低，应用服务功能强，安全性好，内含软件丰富，但其文件服务功能不如Netware强大，占用服务器资源多。

3. 网络信息

计算机网络上存储、传输的信息称为网络信息。网络信息是计算机网络中最重要的资源，它存储于服务器上，由网络系统软件对其进行管理和维护。

7.2.5 网络的体系结构（协议）

1. 网络协议

所谓网络协议（protocol），是使网络中的通信双方能顺利进行信息交换而必须遵循的规规则或约定。

一个网络协议主要由以下3个要素组成。

（1）语义：规定通信双方彼此“讲什么”。

（2）语法：规定通信双方彼此“如何讲”。

（3）时序：语法同步规定事件执行的顺序。

通信协议即计算机网络实现互联通信的一些操作约定，包括以对速率、传输代码、代码结构、传输控制步骤、出错控制等。

2. 分层次的体系结构

分层模型（layering model）是一种用于开发网络协议的设计方法。采用在协议中划分层次的方法，把要实现的功能划分为若干层次，较高层次建立在较低层次基础上，同时又为更高层次提供必要的服务功能。

分层的好处就在于：高层次只要调用低层次提供的功能，而无需了解低层的技术细节；只要保证接口不变，低层功能具体实现办法的变更也不会影响较高一层所执行的功能。

由于各站点之间的联系可能是很复杂的，因此在制定协议时，一般把复杂成分分解成简单的成分，再将它们复合起来，通常采用层次方式，即上一层可以调用下一层，但不能跨层调用。在各层及层与层之间规定了层间服务及层内协议。

3. 七层协议

为了实现不同厂家生产的计算机系统之间以及不同网络之间的数据通信，国际标准化组织ISO对各类计算机网络体系结构进行了研究，并于1981年正式公布了一个网络体系结构模型作为国际标准，称为开放系统互连参考模型（OSI/RM），也称为ISO/OSI。

国际标准化组织（ISO）提出的“开放系统互联参考模型”将计算机网络的体系结构分成七层，从低到高依次为：物理层、数据链路层、网络层、运输层、会话层、表示层和应用层。其中，第1层～第3层直接与通信子网联接，称为低层，而第4层~第7层称为高层。即用户应用层为最高层，而物理层为最低层，如图7-5所示。

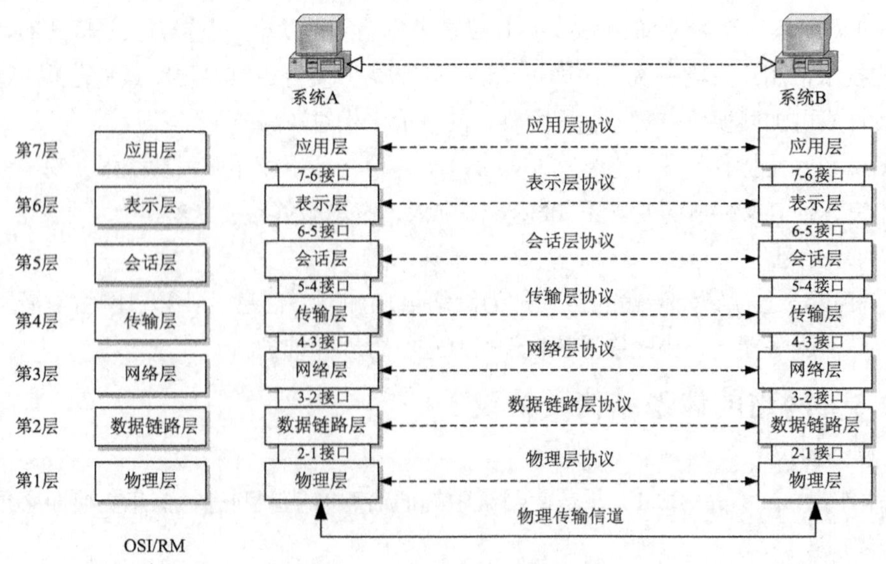

图7-5 OSI开放系统互联参考模型

规定了相邻层之间互相传递信息的接口关系——层间服务，同层内，通信双方要遵守约定和规则——层内协议。

物理层（physical layer）：

在物理信道上传输原始的数据比特（bit）流，提供为建立、维护和拆除物理链路连接所需的各种传输介质、通信接口特性等。单位为比特。

数据链路层（data link layer）：

提供网络层实体间传送数据的功能（建立和释放数据链路），监测和校正物理链接的差错（链路管理、帧同步、流量控制、差错检测）。单位为帧。

网络层（network layer）：

为传输层的数据传输提供建立、维护和终止网络连接的手段，把上层来的数据组织成数据包（Packet）在节点之间进行交换传送，并且负责路由控制和拥塞控制。单位为字节。

传输层（transport layer）：

提供传送连接的建立、维护和拆除功能，完成系统间可靠的数据传输。

会话层（session layer）：

提供会话的建立、维护和约束功能，完成交互式会话管理。

表示层（presentation layer）：

提供协议数据的表示，完成数据转换、格式化和文本压缩。

应用层（application layer）：

提供网络用户服务，如网络管理、事件处理等。

OSI/RM的信息流动过程如图7-6所示。

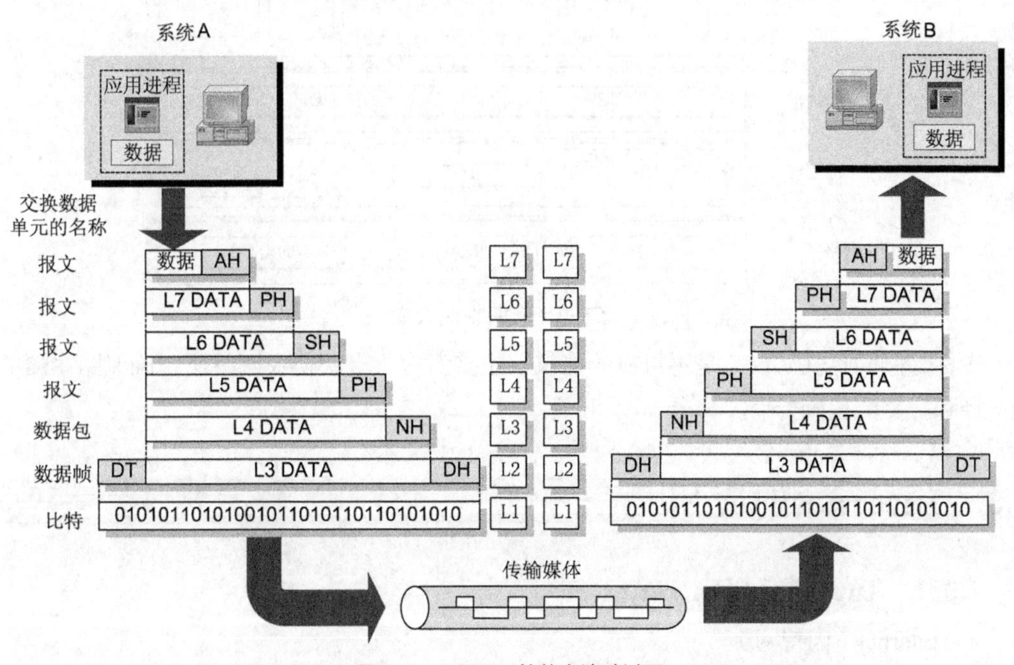

图7-6　OSI/RM的信息流动过程

4. TCP/IP协议

OSI参考模型研究的初衷是希望为网络体系结构与协议的发展提供一种国际标准，但由于Internet在全世界的飞速发展，使得TCP/IP协议得到了广泛的应用，虽然TCP/IP不是ISO标准，但广泛的使用也使TCP/IP成为一种“实际上的标准”，并形成了TCP/IP参考模型。不过，ISO的OSI参考模型的制定，也参考了TCP/IP协议集及其分层体系结构的思想。而TCP/IP在不断发展的过程中也吸收了OSI标准中的概念及特征。

TCP/IP协议是一个由网络接口层、互联层、传输层和应用层构成的四层协议，是用于因特网上的简化的OSI模型，如图7-7所示。

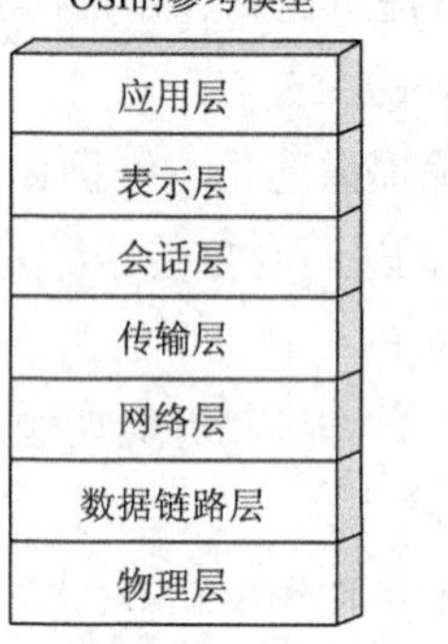

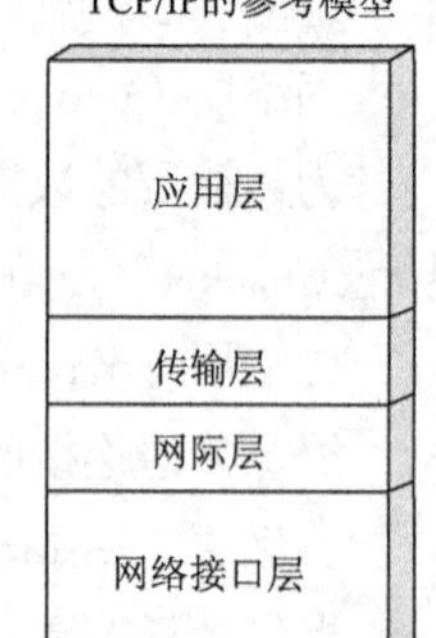

图7-7 OSI参考模型与TCP/IP 参考模型比较

其中，OSI的应用层、表示层和会话层的功能由和TCP/IP的应用层实现。

OSI的传输层由TCP/IP的传输层实现。

OSI的网络层由TCP/IP的互联层实现。

OSI的数据链路层和物理层由TCP/IP的网络接口层实现。

TCP称为控制协议，主要对应于七层协议传输层，确保数据传输的正确性，是可靠的协议。为此，发送方在发送的数据中增加了辅助信息和校验码，接收方则对接收数据编号和回传以确认接收信息。TCP/IP协议集如图7-8所示。

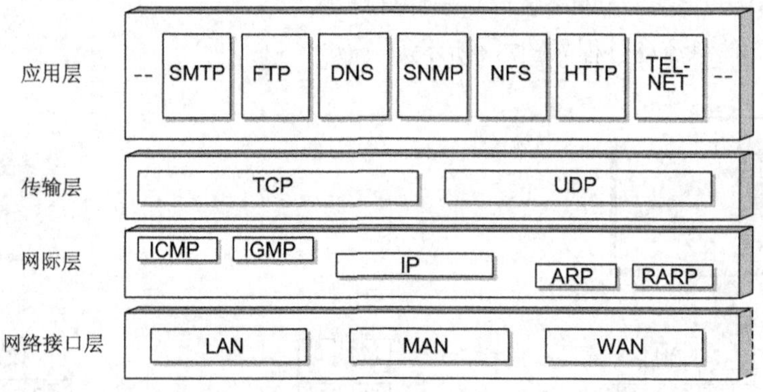

图7-8 TCP/IP 协议集

IP称为网间互联协议，是不可靠的协议，主要对应于七层协议网络层，确保路由器的正确选择和报文的正确传输。

7.3 Internet的应用

7.3.1 Internet与Intranet

1. Internet（因特网）

1969年1月，由美国国防部的高级研究计划局出资并组建的ARPANET网络是Internet网的最早雏形。最初有4个节点（洛杉矶的加利福尼亚大学、圣芭芭拉的利福尼亚大学、斯坦福大学、犹他州州立大学），采用的协议是TCP/IP协议，著名的UNIX操作系统把该协议作为标准。信息高速公路（national information infrastructure，NII）是指数字化大容量光纤通信网络或无线通信、卫星通信网络与各种局域网络组成的高速信息传输通道。Internet并不能说是信息高速公路，只能说是高速公路的雏形。Internet的主要应用有：

（1）电子邮件（E-mail）；

（2）万维网（WWW）；

（3）文件传输（FTP）；

（4）远程登录（Telnet）；

（5）搜索引擎（Search）；

（6）新闻组（Usenet）等。

因特网专指全球最大的、开放的、由众多网络互连而构成的计算机网络。它是由美国阿帕网（ARPAnet）发展起来的，采用TCP/IP协议进行计算机通信，具有比Internet更广泛的含义，泛指由多个计算机网络互连、在功能和逻辑上组成的大型网络。注意Internet与internet的区别。

2. Intranet（企业内部网）

Intranet是Internet技术在企业内部的应用，它实际上是采用Internet技术建立的企业内部网络。它的核心技术是基于Web的计算。Intranet的基本思想是：在内部网络上采用TCP/IP作为通信协议，利用Internet的Web模型作为标准信息平台，同时建立防火墙把内部网和Internet分开。当然Intranet并非一定要和Internet连接在一起，它完全可以自成一体作为一个独立的网络。

3. Internet在中国

1994年4月，我国正式接入Internet。1994年5月，开始在国内建立和运行我国的域名体系。随后几大接入Internet的公用数据通信网建成，如中国公用分组交换数据通信网（ChinaPAC）、中国公用数字数据网（ChinaDDN）、中国公用帧中继网（ChinaFRN）。同一时期，我国相继建成四大互联网：中国科学技术网（CSTNET）、中国教育和科研网（CERNET）、中国公用计算机网（ChinaNET）、中国金桥信息网（ChinaGBN）。近年来，Internet在我国得到了快速增长和多元化应用，而且正在蓬勃发展。

CHINANET是我国计算机网络的骨干网，是我国最大的互联网络。

4. IP地址管理机构

全世界国际性的IP地址管理机构有4个，即ARIN、RIPE、APNIC和LACNIC，它们负责IP地址的地理区域管理。

其中，美国Internet号码注册中心ARIN（American Registry for Internet Numbers）提供的查询内容包括了全世界早期网络及现在的美国、加拿大、撒哈拉沙漠以及南非洲的IP地址信息；欧洲IP地址注册中心RIPE（Res é aux IP Europ é ens）包括了欧洲、北非、西亚地区的IP地址信息；亚太地区网络信息中心APNIC（Asia Pacific Network Information Center）包括了东亚、南亚、大洋洲IP地址注册信息；拉丁美洲及加勒比互联网络信息中心LACNIC（Latin American and Caribbean Network Information Center）包括了拉丁美洲及加勒比海诸岛IP地址信息。

中国的IP地址管理机构称为中国互联网络信息中心（China Internet Network Information Center，简称CNNIC），它是成立于1997年6月的非营利管理与服务机构，行使国家互联网络信息中心的职责。中国科学院计算机网络信息中心承担CNNIC的运行和管理工作。它的主要职责包括域名注册管理，IP地址、AS号分配与管理，目录数据库服务，互联网寻址技术研发，互联网调查与相关信息服务，国际交流与政策调研，承担中国互联网协会政策与资源工作委员会秘书处的工作。

7.3.2 IP协议

IP协议（internet protocol）又称互联网协议，是支持网间互联的数据报协议，它与TCP协议（传输控制协议）一起构成了TCP/IP协议簇的核心。它提供网间连接的完善功能， 包括IP数据报规定互联网络范围内的IP地址格式。URL（uniform resource locator）称为统一资源定位器。

每个Web页（网页）都被赋予一个URL（uniform resource locator）网址，称为全球定位器，是Web在WWW中存放位置的统一格式。

它由3部分组成：协议+服务器主机地址+路径与文件名。如http://www.zzist.net/kyxs/。

在WWW浏览器中通过URL查找和定位网页，传输文件，实现远程登录，查看本地文件，甚至发送电子邮件等。Web是一种由HTML（超文本标记语言）编写的文本，它可以包含图文、声音及动态画面（如影视），可以建立联接不同网页的超级链接（Hyper-link）。

1. **IP地址**

为了避免物理地址的复杂性，确保Internet地址的唯一性，重新为每台主机统一编IP地址、逻辑地址。IP地址由网络地址和主机地址组成（网地址有掩码决定：由IP地址与掩码进行相“与”运算）。IP地址由32位二进制数组成，分成4段，每段8位二进制数（转为十进制数范围是0～255），共4个字节如表7-1和表-2所示。

表 7-1 IP 地址计算表

位数 分类	0	1	2	3	4 ～ 7	8 ～ 15	16 ～ 23	24 ～ 31
A 类	0	网络地址（掩码：255.0.0.0）				主机地址		
B 类	1	0	网络地址 (掩码 255.255.0.0)				主机地址	
C 类	1	1	0	网络地址（掩码：255.255.255.0）				主机地址
D 类	1	1	1	0	广播地址（掩码：255.255.255.255）			

表 7-2 IP 地址分类

	IP 范围	网络地址数	主机地址数	起始 IP	终止 IP
A 类	1 ~ 127	126	254*254*254	0.0.0.0	127.255.255.255
B 类	128 ~ 191	64*254	254*254	128.0.0.0	191.255.255.255
C 类	192 ~ 223	32*254*254	254	192.0.0.0	223.255.255.255

说明：

（1）网络地址：主机全部设为0的IP地址，表示网络本身；

（2）广播地址：主机全部设为1的IP地址；

（3）全部设为0的IP地址，（0.0.0.0）对应于当前主机；

（4）全部设为1的IP地址，（255.255.255.255）对应于当前子网的广播地址；

（5）网络标识以十进制127开头，用于诊断。

公有地址（public address）：由Inter NIC（Internet Network Information Center，因特网信息中心）负责。这些IP地址分配给注册并向Inter NIC提出申请的组织机构。通过它直接访问因特网。

私有地址（private address）：属于非注册地址，专门为组织机构内部使用。

以下列出留用的内部私有地址：

A类 10.0.0.0～10.255.255.255

B类 172.16.0.0～172.31.255.255

C类 192.168.0.0～192.168.255.255

2. IP协议的发展

随着Internet的飞速发展，原有的Internet协议第4版（IPv4）已经不适应新的需要，新版本的协议IPv6应运而生。它保持了IPv4的基本概念以及许多成功的特点，但比IPv4更先进、灵活和实用。在IPv6中，每个IP地址占16个字节，即128位。为了方便用户，IPv6采用“零压缩”等技术来减少IP地址中的字符个数，同时，IPv6的地址空间可以兼容IPv4地址。

3. Internet的域名系统

由于数字的IP地址不容易记忆，因此采用域名的办法来对应IP地址。在Internet中有DNS服务器来解析域名，将其转换成IP地址。IP地址与域名是一一对应的。

结构分为三或四级：主机名. 组织结构名. 网络名. 顶级名。

例如：http://www.tsinghua.edu.cn，从右至左：中国.教育部门.清华大学。

http:// ——使用协议为超文本文件协议。

www ——访问的主机名（是www的一台服务器）。

tsinghua——组织结构名。

edu——网络名。

cn——顶级名。

最高层次的域名分为两大类，如表7-3所示。

表7-3 最高域名分类

机构性域名		地理性域名	
域　名	机构类型	域　名	机构类型
COM	商业机构	CN	中国
EDU	教育机构	HK	香港

续表

机构性域名		地理性域名	
域　名	机 构 类 型	域　名	机 构 类 型
NET	Internet 网络经营管理机构	TW	台湾
GOV	政府机构	MO	澳门
MIL	军事系统	JP	日本
ORG	组织机构	US	美国

7.3.3　接入Internet的方法

1. Internet接入方式

接入网，更通俗地讲就是接入方式，即用户如何把自己的单机或局域网连接到主干网的一种技术。

常见的Internet接入方式如下。

（1）拨号网络（PSTN+MODEM）。

（2）ISDN（integrated service digital network，综合业务数字网 ）。

（3）DDN专线（digital data network，数字数据网）。

（4）ADSL：非对称数字用户线。

（5）无线接入技术：固定接入方式和移动接入方式。

2. **通过局域网连接Internet的基本设置**

对于通过局域网或ISP的宽带连接Internet的用户，每台工作站必须安装网卡，并用双绞线连接到集线器或交换机上。为了能访问Internet，计算机必须安装TCP/IP协议，并配置TCP/IP协议的相关参数。

设置的步骤如下。

（1）安装网卡。

（2）添加网络组件。

（3）安装配置TCP/IP协议。

3. **使用ADSL连接Internet的基本设置**

随着ADSL的普及使用，越来越多的用户以ADSL接入方式上网，以下介绍如何使用ADSL上网。要使用ADSL上网，用户必须向提供ADSL服务的电信公司申请，同时用户需要有一条该电信公司的电话线路、一个ADSL调制解调器和一个滤波分离器。

设置的步骤如下。

（1）ADSL的安装与设置。

（2）使用ADSL拨号上网。

7.4 IE浏览器的使用

7.4.1 IE浏览器的概述

1. IE浏览器的功能

Internet Explorer浏览器（简称IE浏览器），是Microsoft微软公司设计开发的一个功能强大、很受欢迎的Web浏览器。在Windows XP 操作系统中内置了IE浏览器的升级版本IE 6.0，与以前版本相比，其功能更加强大，使用更加方便，可以使用户毫无障碍地轻松使用。使用IE 6.0浏览器，用户可以将计算机连接到Internet，从Web服务器上搜索需要的信息、浏览Web网页、收发电子邮件、上传网页等。

2. IE浏览器的启动方法

（1）单击“开始”→“所有程序”→“Internet Explorer”命令。

（2）双击桌面上的快捷图标。

（3）单击任务栏上的按钮。

3. IE浏览器的窗口组成

IE浏览器窗口由：标题栏、菜单栏、工具栏、URL地址栏、状态栏、进度指示条组成，如图7-9所示。

图7-9 IE窗口的组成

4. IE浏览器窗口工具栏按钮功能

（1）标准按钮。

“后退”：退回到上一个浏览的Web页面。

“前进”：前进到下一个Web页面。

“停止”：在Web页面打开和传输的过程中，用此命令可以终止页面的继续传输。

“刷新”：强行地把当前正在浏览的页面内容重新显示一遍，重新传送数据。

“主页”：把用户设置的起始Web页面打开。

“搜索”：打开或关闭搜索栏，用户可按照主题或关键字来搜索和浏览其他的网页。

“收藏”：打开或关闭收藏栏，它和“收藏”菜单的功能相同。

“历史”：打开或关闭历史栏，用户可以在其中选择曾经去过的网站。

“频道”：打开或关闭频道栏，用户可以在频道栏中选择频道，进入对应的网站。

“全屏”：使用全屏方式显示IE的窗口。

“邮件”：包括Internet邮件操作的菜单命令。

“字体”：改变当前显示的字体和大小。

“打印”：打印当前显示页面。

“编辑”：打开网页编辑程序，编辑当前打开的Web页面。

（2）菜单。

①“文件”菜单：其中，“另存为”菜单项可以保存当前的Web页面；“脱机工作”菜单项表示系统当前正在使用脱机工作方式，即计算机在没有联入Internet的方式下工作。

②“查看”菜单：

编码：用户可以在“编码”菜单项中选择当前浏览网页所使用的字体内码。

停止：选择“停止”菜单项，可以停止当前下载网页的操作。

刷新：选择“刷新”菜单项，可以重新连接地址栏中指定的网站。

源文件：选择“源文件”菜单项，可以查看当前网页的HTML源文件。

转到：用来移动当前资源管理器访问的位置，或者访问其他的位置，或者是调用新闻、邮件管理器以及网上会议系统。

③“收藏”菜单：它是用户保存一些自己比较喜爱的网址的地方。当在网上发现了一个非常好的网页后，可以把这个地址保存进“收藏夹”中，方便以后能够快速访问。

5. IE浏览器常见的设置

启动IE，在地址栏中输入http://www.zzist.net（http://可省略）打开郑州科技学院的主页；选择“工具”→“Internet选项”命令，在“常规”标签中单击“使用当前页”按钮。

打开搜狐主页（http://www.sohu.com/），选择“收藏”→“添加到收藏夹”命令，在出现的对话框点击“确定”可以将搜狐主页添加到收藏夹。

单击窗口菜单“工具”→“Internet 选项”进入Internet 选项对话框。

其中有6个选项卡：常规、安全、隐私、内容、连接、程序、高级。在这里我们只介绍常用的设置，其他设置请读者根据自己的需要参照完成，如图7-10所示。

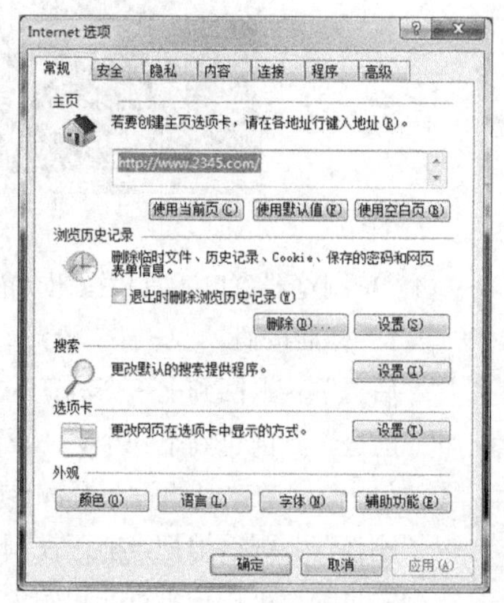

图7-10　Internet选项

（1）常规。

在“常规”选项卡“主页”区域内的“地址”文本框中，输入主页地址，例如“www.sohu.com”,单击“应用”按钮，则每次启动IE时，自动打开搜狐网站的首页。

“地址”文本框下面的3个按钮的具体含义如下。

① 使用当前页：如果IE浏览器已经打开了某个网站的网页，此时单击“使用当前页”按钮，IE即把当前打开的网页地址作为主页保存。

② 使用默认页：单击该按钮，将把微软公司网站上的某个特定网页作为主页。

③ 使用空白页：单击该按钮，主页为空，IE启动时打开一个空白的页面。

如果用户浏览过某些恶意网站，或是安装了某些软件，IE主页地址将被篡改为某个网站地址，并且用户不能修改。遇到这种情况，可以使用一些专门用来修复IE的工具软件进行修复。

（2）临时文件。

在用IE访问网站时，IE首先把网站内容下载到IE缓冲区中。当下次再访问同一网站时，将首先从缓冲区读取数据，这样可以加快访问的速度。其缺点有两条：第一是随着时间的推移，临时文件越来越多，占用大量的硬盘空间；第二是可以从缓冲区查找到用户的上网内容，给保护用户隐私带来不便。

网页上的基本内容（图形、图片、Flash动画等）会自动保存在该文件夹中，可以直接复制使用。

（3）历史记录。

为了便于帮助用户记忆其曾访问过的网站，IE提供了把用户上网所登录的网址全部记忆下来的功能。可根据个人喜好输入数字来设定“网页保留在历史记录中的天数”或直接按下“清除历史记录”的按钮，清除历史记录。

（4）颜色、字体、语言的设置，读者自己完成。

7.4.2 Internet网络服务

1. 电子邮件服务

（1）电子邮件工作原理。

电子邮件（E-mail）是Internet应用最广的服务。电子邮件与普通邮件有类似的地方，发信者注明收件人的姓名与地址（即邮件地址），发送方服务器把邮件传到收件方服务器，收件方服务器再把邮件发到收件人的邮箱中。

（2）电子邮件的地址。

一个完整的Internet邮件地址由以下两个部分组成，格式如下：

用户名@主机名.域名

其中间用一个表示“在”(at)的符号“@”分开，符号的左边是对方的用户名，右边是完整的主机名，它由主机名与域名组成。

电子邮件有着很大的诱惑力，它方便、便宜，而且更重要的一点就是发信、收信双方无论相距多远，信件总是瞬时而至。要使用电子邮件，必须有一个电子邮箱。电子邮箱有收费和免费两种。本节重点介绍免费电子信箱的几个问题。在各个大型网站都可以免费申请邮箱，同学们自行练习申请。

（3）在“www.tom.com”网站上申请免费电子邮箱。

打开IE浏览器，输入网址：Http://www.tom.com进入tom首页。如图7−11、图7−12所示，用鼠标单击“免费注册”按钮。具体过程自行操作。

图7−11 tom邮箱页面　　　　图7−12 tom邮箱免费注册页面

（4）电子邮件的书写与发送。

第1步：打开www.tom.com网站，在首页上面点击“邮箱”，输入自己的邮箱名称、密码后点击登录，即可打开自己申请的免费邮箱，如图7−13所示。单击“写信”按钮则进入写邮件窗口。在此窗口中即可完成电子邮件的书写和发送工作。

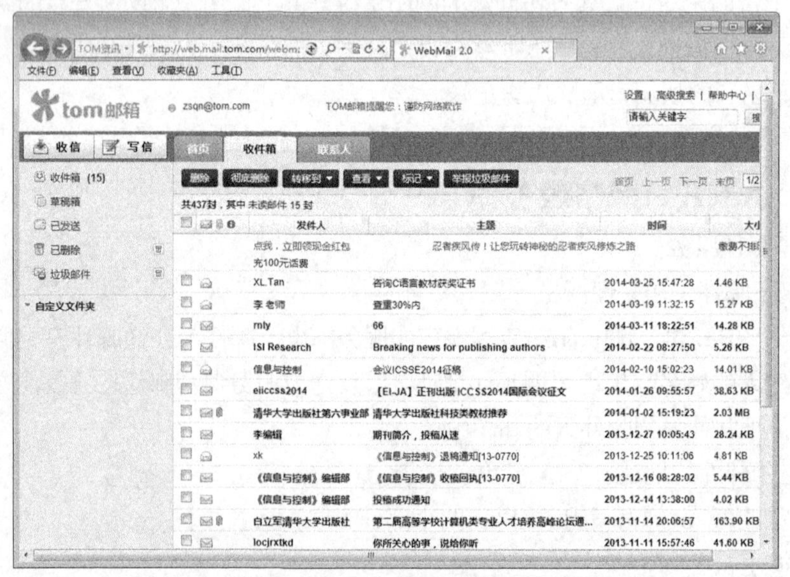

图7−13 tom邮箱窗口

具体说明如下。

收件人：填写收件人的电子邮箱地址，若有多个，用“,”（英文）隔开。

主题：最好填写，也可以不填写。

附件：如果要发送图片、Word、相片、动画或视频等文件，单击“浏览”按钮添加文件。

空白位置：是书写信函的地方。可以使用空白位置上方的格式按钮，对文字进行格式化（加粗、倾斜、下划线、字号、字体颜色）。

第2步：信件的内容书写完毕后，单击“发送”按钮，几秒钟后即可完成电子邮件的发送。

（5）电子邮件的接收和阅读。

信件的接收：单击图中“收信”，系统将自动和邮件接收服务器连接，若邮件接收服务器上有用户的新邮件，则把它们自动传送到用户的电脑上并存放到“收件箱”内。

信件的阅读：单击“收件箱”，将列出收件箱中所有信件的信息。

（6）制作带附件的电子邮件。

寄电子邮件时，可以把文本文件、图画文件、声音文件、影像文件、电子表格或动画文件等作为附件同时寄给对方。具体步骤如下。

第1步：单击图中“添加附件”按钮，出现粘贴附件的提示步骤。

第2步：单击“浏览”按钮。

第3步：找到存放附件的文件夹，选择要传送的文件粘贴即可完成，添加到附件后，在附件栏里就会出现附件文件所在的路径。用同样的过程可以插入多个附件。

第4步：单击“发送邮件”按钮。信件和附件就一起发送到对方的电子邮箱中了。

（7）回复邮件。

接到别人的来信，阅读后可以单击“回复”按钮，立即回信。系统会自动把对方的电子邮件地址填写到“收件人”处，而且会在对方来信的主题前面加上回复标记，作为回信的主题，当把回信的内容在下面的内容区里写好后，单击“发送”按钮，回信就立即送到对方的电子信箱中了。

2. WWW服务

（1）保存网页中的图像、动画。

保存网页中的图像、动画，如图7-14所示。

第1步：用鼠标右键单击网页中的图像或动画。

第2步：在弹出菜单中选择“图片另存为”项，弹出Windows保存图片标准对话框。

第3步：在“保存图片”对话框中选择合适的文件夹，并在“文件名”框中输入图片名称，然后单击“保存”按钮。

（2）保存浏览器中的当前页。

第1步：在“文件”菜单上，单击“另存为”按钮。

第2步：在弹出的保存文件对话框中，选择准备用于保存网页的文件夹。在“文件名”

框中，键入该页的名称。

第3步：在“保存类型”下拉列表中有多种保存类型。

第4步：选择一种保存类型，单击“保存”按钮。

图7-14　网页中的图片等信息

使用此方法，自动保存当前网页为一个网页文件和该网页素材文件夹，若需要网页上的图片等，可以从次文件夹中直接获得。另外，若保存为TXT文件，则可以获得不能复制的网页上的文字。

（3）使用收藏夹。

在IE中，可以把经常浏览的网址储存起来，称为“收藏夹”。

第1步：进入到要收藏的网页/网站，单击菜单栏中的“收藏”按钮，执行“添加到收藏夹”命令，打开“添加到收藏夹”对话框。

第2步：在文本框中填入要保存的名称，单击确定即可将当前网页保存到收藏夹中，如果要将网页保存到本地硬盘中便于离线后再阅读，只需选中“允许脱机使用”复选框即可。

（4）保存超链接指向的网页或图片。

如果想直接保存网页中超链接指向的网页或图像，暂不打开并显示，可进行如下操作。

第1步：用鼠标右键单击所需项目的链接。

第2步：在弹出菜单中选择“目标另存为”项，弹出Windows保存文件标准对话框。

第3步：在“保存文件”对话框中选择准备保存网页的文件夹，在“文件名”框中，键入这一项的名称，然后单击“保存”按钮。

（5）快速显示网页。

第1步：选择“查看”菜单中的“Internet选项”，打开“Internet选项”对话框。

第2步：选中“高级”选项卡。

第3步：在“多媒体”区域，清除“显示图片”“播放动画”“播放视频”和“播放声音”等全部或部分多媒体选项复选框选中标志。这样，在下载和显示主页时，只显示文本内容，而不下载数据量很大的图像、声音、视频等文件，加快了显示速度。

3. DHCP服务（Dynamic Host Configuration Protocol）

在使用TCP/IP协议的网络中，每一台主机都必须有一个IP地址予以识别，但是，管理与配置客户端的IP地址和TCP/IP协议的环境参数是一项复杂的工作。动态主机配置协议（DHCP）的推出，使得网络管理工作变得轻松多了。

DHCP的构成是在整个网络中至少有一台主机安装DHCP服务器软件，要使用DHCP功能的工作站也必须支持DHCP功能。DHCP工作站启动时，自动与DHCP服务器通信，以获得从DHCP服务器所分配的IP地址。

IP地址的分配方式如下。

（1）自动分配：当DHCP工作站第一次向DHCP服务器租用到IP地址后，这个地址以后就永远留给这个工作站使用。

（2）动态分配：当DHCP工作站第一次向DHCP服务器租用到IP地址后，工作站只在租约期内使用该地址。租约期满，服务器可将该地址回收，进而再转供给其他工作站使用。DHCP服务器提供的服务还不止是IP地址，还有子网掩码、默认网关等其他环境配置。

4. Telnet服务

Telnet是远程登录的一种服务，属于应用层的协议，但它的底层协议是TCP/IP，所用到的端口是23。使用Telnet就是可以在本地登录上远程的计算机，并且可以对远程的计算机进行修改和操作，所用的界面是DOS界面，而不是图形界面。要用图形界面的远程控制就要用到3389端口的远程协助了。

操作步骤如下。

（1）选择“开始”→“运行”。

（2）输入：“cmd”或“command”→“确定”。

（3）输入：telnet bbs.tsinghua.edu.cn 进入BBS站点，输入“guest”（测试用），如图7-15所示。

图7-15 清华大学BBS站点

7.5 搜索引擎的使用

搜索引擎的基本概念如下。

1. 搜索引擎

搜索引擎（search engine）是指根据一定的策略、运用特定的计算机程序搜集互联网上的信息，在对信息进行组织和处理后，为用户提供检索服务的系统。

2. 搜索引擎的分类

（1）全文索引。全文搜索引擎是名副其实的搜索引擎，国外代表有Google，国内则有著名的百度搜索，如图7-16所示。它们从互联网提取各个网站的信息（以网页文字为主），建立起数据库，并能检索与用户查询条件相匹配的记录，按一定的排列顺序返回结果。

（2）目录索引。目录索引虽然有搜索功能，但严格意义上不能称为真正的搜索引擎，只是按目录分类的网站链接列表而已。用户完全可以按照分类目录找到所需要的信息，不依靠关键词（keywords）进行查询。目录索引中最具代表性的莫过于大名鼎鼎的YAHOO、新浪分类目录搜索。

（3）元搜索引擎。元搜索引擎（meta search engine）接受用户查询请求后，同时在多个搜索引擎上搜索，并将结果返回给用户。著名的元搜索引擎有InfoSpace、Dogpile、Vivisimo等，中文元搜索引擎中具代表性的是搜星搜索引擎。在搜索结果排列方面，有的直接按来源排列搜索结果，如Dogpile；有的则按自定的规则将结果重新排列组合，如Vivisimo。

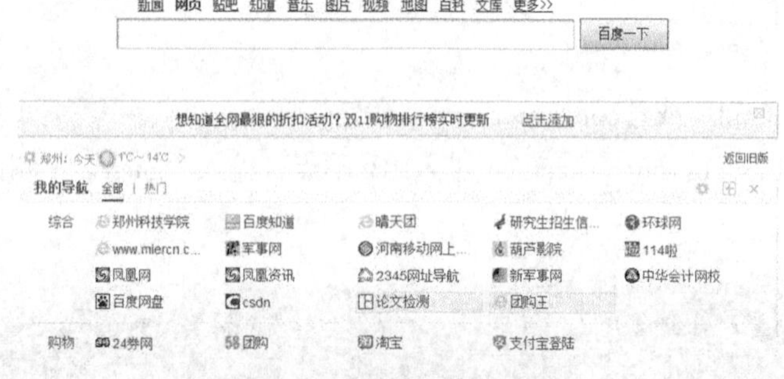

图7-16 百度搜索引擎界面

练习搜索内容如下。

① 使用Google和Baidu主页，搜索栏查找“中国国家图书馆”的主页。

② 打开“中国国家图书馆”的主页，将该主页页面以“js.html”文件名保存在个人创建的文件夹下；并搜索有关国家图书馆的图片，以“zg.gif”为文件名，另存在个人创建的文件夹下。

③ 使用百度（http://www.baidu.com.cn），以“2012 中共十八大”为主体，搜索你认为最精彩的画面或最感人或有趣的文章片断。并将图片或显示的页面以“2012中共十八大.txt”或“2012中共十八大.jpg”文件名保存到个人创建的文件夹下。

7.6 网络安全

7.6.1 计算机安全、信息安全和网络安全

简单地说，安全指的是一种能够识别和消除不安全因素的能力。其基本含义是：客观上不存在威胁，主观上不存在恐惧。在讨论安全之前，我们先弄清计算机安全、信息安全和网络安全以及它们的内在联系。

1. 计算机安全

按照国际化标准组织（ISO）的定义，所谓计算机安全是指为数据处理系统建立和采取的技术以及管理的安全保护，保证计算机硬件、软件和数据不因偶然和恶意的原因而遭到破坏和泄密。

这里包含两方面的内容：物理安全和逻辑安全。物理安全是指计算机系统设备以及相关的设备受到保护，免于被破坏、丢失等；逻辑安全则指保障计算机信息系统的安全，即保障计算机中处理信息的完整性、可用性及保密性。

2. 信息安全

信息安全主要涉及信息存储的安全、信息传输的安全以及对网络传输信息的审计三方面内容。从广义来说，凡是涉及信息的完整性、保密性、真实性、可用性和可控性的相关技术和理论，都是信息安全所要研究的领域。

3. 网络安全

网络安全的具体含义会随着研究“角度”的变化而变化。例如，从用户的角度来说，他们希望涉及个人隐私或商业利益的信息在网络上传输时受到机密性、完整性和真实性的保护，避免其他人或对手利用窃听、冒充、篡改、抵赖等手段侵犯用户的利益和隐私，同时也避免其他用户的非授权访问和破坏。

从网络运行和管理者角度来说，他们希望对本地网络信息的访问、读写等操作受到保护和控制，避免出现“陷门”、病毒、非法存取、拒绝服务、网络资源非法占用和非法控制等威胁，制止和防御网络黑客的攻击。

对安全保密部门工作者来说，他们希望对非法的、有害的或涉及国家机密的信息进行过滤，避免机要信息泄露，避免对社会产生危害、对国家造成巨大损失。

7.6.2 防火墙技术

防火墙是一种计算机硬件和软件相结合的，在因特网和内部网之间的一个安全网关。它其实就是一个内部网与因特网隔开的屏障。防火墙内的网络一般称为“可信赖的网络”，外部的因特网称为“不可信赖的网络”。防火墙主要用来解决内部网和外部网的安全问题。“阻止”就是阻止某种类型的信号通过防火墙。“允许”的功能与“阻止”的功能恰恰相反。

防火墙从实现方式上分为硬件防火墙和软件防火墙。硬件防火墙是通过硬件和软件的结合来达到隔离内、外部网络的目的，效果较好，但价格较贵，一般小型企业和个人难以实现；软件防火墙是通过纯软件的方式实现的，价格较便宜，但这类防火墙只能通过一定的规

则来达到限制一些非法用户访问内部网络的目的。

硬件防火墙如果从技术上来分又可分为标准防火墙和双归属网关防火墙。

标准防火墙系统包括一个UNIX工作站，该工作站的两端各连接一个路由器进行缓冲。其中一个路由器的接口是公用网，另一个则连接内部网。标准防火墙使用专门的软件，并要求较高的管理水平，而且在信息传输上有一定的延迟。

目前技术最为复杂且安全级别最高的防火墙是隐蔽智能网关，它将网关隐藏在公共系统之后使其免遭直接攻击。隐蔽智能网关提供了对互联网服务进行几乎透明的访问，同时阻止了外部未授权访问对专用网络的非法访问。一般来说，这种防火墙是最不容易被破坏的。

7.6.3 计算机病毒及防治

几乎所有上网用户都体验过在网上“冲浪”的喜悦和欢乐，也遭受过“病毒”袭扰的痛苦和烦恼，刚才还好端端的机器顷刻间“瘫痪”了，好不容易在键盘上打了几个小时的文稿突然没有了，程序正在运行在关键时刻，系统莫名其妙地重新启动。所有这意想不到的事情，都源自于计算机病毒。

1. 计算机病毒的定义

计算机病毒本质上是人为设计、可执行的破坏性程序。它具有自我复制功能。这种程序之所以被称为“病毒”，是因为其许多特征很像医学上的病毒。医学上的病毒是一种微小的疾病传播媒体，一旦进入人体的细胞，便附随其上，随细胞的繁殖而繁殖，遇到适当条件病毒便会激活发作，破坏人体健康。许多疾病，如天花、艾滋病（AIDS）就是病毒引起的，也是由病毒传播的。计算机病毒在特征上与医学上的病毒一样，一旦进入计算机内部系统，便会附随在其他程序之上，进行自我复制，条件具备便被激活，破坏计算机系统或保存于系统中的数据。1998年发现的CIH 病毒还能直接破坏计算机的硬件——某些主板上的BIOS芯片（EPPROM芯片）、内存、硬盘。

计算机病毒一般由病毒引导模块、病毒传染模块、病毒激发模块三大部分组成。

2. 计算机病毒的特征

（1）破坏性和危险性。这是计算机病毒的主要特征。计算机病毒发作时的主要表现为占用系统资源、干扰运行、破坏数据或文件，严重的还能破坏整个计算机系统和损坏部分硬件，甚至造成网络瘫痪，产生极其严重的后果。

（2）潜伏性。是指其具有的依附于其他程序而寄生的能力。计算机病毒一般不能单独存在，在发作前常潜伏于其他程序或文件中，只有触发了特定条件才会进行传染或对计算机进行破坏。

（3）传播性。指计算机病毒具有的很强的自我复制能力，能在计算机运行过程中不断再生，迅速搜索并感染其他程序，进而扩散到整个计算机系统。

（4）激发性。病毒程序的发作需要一定条件，这些条件实际上是病毒程序内的条件控制语句。依据制作者的要求在条件具备时产生破坏作用或干扰计算机的正常运行。这些条件通常是某一特定日期，也有一些是文件所运行的次数或进行了某一类的操作等。

（5）灵活性。计算机病毒是一种可以直接或间接运行的“精心炮制”的程序，一般不超过4KB。经常用附加或插入的方式隐藏在可执行程序或文件中，不易被发现。

3. 计算机病毒的主要症状

当计算机出现以下现象之一时，就有可能是病毒发作的结果。

（1）屏幕出现一些异常的显示画面或问候语。

（2）机箱的扬声器发出异常的蜂鸣声。

（3）可执行文件的长度发生变化或者可以执行的程序无故不能执行。

（4）程序或数据突然消失或文件夹中无故多了一些奇怪的文件。

（5）系统运行速度明显变慢。

（6）系统启动异常或频繁死机。

（7）打印出现问题。

（8）生成不可见的表格文件或程序文件。

（9）硬盘指示灯无故闪亮或突然出现坏块、坏道。

（10）计算机经常无故启动一些应用程序或无故弹出一些莫名其妙界面。

（11）系统不承认磁盘或者硬盘不能正常引导系统等。

4. 计算机病毒的分类

（1）按设计者的意图和破坏性的大小分为良性病毒和恶性病毒。

① 良性病毒：又称恶作剧型病毒。这些病毒大多在屏幕上出现一些语句或画面，不破坏数据和系统，仅干扰正常操作。

② 恶性病毒：这类病毒具有明显的攻击性和破坏性。轻者丢失数据，删改文件；重者造成硬件损坏、系统崩溃、网络瘫痪。

（2）按照寄生方式，计算机病毒可分为外壳型、源码型、入侵型和操作系统型。

① 外壳型：此种病毒常依附于主程序的首尾，当合法的主程序运行时即被激活。一般不破坏原程序。

② 源码型：这种病毒在程序被编译之前，插入到高级语言编写的源程序中，成为可执行程序的合法部分，破坏性较大。

③ 入侵型：这种病毒程序能插入到合法的主程序中，替换不常应用的功能模块部分。入侵型病毒查找和清除的难度都很大。

④ 操作系统型：这种病毒是在系统引导时，取代操作系统的部分操作。此种类型病毒较常见，破坏性也较大。

（3）按照病毒的发作时间分为定时发作病毒和随机发作病毒。

（4）宏病毒。宏病毒是Windows下使用某些应用程序自带的宏编程语言编写的病毒。目前世界上已发现了3类宏病毒：感染Word 系统的Word宏病毒、感染Excel系统的Excel宏病毒和感染Lotus AmiPro的宏病毒。与其他的病毒相比，宏病毒具有以下特点。

① 感染数据文件。以往病毒只感染程序，不感染数据文件，但现在的宏病毒专门感染数据文件。

② 容易编写。宏病毒以容易阅读的源代码编写，因此编写和修改都很容易。

③ 容易传播。任何数据文件都可能被感染宏病毒，一篇文章，一个E-mail都可以感染或传染宏病毒。

④ 多平台交叉感染。凡是能应用Word、Excel的工作平台上都能感染宏病毒。

5. **计算机病毒传播途径与防范**

（1）计算机病毒传播的主要途径是磁介质、网络和光盘。

磁介质是传播计算机病毒的重要媒介。计算机病毒先是隐藏在介质上，当使用携带病毒的介质时，病毒便侵入计算机系统。因为软盘携带方便，并且是最常用的数据交换工具，因此是病毒传播的最佳介质。此外硬盘也是传染病毒的重要载体。一旦某台计算机的硬盘感染了病毒，在该机上使用过的软盘也会感染上病毒。

随着网络的发展，网络已经成为计算机病毒传播的重要通道。网络可以使病毒从一个结点传播到另一个结点，整个网络中的所有计算机能在极短时间内都染上病毒。近两年来，“美丽莎”“Love”等病毒就是通过Internet在几天内便传遍全球，造成很多网络瘫痪。在使用网络传播的病毒中，利用电子邮件的附件传播最为常见。

由于光盘的制作需要专业人员制作，因此其传播病毒的概率较小。但由于光盘刻录的是文件，即使在制作中未能发现感染的病毒，也可能成为病毒传播的媒介。

（2）计算机病毒的防范。

目前，防范计算机病毒可以从硬件和软件以及管理3方面来考虑。

① 从软件方面看，可能的措施有：慎用来历不明的软件；软盘使用前最好使用杀毒软件进行检查；重要数据和文件定期做好备份，以减少损失；启动盘和装有重要程序的软盘要写保护；使用较好的杀毒软件进行病毒查找，确定是否染上病毒，尽早发现，尽早清杀。

② 在硬件方面，主要是采用防病毒卡、防火墙等来防范病毒的入侵。

③ 在管理方面，应该加强宣传，做到专机专用、专盘专用。对于机房中的公共用机尤其应该加强管理，最好采用新型的主动反病毒软件，以便及时查杀。随着Internet的广泛流行，也应该加强对于网络中病毒的检测与查杀，并对下载文件进行必要的管理。

（3）病毒检测工具。

采用病毒检测的专用工具有两种不同的思想。一种是扫描病毒的关键字方法，这种方法一般准确有效，但它只能对付已出现的病毒，对新病毒无可奈何。另一种是校验软件，这种软件根据某种算法，对所有可能受病毒攻击的数据进行校验并将结果保存起来，每次运行时先重算一遍再与前次的进行比较，若发现有被修改的文件则报告给用户。该方法能查到目标被改动的文件，但不能准确地确认病毒的名称。

目前，国内的病毒检测工具很多，一般都具有杀毒功能。但要注意，由于病毒不断产生新种和变种，质和量都在变化，因而使用任何病毒检测工具都不是万全之计。

（4）病毒的消除。

一旦发现病毒，用户就应该立即着手进行消除。但并不完全是对发现病毒的文件进行病毒消除，还要对那些可疑的或者无法确认安全的内容进行检测。

如果发现病毒感染了机器，假若在网上，则应立即使机器脱离网络，以防扩大传染范围，对已经感染的软件应进行隔离，在消除病毒之前不要使用。

发现病毒后，应使用未被感染过的备份软件重新启动机器，如果感染特别严重，可以考虑将其低级格式化，再做分区和高级格式化，以彻底清除病毒，然后运行DOS中的SYS命令，重新写入BOOT区。如果CMOS内存区被感染，则应该将主板上的电池取下，以清除此区域中的病毒。

目前最方便、最理想的方法是利用市场上数量众多的查杀病毒软件进行杀毒。如KV3000、瑞星杀毒软件、金山毒霸等。国外一些著名的杀毒软件，如AcAfee VirusScan 软件、Norton AntiVirus软件也被大家广泛使用。

另外为了保证计算机中数据安全，必须定期地把有用数据复制到备份硬盘，或刻录到光盘上。对于接入Internet的计算机，为防止计算机黑客的入侵，应尽可能安装黑客防火墙。总之，必须随时做好计算机中数据的安全维护工作，尽量减少由于数据的丢失而造成无法挽回的损失。

7.7 回到工作场景

通过无线路由器设置创建局域网。路由器和无线路由器虽然普及得很快，大家用得也很方便，但还是有很多刚接触路由器的人，不懂得如何设置路由器，毕竟它不像非网管交换机一样，插上即可用。而厂商一般都配有说明书，有些却不够简明，过于复杂，有些虽然提供了傻瓜化的安装向导，但在设置的定制化方面显然无法体现。下面以TP-LINK无线路由器设置为例进行介绍。

基本操作步骤如下。

（1）将TP-LINK无线路由器通过有线方式连接好后，在IE地址栏输入192.168.1.1，用户名和密码默认为admin，确定之后进入以上设置界面，如图7-17所示。

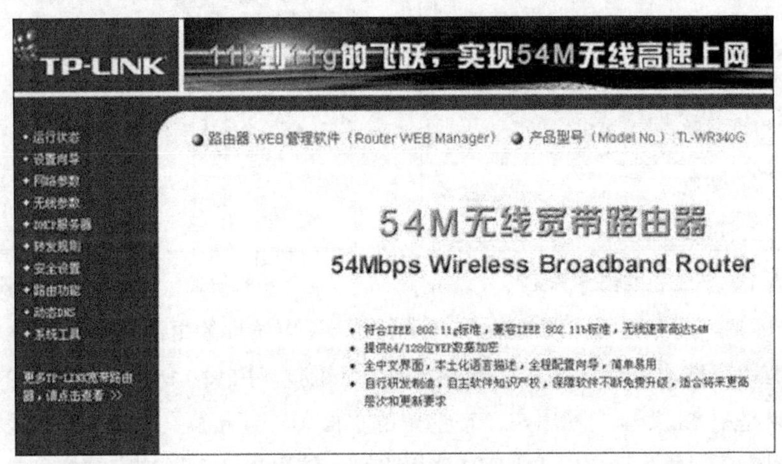

图7-17　无线路由器设置界面1

打开界面以后通常都会弹出一个设置向导的页面，选择“设置向导”，如果有一定经验的用户都会勾上“下次登录不再自动弹出向导”来直接进行其他各项细致的设置。不过建议一般普通用户按下一步进行简单的向导设置，方便简单。

（2）通常ASDL拨号上网用户选择第一项PPPoE来进行下一步设置。但是如果你是局域网内或者通过其他特殊网络连接（如视讯宽带、通过其他电脑上网之类）可以选择以下两项“以太网宽带”来进行下一步设置。这里先说明一下ADSL拨号上网设置，以下两项在后面都将会进行说明。到ADSL拨号上网的账号和口令输入界面，按照字面的提示输入用户在网络服务提供商所提供的上网账号和密码然后，直接按下一步，如图7-18所示。

（3）接下来可以看到有无线状态、SSID、频段、模式这四项参数。检测不到无线信号的用户留意一下自己的路由器无线状态是否开启。

SSID这一项用户可以根据自己的喜好来修改添加，这一项只是在无线连接的时候搜索连接设备后可以容易区分需要连接设备的识别名称而已。

另外在频段这一项有13个数字选择，这里的设置只是路由器的无线信号频段，如果附近有多台无线路由，可以在这里设置使用其他频段来避免一些无线连接上的冲突。

模式下拉选项中可以看到TP-LINK无线路由的几个基本无线连接工作模式，11Mbit/s（802.11b）最大工作速率为11Mbit/s；54Mbit/s（802.11g）最大工作速率为54Mbit/s，也向下兼容11Mbit/s（在TP-LINK无线路由产品里还有一些速展系列独有的108Mbit/s工作模式），如图7-19所示。

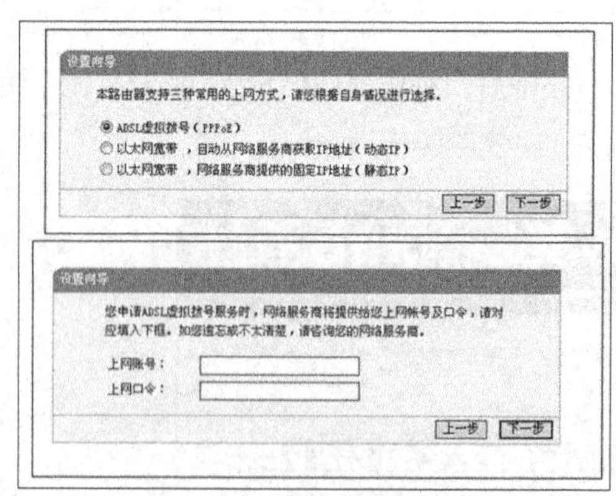

图7-18　无线路由器设置界面2

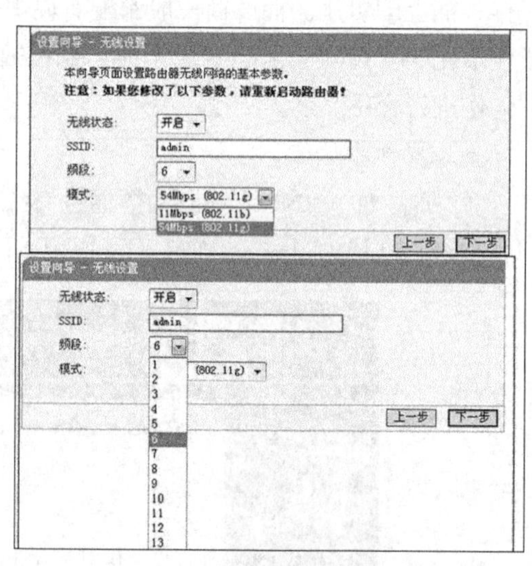

图7-19　无线路由器设置界面3

（4）接下来的高级设置会简单地介绍一下每个设置选项的页面和设置参数。

首先是第一个选项运行状态，如图7-20所示。刚才对TP-LINK无线路由的设置都反映在上面，如果是ADSL拨号上网用户，在这里的页面单击连接就可以直接连上网络；如果是以太网宽带用户，则通过动态IP或固定IP连接上网，这里也会出现相应的信息。

（5）在网络参数里的LAN口设置这里，只要保持默认设置就可以了。如果对网络有一定认识的用户也可以根据自己的喜好来设置IP地址和子网掩码，只要注意不和其他工作站的IP有冲突基本上都没什么太大问题。记得在修改以后按保存后重启路由器就可以了，如图7-21所示。

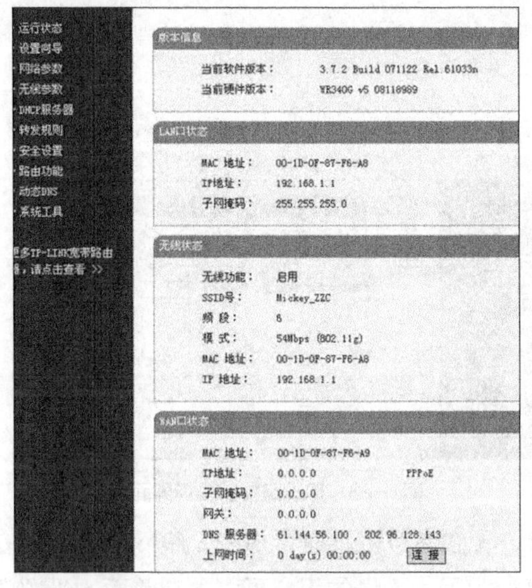

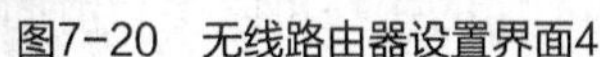
图7-20 无线路由器设置界面4

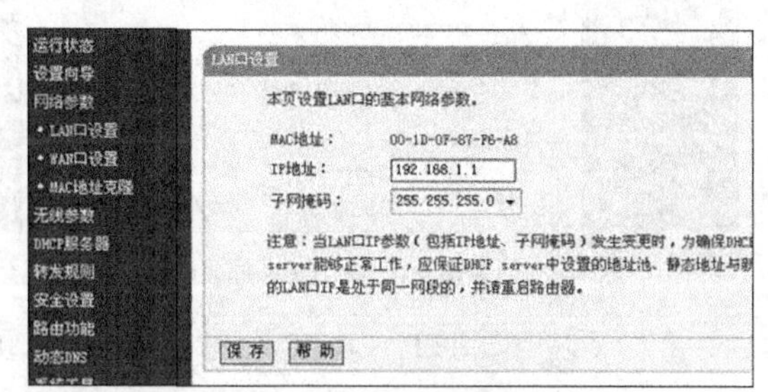

图7-21 无线路由器设置界面5

注意

当LAN口IP参数（包括IP地址、子网掩码）发生变更时，为确保DHCP server能够正常工作，应保证DHCP server中设置的地址池、静态地址与新的LAN口IP是处于同一网段的，并请重启路由器。

（6）在这里基本上TP-LINK提供7种对外连接网络的方式，由于现在基本上家庭用户都是用ADSL拨号上网，主要给大家介绍一下对ADSL拨号上网设置。

首先在WAN口连接类型选择PPPoE这一项，在这里我们可以看到有几个比较熟悉又基本的设置选项。上网账号和上网口令如之前所说输入用户在网络服务提供商所提供的上网账号和密码就可以了，如图7-22所示。

接着下面有3个选项，分别是正常模式、特殊拨号模式1、特殊拨号模式2。其中，正常模式就是标准的拨号，特殊1是破解西安星空极速的版本，特殊2是破解湖北星空极速的版本，不是你所在的地区就用正常模式（有部分路由还有特殊3，是破解江西星空极速的版本）。

再接着下面有4个选择对应的连接模式：1——按需连接，在有访问时自动连接；2——自动连接，在开机和断线后自动连接。在开电脑和关电脑的时候都会自动连接网络和断开网络。3——定时连接，在指定的时间段自动连接。4——手动连接，由用户手动连接。和第一项区别不大，唯一的区别就是这里要用户自己按下面的连接按钮来拨号上网。

（7）在MAC地址克隆这里的界面也很简洁。一个恢复出厂MAC和一个克隆MAC地址的两个按钮。基本上保持默认设置就可以了。这里需要特别说明的是，有些网络运营商会通过一些手段来控制路由连多机上网，这个时候各用户可以克隆MAC地址来破解（不一定有效），如图7-23所示。

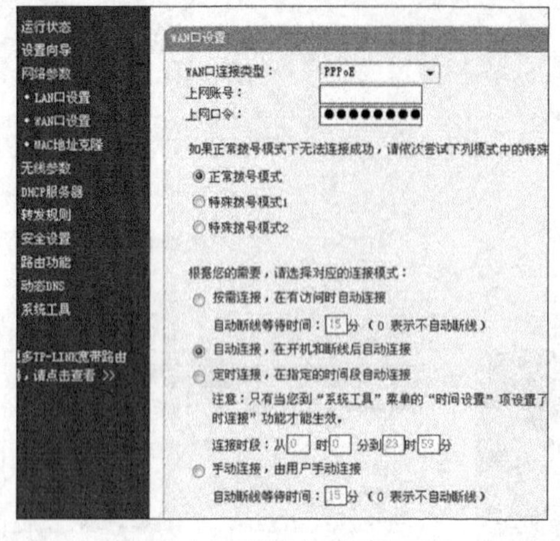

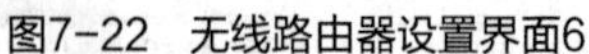
图7-22　无线路由器设置界面6

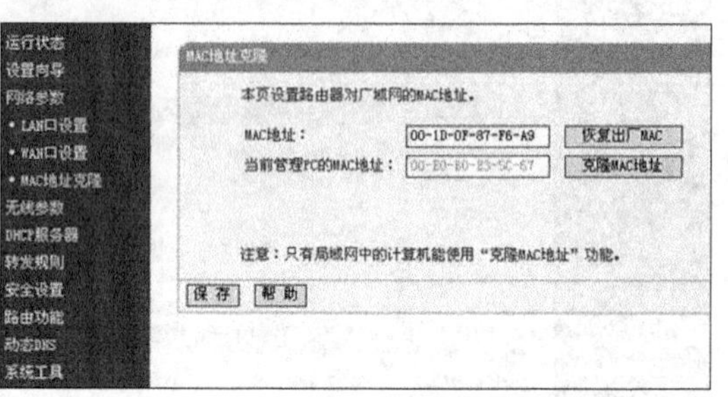

图7-23　无线路由器设置界面7

（8）现在来到TP-LINK无线路由的重点了，无线参数可以设置一些无线网络的链接安全之类的参数。SSID、频段和模式这里也不重复说明了。不懂的用户可以参考前面的设置向导的无线设置这一块。

对于开启无线网络功能和允许SSID广播，建议有无线网络连接要求的用户勾选上。开启Bridge功能，如果没有特别的要求不用勾选上，这是网桥功能。

至于开启安全设置，相信大家也一定第一时间把它勾选上。这里的安全类型主要有3个：WEP、WPA/WPA2、WPA-PSK/WPA2-PSK。

先介绍WEP的设置，这里的安全选项有3个：自动选择（根据主机请求自动选择使用开放系统或共享密钥方式）、开放系统（使用开放系统方式）、共享密钥（使用共享密钥方式）。

WPA/WPA2用Radius服务器进行身份认证并得到密钥的WPA或WPA2模式。WPA/WPA2或WPA-PSK/WPA2-PSK的加密方式都一样，包括自动选择、TKIP和AES。

WPA-PSK/WPA2-PSK（基于共享密钥的WPA模式）。这里的设置和之前的WPA/WPA2也大致类同，注意的是这里的PSK密码是WPA-PSK/WPA2-PSK的初始密码，最短为8个字符，最长为63个字符，如图7-24所示。

（9）无线网络MAC地址过滤设置。大家可以利用本页面的MAC地址过滤功能对无线网络中的主机进行访问控制。如果您开启了无线网络的MAC地址过滤功能，并且过滤规则选择了“禁止列表中生效规则之外的ＭＡＣ地址访问本无线网络”，而过滤列表中又没有任何生效的条目，那么任何主机都不可以访问本无线网络，如图7-25所示。

（10）在无线参数的设置以后，我们可以回到TP-LINK路由所有系列的基本设置页面其中的DHCP服务设置。

TCP/IP协议设置包括IP地址、子网掩码、网关以及DNS服务器等。为局域网中所有的计算机正确配置TCP/IP协议并不是一件容易的事，DHCP服务器提供了这种功能。如果使用TP-LINK路由器的DHCP服务器功能，可以让DHCP服务器自动配置局域网中各计算机的TCP/IP协议，如图7-26所示。

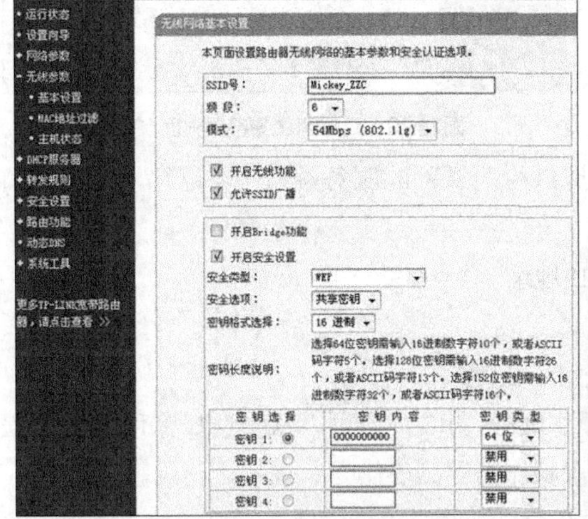

图7-24 无线路由器设置界面8

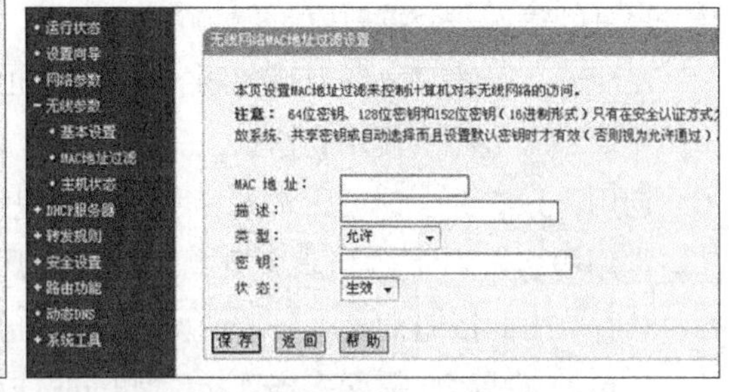

图7-25 无线路由器设置界面9

通常用户保留它的默认设置就基本没什么问题。在这里建议在DNS服务器上填上用户网络提供商所提供的DNS服务器地址，有助于稳定快捷的网络连接。

（11）在DHCP服务器的客户端列表里可以查看通过DHCP服务器获取到IP的客户端（无线客户端和有线客户端都在这张表中）。如图7-27所示客户端名就是客户计算机名。

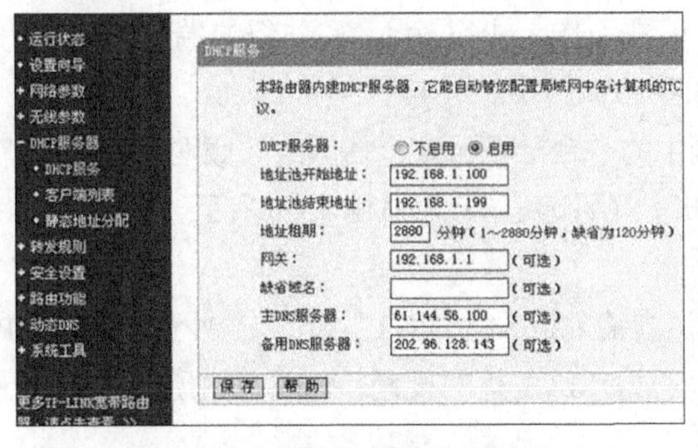

图7-26 无线路由器设置界面10

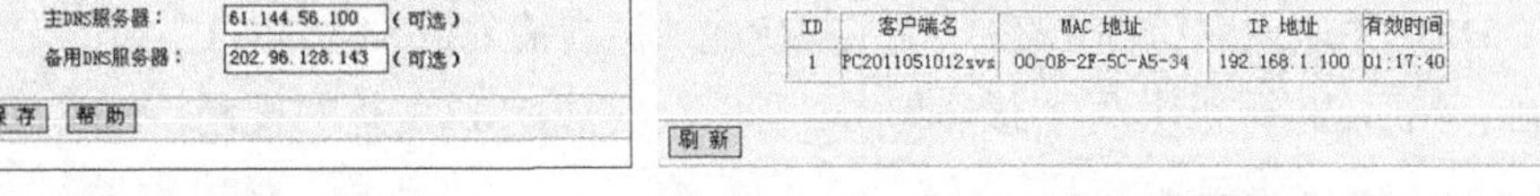

ID	客户端名	MAC 地址	IP 地址	有效时间
1	PC2011051012svs	00-0B-2F-5C-A5-34	192.168.1.100	01:17:40

图7-27 无线路由器设置界面11

（12）静态地址分配设置。为了方便对局域网中计算机的IP地址进行控制，TP-LINK路由器内置了静态地址分配功能。静态地址分配表可以为具有指定MAC地址的计算机预留静态的IP地址。之后，此计算机请求DHCP服务器获得IP地址时，DHCP服务器将给它分配此预留的IP地址，如图7-28所示。

（13）如果用户对网络服务有比较高的要求（如BT下载之类）都可以在转发规则这里进行一一设置。虚拟服务器定义一个服务端口，所有对此端口的服务请求将被重新定位给通过IP地址指定的局域网中的服务器，如图7-29所示。

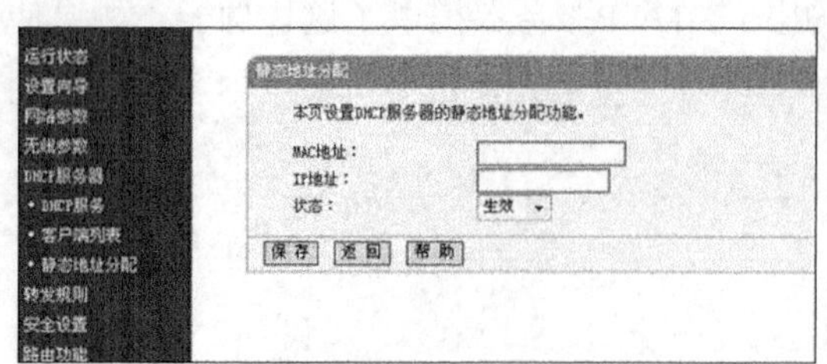

图7-28　无线路由器设置界面12

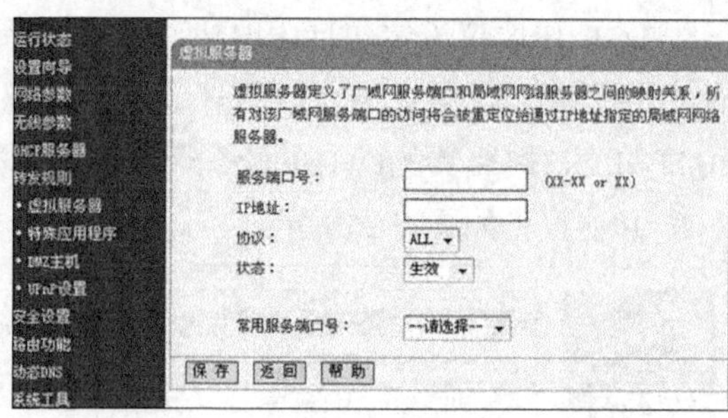

图7-29　无线路由器设置界面13

服务端口：WAN端服务端口，即路由器提供给广域网的服务端口。可以输入一个端口号，也可以输入一个端口段，如6001-6008。

IP地址：局域网中作为服务器的计算机的IP地址。

协议：服务器所使用的协议。

启用：只有选中该项后本条目所设置的规则才能生效。

常用服务端口下拉列表中列举了一些常用的服务端口，您可以从中选择您所需要的服务，然后单击此按钮把该服务端口填入上面的虚拟服务器列表中。

（14）某些程序需要多条连接，如Internet游戏、视频会议、网络电话等。由于防火墙的存在，这些程序无法在简单的NAT 路由下工作。特殊应用程序使得某些这样的应用程序能够在NAT路由下工作。

触发端口：用于触发应用程序的端口号。

触发协议：用于触发应用程序的协议类型。

开放端口：当触发端口被探知后，在该端口上通向内网的数据包将被允许穿过防火墙，以使相应的特殊应用程序能够在NAT路由下正常工作。可以输入最多5组的端口（或端口段），每组端口必须以英文符号“,”相隔，如图7-30所示。

（15）在某些特殊情况下，需要让局域网中的一台计算机完全暴露给广域网，以实现双向通信，此时可以把该计算机设置为DMZ主机。（注意：设置DMZ主机之后，与该IP相关的防火墙设置将不起作用）

DMZ主机设置：首先在DMZ主机IP地址栏内输入欲设为DMZ主机的局域网计算机的IP地址，然后选中“启用”，最后单击“保存”完成DMZ主机的设置，如图7-31所示。

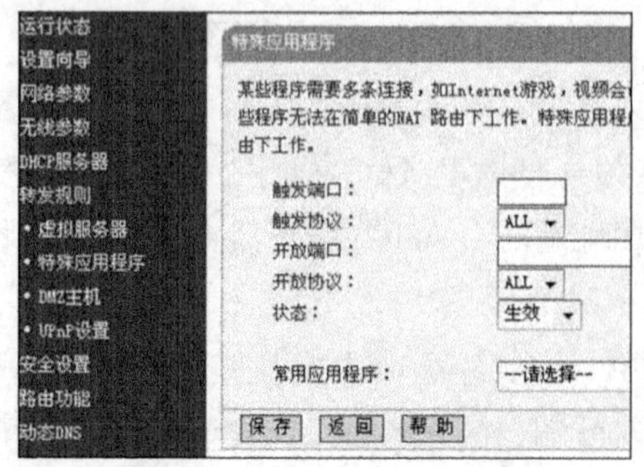

图7-30　无线路由器设置界面14

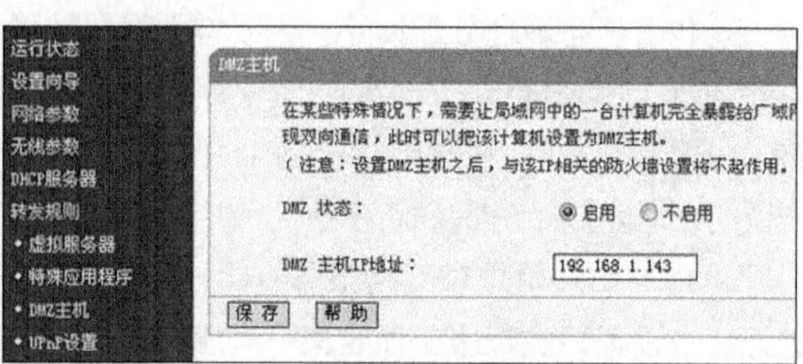

图7-31　无线路由器设置界面15

（16）UPnP设置。如果使用迅雷、电驴、快车等各类BT下载软件就建议开启。效果能加快BT下载。具体就不作详细说明了，如图7-32所示。

（17）基本上普通的家用路由的内置防火墙功能比较简单，只是基本满足普通大众用户的一些基本安全要求。不过为了上网能多一层保障，开启家用路由自带的防火墙也是个不错的保障选择。

在安全设置的第一项防火墙设置内我们可以选择开启一些防火墙功能“IP地址过滤”“域名过滤”“MAC地址过滤”“高级安全设置”。开启后使之后的各类安全功能设置生效，如图7-33所示。

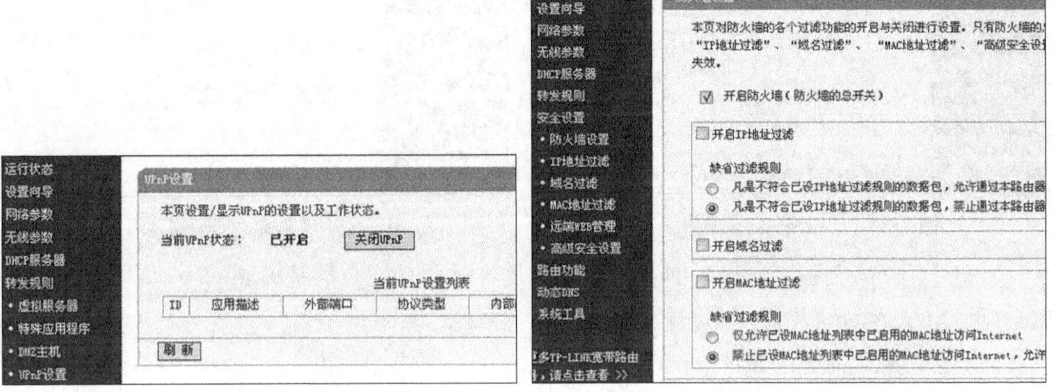

图7-32 无线路由器设置界面16　　图7-33 无线路由器设置界面17

（18）在IP地址过滤中通过数据包过滤功能来控制局域网中计算机对互联网上某些网站的访问。

生效时间：本条规则生效的起始时间和终止时间。时间请按hhmm格式输入，例如0803。

局域网IP地址：局域网中被控制的计算机的IP地址，为空表示对局域网中所有计算机进行控制。也可以输入一个IP地址段，例如192.168.1.20～192.168.1.30。

局域网端口：局域网中被控制的计算机的服务端口，为空表示对该计算机的所有服务端口进行控制。也可以输入一个端口段，例如1030～2000。

广域网IP地址：广域网中被控制的网站的IP地址，为空表示对整个广域网进行控制。也可以输入一个IP地址段，例如61.145.238.6～61.145.238.47。

广域网端口：广域网中被控制的网站的服务端口，为空表示对该网站所有服务端口进行控制。也可以输入一个端口段，例如25～110。

协议：被控制的数据包所使用的协议。

通过：当选择“允许通过”时，符合本条目所设置的规则的数据包可以通过路由器，否则该数据包将不能通过路由器。

状态：只有选择“生效”后本条目所设置的规则才能生效，如图7-34所示。

（19）在域名过滤中使用域名过滤功能来指定不能访问哪些网站。

生效时间：本条规则生效的起始时间和终止时间。时间请按hhmm格式输入，例如0803，表示08时03分。

域名：被过滤的网站的域名或域名的一部分，为空表示禁止访问所有网站。如果您在此处填入某一个字符串（不区分大小写），则局域网中的计算机将不能访问所有域名中含有该字符串的网站。

状态：只有选中该项后本条目所设置的过滤规则才能生效，如图7-35所示。

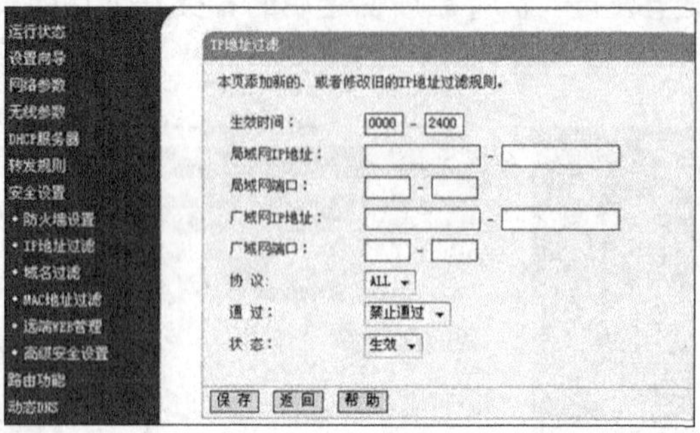

图7-34　无线路由器设置界面18

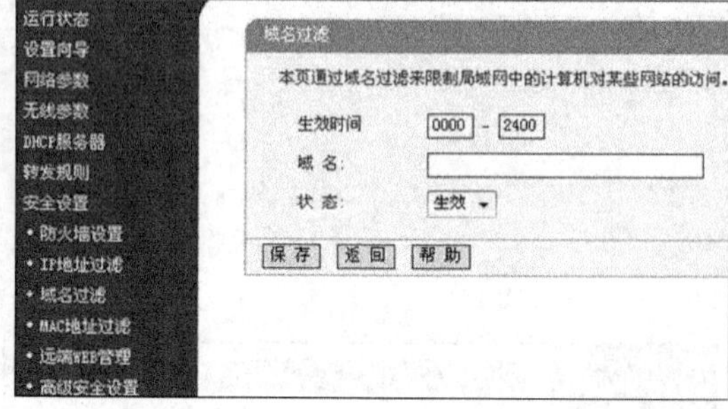

图7-35　无线路由器设置界面19

（20）在MAC地址过滤中可以通过MAC地址过滤功能来控制局域网中计算机对Internet的访问。MAC地址：局域网中被控制的计算机的MAC地址。

描述：对被控制的计算机的简单描述。

状态：只有设为“启用”的时候本条目所设置的规则才能生效，如图7-36所示。

（21）紧接着路由功能中如果用户有连接其他路由的网络需要，可以在这里进行设置。

目的IP地址：欲访问的网络或主机IP地址。

子网掩码：填入子网掩码。

网关：数据包被发往的路由器或主机的IP地址。该IP地址必须与WAN或LAN口属于同一个网段。

状态：只有选择“生效”后本条目所设置的规则才能生效，如图7-37所示。

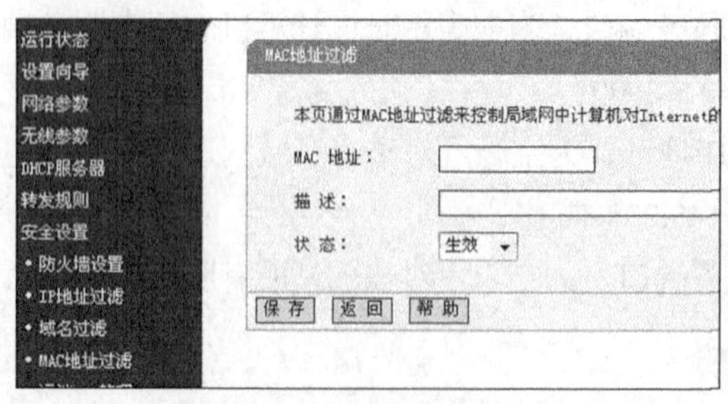

图7-36　无线路由器设置界面20

图7-37　无线路由器设置界面21

（22）动态DNS是部分TP-LINK路由的一个新的设置内容。这里所提供的“Oray.net花生壳DDNS”用来解决动态IP的问题。针对大多数不使用固定IP地址的用户，通过动态域名解析服务可以经济、高效地构建自身的网络系统。

服务提供者：提供DDNS的服务器。

用户名：在DDNS服务器上注册的用户名。

密码：在DDNS服务器上注册的密码。

启用DDNS：选中则启用DDNS功能，否则关闭DDNS功能。

连接状态：当前与DDNS服务器的连接状态。

服务类型：在DDNS服务器上注册的服务类型。

域名信息：当前从DDNS服务器获得的域名服务列表。有兴趣的用户可以尝试一下这个功能，如图7-38所示。

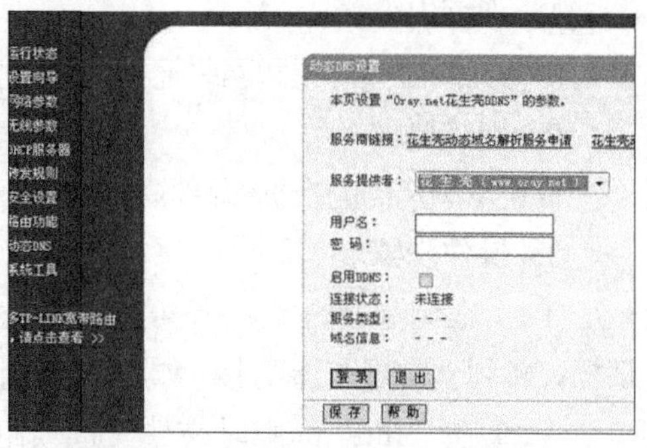

图7-38　无线路由器设置界面22

7.8　工作实训

7.8.1　工作实训一

1. 训练内容

结合所学网络知识，掌握基本的网络应用。

2. 训练要求

（1）掌握浏览器的基本使用。

（2）会使用搜索引擎查找自己感兴趣的教育资源。

（3）会收发电子邮件等。

7.8.2　工作实训二

1. 训练内容

网络连接的测试。

2. 训练要求

检测本计算机TCP/IP协议的性能。

3. 操作步骤

（1）在“开始”菜单中，选择“附件”，选择“运行”命令，打开“运行”对话框，如图7-39所示。

（2）在“打开”列表框中输入“ping”命令和本计算机的IP地址，例如：ping 202.201.252.10（局域网络上每台计算机必须拥有专门的IP地址，否则协议不能启用）。

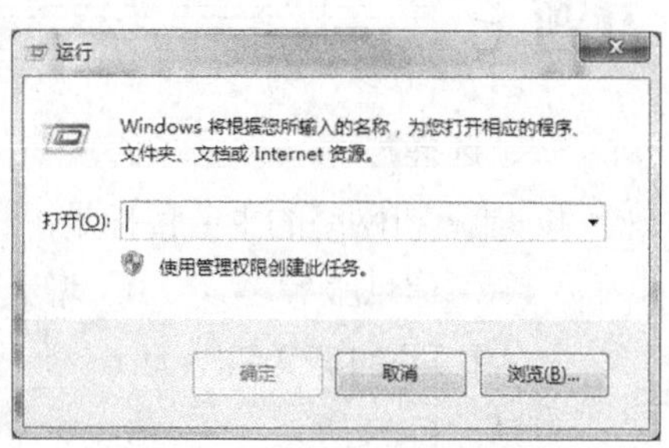

图7-39　“运行”对话框

（3）单击“运行”按钮，查看TCP/IP的连接测试结果是否正确。

7.8.3 工作实训三

1. 训练内容

IE浏览器窗口设置和网络连接属性设置。

2. 训练要求

设置IE浏览器的数据缓冲区为512MB。

3. 操作步骤

（1）在浏览器的“工具”菜单中，选择“Internet选项”命令，打开“Internet选项”对话框，转到“常规”选项卡，如图7-40所示。

（2）在“Internet临时文件”选项组中单击“设置”按钮，打开“设置”对话框，如图7-41所示。

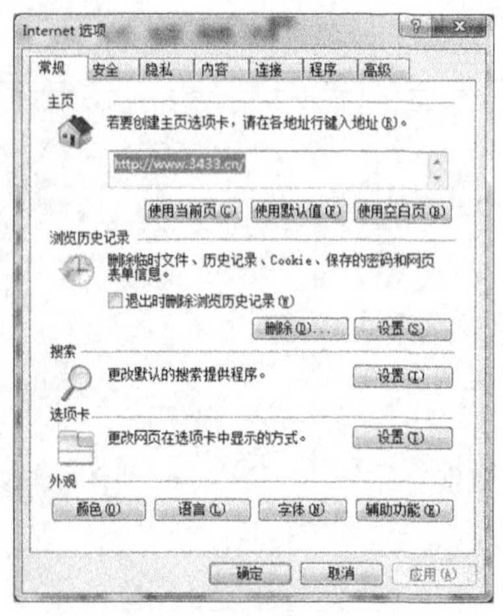

图7-40 “常规”选项卡

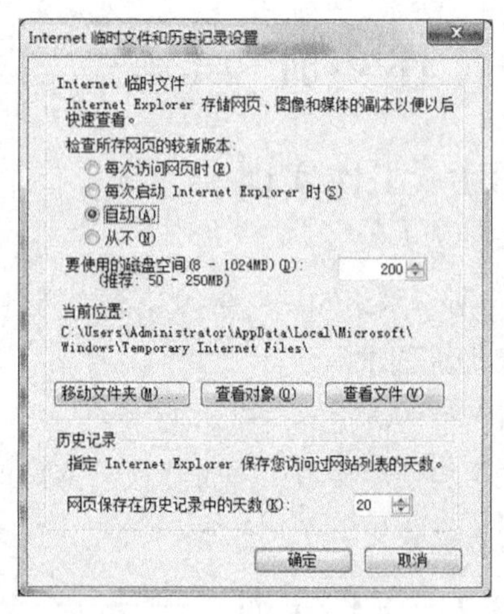

图7-41 “设置”对话框

（3）点击“使用的磁盘空间”上下箭头，使用数字达到512MB。

（4）依次单击“确定”按钮，关闭“设置”对话框和“Internet选项”对话框。

习题七

一、选择题

1. 计算机网络的主要目标是（　　）。

A. 信息服务　　B. 增大内存容量　　C. 加快运算速度　D. 共享资源

2. 局域网的英文缩写为（　　）。

A. LAN　　B. WAN　　C. ISDN　　D. NCFC

3. 制定各种传输控制协议OSI的国际组织是（　　）。

A. INTER　　B. IBM　　C. ARPA　　D. ISO

4. 在传送数据时，以原封不动的形式把来自终端的信息送入线路称为（　　）。

A. 频带传输　　B. 基带传输　　C. 解调　　D. 调制

5. 为了要把工作站或服务器等智能设备联入一个网络中，需要在设备上插入一块网络接口板，这块网络接口板称为（　　）。

A. 网卡　　B. 网关　　C. 网桥　　D. 网间连接器

6. E-mail地址的格式是（　　）。

A. 用户名@域名　　B. 用户名+域名

C. 主机名@域名　　D. 主机名+域名

7. 在电子邮件中所包含的信息（　　）。

A. 只能是文字　　B. 只能是文字与图形图像信息

C. 只能是文字与声音信息　　D. 可以是文字、声音和图形图像信息

8. 在计算机网络中，实现数字信号和模拟信号之间转换的设备是（　　）。

A. Hub　　B. Modem　　C. 电话　　D. 网卡

9. 下列属于我国教育科研网的是（　　）。

A. CERNET　　B. ChinaNet　　C. CASNet　　D. ChinaDDN

10. 综合服务数据网络是指（　　）。

A. 用户可以在自己的计算机上把电子邮件发送到世界各地

B. 在计算机网络中的各计算机之间传送数据

C. 将各种办公设备纳入计算机网络中，提供各种信息的传输

D. 让网络中的各用户可以共享分散在各地的各种软、硬件资源

11. 计算机网络是计算机技术与（　　）技术紧密结合的产物。

A. 通信　　B. 电话　　C. Internet　　D. 卫星

12. 网络软件包括（　　）、网络服务器软件、客户端软件。

A. Windows　　B. UNIX　　C. 网络操作系统　　D. 通信控制软件

13. 通信双方必须共同遵守的规则和约定称为网络（　　）。

A. 合同　　B. 协议　　C. 规范　　D. 文本

14. OSI/RM的中文含义是（　　）。

A. 网络通信协议　　B. 国家信息基础设施

C. 开放系统互联参考模型　　D. 公共数据通信网

15. IP V6将IP地址增加到了（　　）。

A. 32　　B. 64　　C. 128　　D. 256

16. 一座办公大楼各个办公室中的微机进行联网，这个网络属于（　　）。

A. WAN　　B. LAN　　C. MAN　　D. PAN

17. 开放系统互联参考模型的基本结构分为（　　）层。

A. 4　　B. 5　　C. 6　　D. 7

18.（　　）用来确定因特网上信息资源的位置，它采用统一的地址格式。

A. IP地址　　B. URL　　C. MAC地址　　D. HTTP

19. 即时通信软件主要有我国腾讯公司的QQ和美国微软公司的（　　）。

A. MSN　　B. Word　　C. IE　　D. Outlook

20.（　　）是一种专门用于定位和访问Web网页信息，获取用户希望得到的资源的导航工具。

A. IE　　B. QQ　　C. MSN　　D. 搜索引擎

二、填空题

1. 计算机网络是由资源子网和________子网组成的。

2. URL就是因特网上的资源地址，其格式为________。

3. 采用电话拨号上网时，需要添置的计算机外部设备是________。

4. WWW的网页文件是用________语言编写的，并在________协议支持下运行的。

5. 在因特网上，________可以唯一标识一台主机。

三、简答题

1. 什么是计算机网络？它有哪些功能？

2. Internet的服务方式有哪些？Internet接入类型有哪几种？

3. 解释网络协议的含义和TCP/IP协议的特点。

4. 什么是计算机局域网？它由哪几部分组成？

5. 列举影响网络安全的因素和主要防范措施。

6. 名词解释：① 主机；② TCP/IP；③ IP地址；④ 域名；⑤ URL；⑥ 网关。

7. 常用的Internet连接方式是什么？

8. 什么是网络的拓扑结构？常用的网络拓扑结构有哪几种？

9. 简述网络适配器的功能、作用及组成。

四、操作题

1. 在局域网中练习设置共享文件夹和光驱并访问。

2. 练习使用IE浏览器，并将“http://www.nwnu.edu.cn”设置为主页。分别练习网页、文字、图片的下载保存。

3. 访问“http://www.sohu.com”，申请免费信箱，练习电子邮件的写、发、收、读、存及附件粘贴等。

4. 练习利用百度和其他搜索引擎搜索相关主题的信息。

习 题 答 案

习题一

一、选择题

1—5 AACBC　　6—10AACCB　　11—15BCDAB

16—20ADBDB　　21—25BABAB　　26—30DCBDC

二、填空题

1. 巨型机、中型机、笔记本
2. CPU、主机、鼠标，内存条、CPU、主板、网卡
3. 存储程序和程序控制、控制器、输入设备
4. 系统软件、应用软件、操作系统、数据库管理软件等
5. 中国教育网
6. 过程控制
7. 算术运算和逻辑运算
8. 存储地址
9. 字
10. 应用软件

三、操作题

1. $(1011.01)_2=(11.25)_{10}$
2. $(115)_{10}=(1110011)_2$
3. $(1CA)_{16}=(111001010)_2$
4. $(1101101101)_2=(36D)_{16}$
5.

原码	反码	补码
00010111	00010111	00010111
00101011	00101011	00101011
10101000	11010111	11011000
10111111	11000000	11000001

习题二

一、选择题

1—5 BBCAD　　6—10 DBBCA　　11—15 BDAAC　　16—20ABCBD

二、填空题

1. 5
2. Ctrl
3. Windows 7 Starter（简易版）

   Windows 7 Home Basic（家庭基础版）

Windows 7 Home Premium（家庭高级版）

Windows 7 Professional（专业版）

Windows 7 Enterprise（企业版）

Windows 7 Ultimate（旗舰版）

4. Ctrl+Shift+Del

5. Alt+Tab

6. 一个字符 一串字符 逗号 分号

7. Ctrl Shift

8. 管理员账户(Administrator) 来宾账户（Guest)

三、简答题

1. 简述快捷键“Delete”和“Delete+Shift”组合键的区别。

答：“Delete”键删除文件会暂时保存在回收站，但“Delete+Shift”键删除的文件则会被永久删除。

2. 在“Windows 7资源管理器”中，如何复制、删除、移动文件夹？

答：复制：选中要复制的文件或文件夹，按住“Ctrl”键，并将文件或文件夹拖到目的驱动器或文件夹，然后松开鼠标按钮和“Ctrl”键即完成文件或文件夹的复制工作。如果是不同驱动器之间的复制，不要按“Ctrl”键，直接拖动即可。

删除：选中要删除文件或文件夹，单击“工具栏”上的“删除”按钮（或按“Delete”键），出现“确认删除文件”对话框，单击“是”即可把选中的对象删除。

移动：选择要移动的文件或文件夹，将文件或文件夹拖动到同一驱动器的目标文件夹中，然后松开鼠标按钮即完成该文件或文件夹的移动工作。如果是不同驱动器之间的移动，需按住“Shift”键后再拖动，或者在选中要移动的文件或文件夹后，选择窗口工具栏上的“剪切”，然后再选择目的驱动器或文件夹，在选择窗口工具栏上的“粘贴”，就完成多个文件或文件夹的移动工作。

习题三

一、单选题

1—5 ADDAA　6—10 ABCCA　11—15 BDCDA　16—20 CADDB

二、填空题

1. docx

2. Office 2010

3. 选定（或选择）

4. 段落格式化

5. Shift Ctrl

三、操作题

1. 制作贺卡。

（1）打开Word 2010，在“文件”菜单下选择“新建”项，在右侧点击“空白文档”按钮，创建一个空白文档。

（2）在“页面布局”选项卡中的“主题”组，选择合适的主题。

在“页面布局”选项卡中的“页面设置”组，单击右下角的按钮，打开页面设置对话框。设置页边距、纸张大小、纸张方向。

（3）“插入”选项卡中的“文本”组中选择“文本框”选项，在弹出的下拉列表中选择“绘制文本框”选项。绘制文本框并输入相应的内容。选定文本框，单击鼠标右键，从弹出的快捷菜单中选择“设置文本框格式”命令，设置文本框的底纹颜色和边框颜色。

（4）“插入”选项卡中的“插图”组中选择“图片”选项，弹出“插入图片”对话框，在“查找范围”下拉列表中选择合适的文件夹，在其列表框中选中所需的图片文件，插入图片。选中图片，然后在上下文工具中的“格式”选项卡中对图片进行各种编辑操作。

类似方法插入艺术字，并设置艺术字格式。

（5）在“文件”菜单中选择菜单中“信息”子菜单，选择“保护文档”中的“用密码进行加密”项。在弹出的“加密文档”窗口中输入密码。

单击“文件”菜单中选择“保存”命令。

2. 制作课程表。

（1）打开Word 2010，在“文件”菜单下选择“新建”项，在右侧点击“空白文档”按钮，创建一个空白文档。

（2）在“插入”选项卡的“表格”组中选择“表格”选项，然后在弹出下拉列表中拖动鼠标以选择需要的行数和列数，插入所需表格。输入课程表内容。并设置文本格式。

（3）选中表格，在“表格工具”上下文工具中设置与美化表格。

（4）单击“文件”选项卡，执行“打印”命令。在视图的右侧预览文档的打印效果。在打印设置区域中打印页面进行相关调整，例如页边距、纸张大小等。再单击“文件”菜单，选择“保存”命令。

3. 长文档的编辑

（1）打开Word 2010，在“文件”菜单下选择“新建”项，在右侧点击“空白文档”按钮，创建一个空白文档。输入文档中各章节内容。注意“插入”选项卡中“分页”符中，在每一章前插入分节符。每一节前插入分页符。

（2）在“页面布局”选项卡中的“页面设置”组，单击右下角的按钮，打开页面设置对话框，设置页边距、页面大小、奇偶页不同等。

在“插入”选项卡中的“页眉和页脚”组中选择“页眉”选项，进入页眉编辑区，并打开“页眉和页脚工具”上下文工具，在页眉编辑区中输入页眉内容，并编辑页眉格式。在“页眉和页脚工具”上下文工具中选择“转至页脚”选项，切换到页脚编辑区。在页脚编辑区输入页码。

（3）选中每章的标题，设置一级标题的字符格式和段落格式。选中每节的标题，设置二级标题的字符格式和段落格式。选中正文，设置正文的格式。（也可以先设置好样式，再选中相应的内容设置为相应的样式）

（4）将光标移动到第一页，“引用”选项卡，索引与目录，插入目录。

（5）单击“文件”菜单中选择“保存”命令。

习题四

一、选择题

1—5 DDDDB　6—10 BCBCB　11—15 DBCDB

16—20 BABAB　21—25 BACDB　26—30 ACAAD

31—32 DC

二、填空题

1. 自动筛选 高级筛选
2. =$B$2+C6
3. 37
4. $12345
5. 排序
6. SUM

三、简答题

1. 工作簿包含工作表，一个工作簿默认包含3个工作表。
2. 选择要隐藏的对象，单击“窗口”菜单下的“隐藏”命令。

四、操作题

1. 略
2. 在工具菜单下选择选项命令，选择其中的自定义序列。
3. 先填充第一个学号，然后拖动单元格右下角的填充柄进行填充。
4. 提示：使用以下函数完成：SUM,AVG,MAX,MIN。
5. 略

习题五

一、选择题

1—5 DBDAA　6—10 DCDDB　11—15 DBDCB

16—20 CCBAA　21—25 CACCD

二、填空题

1. 组织结构图
2. 幻灯片母版 讲义母版 备注母版
3. Esc
4. 元素
5. 配色方案
6. 多
7. 能
8. 幻灯片切换

9. .pptx
10. Shift

三、判断题

1. ×
2. √
3. ×
4. √
5. √
6. √
7. ×
8. ×
9. √
10. √

四、简答题

1. 前者是幻灯片的背景、字体大小等元素的设置，后者是选择幻灯片有哪些元素设置。
2. 通过幻灯片菜单下的动画方案，自定义动画以及幻灯片切换命令。
3. （1）背景菜单下的配色方案。

（2）统一母版。

（3）使用相同模板。

习题六

一、选择题

1. A C
2. B
3. B
4. B

习题七

一、选择题

1—5 DADBA　　6—10 ADBAD

11—15 ACBCC　　16—20 BDBAD

二、填空题

1. 通信子网
2. 协议＋服务器主机地址＋路径与文件名
3. 调制解调器
4. HTML HTTP
5. IP地址

参 考 文 献

[1] 张思卿. 计算机应用基础[M]. 山东：中国海洋大学出版社，2014.
[2] 杨振山, 龚沛曾. 大学计算机基础（第4版）[M]. 北京：高等教育出版社，2004.
[3] 冯博琴. 大学计算机基础[M]. 北京：高等教育出版社，2004.
[4] 李秀等. 计算机文化基础（第5版）[M]. 北京：清华大学出版社，2011.
[5] 单天德. 计算机基础实践教程[M]. 北京：化学工业出版社，2009.
[6] 山东省教育厅组编. 计算机文化基础[M]. 青岛：中国石油大学出版社，2006.
[7] 丁照宇等. 计算机文化基础[M]. 北京：电子工业出版社，2009.
[8] 张思卿. 计算机组装与维护项目化教程[M]. 北京：化学工业出版社，2012.
[9] 李菲, 李姝博. 计算机基础[M]. 北京：清华大学出版社，2011.
[10] 路康, 张思卿. 计算机应用基础[M]. 北京：高等教育出版社，2014.
[11] 张思卿. 计算机应用基础[M]. 北京：中国人民大学出版社，2008.
[12] 唐青. 新手学电脑从入门到精通[M]. 北京：清华大学出版社，2010.
[13] 李胜, 张居晓. 计算机应用基础[M]. 北京：清华大学出版社，2012.
[14] 叶恺, 张思卿. Access 2010案例教程[M]. 北京：化学工业出版社，2012.
[15] 郑少京. Office 2010基础与实战[M]. 北京：清华大学出版社，2012.
[16] 杨卫民. 电脑办公自动化实用教程（第2版）[M]. 北京：清华大学出版社，2012.
[17] 鲁凌云. 计算机网络基础应用教程[M]. 北京：清华大学出版社，2012.
[18] 焦明海. 计算机硬件技术基础（第2版）[M]. 北京：清华大学出版社，2012.
[19] 张思卿. 计算机应用基础项目化教程[M]. 北京：化学工业出版社，2013.
[20] 董锋. 计算机文化基础[M]. 上海：上海交通大学出版社，2013.